AF203807

Toleranzanalysen an mehrdimensionalen Maßketten

Frank Mannewitz

Toleranzanalysen an mehrdimensionalen Maßketten

mit Maß-, Form- und Lagetoleranzen (ISO GPS)

 Springer Vieweg

Frank Mannewitz
Kassel, Deutschland

ISBN 978-3-658-49757-6   ISBN 978-3-658-49758-3   (eBook)
https://doi.org/10.1007/978-3-658-49758-3

Die Deutsche Nationalbibliothek verzeichnet diese Publikation in der Deutschen Nationalbibliografie; detaillierte bibliografische Daten sind im Internet über https://portal.dnb.de abrufbar.

Planung/Lektorat: Eric Blaschke
Springer Vieweg ist ein Imprint der eingetragenen Gesellschaft Springer Fachmedien Wiesbaden GmbH und ist ein Teil von Springer Nature.
Die Anschrift der Gesellschaft ist: Abraham-Lincoln-Str. 46, 65189 Wiesbaden, Germany

Wenn Sie dieses Produkt entsorgen, geben Sie das Papier bitte zum Recycling.

Vorwort

Als ich 1992 im Rahmen meiner Ausbildung erstmals mit dem Thema Toleranzrechnung in Berührung kam, habe ich nicht erwartet, dass mich dieses Thema mein weiteres Berufsleben lang begleiten würde.

Das Thema Toleranzrechnung – oder wie viele gern sagen: „Toleranzanalyse" – ist ein sehr spannendes und sehr umfassendes Fachgebiet im Bereich der Entwicklung und Konstruktion technischer Systeme. Insbesondere, wenn es um die statistische Toleranzanalyse geht.

Seit 30 Jahren darf ich mein Wissen zur Toleranzanalyse im Rahmen von Weiterbildungsveranstaltungen an wissbegierige Teilnehmer weitergeben. In diesen Veranstaltungen sprechen mich die Teilnehmer sehr häufig auf zwei zentrale Aspekte an: Wie geht man mit Form- und Lagetoleranzen in Maßketten um und wie berechnet man nichtlineare Maßketten?

Gerade die Anwendung der Form- und Lagetoleranzen hat im letzten Jahrzehnt, mit der Einführung der Geometrischen Produktspezifikation, kurz GPS, enorm an Bedeutung gewonnen. Vor diesem Hintergrund ist die Frage nach dem Umgang mit Form- und Lagetoleranzen in geometrischen Maßketten mehr als verständlich.

Die Berechnung von nichtlinearen Systemen setzt gewisse Grundkenntnisse in der Toleranzanalyse voraus. Viele technische Aufgabenstellungen sind jedoch im funktionalen Zusammenhang tatsächlich nicht linear. Das zeigt auch die tägliche Praxis in vielen Konstruktionsabteilungen.

Um gerade den Aspekten der Nichtlinearität innerhalb geometrischer Maßketten unter Berücksichtigung von Form- und Lagetoleranzen gerecht zu werden, habe ich mich in diesem Buch bewusst für ein zweidimensionales Beispiel entschieden. Dieses Modellbeispiel ist eine ebene Kurbelschwinge. Durch die Kinematik der Kurbelschwinge kann ein weiterer wichtiger Aspekt in der Nichtlinearität berücksichtigt werden, nämlich die Beschreibung eines funktionalen Zusammenhangs durch eine mathematische Gleichung.

Gerade durch die Beschreibung des funktionalen Zusammenhangs mittels einer Gleichung wird der Lösungsweg sehr mathematisch. Aber hiervon sollte sich der Leser nicht abschrecken lassen. Es wird in diesem Buch auch gezeigt, wie der Lösungsweg mittels CAD beschritten werden kann.

Wem die mathematischen Herleitungen zur Ermittlung der Geometriefaktoren zu anstrengend sind, der kann auch direkt bei der Anwendung des geometrischen Verfahrens in Abschn. 5.3 einsteigen. Ziel ist es, dem Leser und Anwender ein positives Nutzergefühl zu vermitteln.

Basierend auf einem Anforderungskatalog werden für die Auslegung der Kurbel-schwinge exemplarisch die klassischen Konstruktionsphasen durchlaufen. Ich habe mit der Kurbelschwinge versucht, ein Beispiel zu gestalten, welches vom Anfang bis zum Ende durchgängig toleranzseitig betrachtet werden kann. Dieser hohe Detaillierungsgrad in der Ausführung ist zwingend notwendig, um sich in das Thema Toleranzanalyse im Selbststudium einzuarbeiten.

Das vorliegende Buch richtet sich an Ingenieure, Techniker, Technische Produktdesi-gner und Studierende, die eine systematische Einführung und fundierte Hilfestellungen in das Themengebiet der statistischen Toleranzanalyse von mehrdimensionalen Maßketten benötigen.

In Kap. 2 dieses Buches wird allgemein die Kurbelschwinge beschrieben. In Kap. 3 werden die konstruktiven Anforderungen an die Kurbelschwinge erläutert. Kap. 4 geht grundsätzlich auf Geometriefaktoren in Maßketten ein. Kap. 5 beschreibt die verschie-denen Verfahren zur Ermittlung von Geometriefaktoren. In Kap. 6 wird die Form-und Lagetolerierung in die Konstruktion der Kurbelschwinge integriert. In Kap. 7 wird die arithmetische Toleranzanalyse erörtert und anschließend an der Kurbelschwinge angewandt. In Kap. 8 werden zunächst die verschiedenen Methoden zur statistischen Toleranzanalyse erörtert und anschließend ebenfalls an der Kurbelschwinge angewandt. Kap. 9 beschreibt die statistischen Kenngrößen der Prozessleistung und Prozessfähig-keit. Kap. 10 zeigt die Vorgehensweise und die Ergebnisse der Toleranzanalyse, welche mit zwei verschiedenen Programmsystemen an der Kurbelschwinge berechnet wurden. In Kap. 11 wird die Toleranzanalyse für die Innenstellung der Kurbelschwinge durchgeführt. Das Kap. 12 schließt die Toleranzanalysen an der Antriebseinheit Kurbelschwinge mit der Berechnung des Schwingbereichswinkels ab. Daraufhin werden in Kap. 13 Optimie-rungsszenarien gezeigt, um die Nacharbeitsquote an der Kurbelschwinge zu reduzieren. Abgeschlossen wird das Kap. 13 mit der Erläuterung und der Zeichnungseintragung von Populationsspezifikationen. Kap. 14 fasst die Inhalte des Buches nochmals zusammen. Für die praktische Anwendung der analytischen Toleranzanalyse befindet sich im Anhang in Abschn. 15.3 eine Zusammenfassung der notwendigen Arbeitsschritte.

An dieser Stelle möchte ich mich recht herzlich bei Frau Natalie Fischer bedanken, die mich bei der Erstellung dieses Buches tatkräftig unterstützt hat. Ebenso bedanke ich mich bei Frau Andrea Ziegner für die Erstellung der Konstruktionszeichnungen, bei Frau Ina Mildner für die Durchsicht der Zeichnungen auf Normkonformität und bei Herrn Daniel

Nipkow für die Berechnung der Antriebseinheit Kurbelschwinge mit dem Programm-system 3DCS. Herrn Mirco Simunovic möchte ich für die Durchsicht des Manuskriptes danken.

Mein besonderer Dank gilt meinem Sohn Zeno, der mich motiviert hat, dieses Buch zu schreiben. Und natürlich meiner lieben Sabine, die in den letzten Monaten diese Arbeit mitgetragen hat.

Für etwaige konstruktive Hinweise und Anregungen zum Inhalt bin ich Ihnen dankbar.

Kaufungen   Dr.-Ing. Frank Otto Mannewitz
Juli 2025   frank.mannewitz@casim.de

Anmerkung: Aus Gründen der besseren Lesbarkeit wird in diesem Manuskript das generische Maskulinum verwendet. Der Text ist jedoch mit dem Ziel geschrieben, alle Geschlechter zu berücksichtigen. Ich möchte an dieser Stelle also ausdrücklich darauf hinweisen, dass die Verwendung der maskulinen Form ausschließlich der Leserfreundlichkeit dient und sich dadurch niemand ausgeschlossen fühlen soll.

Competing Interests: Der/die Autor*in hat keine für den Inhalt dieses Manuskripts relevanten Interessenkonflikte.

Inhaltsverzeichnis

1   Einleitung   1
    Quellen und weiterführende Literatur   2

2   Viergliedrige Kurbelgetriebe   3
    2.1   Die Kurbelschwinge   3
    Quellen und weiterführende Literatur   6

**3   Entwicklung einer Antriebseinheit mit dem Wirkprinzip der
    Kurbelschwinge**   7
    3.1   Konkrete Kundenforderung für die Antriebseinheit   13
    Quellen und weiterführende Literatur   18

4   Geometriefaktoren in Maßketten   19
    4.1   Direkte Maße in linearen Maßketten   19
    4.2   Geometriefaktoren in linearen und nichtlinearen Maßketten   20
    Quellen und weiterführende Literatur   24

**5   Ermittlung der Geometriefaktoren für die Außenstellung der
    Schwinge**   25
    5.1   Linearisierung einer Funktion   25
        5.1.1   Geometriefaktoren für den X-Abstand des
                Schraubpunktes SP_a (110-1)   27
        5.1.2   Geometriefaktoren für den Y-Abstand des
                Schraubpunktes SP_a (120-1)   29
        5.1.3   Geometriefaktoren für den Schwingenwinkel ψ_i (130-1)   34
    5.2   Variation der Variablen   37
        5.2.1   Geometriefaktoren für den X-Abstand des
                Schraubpunktes SP_a (110-1)   39
        5.2.2   Geometriefaktoren für den Y-Abstand des
                Schraubpunktes SP_a (120-1)   43
        5.2.3   Geometriefaktoren für den Schwingenwinkel ψ_i (130-1)   49

5.3   Geometrisches Verfahren 53
       5.3.1 Geometriefaktoren für den X- und Y-Abstand des
              Schraubpunktes SP$_a$ sowie für den Schwingenwinkel ψ_i 55
5.4   Gegenüberstellung der Geometriefaktoren aus den verschiedenen
       Verfahren 73
5.5   Geometriefaktoren der Positionstoleranzen an der Grundplatte 74
       5.5.1 Interpretation von Positionsabweichungen in 3DCS 76
5.6   Vektoranalysis zur Ermittlung der Geometriefaktoren 78
Quellen und weiterführende Literatur 83

6 Konstruktion der Antriebseinheit Kurbelschwinge 85
   6.1   Direkte Funktionsmaße an der Antriebseinheit 87
   6.2   Relevante Maßkettenglieder an der Antriebseinheit 93
   Quellen und weiterführende Literatur 95

7 Arithmetische Toleranzanalyse 97
   7.1   Arithmetische Toleranzanalyse der Antriebseinheit 100
   7.2   Arithmetische Toleranzanalyse für den X-Abstand des
          Schraubpunktes SP$_a$ an der Antriebseinheit in der Außenstellung
          (110-1) 100
          7.2.1 Nennschließmaß 101
          7.2.2 Arithmetisches Höchstschließmaß 101
          7.2.3 Arithmetisches Mindestschließmaß 102
          7.2.4 Mittenmaß des Schließmaßes 102
          7.2.5 Arithmetische Schließmaßtoleranz 102
          7.2.6 Arithmetische Beitragsleister 103
   7.3   Arithmetische Toleranzanalyse für den Y-Abstand des
          Schraubpunktes SP$_a$ an der Antriebseinheit in der Außenstellung
          (120-1) 104
          7.3.1 Nennschließmaß 105
          7.3.2 Arithmetisches Höchstschließmaß 105
          7.3.3 Arithmetisches Mindestschließmaß 106
          7.3.4 Mittenmaß des Schließmaßes 106
          7.3.5 Arithmetische Schließmaßtoleranz 107
          7.3.6 Arithmetische Beitragsleister 107
   7.4   Arithmetische Toleranzanalyse für den Schwingenwinkel ψ_i
          an der Antriebseinheit in der Außenstellung (130-1) 108
          7.4.1 Nennschließmaß 108
          7.4.2 Arithmetisches Höchstschließmaß 108
          7.4.3 Arithmetisches Mindestschließmaß 109
          7.4.4 Mittenmaß des Schließmaßes 109

7.4.5   Arithmetische Schließmaßtoleranz 109

7.4.6   Arithmetische Beitragsleister 110

7.5   Gegenüberstellung der Ergebnisse für die arithmetische Toleranzanalyse an der Antriebseinheit für die Außenstellung 111

Quellen und weiterführende Literatur 111

8   Statistische Toleranzanalyse 113

8.1   Voraussetzungen für die Anwendung der statistischen Toleranzanalyse 116

8.2   Akzeptierter Überschreitungsanteil 117

8.3   Festlegung der Einzelverteilungen für die Funktionsmaße 118

8.4   Statistische Schließmaßtoleranz 122

8.5   Berechnungsmethode: Allgemeine statistische Toleranzanalyse 125

8.5.1   Fehlerpotenzial im Ergebnis der statistischen Schließmaßtoleranz 125

8.6   Berechnungsmethode: Quadratische Schließmaßtoleranz 131

8.7   Berechnungsmethode: Modifizierte quadratische Schließmaßtoleranz 132

8.8   Statistische Toleranzanalyse für den X-Abstand des Schraubpunktes SP_a an der Antriebseinheit in der Außenstellung (110-1) 135

8.8.1   Statistische Toleranzanalyse für den X-Abstand des Schraubpunktes SP_a mittels der allgemeinen statistischen Toleranzanalyse 136

8.8.2   Statistische Beitragsleister 138

8.8.3   Direktläuferquote 141

8.9   Statistische Toleranzanalyse für den Y-Abstand des Schraubpunktes SP_a an der Antriebseinheit in der Außenstellung (120-1) 143

8.9.1   Statistische Toleranzanalyse für den Y-Abstand des Schraubpunktes SP_a mittels der allgemeinen statistischen Toleranzanalyse 144

8.9.2   Statistische Beitragsleister 145

8.9.3   Direktläuferquote 147

8.10   Statistische Toleranzanalyse für den Schwingenwinkel ψ_i an der Antriebseinheit in der Außenstellung (130-1) 148

8.10.1   Statistische Toleranzanalyse für den Schwingenwinkel ψ_i mittels der allgemeinen statistischen Toleranzanalyse 149

8.10.2   Statistische Beitragsleister 150

8.10.3   Direktläuferquote 152

8.11   Gegenüberstellung der Ergebnisse für die Toleranzanalysen
        an der Antriebseinheit für die Außenstellung 153
Quellen und weiterführende Literatur 154

9   Prozessleistungs- und Prozessfähigkeitskenngrößen 155
    9.1   Prozessfähigkeitskenngrößen für den X-Abstand des
          Schraubpunktes SP_a an der Antriebseinheit in der Außenstellung
          (110-1) 161
    9.2   Prozessfähigkeitskenngrößen für den Y-Abstand des
          Schraubpunktes SP_a an der Antriebseinheit in der Außenstellung
          (120-1) 163
    9.3   Prozessfähigkeitskenngrößen für den Schwingenwinkel ψ_i an der
          Antriebseinheit in der Außenstellung (130-1) 164
    Quellen und weiterführende Literatur 165

**10 Toleranzanalyse der Antriebseinheit in Außenstellung mittels
    Programmsystem** 167
    10.1 Toleranzanalyse mit dem Programmsystem simTOL® 168
          10.1.1 Arbeitsschritte bei der Anwendung von simTOL® 168
          10.1.2 Schließmaßberechnung mittels Faltung 171
          10.1.3 Faltungsprozess als analytische Lösung 174
          10.1.4 simTOL®-Toleranzanalyseergebnisse für die drei
                  Qualitätsanforderungen 180
    10.2 Toleranzanalyse mit dem Programmsystem 3DCS 180
          10.2.1 Arbeitsschritte bei der Anwendung von 3DCS 183
          10.2.2 Schließmaßverteilung mittels Monte-Carlo-Simulation 184
          10.2.3 Von der Simulation zur statistischen Schließmaßtoleranz 186
          10.2.4 Geometriefaktorenermittlung in 3DCS 189
          10.2.5 3DCS-Toleranzanalyseergebnisse für die drei
                  Qualitätsanforderungen 190
    10.3 Gegenüberstellung der Toleranzanalyseergebnisse aus den
          verschiedenen Analyse-Verfahren für die Außenstellung 192
    Quellen und weiterführende Literatur 196

11 Toleranzanalyse der Antriebseinheit in der Innenstellung 199
    11.1 Eingangsgrößen für die Toleranzanalyse an der Antriebseinheit
          in der Innenstellung 204
    11.2 Toleranzanalyse für den X-Abstand des Schraubpunktes SP_i
          an der Antriebseinheit in der Innenstellung (210-1) 205
    11.3 Toleranzanalyse für den Y-Abstand des Schraubpunktes SP_i
          an der Antriebseinheit in der Innenstellung (220-1) 206

    11.4   Toleranzanalyse für den Schwingenwinkel ψ_a an der
           Antriebseinheit in der Innenstellung (230-1) 207
    Quellen und weiterführende Literatur 208

12 Toleranzanalyse des Schwingbereichswinkels an der Antriebseinheit 209
    12.1   Arithmetische Toleranzanalyse des Schwingbereichswinkels
           (300-1) 211
          12.1.1   Nennschließmaß 211
          12.1.2   Arithmetisches Höchstschließmaß 211
          12.1.3   Arithmetisches Mindestschließmaß 212
          12.1.4   Arithmetische Schließmaßtoleranz 212
          12.1.5   Statistische Schließmaßtoleranz 212

13 Optimierungsszenarien im Rahmen der Toleranzanalyse 215
    13.1   Beziehungsmatrix zur Visualisierung der Hauptbeitragsleister 216
    13.2   Hauptbeitragsleister reduzieren 217
    13.3   Toleranzeinengung sämtlicher Maßkettenglieder 217
    13.4   Robustes Design 220
    13.5   Optimierung der Antriebseinheit 224
          13.5.1   Statistische Beitragsleister 227
          13.5.2   Direktläuferquote 229
          13.5.3   Prozessfähigkeitskenngrößen 231
    13.6   Angepasste Fertigungszeichnungen mit
           Populationsspezifikationen 233
    Quellen und weiterführende Literatur 238

14 Zusammenfassung 241

15 Anhang 243
    15.1   Tabellen 243
    15.2   Durchführung einer Toleranzanalyse 252
    15.3   Arbeitsschritte 254
    15.4   Bauteilzeichnungen nach ISO-GPS-Standard 254
          15.4.1   Bauteilzeichnungen nach ISO-GPS-Standard
              mit optimierten Einzelteiltoleranzen und
              Populationsspezifikationen 266
    15.5   Ergebnisdokumentation der Toleranzanalyse an der
           Antriebseinheit 273
          15.5.1   Ergebniszusammenfassung der analytischen
              Toleranzanalyse 274
          15.5.2   Ergebnisdokumentation für das Programmsystem
              simTOL® 274

15.5.3   Ergebnisdokumentation für das Programmsystem 3DCS
         Variation Analyst Suite   310
15.5.4   Ergebnisdokumentation für das Programmsystem 3DCS
         Variation Analyst Suite   318
15.5.5   Ergebnisdokumentation mit optimierten
         Einzelteiltoleranzen   326
Quellen und weiterführende Literatur   348

Stichwortverzeichnis   349

Formelzeichen

B_i	i-ter prozentualer Beitragsleister
C_p	Prozessfähigkeitsindex
C_{pk}	kleinster Prozessfähigkeitsindex
C_0	Mittenmaß des Schließmaßes
DL	Direktläuferquote (Gutanteil) gemäß Qualitätsvorgabe für das Schließmaß
es_i	i-tes oberes Grenzabmaß (für äußeres Geometrieelement; Außenmaß)
ei_i	i-tes unteres Grenzabmaß (für äußeres Geometrieelement; Außenmaß)
ES_i	i-tes oberes Grenzabmaß (für inneres Geometrieelement; Innenmaß)
EI_i	i-tes unteres Grenzabmaß (für inneres Geometrieelement; Innenmaß)
g	Korrekturfaktor
h	Versetzung der Kurbelschwinge
M_i	i-tes toleriertes Maßkettenglied
$M_{neg\,i}$	i-tes negatives toleriertes Maßkettenglied
$M_{pos\,i}$	i-tes positives toleriertes Maßkettenglied
M_0	toleriertes Schließ- bzw. Funktionsmaß
K	Koeffizient des Pearson-Verteilungssystems
k, n	Anzahl der Maßkettenglieder
N_i	i-tes Nennmaß
N_0	Nennschließmaß
OSG	obere Spezifikationsgrenze für das Schließ- bzw. Funktionsmaß
P_a	Annahmewahrscheinlichkeit für das Schließ- bzw. Funktionsmaß
P_o	arithmetisches Höchstschließmaß (oberes Passmaß)
P_u	arithmetisches Mindestschließmaß (unteres Passmaß)
$P_{o\,stat}$	statistisches Höchstschließmaß (oberes Passmaß)
$P_{u\,stat}$	statistisches Mindestschließmaß (unteres Passmaß)
P_p	potenzieller Prozessleistungsindex
P_{pk}	kleinster potenzieller Prozessleistungsindex
p_e	Überschreitungsanteil

r	Reduktionsfaktor
s_H	Schwingenhub
SP	Schraubpunkt am Schwingenarm
t_i	i-te arithmetische Maßkettengliedtoleranz
T_a	arithmetische Schließmaßtoleranz
T_s	statistische Schließmaßtoleranz
T_q	quadratische Schließmaßtoleranz
$T_{q\,mod}$	modifizierte quadratische Schließmaßtoleranz
t_{Pos}	Positionstoleranz
u	Quantil: Annahmewahrscheinlichkeit in σ-Einheiten der standardisierten Normalverteilung
$u_{o/u}$	oberes bzw. unteres Quantil (Grenzwert in σ-Einheiten)
USG	untere Spezifikationsgrenze für das Schließ- bzw. Funktionsmaß
x_{Pa}	X-Abstand des Schraubpunktes SP in der Außenstellung
x_{Pi}	X-Abstand des Schraubpunktes SP in der Innenstellung
y_{Pa}	Y-Abstand des Schraubpunktes SP in der Außenstellung
y_{Pi}	Y-Abstand des Schraubpunktes SP in der Innenstellung
$X_{0,135\,\%}$	0,135-%-Verteilungsquantil
$X_{50\,\%}$	50-%-Verteilungsquantil
$X_{99,865\,\%}$	99,865-%-Verteilungsquantil
α_i	i-ter Linearitätskoeffizient (Geometrie- bzw. Gewichtungsfaktor; partieller Differenzialquotient)
μ	Verteilungsmittelwert
σ^2	Varianz
σ_0	Standardabweichung des Schließmaßes
φ	Kurbelwinkel
$\Phi(u)$	Verteilungsfunktion der Standardnormalverteilung
ψ	Schwingenwinkel
ψ_H	Schwingbereichswinkel

Im Maschinen- und Fahrzeugbau gibt es eine Vielzahl von Konstruktionsmethoden, die mit modernen CAx-Systemen umgesetzt werden. Diese Konstruktionsmethoden zielen darauf ab, die Effizienz, Präzision und Innovation zu steigern. Einige dieser Methoden sind: Computer Aided Design (CAD), Finite-Elemente-Methode (FEM), Additive Fertigung (3D-Druck), Modularer Aufbau und Digitaler Zwilling.

Diese modernen Methoden tragen dazu bei, die Produktentwicklung im Maschinen- und Fahrzeugbau zu beschleunigen und die Qualität der Produkte zu erhöhen. Die Qualitätsanforderungen beziehen sich in der Regel auf die optischen, funktionalen und montagerelevanten Qualitätsmerkmale einer technischen Baugruppe.

Gerade hinsichtlich der Produktqualität sowie der Vermeidung von Rückrufaktionen hat in den letzten drei Jahrzehnten die Berechnung von Toleranzauswirkungen stetig an Bedeutung gewonnen.

Insbesondere in der Automobil- und Zuliefererindustrie hat man erkannt, dass neben den bereits etablierten Methoden die (statistische) Toleranzanalyse an funktions- und kundenrelevanten Kriterien während des Produktentstehungsprozesses von entscheidender Bedeutung im heutigen globalen Wettbewerb sein kann.

Dies drückt sich auch durch die Forderung innerhalb der VDA 6.1 [1] sowie IATF 16949 [2] aus, welche u. a. verstärkt den Fokus auf statistische Methoden richten.

Basierend auf einer Maßkettenstruktur, welche die geometrische Interpretation des Zusammenbaus repräsentiert, sowie der Zuordnung der jeweiligen Fertigungstoleranzen kann eine Aussage hinsichtlich des zu erfüllenden Funktionsmaßes (Schließmaßes) einer Baugruppe in der Worst-Case-Betrachtung getroffen werden.

Von diesem Informationsstand ausgehend, kann dann unter einer weiteren Zuordnung der Fertigungsqualitäten der einzelnen Maßkettenglieder in Form der Fertigungsverteilung und der Prozessfähigkeitsindizes eine statistische Analyse durchgeführt werden. Dieses Ergebnis liefert sodann eine realitäts- und praxisnahe Aussage über die Anzahl der prozesssicher eingehaltenen funktions- bzw. kundenrelevanten Kriterien der Baugruppe.

F. Mannewitz, *Toleranzanalysen an mehrdimensionalen Maßketten*,
https://doi.org/10.1007/978-3-658-49758-3_1

Es ist immer wieder festzustellen, dass zahlreiche Entwickler und Konstrukteure ihre konstruierten Baugruppen hinsichtlich der Baugruppenfunktionen mithilfe von CAD-Systemen validieren, indem sie die Einzelteile in ihren Extremabmessungen abbilden.

Schwierig wird es, wenn das ermittelte Ergebnis für die Baugruppenfunktion – in der Regel als Qualitätsmerkmal bezeichnet – nicht der Forderung des Entwicklers bzw. des Konstrukteurs oder dem Lastenheft entspricht.

Dem versucht man durch die Einengung der baugruppenseitigen Einzeltoleranzen gerecht zu werden. Dies führt dann unweigerlich zu einer unnötigen Verteuerung der Baugruppe. Daher hat sich, wie bereits erwähnt, in den letzten drei Jahrzehnten vermehrt der alternative Berechnungsansatz der statistischen Toleranzanalyse durchgesetzt, welcher dem Einengen der Einzeltoleranzen entgegenwirken soll.

Ziel der statistischen Toleranzanalyse ist es, sicherzustellen, dass die Baugruppe die erforderlichen funktionalen und qualitativen Anforderungen prozesssicher erfüllt.

Wie dabei an einer mehrdimensionalen geometrischen Maßkette unter Berücksichtigung von Form- und Lagetoleranzen systematisch vorzugehen ist, soll nachfolgend an dem Modellbeispiel einer ebenen Kurbelschwinge aufgezeigt werden.

Quellen und weiterführende Literatur

1. VDA 6.1: Qualitätsmanagement in der Automobilindustrie – QM-Systemaudit Serienproduktion, Verband der Automobilindustrie e.V. (VDA), Qualitäts Management Center (QMC), 5. Ausgabe, 2016
2. IATF 16949: Anforderungen an Qualitätsmanagementsysteme für die Serien- und Ersatzteilproduktion in der Automobilindustrie, 1. Ausgabe, Oktober 2016

Viergliedrige Kurbelgetriebe

2

Inhaltsverzeichnis

2.1   Die Kurbelschwinge   3
Quellen und weiterführende Literatur   6

Viergliedrige Kurbelgetriebe, auch als Koppelgetriebe bezeichnet, sind mechanische Systeme, die aus vier miteinander verbundenen Elementen bestehen, die typischerweise als Kurbel, Koppelstange, Schwinge und Gestell bezeichnet werden. Die Kurbel, die Koppelstange und die Schwinge sind Zweigelenkglieder, welche durch vier Drehgelenke miteinander verbunden sind [1]. Viergliedrige Kurbelgetriebe werden häufig in Maschinen und Motoren eingesetzt, um eine rotierende Bewegung in eine lineare Bewegung umzuwandeln oder umgekehrt. Durch die Anordnung und Bewegung dieser vier Bauteile kann eine Vielzahl von Bewegungsprofilen und -geschwindigkeiten erzeugt werden.

Bei zahlreichen technischen Anwendungen wird die Kurbel rotierend angetrieben und die Koppelstange wirkt als Verbindungselement zwischen Kurbel und Schwinge. Die Schwinge setzt dann die rotierende Bewegung der Kurbel in eine oszillierende Bewegung (schwingende Drehung) um.

2.1   Die Kurbelschwinge

Die ebene Kurbelschwinge ist ein Getriebetyp der viergliedrigen Kurbelgetriebe. Die Getriebetypeneinteilung wird im Wesentlichen durch die Bewegungsmöglichkeiten der Glieder relativ zueinander bestimmt [1]. So ist die Kurbelschwinge umlauffähig, d. h., ein Bauteil/Glied (Kurbel) kann relativ zu allen anderen Bauteilen/Gliedern beliebig oft umlaufen [1].

Ein Alltagsbeispiel für die Anwendung der ebenen Kurbelschwinge zeigt sich im Straßenverkehr an einem Fahrradfahrer, siehe Abb. 2.1.

Bei diesem Beispiel findet der Antrieb nicht über die Kurbel, sondern über die Schwinge statt. Denn hier wird die oszillierende Beinkraft (Drehmoment am Oberschenkel) in eine rotierende Tretbewegung auf die Kurbel umgesetzt. Ebenso wie bei der guten alten Nähmaschine, wo durch den Schwingenantrieb mit den Füßen das Antriebsrad in Bewegung gesetzt wurde.

Abb. 2.1 Ebene Kurbelschwinge an einem Fahrradfahrer, Darstellung Fahrradfahrer [2]

Tab. 2.1 Abmessungen der Gliederlänge am Beispiel Fahrradantrieb

	Bauteil/Glied	Länge [mm]
a	Kurbel/Pedalkurbel	170
b	Koppelstange/Unterschenkel und Fuß	560/480
c	Schwinge/Oberschenkel	450
d	Gestelllänge/Abstand Pedalkurbellager zu Oberschenkelgelenk	750

Die Hauptbestandteile der Antriebseinheit nach Abb. 2.1 sind:

- a Kurbel/Pedalkurbel
- b Koppelstange/Unterschenkel und Fuß
- c Schwinge/Oberschenkel
- d Gestelllänge/Abstand Pedalkurbellager zu Oberschenkelgelenk

Des Weiteren sind in Abb. 2.1 zu sehen:

- A Kurbel-Lagerpunkt (Festlager)
- B Schwingen-Lagerpunkt (Hüftgelenk; Festlager)
- C Kniegelenk
- D Pedalachse/Gelenk
- ψ Schwingenwinkel/Oberschenkelbewegungswinkel
- φ Kurbelwinkel

Für eine Beispielrechnung zur Ermittlung des Schwingbereichswinkels ψ_H, also des Bereichs, in dem sich der Oberschenkel im Sitzen auf und ab bewegt, sind die kinematischen Abmessungen der Gliederlängen in Tab. 2.1 gegeben.

Die Koppelstangenlänge b ist im gegebenen Beispiel nicht konstant. Aufgrund der Ergonomie wird der Radfahrer in der oberen Oberschenkelstellung den Fuß gegenüber dem Unterschenkel angewinkelt haben und in der unteren Stellung eher gestreckt. Diese dynamische Längenänderung führt in den beiden Grenzlagen zu unterschiedlichen (Koppelstangen-)Längen. Für das Beispiel bedeutet dies, in der oberen Stellung des Oberschenkels (obere Totlage) hat die Koppelstange b eine Länge von 480 mm und in der unteren Stellung (untere Totlage) eine Länge von 560 mm.

Mit diesen Eingangsgrößen aus Tab. 2.1 berechnet sich der äußere Schwingenwinkel (obere Oberschenkelstellung) zu $\psi_a = 59{,}508°$ und der innere Schwingenwinkel zu $\psi_i = 24{,}769°$.

Aus der Differenz der beiden Schwingenwinkel kann jetzt der Schwingbereichswinkel ψ_H nach Gl. (2.1) berechnet werden.

$$\psi_H = \psi_{a-i} = \psi_a - \psi_i = \psi_{max} - \psi_{min} \qquad (2.1)$$

$$\psi_H = 59{,}508^\circ - 24{,}769^\circ = 34{,}739^\circ$$

Diese Information über den Schwingbereichswinkel ist u. a. für die Fahrdynamik und die Ergonomie des Radfahrers von entscheidender Bedeutung.

Quellen und weiterführende Literatur

1. Dittrich, G.; Braune, R.: Getriebetechnik in Beispielen: Grundlagen und 46 Aufgaben aus der Praxis, Oldenbourg, München 1978, 2. Auflage 1987
2. Neuss, J.: Richtig sitzen – locker Radfahren, Ergonomie am Fahrrad, Delius-Klasing-Verlag, Bielefeld, 3. Auflage, 2017

Entwicklung einer Antriebseinheit mit dem Wirkprinzip der Kurbelschwinge

3

Inhaltsverzeichnis

3.1   Konkrete Kundenforderung für die Antriebseinheit 13
Quellen und weiterführende Literatur... 18

Basierend auf einer Kundenanfrage soll eine technische Antriebseinheit entwickelt und konstruiert werden. Die konstruktiven Anforderungen aus dem kundenseitigen Lastenheft sind die Folgenden:

Für ein kundenseitig vorgegebenes Befestigungsblech, Zeichnungsnr. A 225-044-020, siehe Abb. 3.1, soll eine Antriebseinheit entwickelt und konstruiert werden. Die Antriebseinheit soll über das Bezugssystem A | B | C des Befestigungsbleches positioniert und mittels Schrauben (M5) an den vier Schraubpunkten (Durchgangslöcher Ø5,5) an das Blech fixiert werden.

Die zu entwickelnde Antriebseinheit soll später über einen DC-Motor angetrieben werden. Sie soll die Rotation der motorseitigen Antriebswelle über die Kurbel in eine schwingende Bewegung nach dem Wirkprinzip der Kurbelschwinge umsetzen.

Des Weiteren sind in dem Lastenheft gefordert:

Die Schwinge soll eine Verlängerung besitzen, deren Schwingenarm am Ende einen Anschraubpunkt für eine weitere technische Komponente aufweisen soll. Hierfür ist die Lage des Anschraubpunktes zum Bezugssystem des Befestigungsbleches von entscheidender Bedeutung, und zwar für beide Totlagen der Kurbelschwingen-Antriebseinheit. Hieraus wird ein Schwingbereichswinkel ψ_H resultieren. Gefordert wird laut Lastenheft ein Winkel von $\psi_H > 90°$.

F. Mannewitz, *Toleranzanalysen an mehrdimensionalen Maßketten*, https://doi.org/10.1007/978-3-658-49758-3_3

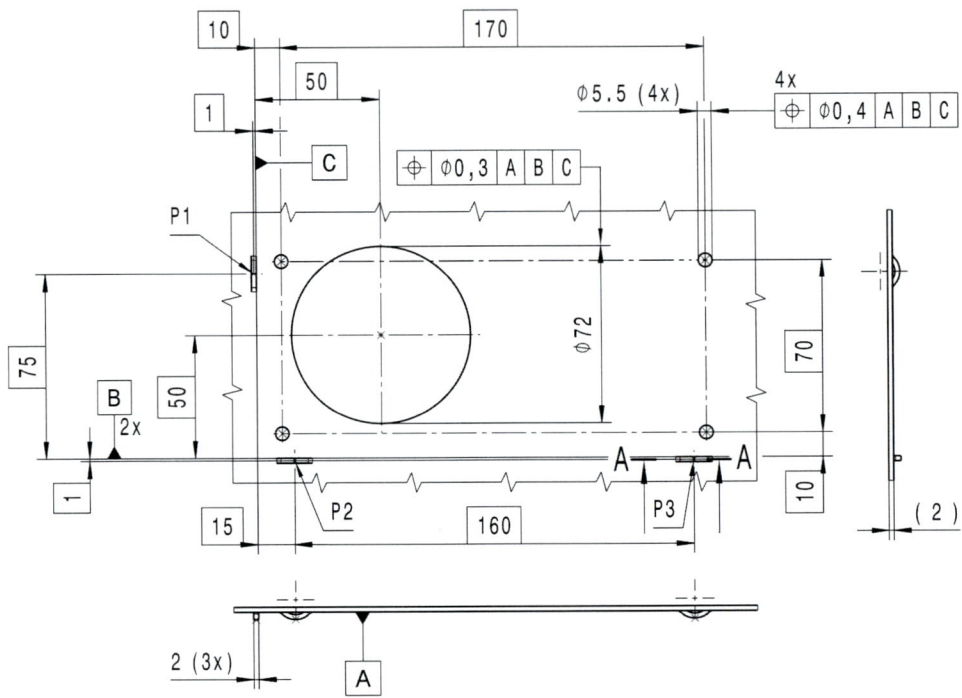

Abb. 3.1 Zeichnungsausschnitt Befestigungsblech (A 225-044-020), siehe Anhang

Abb. 3.2 Prinzipdarstellung
der versetzten Kurbelschwinge

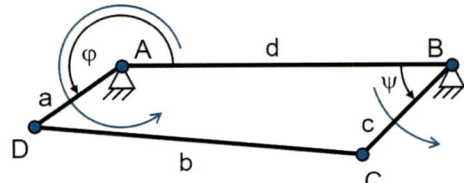

Für die Entwicklung der Antriebseinheit werden jetzt die Konstruktionsphasen Planen, Konzipieren, Entwerfen und Ausarbeiten durchlaufen. Aus der Planungs- und Konzeptionsphase gehen die Bauteile Gestell d, Kurbel a, Koppelstange b und Schwinge c bezüglich der Anforderung hervor, siehe Abb. 3.2.

Zunächst ist zu überprüfen, ob das Kurbelgetriebe umlaufend ist. Für die Überprüfung der Umlauffähigkeit muss nach Grashof die folgende Konstruktionsbedingung erfüllt sein [1]:

$$a^2 + d^2 < b^2 + c^2 \tag{3.1}$$

Damit die Kurbel das umlaufende Glied ist, muss a = l_{min} sein.

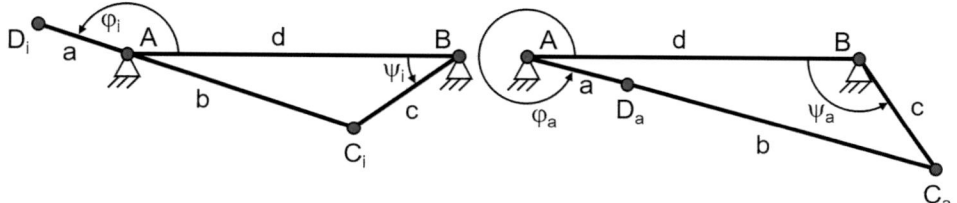

Abb. 3.3 Prinzipdarstellung der versetzten Kurbelschwinge in den Totlagenstellungen. Links: Schwinge in innerer Totlagenstellung. Rechts: Schwinge in äußerer Totlagenstellung

Für die Überprüfung müssen die Bauteile zunächst dimensioniert sein. Unter den Randbedingungen des Bauraumes und der Anforderungen aus dem Lastenheft an den Schwingbereichswinkel ψ_H haben sich nach der Konzeption die folgenden Bauteillängen ergeben: a = 25 mm, b = 80 mm, c = 35 mm und d = 80 mm.

$$a^2 + d^2 < b^2 + c^2$$

$$25^2 + 80^2 < 80^2 + 35^2$$

$$7025 \, \text{mm}^2 < 7625 \, \text{mm}^2$$

Die geforderte Konstruktionsbedingung zur Umlauffähigkeit des Kurbelgetriebes nach Grashof ist erfüllt. In der Konzeption ist b = d, somit liegt hier eine überzentrische Kurbelschwinge vor.

Ein Kurbelgetriebe befindet sich in einer Totlage, wenn sich die Bewegungsrichtung des Abtriebsgliedes (c) bei stetiger Weiterbewegung des Antriebes (a) umkehrt. Das Abtriebsglied (c) befindet sich dann in einer Umkehrlage [1].

Die Antriebskurbel a durchläuft den Winkel φ_H, während sich das Abtriebsglied Schwinge c aus der äußeren in die innere Totlage bewegt, wie Abb. 3.3 zeigt.

Die Überlagerung der beiden Totlagen zeigt die nachfolgende Abb. 3.4, in welcher auch der gesuchte Schwingbereichswinkel ψ_H eingetragen ist.

Die beiden Kurbelwinkel φ_a und φ_i für die äußere bzw. innere Totlage der Kurbelschwinge berechnen sich aus den beiden nachfolgenden Gl. (3.2) und (3.3) [2].

$$\cos\varphi_a = \frac{d^2 - c^2 + (b+a)^2}{2 \cdot d \cdot (b+a)}$$

$$\cos\varphi_a = \frac{80^2 - 35^2 + (80+25)^2}{2 \cdot 80 \cdot (80+25)}$$

$$\cos\varphi_a = 0{,}96428$$

$$\varphi_a = 344{,}642° \tag{3.2}$$

Abb. 3.4 Prinzipdarstellung des Schwingbereichswinkels ψ_H an der versetzten Kurbelschwinge in den beiden überlagerten Totlagen

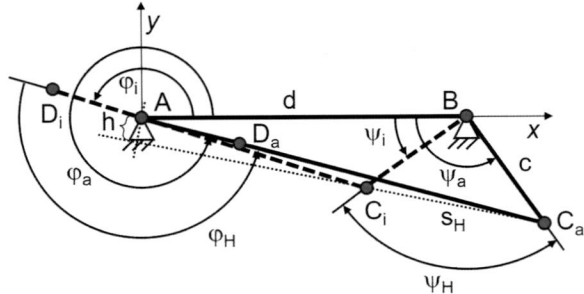

Der innere Kurbelwinkel ergibt sich zu:

$$\cos\varphi_i = -\frac{d^2 - c^2 + (b-a)^2}{2 \cdot d \cdot (b-a)}$$

$$\cos\varphi_i = -\frac{80^2 - 35^2 + (80 - 25)^2}{2 \cdot 80 \cdot (80 - 25)}$$

$$\cos\varphi_i = -0{,}93181$$

$$\varphi_i = 158{,}720° \tag{3.3}$$

Aus der Differenz der beiden Kurbelwinkel lässt sich jetzt der Schwingbereichswinkel φ_H berechnen.

$$\varphi_H = \varphi_a - \varphi_i$$

$$\varphi_H = 344{,}642° - 158{,}72°$$

$$\varphi_H = 185{,}922° \tag{3.4}$$

Dem Ergänzungswinkel entspricht der Rücklauf der Antriebskurbel. Bei einer konstanten Winkelgeschwindigkeit der Antriebskurbel entsprechen auch die Zeiten für Hin- und Rücklauf der Antriebskurbel dem Verhältnis der Winkel $\varphi_H/(360°\text{-}\varphi_H)$ [2].

Der Ergänzungswinkel berechnet sich zu:

$$360° - \varphi_H = 360° - 185{,}922° = 174{,}078° \tag{3.5}$$

Im gegebenen Fall ist durch die Zeiten für Hin- und Rücklauf der Antriebskurbel, welche unterschiedlich sind, eine gewisse Laufeigenschaft des Kurbelgetriebes gegeben.

Die Aspekte der Systemdynamik, wie Übertragungsfunktionen und Winkelbeschleunigungen, sollen in der hier gezeigten Konstruktion unberücksichtigt bleiben.

Die Koordinaten der Schwingenendpunkte (Gelenkpunkte C_a, C_i) in den Totlagen können gemäß den vier nachfolgenden Gl. (3.6), (3.7), (3.8) und (3.9) berechnet werden [2], siehe Abb. 3.4.

Zunächst wird die X-Koordinate des Gelenkpunktes C (Koppelstange/Schwinge) in der äußeren Stellung berechnet.

$$x_{C_a} = (b + a) \cdot \cos\varphi_a$$
$$x_{C_a} = (80 + 25) \cdot \cos 344{,}642°$$
$$x_{C_a} = 101{,}250 \, \text{mm} \tag{3.6}$$

Und die Y-Koordinate des Gelenkpunktes in der äußeren Stellung.

$$y_{C_a} = (b + a) \cdot \sin\varphi_a$$
$$y_{C_a} = (80 + 25) \cdot \sin 344{,}642°$$
$$y_{C_a} = -27{,}809 \, \text{mm} \tag{3.7}$$

Die X-Koordinate des Gelenkpunktes C in der inneren Stellung lautet:

$$x_{C_i} = -(b - a) \cdot \cos\varphi_i$$
$$x_{C_i} = -(80 - 25) \cdot \cos 158{,}72°$$
$$x_{C_i} = 51{,}249 \, \text{mm} \tag{3.8}$$

Und die Y-Koordinate des Gelenkpunktes in der inneren Stellung:

$$y_{C_i} = -(b - a) \cdot \sin\varphi_i$$
$$y_{C_i} = -(80 - 25) \cdot \sin 158{,}72°$$
$$y_{C_i} = -19{,}960 \, \text{mm} \tag{3.9}$$

Daraus berechnet sich der Hub der Schwinge s_H, siehe Abb. 3.4, zu [2]:

$$s_H = \sqrt{\left(x_{C_a} - x_{C_i}\right)^2 + \left(y_{C_a} - y_{C_i}\right)^2}$$
$$s_H = \sqrt{(101{,}25 - 51{,}249)^2 + ((-27{,}809) - (-19{,}96))^2}$$
$$s_H = 50{,}613 \, \text{mm} \tag{3.10}$$

Der Kurbeldrehpunkt A hat von dieser Geraden den Abstand h [2].

$$h = \frac{\left(x_{C_a} \cdot y_{C_i}\right) - \left(x_{C_i} \cdot y_{C_a}\right)}{s_H}$$
$$h = \frac{(101{,}25 \cdot 19{,}96) - (51{,}249 \cdot 27{,}809)}{50{,}613}$$
$$h = 11{,}771 \, \text{mm} \tag{3.11}$$

Dieser Abstand h wird als Versetzung der Kurbelschwinge bezeichnet, siehe Abb. 3.4.

Bei versetzten Kurbelgetrieben ($h \neq 0$) ist der Hub s_H größer als die doppelte Kurbellänge. Die Überprüfung zeigt, dass es sich im gegebenen Fall tatsächlich um ein versetztes Kurbelgetriebe handelt.

$$s_H > 2 \cdot a$$

$$50{,}613\,\text{mm} > 2 \cdot 25\,\text{mm} \tag{3.12}$$

Lastenheftseitig wird ein Schwingbereichswinkel ψ_H von $> 90°$ gefordert. Dieser Winkel kann jetzt anhand des Hubs der Schwinge s_H und der Schwingenlänge c berechnet werden [2].

$$\psi_H = 2 \cdot \arcsin\left(\frac{s_H}{2 \cdot c}\right)$$

$$\psi_H = 2 \cdot \arcsin\left(\frac{50{,}613}{2 \cdot 35}\right)$$

$$\psi_H = 92{,}612° \tag{3.13}$$

Die Forderung aus dem Lastenheft an den Schwingbereichswinkel ist für die gewählten Gliederlängen erfüllt.

Für die spätere Konstruktion werden die Winkelstellungen der Schwinge in den Totlagen wichtig sein. Diese können mithilfe des Kosinussatzes berechnet werden.

Zunächst wird der Schwingenwinkel ψ_a in der äußeren Gelenkstellung C_a, von Drehgelenk C aus betrachtet, nach der Gl. (3.14) berechnet.

$$\psi_a = \arccos\left(\frac{c^2 + d^2 - (b+a)^2}{2 \cdot c \cdot d}\right)$$

$$\psi_a = \arccos\left(\frac{35^2 + 80^2 - (80 + 25)^2}{2 \cdot 35 \cdot 80}\right)$$

$$\psi_a = 127{,}383° \tag{3.14}$$

Anschließend wird der Schwingenwinkel ψ_i in der inneren Gelenkstellung C_i von Drehgelenk C nach der Gl. (3.15) berechnet.

$$\psi_i = arccos\left(\frac{c^2 + d^2 - (b-a)^2}{2 \cdot c \cdot d}\right)$$

$$\psi_i = arccos\left(\frac{35^2 + 80^2 - (80 - 25)^2}{2 \cdot 35 \cdot 80}\right)$$

$$\psi_i = 34{,}772° \tag{3.15}$$

Aus der Differenz dieser beiden Winkel lässt sich der Schwingbereichswinkel ψ_H berechnen.

$$\psi_H = \psi_a - \psi_i$$
$$\psi_H = 127{,}383° - 34{,}772°$$
$$\psi_H = 92{,}612° \tag{3.16}$$

Dieses Ergebnis ist identisch mit dem bereits zuvor berechneten Schwingbereichswinkel.

3.1 Konkrete Kundenforderung für die Antriebseinheit

Die konkreten kundenseitigen Anforderungen für die Totlage in der Außenstellung zeigt Abb. 3.5. Die Forderungen für die Innenstellung der Schwinge, in der zweiten Totlage, sind für den Schraubpunkt $SP_{a/i}$ die Gleichen.

Die kundenseitigen Anforderungen betreffen zum einen die Lage des Schraubpunktes gegenüber dem Montagebezugssystem A | B | C der Komponente Antriebseinheit an das Befestigungsblech. Hierfür muss die extrahierte Mittellinie der Anschraubbohrung SP_a im Schwingenarm innerhalb einer zylindrischen Zone vom Durchmesser 2,0 mm liegen, deren Achse mit dem theoretisch exakten Ort der betrachteten Bohrung zu den Bezugsebenen A, B und C übereinstimmt [3].

Zum anderen wird eine maximale Neigungsabweichung des Schwingenarms gegenüber dem Bezugssystem A | B | C von 2,0 mm gefordert. D. h., die extrahierte Mittellinie des Schwingenarms muss zwischen zwei parallelen Ebenen vom Abstand 2,0 mm liegen, die

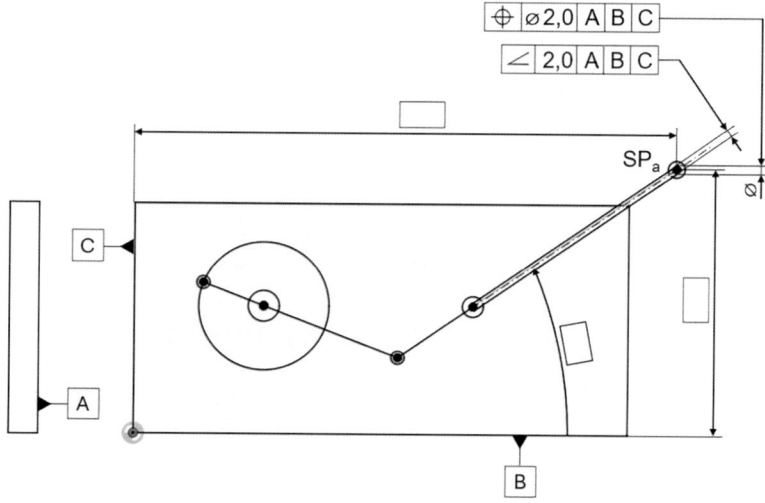

Abb. 3.5 Qualitätsanforderungen an der Antriebseinheit für die Außenstellung der Kurbelschwinge gemäß Lastenheft

in einem theoretisch exakten Winkel zum gemeinsamen Bezugssystem A | B | C geneigt sind [3].

Diese Neigungstoleranz kann in eine Winkeltoleranz umgerechnet werden. Hierzu muss die Schwingenarmlänge e von 95 mm berücksichtigt werden. Die Schwingenarmlänge wird nachfolgend in diesem Kapitel dimensioniert. Die nachfolgende Berechnung basiert auf einem rechtwinkligen Dreieck und erfasst somit die einseitige Neigungstoleranz.

$$\gamma = \arcsin\left(\frac{\frac{t_{Neigung}}{2}}{e}\right) = \arcsin\left(\frac{\frac{2}{2}}{95}\right) = 0{,}6031° \tag{3.17}$$

Hieraus kann eine Qualitätsanforderung für den Schwingenarmwinkel von gerundet $\pm 0{,}6°$ festgelegt werden.

Die Qualitätsanforderung für den Schwingenarmwinkel, in Form der Neigungstoleranz, ist redundant zu der geforderten Positionstoleranz des Schraubpunktes SP. Eine der beiden Qualitätsanforderungen für sich wäre vollkommen ausreichend, da die Neigung des Schwingenarms auch gleichzeitig die Position des Schraubpunktes festlegt. Auf dieser Basis sind die beiden Qualitätsanforderungen auch gleich groß gewählt.

In diesem Beispiel Antriebeinheit ist die Qualitätsanforderung der Neigung jedoch gezielt ergänzend angeführt worden, um aufzuzeigen, dass neben den gewöhnlichen Längenmaßen (lineare und andere als lineare Größenmaße) auch Winkelmaße (Winkelgrößenmaße) berechnet werden können.

Unter dieser Voraussetzung benötigen die beiden Qualitätsanforderungen Position und Neigung für die Außenstellung des Schwingenarms drei „theoretisch exakte Maße",[1] auch „TED-Maße" genannt, sowie drei weitere theoretisch exakte Maße für die Innenstellung des Schwingenarms. Diese TED-Maße müssen im weiteren Verlauf der Konstruktion mit dem Kunden abgestimmt werden.

Die dritte globale Kundenanforderung betrifft den Schwingbereichswinkel ψ_H. Hier ist die Forderung $\psi_H > 90°$. Damit sind sämtliche geometrische Kundenanforderungen aus Sicht der Schnittstellenbetrachtung bekannt.

Zusammenfassend bestehen folgende kundenseitigen geometrischen Anforderungen an die Antriebseinheit:

Schwingenarm:

- In Außen- und Innenstellung: Max. Positionsabweichung von Ø2 mm des Schraubpunktes SP zum Bezugssystem
- Schwingbereichswinkel $\psi_H > 90°$

Basierend auf den geometrischen Anforderungen kann mit der konzeptionellen Auslegung der Antriebseinheit begonnen werden.

---

[1] Theoretical exact dimension (TED), DIN EN ISO 1101 [3].

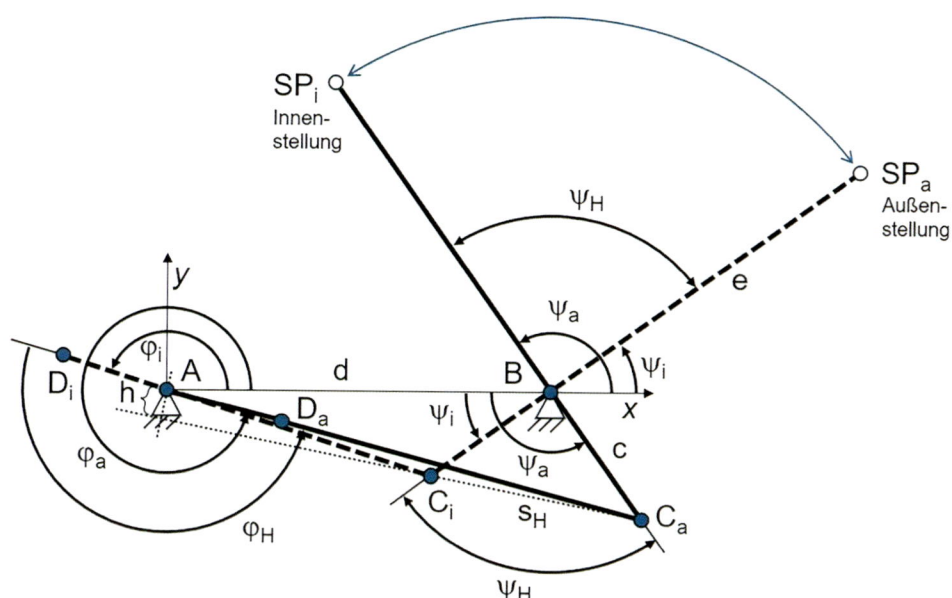

Abb. 3.6 Modell der versetzten Kurbelschwinge mit verlängertem Schwingenarm e

Trotz der verlängerten Schwinge um den Schwingenarm e mit dem Schraubpunkt SP bleiben die beiden Schwingenwinkel $\psi_{i/a}$ an der Antriebseinheit unverändert, siehe Abb. 3.6.

Der Grundaufbau der Antriebskonstruktion ist der Folgende: Das Gestell wird durch eine Grundplatte repräsentiert. In dieser Grundplatte werden die beiden Festlagerstellen A und B kartesisch in X- und Y-Koordinaten zum Bezugssystem Grundplatte angegeben. Dieses Bezugssystem ist identisch mit dem der Komponente Antriebseinheit: Eine Kurbel mit zwei Gelenkpunkten (A, D), eine Koppelstange, ebenfalls mit zwei Gelenkpunkten (D, C), sowie eine Schwinge, bestehend aus Schwinge und Schwingenarm, mit insgesamt drei Drehpunkten (C, B, SP). Hier repräsentiert der obere Drehpunkt den Anschraubpunkt SP, siehe Abb. 3.7.

Abb. 3.8 zeigt neben den Längenbezeichnungen der Glieder (Variablen) auch die kartesischen X- und Y-Koordinaten der beiden Fest- bzw. Gelenklagerstellen an der Grundplatte an.

Gemäß dieser Bauteilbezeichnungen in Abb. 3.8 werden entsprechend der Tab. 3.1 die Größenmaße dimensioniert.

Basierend auf diesen Nennmaßen können jetzt die zwei theoretisch exakten Maße x_{SPa} und y_{SPa} zunächst für die Außenstellung des Schwingenarms berechnet werden. Der „theoretisch exakte Winkel" ist mit $\psi_i = 34{,}772°$ bereits bekannt.

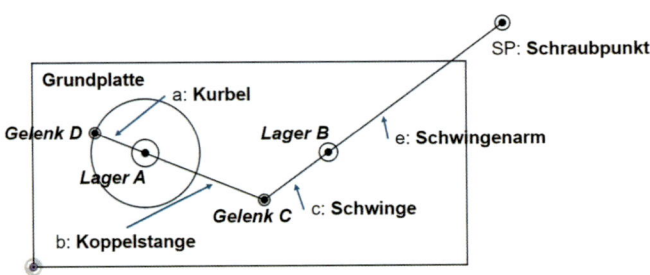

Abb. 3.7 Prinzipdarstellung der versetzten Kurbelschwinge mit verlängertem Schwingenarm e in der äußeren Totlage

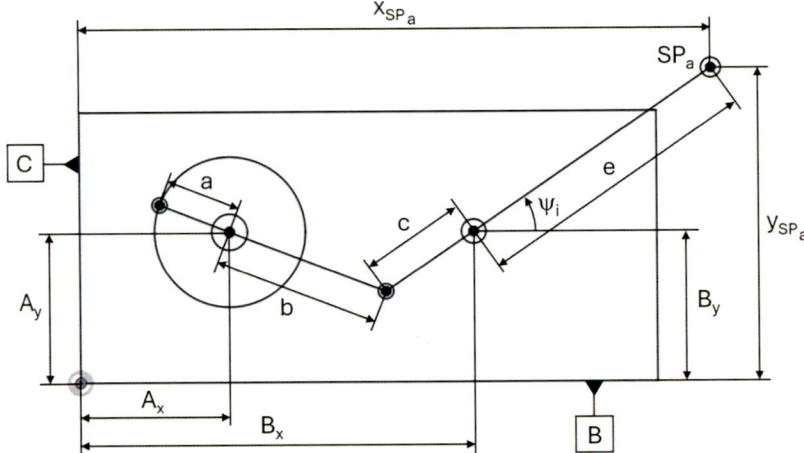

Abb. 3.8 Prinzipdarstellung der versetzten Kurbelschwinge mit verlängertem Schwingenarm e in der äußeren Totlage – Bezeichnung der Variablen

Tab. 3.1 Eingangsgrößen für die Baugruppe der Antriebseinheit

Kurzzeichen	Bauteil	Nennmaß [mm]
A_x	Grundplatte	50
A_y	Grundplatte	50
B_x	Grundplatte	130
B_y	Grundplatte	50
a	Kurbel	25
b	Koppelstange	80
c	Schwinge	35
e	Schwingenarm	95

Der horizontale Abstand des Schraubpunktes SP_a zu dem Tertiärbezug C berechnet sich anhand des inneren Schwingenwinkels ψ_i zu:

$$x_{SP_a} = B_x + e \cdot \cos\psi_i$$
$$x_{SP_a} = 130 + 95 \cdot \cos 34{,}772°$$
$$x_{SP_a} = 208{,}036\,\text{mm} \tag{3.18}$$

Und der vertikale Abstand des Schraubpunktes SP_a zu dem Sekundärbezug B berechnet sich zu:

$$y_{SP_a} = B_y + e \cdot \sin\psi_i$$
$$y_{SP_a} = 50 + 95 \cdot \sin 34{,}772°$$
$$y_{SP_a} = 104{,}18\,\text{mm} \tag{3.19}$$

Diese beiden theoretisch exakten Maße sind in der Abb. 3.9 eingetragen.

Wie bereits erwähnt, müssen die drei erforderlichen theoretisch exakten Maße/Winkel bzw. Designziele nachträglich mit dem Kunden abgestimmt werden. Gleiches gilt für die theoretisch exakten Maße für die Innenstellung des Schwingenarms.

Vorausgesetzt, dass diese TED-Maße bestätigt werden, kann jetzt mit der Fortführung der Konstruktion begonnen werden.

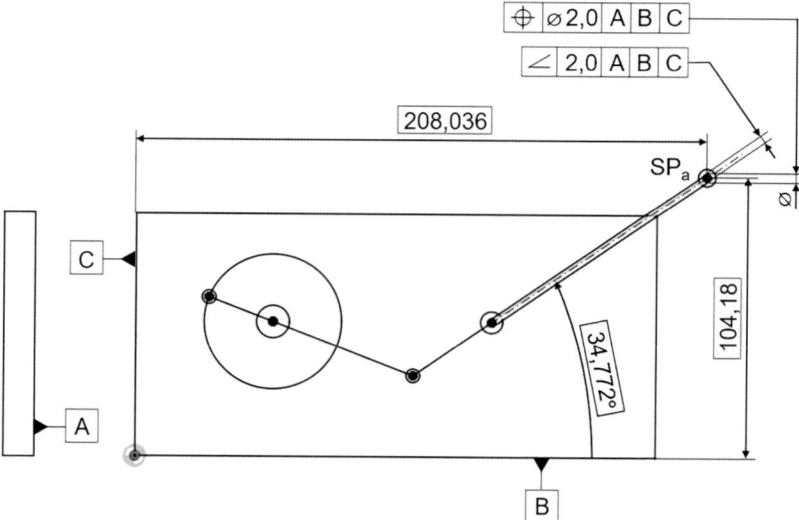

Abb. 3.9 Qualitätsanforderungen an der Antriebseinheit für die Außenstellung der Kurbelschwinge mit den theoretisch exakten Maßen (TED)

Hierfür müssen die Bauteile Grundplatte, Kurbel, Koppelstange und Schwinge aus-konstruiert werden. Der DC-Antriebsmotor ist ein Standardprodukt, welches der Kunde später bereitstellt. Betriebsmittel wie Lehren oder Vorrichtungen zum Positionieren der Bauteile sind in dieser Aufgabenstellung nicht existent.

Die kundenseitigen Qualitätsanforderungen sollen hinsichtlich der Prozessfähigkeits-indizes von C_p und $C_{pk} > 1{,}33$ eingehalten werden. Der Nachweis hierüber ist in Form einer (statistischen) Toleranzberechnung zu erbringen.

Mögliche Einflüsse aufgrund von dynamischen Effekten, wie beispielsweise die Massenträgheiten der bewegten Lenker, werden innerhalb der Toleranzbetrachtung ver-nachlässigt.

Durch die Aufspaltung der beiden Positionstoleranzen der Fest- bzw. Gelenklager-stellen an der Grundplatte in kartesische X- und Y-Koordinaten ergeben sich sieben zu berechnende Maßketten an der Antriebseinheit. Zur besseren Übersicht werden diese Maßketten mit einem Nummernschlüssel versehen. Hiernach sind die nachfolgenden Maßketten arithmetisch und statistisch zu berechnen:

110-1   X-Abstand des Schraubpunktes SP_a in der Außenstellung
120-1   Y-Abstand des Schraubpunktes SP_a in der Außenstellung
130-1   Schwingenwinkel ψ_i in der Außenstellung
210-1   X-Abstand des Schraubpunktes SP_i in der Innenstellung
220-1   Y-Abstand des Schraubpunktes SP_i in der Innenstellung
230-1   Schwingenwinkel ψ_a in der Innenstellung
300-1   Schwingbereichswinkel ψ_H

Eine Visualisierung der zu berechnenden Qualitätsmerkmale befindet sich im Anhang, Abschn. 15.5, Ergebnisdokumentation der Toleranzanalyse an der Antriebseinheit.

Quellen und weiterführende Literatur

1. Dittrich, G.; Braune, R.: Getriebetechnik in Beispielen: Grundlagen und 46 Aufgaben aus der Praxis, Oldenbourg, München 1978, 2. Auflage 1987
2. Dittrich, G.: Ebene Kurbelschwinge mit einstellbarer Versetzung, IGM-Getriebesammlung 239, Institut für Getriebetechnik und Maschinendynamik der RWTH Aachen, 2000
3. DIN EN ISO 1101: Geometrische Produktspezifikation (GPS) – Geometrische Tolerierung – Tolerierung von Form, Richtung, Ort und Lauf, Beuth-Verlag, Berlin, 2017

Geometriefaktoren in Maßketten

4

Inhaltsverzeichnis

4.1 Direkte Maße in linearen Maßketten. 19
4.2 Geometriefaktoren in linearen und nichtlinearen Maßketten 20
Quellen und weiterführende Literatur 24

4.1   Direkte Maße in linearen Maßketten

„Eine Maßkette ist die geometrische Zusammenfassung mehrerer zusammenwirkender Einzelmaße. Maßketten im Sinne dieser Norm sind lineare Maßketten von unabhängigen Einzelmaßen." [1]

Aus den unabhängigen tolerierten Einzelmaßen M_i, die hier „Funktionsmaße" genannt werden, resultiert das Schließmaß bzw. Qualitätsmerkmal. Die Funktionsmaße wirken somit direkt auf das Schließmaß M_0 und weisen dabei in der Regel unterschiedliche Vorzeichenrichtungen auf. Es wird hierbei zwischen positiven und negativen Einzelmaßen unterschieden. Die Definitionen lauten wie folgt:

Positives Maß: „Ein direktes Maß ist der positiven Zählrichtung zugeordnet, wenn seine Vergrößerung das Schließmaß in positiver Richtung verändert, indem es das Spiel vergrößert oder das Übermaß verkleinert, unter der Voraussetzung, dass alle anderen Maße der Maßkette konstant bleiben." [2] In einer linearen Maßkette ist der Richtungskoeffizient dann „+1".

Negatives Maß: „Ein direktes Maß ist der negativen Zählrichtung zugeordnet, wenn seine Vergrößerung das Schließmaß in negativer Richtung verändert, indem es das Spiel verkleinert oder das Übermaß vergrößert, unter der Voraussetzung, dass alle anderen Maße

F. Mannewitz, *Toleranzanalysen an mehrdimensionalen Maßketten*,
https://doi.org/10.1007/978-3-658-49758-3_4

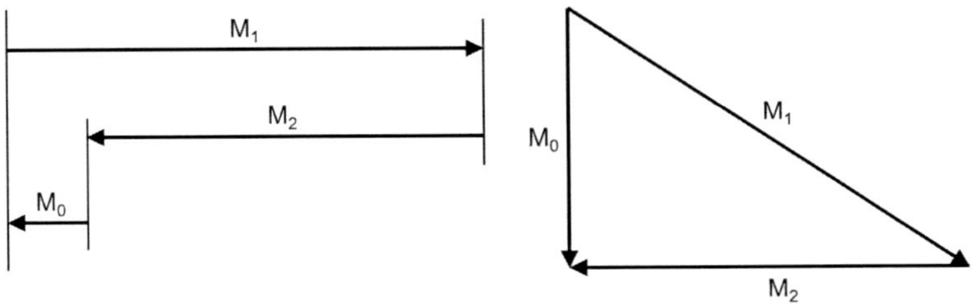

Lineare geometrische Maßkette   Nichtlineare geometrische Maßkette

Abb. 4.1 Beispiel für eine zweigliedrige lineare und nichtlineare geometrische Maßkette

der Maßkette konstant bleiben." [2] Dementsprechend ist in einer linearen Maßkette der Richtungskoeffizient „−1".

Die unterschiedlichen Wirkrichtungen der einzelnen Funktionsmaße, welche nichts anderes als Vektoren sind, führen in Ergänzung des Schließmaßes zu einem geschlossenen Vektorzug, siehe Abb. 4.1, links.

Die Richtungskoeffizienten in den linearen Maßketten entsprechen in den nichtlinearen Maßketten den Geometriefaktoren.

4.2 Geometriefaktoren in linearen und nichtlinearen Maßketten

Ein wesentlicher Aspekt bei der Toleranzanalyse[1] von nichtlinearen bzw. mehrdimensionalen geometrischen Maßketten liegt in der Ermittlung der Geometriefaktoren.

Lineare oder nichtlineare Maßketten sind, mathematisch gesehen, Funktionsgleichungen. Hierbei ist die lineare Maßkette eine lineare Funktionsgleichung und ein Sonderfall. Innerhalb einer linearen Maßkette haben alle Glieder einen Geometriefaktor, wie erwähnt auch „Richtungskoeffizient" genannt, von „+" oder „−" 1. D. h., dass jedes Maßkettenglied sowohl mit dem Nennmaß als auch mit der Toleranzbreite seinen Einfluss mit dem Faktor 1 auf das gesuchte Baugruppenmaß ausübt. Bei einem Geometriefaktor von „+1" vergrößert und bei „−1" verkleinert es das Baugruppenmaß um den Betrag der Veränderung.

Der Geometriefaktor „+1" repräsentiert dabei das Innenmaß („Bohrung") und der Geometriefaktor „−1" das Außenmaß („Welle") einer Passung.

Ein Beispiel für eine zweigliedrige lineare geometrische Maßkette ist in Gl. (4.1) gegeben. M_i steht hierin für ein toleriertes Maß, siehe Abb. 4.1, links.

---

[1] Anm.: Toleranzanalyse wird auch als Toleranzrechnung, Toleranzberechnung oder Maßkettenberechnung bezeichnet.

$$M_0 = M_1 - M_2 \tag{4.1}$$

Dementsprechend berechnet sich das Nennschließmaß N_0 der zweigliedrigen linearen Maßkette gemäß der nachfolgenden Gl. (4.2).

$$N_0 = N_1 - N_2 \tag{4.2}$$

Für die Nennmaße $N_1 = 12$ mm und $N_2 = 10$ mm berechnet sich das Nennschließmaß zu:

$$N_0 = 12 - 10 = 2\,\text{mm}$$

Die Funktionsgleichung bzw. Maßkettengleichung lautet:

$$y = N_0 = f(N_1; N_2) = N_1 - N_2 \tag{4.3}$$

Werden jetzt die 1. Ableitungen für die beiden Variablen gebildet, so resultieren hieraus die Geometriefaktoren.

$$\frac{\partial N_0}{\partial N_1} = \frac{\partial}{\partial N_1}[N_1 - N_2] = f'(N_1) = 1 \tag{4.4}$$

$$\frac{\partial N_0}{\partial N_2} = \frac{\partial}{\partial N_2}[N_1 - N_2] = f'(N_2) = -1 \tag{4.5}$$

Wenn beispielhaft N_1 um 0,1 mm anwächst, während M_2 konstant bleibt, dann wird $N_0 = 2,1$ mm groß, also ein Zuwachs um 0,1 mm. Wächst hingegen N_2 um 0,1 mm an, während M_1 konstant bleibt, dann wird $N_0 = 1,9$ mm groß, also eine Reduzierung um 0,1 mm. Die Veränderung einer der beiden Variablen wirkt direkt 1 zu 1 auf das Baugruppenmaß entsprechend dem Vorzeichen, weil die Steigung der Funktionsgleichung die Größe 1 aufweist. Die Steigung mit ± 1 ist ein Sonderfall bei den Maßkettengleichungen.

Die Abb. 4.2 zeigt, dass die Ableitungen für die linearen Maßkettenglieder innerhalb eines bestimmten Intervalls [a; b] konstant sind.

In einer nichtlinearen Maßkette hingegen, also in einer nichtlinearen Funktionsgleichung, hat mindestens ein Glied einen Geometriefaktor, welcher ungleich „+" oder „–" 1 ist.

Eine zweigliedrige nichtlineare geometrische Maßkette zeigt das Beispiel Pythagoras in Gl. (4.6), wo die Länge der Kathete M_0 gesucht wird, siehe Abb. 4.1, rechts. M_i sind hierin wieder die tolerierten Maße.

$$M_0 = \sqrt{M_1^2 - M_2^2} \tag{4.6}$$

Für die beiden Nennmaße $N_1 = 12$ mm und $N_2 = 10$ mm berechnet sich das Nennschließmaß N_0 der zweigliedrigen nichtlinearen Maßkette gemäß der nachfolgenden Gl. (4.7) zu:

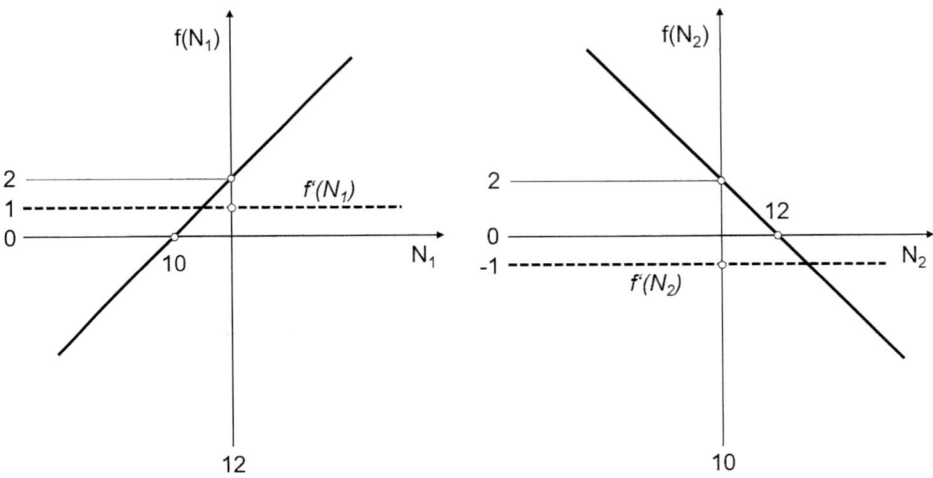

Abb. 4.2 1. Ableitungen für die linearen Funktionen $y = f(N_1)$ und $y = f(N_2)$

$$N_0 = \sqrt{N_1^2 - N_2^2}$$
$$N_0 = \sqrt{12^2 - 10^2} = 6{,}633\,\text{mm} \tag{4.7}$$

Die Funktionsgleichung bzw. Maßkettengleichung lautet:

$$y = N_0 = f(N_1; N_2) = \sqrt{N_1^2 - N_2^2} \tag{4.8}$$

Werden jetzt wieder die 1. Ableitungen für die beiden Variablen gebildet, so resultieren hieraus die Geometriefaktoren.

$$\frac{\partial N_0}{\partial N_1} = \frac{\partial}{\partial N_1}\left[\sqrt{N_1^2 - N_2^2}\right] = f'(N_1 = 12)$$
$$f'(N_1 = 12) = \frac{N_1}{\sqrt{N_1^2 - N_2^2}} = \frac{12}{\sqrt{12^2 - 10^2}} = 1{,}809 \tag{4.9}$$

$$\frac{\partial N_0}{\partial N_2} = \frac{\partial}{\partial N_2}\left[\sqrt{N_1^2 - N_2^2}\right] = f'(N_2 = 10)$$
$$f'(N_2 = 10) = -\frac{N_2}{\sqrt{N_1^2 - N_2^2}} = -\frac{10}{\sqrt{12^2 - 10^2}} = -1{,}507 \tag{4.10}$$

Die Größenordnungen der Geometriefaktoren zeigen direkt den Einfluss der betreffenden Maßkettenglieder, sowohl hinsichtlich des Nennmaßes als auch der Toleranzbreite, auf das gesuchte Baugruppenmaß an. So wirkt in diesem Beispiel das Maßkettenglied

M_1 mit dem Faktor 1,8 vergrößernd und M_2 mit dem Faktor $-1,5$ verkleinernd auf das gesuchte Baugruppenmaß.

Wenn jetzt beispielhaft N_1 um 0,1 mm anwächst, während M_2 konstant bleibt, dann wird $N_0 = 6,812$ mm groß, also ein Zuwachs um 0,18 mm. Wächst hingegen N_2 um 0,1 mm an, während M_1 konstant bleibt, dann wird $N_0 = 6,48$ mm groß, also eine Reduzierung um 0,15 mm.

Dieser Sachverhalt unterscheidet die Zusammenhänge der nichtlinearen Maßketten doch sehr deutlich von den linearen Maßketten.

Die Abb. 4.3 zeigt einen weiteren Unterschied, nämlich, dass die 1. Ableitungen für die nichtlinearen Maßkettenglieder innerhalb eines bestimmten Intervalls [a; b] nicht konstant sind – im Gegensatz zu den linearen Maßketten.

Das Beispiel macht deutlich, welche enorme Bedeutung den Geometriefaktoren bei der Toleranzanalyse zukommt.

Dieser Zusammenhang in der Toleranzanalyse ist sehr mathematisch geprägt. So ist die korrekte mathematische Bezeichnung für den Geometriefaktor „partieller Differenzialquotient". Oftmals werden in der Toleranzanalyse die partiellen Differenzialquotienten auch als Linearitätskoeffizienten oder Gewichtungsfaktoren bezeichnet.

Zur Ermittlung der Geometriefaktoren existieren verschiedene Lösungsansätze, welche im Einzelnen nachfolgend vorgestellt werden. Diese sind:

- Linearisierung einer Funktion
- Variation der Variablen einer Gleichung
- Geometrische Variation der Maßkettenglieder

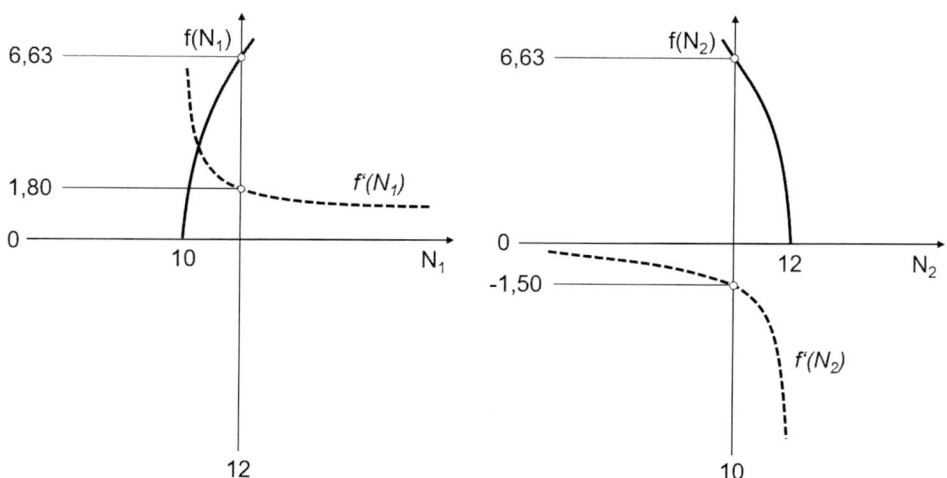

Abb. 4.3 1. Ableitungen für die nichtlinearen Funktionen $y = f(N_1)$ und $y = f(N_2)$

Für das Selbststudium zu diesem Themengebiet sind ausführliche Beispiele unerlässlich. Daher werden bewusst die nachfolgenden Verfahren explizit für das diskutierte Beispiel der Antriebseinheit Kurbelschwinge für die Außenstellung erörtert.

Quellen und weiterführende Literatur

1. DIN 7186, Blatt 1: Statistische Tolerierung – Begriffe, Anwendungsrichtlinien und Zeichnungs-angaben, Beuth-Verlag, Berlin 1974, (zurückgezogen)
2. Klein, B.; Mannewitz, F.: Statistische Tolerierung, Vieweg-Verlag, Braunschweig/Wiesbaden 1993

Ermittlung der Geometriefaktoren für die Außenstellung der Schwinge

Inhaltsverzeichnis

5.1 Linearisierung einer Funktion 25
    5.1.1 Geometriefaktoren für den X-Abstand des Schraubpunktes SP_a (110-1) 27
    5.1.2 Geometriefaktoren für den Y-Abstand des Schraubpunktes SP_a (120-1) 29
    5.1.3 Geometriefaktoren für den Schwingenwinkel ψ_i (130-1) 34
5.2 Variation der Variablen 37
    5.2.1 Geometriefaktoren für den X-Abstand des Schraubpunktes SP_a (110-1) 39
    5.2.2 Geometriefaktoren für den Y-Abstand des Schraubpunktes SP_a (120-1) 43
    5.2.3 Geometriefaktoren für den Schwingenwinkel ψ_i (130-1) 49
5.3 Geometrisches Verfahren 53
    5.3.1 Geometriefaktoren für den X- und Y-Abstand des Schraubpunktes SP_a sowie für den Schwingenwinkel ψ_i 55
5.4 Gegenüberstellung der Geometriefaktoren aus den verschiedenen Verfahren 73
5.5 Geometriefaktoren der Positionstoleranzen an der Grundplatte 74
    5.5.1 Interpretation von Positionsabweichungen in 3DCS 76
5.6 Vektoranalysis zur Ermittlung der Geometriefaktoren 78
Quellen und weiterführende Literatur 83

5.1 Linearisierung einer Funktion

Eine nichtlineare Funktion $y = f(x)$ lässt sich in der Umgebung eines Kurvenpunktes $P(x_0; y_0)$ näherungsweise durch die dortige Tangente (lineare Funktion) ersetzen [1]. Der Kurvenpunkt P wird auch als Arbeitspunkt bezeichnet, siehe Abb. 5.1.

Die Tangentengleichung im Arbeitspunkt $P(x_0; y_0)$ lautet:

$$f'(x_0) = \frac{y - y_0}{x - x_0} = \frac{\Delta y}{\Delta x} \tag{5.1}$$

© Der/die Autor(en), exklusiv lizenziert an Springer Fachmedien Wiesbaden GmbH, ein Teil von Springer Nature 2026
F. Mannewitz, *Toleranzanalysen an mehrdimensionalen Maßketten*,
https://doi.org/10.1007/978-3-658-49758-3_5

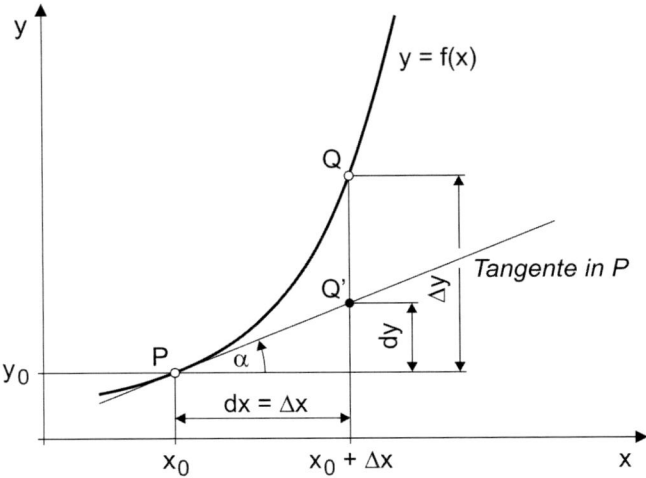

Abb. 5.1 Ableitung einer Funktion y = f(x)

Für kleine Änderungen Δx ist Δy $\approx$ dy.

$f'(x_0)$ ist die Steigung der Kurventangente an der Stelle x_0. Die Steigung $f'(x_0)$ wird auch als die 1. Ableitung an der Stelle x_0 bezeichnet. Für $f'(x_0)$ existiert auch die Schreibweise

$$\frac{dy}{dx}\bigg|_{x=x_0} \tag{5.2}$$

Dieser Quotient wird als Differenzialquotient der Funktion y = f(x) an der Stelle $x = x_0$ bezeichnet.

Eine Funktion y = f(x) ist an der Stelle x_0 differenzierbar, wenn folgender Grenzwert vorhanden ist:

$$\lim_{\Delta x \to 0} \frac{\Delta y}{\Delta x} = \lim_{\Delta x \to 0} \frac{f(x_0 + \Delta x) - f(x_0)}{\Delta x} \tag{5.3}$$

Eine im Intervall differenzierbare Funktion ist stetig. Die Stetigkeit ist eine notwendige Bedingung für die Differenzierbarkeit einer Funktion.

Bei einer Funktion $y = f(x_1; x_2; \ldots; x_n)$ von n unabhängigen Variablen $x_1, x_2, \ldots, x_n$ lassen sich insgesamt n partielle Ableitungen 1. Ordnung bilden.

Die partielle Differentiation wird auf die gewöhnliche Differentiation einer Funktion mit einer Variablen zurückgeführt.

Die partiellen Differenzialquotienten 1. Ordnung werden wie folgt geschrieben:

$$\frac{\partial}{\partial x_i}\big[f(x_1; x_2; \ldots; x_n)\big] = f'(x_1; x_2; \ldots; x_n)$$

$$= f_{x_i}(x_1; x_2; \ldots; x_n) \tag{5.4}$$

Für die Ermittlung der Geometriefaktoren im Rahmen der Toleranzanalyse nichtlinearer Maßketten wird an der Stelle $x_i = N_i$ abgeleitet, also an der Nominalgeometrie des CAD-Modells.

$$\frac{\partial}{\partial x_i}\left[f\left(x_1; x_2; \ldots; x_n\right)\right]_{x_i = N_i} \tag{5.5}$$

N_i sind die Nennmaße der betreffenden Variablen.

Dieser Sachverhalt wird nachfolgend zur Ermittlung der Geometriefaktoren angewandt. Richtigerweise werden nachfolgend die partiellen Differenzialquotienten für die Variablen der Antriebseinheit entsprechend den Qualitätsanforderungen berechnet. Bei der Toleranzanalyse entspricht der Arbeitspunkt P dem Nennschließmaß N_0, also dem Nennmaß der gesuchten Baugruppenfunktion.

In der späteren Berechnung von Maßkettengleichungen sind mindestens zwei Variablen innerhalb einer Maßkette vorhanden. Hier muss für jede Variable die 1. Ableitung berechnet werden, sofern die Funktion im Intervall stetig ist.

Die Voraussetzung zur Linearisierung ist die Kenntnis der Maßkettengleichung bzw. Funktionsgleichung der gesuchten Baugruppenfunktion.

In den nachfolgenden Unterkapiteln werden die Geometriefaktoren mittels Linearisierung der Maßkettengleichung für die Außenstellung der Antriebseinheit ermittelt. Wie bereits erwähnt, ist die Voraussetzung zur Linearisierung der Maßkettengleichung deren Kenntnis. Dieses ist für die drei Qualitätsanforderungen x_{SP}, y_{SP} und ψ der Antriebseinheit für die Außen- und Innenstellung gegeben.

5.1.1 Geometriefaktoren für den X-Abstand des Schraubpunktes SP$_a$ (110-1)

Gemäß der Konstruktionsdaten berechnet sich der nominale X-Abstand des Schraubpunktes SP$_a$ des Schwingenarms für die Außenstellung nach der folgenden Gl. (5.6).

$$x_{SP_a} = B_x + e \cdot \left(\frac{c^2 + (B_x - A_x)^2 - (b - a)^2}{2 \cdot c \cdot (B_x - A_x)}\right) \tag{5.6}$$

Jetzt werden für diese Gl. (5.6) die partiellen Differenzialquotienten für die Variablen A_x, B_x, a, b, c und e gebildet. Abgeleitet wird dabei immer an der Nominalstruktur der CAD-Konstruktion.

Beginnend mit der Variablen A_x an der Grundplatte ergibt sich der partielle Differenzialquotient zu:

$$\alpha_{A_x} = \frac{\partial x_{SP_a}}{\partial A_x} = \frac{\partial}{\partial A_x}\left[B_x + e \cdot \left(\frac{c^2 + (B_x - A_x)^2 - (b - a)^2}{2 \cdot c \cdot (B_x - A_x)}\right)\right] \tag{5.7}$$

$$\alpha_{A_x} = \frac{e \cdot \left((B_x - A_x)^2 + c^2 - (b - a)^2\right)}{2 \cdot c \cdot (B_x - A_x)^2} - \frac{e}{c} \tag{5.8}$$

$$\alpha_{A_x} = \frac{95 \cdot \left((130 - 50)^2 + 35^2 - (80 - 25)^2\right)}{2 \cdot 35 \cdot (130 - 50)^2} - \frac{95}{35}$$

$$\alpha_{A_x} = -1{,}738839$$

Für das Differenzieren einer Funktion existieren eine Reihe von Ableitungsregeln, wie die Faktor-, Summen-, Produkt-, Quotienten- oder Kettenregel. Deren konventionelle analytische Anwendung erscheint eher aufwendig.

Glücklicherweise existieren hierfür auch kostenfreie Online-Anwendungen im Internet. Der partielle Differenzialquotient für den Abstand B_x an der Grundplatte berechnet sich zu:

$$\alpha_{B_x} = \frac{\partial x_{SP_a}}{\partial B_x} = \frac{\partial}{\partial B_x}\left[B_x + e \cdot \left(\frac{c^2 + (B_x - A_x)^2 - (b - a)^2}{2 \cdot c \cdot (B_x - A_x)}\right)\right] \tag{5.9}$$

$$\alpha_{B_x} = 1 + \frac{e}{c} - \frac{e \cdot \left((B_x - A_x)^2 + c^2 - (b - a)^2\right)}{2 \cdot c \cdot (B_x - A_x)^2} \tag{5.10}$$

$$\alpha_{B_x} = 1 + \frac{95}{35} - \frac{95 \cdot \left((130 - 50)^2 + 35^2 - (80 - 25)^2\right)}{2 \cdot 35 \cdot (130 - 50)^2}$$

$$\alpha_{B_x} = 2{,}738839$$

Der partielle Differenzialquotient für die Kurbellänge a berechnet sich zu:

$$\alpha_a = \frac{\partial x_{SP_a}}{\partial a} = \frac{\partial}{\partial a}\left[B_x + e \cdot \left(\frac{c^2 + (B_x - A_x)^2 - (b - a)^2}{2 \cdot c \cdot (B_x - A_x)}\right)\right] \tag{5.11}$$

$$\alpha_a = \frac{e \cdot (b - a)}{c \cdot (B_x - A_x)} \tag{5.12}$$

$$\alpha_a = \frac{95 \cdot (80 - 25)}{35 \cdot (130 - 50)}$$

$$\alpha_a = 1{,}866071$$

Der partielle Differenzialquotient für die Koppelstangenlänge b berechnet sich zu:

$$\alpha_b = \frac{\partial x_{SP_a}}{\partial b} = \frac{\partial}{\partial b}\left[B_x + e \cdot \left(\frac{c^2 + (B_x - A_x)^2 - (b - a)^2}{2 \cdot c \cdot (B_x - A_x)}\right)\right] \tag{5.13}$$

$$\alpha_b = -\frac{e \cdot (b-a)}{c \cdot (B_x - A_x)} \tag{5.14}$$

$$\alpha_b = -\frac{95 \cdot (80-25)}{35 \cdot (130-50)}$$

$$\alpha_b = -1{,}866071$$

Der partielle Differenzialquotient für die Schwingenlänge c berechnet sich zu:

$$\alpha_c = \frac{\partial x_{SP_a}}{\partial c} = \frac{\partial}{\partial c}\left[B_x + e \cdot \left(\frac{c^2 + (B_x - A_x)^2 - (b-a)^2}{2 \cdot c \cdot (B_x - A_x)}\right)\right] \tag{5.15}$$

$$\alpha_c = \frac{e}{B_x - A_x} - \frac{e \cdot \left(c^2 - (b-a)^2 + (B_x - A_x)^2\right)}{2 \cdot c^2 \cdot (B_x - A_x)} \tag{5.16}$$

$$\alpha_c = \frac{95}{130-50} - \frac{95 \cdot \left(35^2 - (80-25)^2 + (130-50)^2\right)}{2 \cdot 35^2 \cdot (130-50)}$$

$$\alpha_c = -1{,}042091$$

Der partielle Differenzialquotient für die Schwingenarmlänge e berechnet sich zu:

$$\alpha_e = \frac{\partial x_{SP_a}}{\partial e} = \frac{\partial}{\partial e}\left[B_x + e \cdot \left(\frac{c^2 + (B_x - A_x)^2 - (b-a)^2}{2 \cdot c \cdot (B_x - A_x)}\right)\right] \tag{5.17}$$

$$\alpha_e = \frac{c^2 - (b-a)^2 + (B_x - A_x)^2}{2 \cdot c \cdot (B_x - A_x)} \tag{5.18}$$

$$\alpha_e = \frac{35^2 - (80-25)^2 + (130-50)^2}{2 \cdot 35 \cdot (130-50)}$$

$$\alpha_e = 0{,}821428$$

Die Zusammenstellung der ermittelten partiellen Differenzialquotienten für den X-Abstand des Schraubpunktes SP_a (110-1) zeigt die Tab. 5.1.

5.1.2 Geometriefaktoren für den Y-Abstand des Schraubpunktes SP_a (120-1)

Basierend auf den Konstruktionsdaten berechnet sich der nominale Y-Abstand des Schraubpunktes SP_a des Schwingenarms für die Außenstellung nach der folgenden Gl. (5.19):

Tab. 5.1 Zusammenstellung der partiellen Differenzialquotienten (Geometriefaktoren) für den X-Abstand des Schraubpunktes SP_a (110-1)

Variable	Nennmaß	Diff.-Quotient
Grundplatte (X-Pos. Festlager A, A_X; Kurbel)	50	−1,738
Grundplatte (X-Pos. Festlager B, B_X; Schwinge)	130	2,738
Kurbel a	25	1,866
Koppelstange b	80	−1,866
Schwinge c	35	−1,042
Schwingenarm e	95	0,821

$$y_{SP_a} = B_y + e \cdot \sin\psi_i \tag{5.19}$$

Hierin ist

$$\psi_i = \arccos\left(\frac{c^2 + (B_x - A_x)^2 - (b-a)^2}{2 \cdot c \cdot (B_x - A_x)}\right) \tag{5.20}$$

Durch die Verkettung mit Sinus und Cosinus muss zunächst die Elementarfunktion $\sin(\arccos(x))$ umgeformt werden. Nach [2] ergibt sich:

$$\sin(\arccos(x)) = \sqrt{(1 - x^2)}$$
$$= \sqrt{(1+x) \cdot (1-x)} \text{ für } (0 \leq x \leq 1) \tag{5.21}$$

Dementsprechend lautet die Gleichung:[1]

$$y_{SP_a} = B_y + e \cdot \left[\left(1 + \left(\frac{c^2 + (B_x - A_x)^2 - (b-a)^2}{2 \cdot c \cdot (B_x - A_x)}\right)\right)\right.$$
$$\left. \cdot \left(1 - \left(\frac{c^2 + (B_x - A_x)^2 - (b-a)^2}{2 \cdot c \cdot (B_x - A_x)}\right)\right)\right]^{\frac{1}{2}} \tag{5.22}$$

Jetzt werden wieder für diese Gl. (5.22) die partiellen Differenzialquotienten für die Variablen A_x, B_x, a, b, c und e gebildet. Abgeleitet wird dabei immer an der Nominalstruktur der CAD-Konstruktion. Damit auf den Sekundärbezug B der Antriebseinheit referenziert werden kann, ist B_y hier eine Konstante mit 50 mm Länge.

Beginnend mit dem X-Abstand des Lagerpunktes A an der Grundplatte ergibt sich der partielle Differenzialquotient für A_x zu:

---

[1] Anm.: Bei den langen Gleichungen ist die Schreibweise angepasst worden, um den Zeilenumbruch des Formeleditors zu nutzen, z. B. $\sqrt{x} = (x)^{\frac{1}{2}}$ oder $\frac{1}{x} = (x)^{-1}$.

$$\alpha_{A_x} = \frac{\partial y_{SP_a}}{\partial A_x} = \frac{\partial}{\partial A_x}\left[B_y + e \cdot \left[\left(1 + \left(\frac{c^2 + (B_x - A_x)^2 - (b-a)^2}{2 \cdot c \cdot (B_x - A_x)}\right)\right)\right.\right.$$
$$\left.\left.\cdot \left(1 - \left(\frac{c^2 + (B_x - A_x)^2 - (b-a)^2}{2 \cdot c \cdot (B_x - A_x)}\right)\right)\right]^{\frac{1}{2}}\right] \quad (5.23)$$

$$\alpha_{A_x} = -\left[e \cdot \left(A_x^2 - 2 \cdot A_x \cdot B_x - c^2 + b^2 - 2 \cdot a \cdot b + a^2 + B_x^2\right)\right.$$
$$\cdot \left(A_x^2 - 2 \cdot A_x \cdot B_x + c^2 - b^2 + 2 \cdot a \cdot b - a^2 + B_x^2\right)\right]$$
$$\cdot \left[4 \cdot (A_x - B_x)^3 \cdot c^2 \cdot \left[\left(1 - \frac{c^2 + (B_x - A_x)^2 - (b-a)^2}{2 \cdot c \cdot (B_x - A_x)}\right)\right.\right.$$
$$\left.\left.\cdot \left(1 + \frac{c^2 + (B_x - A_x)^2 - (b-a)^2}{2 \cdot c \cdot (B_x - A_x)}\right)\right]^{\frac{1}{2}}\right]^{-1} \quad (5.24)$$

$$\alpha_{A_x} = -\left[95 \cdot \left(50^2 - 2 \cdot 50 \cdot 130 - 35^2 + 80^2 - 2 \cdot 25 \cdot 80 + 25^2 + 130^2\right)\right.$$
$$\cdot \left(50^2 - 2 \cdot 50 \cdot 130 + 35^2 - 80^2 + 2 \cdot 35 \cdot 80 - 25^2 + 130^2\right)\right]$$
$$\cdot \left[4 \cdot (50 - 130)^3 \cdot 35^2 \cdot \left[\left(1 - \frac{35^2 + (130 - 50)^2 - (80 - 25)^2}{2 \cdot 35 \cdot (130 - 50)}\right)\right.\right.$$
$$\left.\left.\cdot \left(1 + \frac{35^2 + (130 - 50)^2 - (80 - 25)^2}{2 \cdot 35 \cdot (130 - 50)}\right)\right]^{\frac{1}{2}}\right]^{-1}$$

$$\alpha_{A_x} = 2{,}504478$$

Der partielle Differenzialquotient für den Abstand B_x an der Grundplatte berechnet sich zu:

$$\alpha_{B_x} = \frac{\partial y_{SP_a}}{\partial B_x} = \frac{\partial}{\partial B_x}\left[B_y + e \cdot \left[\left(1 + \left(\frac{c^2 + (B_x - A_x)^2 - (b-a)^2}{2 \cdot c \cdot (B_x - A_x)}\right)\right)\right.\right.$$
$$\left.\left.\cdot \left(1 - \left(\frac{c^2 + (B_x - A_x)^2 - (b-a)^2}{2 \cdot c \cdot (B_x - A_x)}\right)\right)\right]^{\frac{1}{2}}\right] \quad (5.25)$$

$$\alpha_{B_x} = -e \cdot \left(A_x^2 - 2 \cdot A_x \cdot B_x - c^2 + b^2 - 2 \cdot a \cdot b + a^2 + B_x^2\right) \cdot$$
$$\cdot \left(A_x^2 - 2 \cdot A_x \cdot B_x + c^2 - b^2 + 2 \cdot a \cdot b - a^2 + B_x^2\right)$$
$$\cdot \left[4 \cdot (B_x - A_x)^3 \cdot c^2 \cdot \left[\left(1 - \frac{c^2 + (B_x - A_x)^2 - (b-a)^2}{2 \cdot c \cdot (B_x - A_x)}\right)\right.\right.$$
$$\left.\left.\cdot \left(1 + \frac{c^2 + (B_x - A_x)^2 - (b-a)^2}{2 \cdot c \cdot (B_x - A_x)}\right)\right]^{\frac{1}{2}}\right]^{-1} \quad (5.26)$$

$$\alpha_{B_x} = -95 \cdot \left(50^2 - 2 \cdot 50 \cdot 130 - 35^2 + 80^2 - 2 \cdot 25 \cdot 80 + 25^2 + 130^2\right)$$
$$\cdot \left(50^2 - 2 \cdot 50 \cdot 130 + 35^2 - 80^2 + 2 \cdot 35 \cdot 80 - 25^2 + 130^2\right)$$
$$\cdot \left[4 \cdot (50 - 130)^3 \cdot 35^2 \cdot \left[\left(1 - \frac{35^2 + (130 - 50)^2 - (80 - 25)^2}{2 \cdot 35 \cdot (130 - 50)}\right)\right.\right.$$
$$\left.\left. \cdot \left(1 + \frac{35^2 + (130 - 50)^2 - (80 - 25)^2}{2 \cdot 35 \cdot (130 - 50)}\right)\right]^{\frac{1}{2}}\right]^{-1}$$

$$\alpha_{B_x} = -2{,}504478$$

Der partielle Differenzialquotient für die Kurbellänge a berechnet sich zu:

$$\alpha_a = \frac{\partial y_{SP_a}}{\partial a} = \frac{\partial}{\partial a}\left[B_y + e \cdot \left[\left(1 + \left(\frac{c^2 + (B_x - A_x)^2 - (b - a)^2}{2 \cdot c \cdot (B_x - A_x)}\right)\right)\right.\right.$$
$$\left.\left. \cdot \left(1 - \left(\frac{c^2 + (B_x - A_x)^2 - (b - a)^2}{2 \cdot c \cdot (B_x - A_x)}\right)\right)\right]^{\frac{1}{2}}\right] \qquad (5.27)$$

$$\alpha_a = -e \cdot (a - b) \cdot \left(a^2 - 2 \cdot a \cdot b - c^2 + b^2 - B_x^2 + 2 \cdot A_x \cdot B_x - A_x^2\right)$$
$$\cdot \left[2 \cdot (B_x - A_x)^2 \cdot c^2 \cdot \left[\left(1 - \left(\frac{c^2 + (B_x - A_x)^2 - (b - a)^2}{2 \cdot c \cdot (B_x - A_x)}\right)\right)\right.\right.$$
$$\left.\left. \cdot \left(1 + \left(\frac{c^2 + (B_x - A_x)^2 - (b - a)^2}{2 \cdot c \cdot (B_x - A_x)}\right)\right)\right]^{\frac{1}{2}}\right]^{-1} \qquad (5.28)$$

$$\alpha_a = -95 \cdot (25 - 80) \cdot \left(25^2 - 2 \cdot 25 \cdot 80 - 35^2 + 80^2 - 130^2 + 2 \cdot 50 \cdot 130 - 50^2\right)$$
$$\cdot \left[2 \cdot (130 - 50)^2 \cdot 35^2 \cdot \left[\left(1 - \frac{35^2 + (130 - 50)^2 - (80 - 25)^2}{2 \cdot 35 \cdot (130 - 50)}\right)\right.\right.$$
$$\left.\left. \cdot \left(1 + \frac{35^2 + (130 - 50)^2 - (80 - 25)^2}{2 \cdot 35 \cdot (130 - 50)}\right)\right]^{\frac{1}{2}}\right]^{-1}$$

$$\alpha_a = -2{,}687732$$

Der partielle Differenzialquotient für die Koppelstangenlänge b berechnet sich zu:

$$\alpha_b = \frac{\partial y_{SP_a}}{\partial b} = \frac{\partial}{\partial b}\left[B_y + e \cdot \left[\left(1 + \left(\frac{c^2 + (B_x - A_x)^2 - (b - a)^2}{2 \cdot c \cdot (B_x - A_x)}\right)\right)\right.\right.$$
$$\left.\left. \cdot \left(1 - \left(\frac{c^2 + (B_x - A_x)^2 - (b - a)^2}{2 \cdot c \cdot (B_x - A_x)}\right)\right)\right]^{\frac{1}{2}}\right] \qquad (5.29)$$

$$\alpha_b = -e \cdot (b - a) \cdot \left(a^2 - 2 \cdot a \cdot b - c^2 + b^2 - B_x^2 + 2 \cdot A_x \cdot B_x - A_x^2\right)$$

$$\cdot \left[2 \cdot (B_x - A_x)^2 \cdot c^2 \cdot \left[\left(1 - \left(\frac{c^2 + (B_x - A_x)^2 - (b - a)^2}{2 \cdot c \cdot (B_x - A_x)} \right) \right) \right. \right.$$

$$\left. \left. \cdot \left(1 + \left(\frac{c^2 + (B_x - A_x)^2 - (b - a)^2}{2 \cdot c \cdot (B_x - A_x)} \right) \right) \right]^{\frac{1}{2}} \right]^{-1} \tag{5.30}$$

$$\alpha_b = -95 \cdot (80 - 25) \cdot \left(25^2 - 2 \cdot 25 \cdot 80 - 35^2 + 80^2 - 130^2 + 2 \cdot 50 \cdot 130 - 50^2 \right)$$

$$\cdot \left[2 \cdot (130 - 50)^2 \cdot 35^2 \cdot \left[\left(1 - \left(\frac{35^2 + (130 - 50)^2 - (80 - 25)^2}{2 \cdot 35 \cdot (130 - 50)} \right) \right) \right. \right.$$

$$\left. \left. \cdot \left(1 + \left(\frac{35^2 + (130 - 50)^2 - (80 - 25)^2}{2 \cdot 35 \cdot (130 - 50)} \right) \right) \right]^{\frac{1}{2}} \right]^{-1}$$

$$\alpha_b = 2{,}687732$$

Der partielle Differenzialquotient für die Schwingenlänge c berechnet sich zu:

$$\alpha_c = \frac{\partial y_{SP_a}}{\partial c} = \frac{\partial}{\partial c} \left[B_y + e \cdot \left[\left(1 + \left(\frac{c^2 + (B_x - A_x)^2 - (b - a)^2}{2 \cdot c \cdot (B_x - A_x)} \right) \right) \right. \right.$$

$$\left. \left. \cdot \left(1 - \left(\frac{c^2 + (B_x - A_x)^2 - (b - a)^2}{2 \cdot c \cdot (B_x - A_x)} \right) \right) \right]^{\frac{1}{2}} \right] \tag{5.31}$$

$$\alpha_c = -e \cdot \left(c^2 - b^2 + 2 \cdot a \cdot b - a^2 + B_x^2 - 2 \cdot A_x \cdot B_x + A_x^2 \right)$$

$$\cdot \left(c^2 + b^2 - 2 \cdot a \cdot b + a^2 - B_x^2 + 2 \cdot A_x \cdot B_x - A_x^2 \right)$$

$$\cdot \left[4 \cdot (B_x - A_x)^2 \cdot c^3 \cdot \left[\left(1 - \left(\frac{c^2 + (B_x - A_x)^2 - (b - a)^2}{2 \cdot c \cdot (B_x - A_x)} \right) \right) \right. \right.$$

$$\left. \left. \cdot \left(1 + \left(\frac{c^2 + (B_x - A_x)^2 - (b - a)^2}{2 \cdot c \cdot (B_x - A_x)} \right) \right) \right]^{\frac{1}{2}} \right]^{-1} \tag{5.32}$$

$$\alpha_c = -95 \cdot \left(35^2 - 80^2 + 2 \cdot 25 \cdot 80 - 25^2 + 130^2 - 2 \cdot 50 \cdot 130 + 50^2 \right)$$

$$\cdot \left(35^2 + 80^2 - 2 \cdot 25 \cdot 80 + 25^2 - 130^2 + 2 \cdot 50 \cdot 130 - 50^2 \right)$$

$$\cdot \left[4 \cdot (130 - 50)^2 \cdot 35^3 \cdot \left[\left(1 - \left(\frac{35^2 + (130 - 50)^2 - (80 - 25)^2}{2 \cdot 35 \cdot (130 - 50)} \right) \right) \right. \right.$$

$$\left. \left. \cdot \left(1 + \left(\frac{35^2 + (130 - 50)^2 - (80 - 25)^2}{2 \cdot 35 \cdot (130 - 25)} \right) \right) \right]^{\frac{1}{2}} \right]^{-1}$$

$$\alpha_c = 1{,}500941$$

Der partielle Differenzialquotient für die Schwingenarmlänge e berechnet sich zu:

Tab. 5.2 Zusammenstellung der partiellen Differenzialquotienten (Geometriefaktoren) für den Y-Abstand des Schraubpunktes SP_a (120-1)

Variable	Nennmaß	Diff.-Quotient
Grundplatte (X-Pos. Festlager A, A_X; Kurbel)	50	2,504
Grundplatte (X-Pos. Festlager B, B_X; Schwinge)	130	−2,504
Kurbel a	25	−2,687
Koppelstange b	80	2,687
Schwinge c	35	1,500
Schwingenarm e	95	0,570

$$\alpha_e = \frac{\partial y_{SP_a}}{\partial e} = \frac{\partial}{\partial e}\left[B_y + e \cdot \left[\left(1 + \left(\frac{c^2 + (B_x - A_x)^2 - (b-a)^2}{2 \cdot c \cdot (B_x - A_x)}\right)\right)\right.\right.$$
$$\left.\left.\cdot \left(1 - \left(\frac{c^2 + (B_x - A_x)^2 - (b-a)^2}{2 \cdot c \cdot (B_x - A_x)}\right)\right)\right]^{\frac{1}{2}}\right] \quad (5.33)$$

$$\alpha_e = \left[\left(1 + \left(\frac{c^2 + (B_x - A_x)^2 - (b-a)^2}{2 \cdot c \cdot (B_x - A_x)}\right)\right)\right.$$
$$\left.\cdot \left(1 - \left(\frac{c^2 + (B_x - A_x)^2 - (b-a)^2}{2 \cdot c \cdot (B_x - A_x)}\right)\right)\right]^{\frac{1}{2}} \quad (5.34)$$

$$\alpha_e = \left[\left(1 + \left(\frac{35^2 + (130 - 50)^2 - (80 - 25)^2}{2 \cdot 35 \cdot (130 - 50)}\right)\right)\right.$$
$$\left.\cdot \left(1 - \left(\frac{35^2 + (130 - 50)^2 - (80 - 25)^2}{2 \cdot 35 \cdot (130 - 50)}\right)\right)\right]^{\frac{1}{2}}$$

$$\alpha_e = 0{,}570311$$

Die Zusammenstellung der ermittelten partiellen Differenzialquotienten für den Y-Abstand des Schraubpunktes SP_a (120-1) zeigt die Tab. 5.2.

5.1.3   Geometriefaktoren für den Schwingenwinkel ψ_i (130-1)

Basierend auf den Konstruktionsdaten berechnet sich der nominale Schwingenwinkel ψ_i des Schwingenarms für die Außenstellung nach der folgenden Gl. (5.35).

$$\psi_i = \arccos\left(\frac{c^2 + (B_x - A_x)^2 - (b-a)^2}{2 \cdot c \cdot (B_x - A_x)}\right) \quad (5.35)$$

Achtung, hier muss mit 180°/π multipliziert werden, um vom Bogenmaß in Grad umzurechnen.

Beginnend mit dem X-Abstand des Lagerpunktes A an der Grundplatte ergibt sich der partielle Differenzialquotient für A_x zu:

$$\alpha_{A_x} = \frac{\partial \psi_i}{\partial A_x} = \frac{\partial}{\partial A_x}\left[\arccos\left(\frac{c^2 + (B_x - A_x)^2 - (b-a)^2}{2 \cdot c \cdot (B_x - A_x)}\right) \cdot \frac{180°}{\pi}\right] \tag{5.36}$$

$$\alpha_{A_x} = -\frac{180° \cdot \left(\frac{c^2 - (b-a)^2 + (B_x - A_x)^2}{2 \cdot c \cdot (B_x - A_x)^2} - \frac{1}{c}\right)}{\pi \cdot \sqrt{1 - \frac{\left((B_x - A_x)^2 + c^2 - (b-a)^2\right)^2}{4 \cdot c^2 \cdot (B_x - A_x)^2}}} \tag{5.37}$$

$$\alpha_{A_x} = -\frac{180° \cdot \left(\frac{35^2 - (80-25)^2 + (130-50)^2}{2 \cdot 35 \cdot (130-50)^2} - \frac{1}{35}\right)}{\pi \cdot \sqrt{1 - \frac{\left((130-50)^2 + 35^2 - (80-25)^2\right)^2}{4 \cdot 35^2 \cdot (130-50)^2}}}$$

$$\alpha_{A_x} = 1{,}838850$$

Der partielle Differenzialquotient für den Abstand B_x an der Grundplatte berechnet sich zu:

$$\alpha_{B_x} = \frac{\partial \psi_i}{\partial B_x} = \frac{\partial}{\partial B_x}\left[\arccos\left(\frac{c^2 + (B_x - A_x)^2 - (b-a)^2}{2 \cdot c \cdot (B_x - A_x)}\right) \cdot \frac{180°}{\pi}\right] \tag{5.38}$$

$$\alpha_{B_x} = -\frac{180° \cdot \left(\frac{1}{c} - \frac{c^2 - (b-a)^2 + (B_x - A_x)^2}{2 \cdot c \cdot (B_x - A_x)^2}\right)}{\pi \cdot \sqrt{1 - \frac{\left((B_x - A_x)^2 + c^2 - (b-a)^2\right)^2}{4 \cdot c^2 \cdot (B_x - A_x)^2}}} \tag{5.39}$$

$$\alpha_{B_x} = -\frac{180° \cdot \left(\frac{1}{35} - \frac{35^2 - (80-25)^2 + (130-50)^2}{2 \cdot 35 \cdot (130-50)^2}\right)}{\pi \cdot \sqrt{1 - \frac{\left((130-50)^2 + 35^2 - (80-25)^2\right)^2}{4 \cdot 35^2 \cdot (130-50)^2}}}$$

$$\alpha_{B_x} = -1{,}838850$$

Der partielle Differenzialquotient für die Kurbellänge a berechnet sich zu:

$$\alpha_a = \frac{\partial \psi_i}{\partial a} = \frac{\partial}{\partial a}\left[\arccos\left(\frac{c^2 + (B_x - A_x)^2 - (b-a)^2}{2 \cdot c \cdot (B_x - A_x)}\right) \cdot \frac{180°}{\pi}\right] \tag{5.40}$$

$$\alpha_a = \frac{180° \cdot (a - b)}{\pi \cdot (B_x - A_x) \cdot c \cdot \sqrt{1 - \frac{\left((B_x - A_x)^2 + c^2 - (b-a)^2\right)^2}{4 \cdot c^2 \cdot (B_x - A_x)^2}}} \tag{5.41}$$

$$\alpha_a = \frac{180° \cdot (25 - 80)}{\pi \cdot (130 - 50) \cdot 35 \cdot \sqrt{1 - \frac{\left((130-50)^2+35^2-(80-25)^2\right)^2}{4 \cdot 35^2 \cdot (130-50)^2}}}$$

$$\alpha_a = -1{,}973400$$

Der partielle Differenzialquotient für die Koppelstangenlänge b berechnet sich zu:

$$\alpha_b = \frac{\partial \psi_i}{\partial b} = \frac{\partial}{\partial b}\left[\arccos\left(\frac{c^2 + (B_x - A_x)^2 - (b-a)^2}{2 \cdot c \cdot (B_x - A_x)} \right) \cdot \frac{180°}{\pi} \right] \tag{5.42}$$

$$\alpha_b = \frac{180° \cdot (b - a)}{\pi \cdot (B_x - A_x) \cdot c \cdot \sqrt{1 - \frac{\left((B_x-A_x)^2+c^2-(b-a)^2\right)^2}{4 \cdot c^2 \cdot (B_x-A_x)^2}}} \tag{5.43}$$

$$\alpha_b = \frac{180° \cdot (80 - 25)}{\pi \cdot (130 - 50) \cdot 35 \cdot \sqrt{1 - \frac{\left((130-50)^2+35^2-(80-25)^2\right)^2}{4 \cdot 35^2 \cdot (130-50)^2}}}$$

$$\alpha_b = 1{,}973400$$

Der partielle Differenzialquotient für die Schwingenlänge c berechnet sich zu:

$$\alpha_c = \frac{\partial \psi_i}{\partial c} = \frac{\partial}{\partial c}\left[\arccos\left(\frac{c^2 + (B_x - A_x)^2 - (b-a)^2}{2 \cdot c \cdot (B_x - A_x)} \right) \cdot \frac{180°}{\pi} \right] \tag{5.44}$$

$$\alpha_c = -\frac{180° \cdot \left(\frac{1}{B_x-A_x} - \frac{c^2-(b-a)^2+(B_x-A_x)^2}{2 \cdot c^2 \cdot (B_x-A_x)} \right)}{\pi \cdot \sqrt{1 - \frac{\left((B_x-A_x)^2+c^2-(b-a)^2\right)^2}{4 \cdot c^2 \cdot (B_x-A_x)^2}}} \tag{5.45}$$

$$\alpha_c = -\frac{180° \cdot \left(\frac{1}{130-50} - \frac{35^2-(80-25)^2+(130-50)^2}{2 \cdot 35^2 \cdot (130-50)} \right)}{\pi \cdot \sqrt{1 - \frac{\left((130-50)^2+35^2-(80-25)^2\right)^2}{4 \cdot 35^2 \cdot (130-50)^2}}}$$

$$\alpha_c = 1{,}102029$$

Eine Längenänderung des Schwingenarms e hat keinen Einfluss auf den Schwingenwinkel.

Die Zusammenstellung der ermittelten partiellen Differenzialquotienten für den Schwingenwinkel ψ_i (130-1) zeigt die Tab. 5.3.

Tab. 5.3 Zusammenstellung der partiellen Differenzialquotienten (Geometriefaktoren) für den Schwingenwinkel ψ_i (130-1)

Variable	Nennmaß	Diff.-Quotient
Grundplatte (X-Pos. Festlager A, A_X; Kurbel)	50	1,838
Grundplatte (X-Pos. Festlager B, B_X; Schwinge)	130	$-1,838$
Kurbel a	25	$-1,973$
Koppelstange b	80	1,973
Schwinge c	35	1,102

Dieses Kapitel hat gezeigt, wie die Geometriefaktoren mittels der Linearisierung der jeweiligen Maßkettengleichung berechnet werden können. Die Linearisierung erfordert jedoch gute mathematische Fertigkeiten oder ein unterstützendes Programmsystem zur Berechnung der partiellen Ableitungen.

Zu erwähnen sei an dieser Stelle, dass mit Kenntnis der funktionsbeschreibenden Gleichung jede beliebige physikalische Maßkette linearisiert werden kann.

D. h., dass nicht nur geometrische Aufgabenstellungen betrachtet werden können, sondern jeder beliebige physikalische Zusammenhang, wie beispielsweise die zu berechnende Absenkung (Durchbiegung) eines Kragarms aufgrund von einer Gewichtskraft, siehe hierzu [3].

Ein alternativer Lösungsansatz zur Ermittlung der Geometriefaktoren ist in dem nachfolgend beschriebenen Verfahren der Variation der Variablen gegeben.

5.2 Variation der Variablen

Ebenso wie bei der Linearisierung einer Funktionsgleichung muss bei dem jetzt beschriebenen Verfahren die Maßkettengleichung bzw. Funktionsgleichung der gesuchten Baugruppenfunktion bekannt sein.

Die Variation der Variablen bezieht sich auf eine sehr geringe (eigentlich infinitesimale) Änderung einer Variablen, während die übrigen Variablen konstant bleiben. Damit ist das nachfolgend beschriebene Verfahren vergleichbar mit der Linearisierung einer Funktion.

Vorteilhaft bei dem hier beschriebenen Verfahren ist, dass nicht die aufwendigen Ableitungen 1. Ordnung gebildet werden müssen.

Bevor das Verfahren vorgestellt wird, soll noch auf folgenden Sachverhalt hingewiesen werden: Eine nichtlineare Funktion wird wieder in der Umgebung des Arbeitspunktes $P(x_0; y_0)$ näherungsweise durch die dortige Tangente ersetzt. Für diese Tangente wird dann die 1. Ableitung und somit die Tangentensteigung berechnet. Hierbei kann die Steigung unterschiedlich groß sein, je nachdem, in welche Richtung sich Δx verändert.

Das nachfolgende Beispiel für die Funktion $f(x) = \sin(x = 10°)$ soll diesen Zusammenhang zeigen.

$$\frac{d}{dx}[\sin x] \tag{5.46}$$

$$f'(x) = \cos x \tag{5.47}$$

Für die 1. Ableitung berechnet sich der Differenzialquotient im Arbeitspunkt $x_0 = 10°$ zu:

$$f'(x = 10°) = \cos 10° = 0{,}984807753$$

Wird die Eingangsgröße um 1° vergrößert, ändert sich auch der Differenzialquotient.

$$f'(x = 11°) = \cos 11° = 0{,}981627183$$

Die Differenz der beiden Differenzialquotienten beträgt:

$$\Delta_1 = \cos 11° - \cos 10° = 0{,}98162718 - 0{,}98480775 = -0{,}0031805 \tag{5.48}$$

Wird die Eingangsgröße hingegen um 1° verkleinert, resultiert der Differenzialquotient zu:

$$f'(x = 9°) = \cos 9° = 0{,}98768834$$

Die Differenz des jetzt ermittelten Differenzialquotienten zu dem im Arbeitspunkt beträgt:

$$\Delta_2 = \cos 9° - \cos 10° = 0{,}98768834 - 0{,}98480775 = 0{,}00288058 \tag{5.49}$$

Das Ergebnis lautet $|\Delta_1| \neq |\Delta_2|$.

Das Beispiel zeigt, es existiert ein (gewisser) Unterschied in der Größenordnung der Betragsänderung, je nachdem, ob x_0 um das gleiche Δx vergrößert oder verkleinert wurde. Der Unterschied ist von der Funktion und der Lage des Arbeitspunktes abhängig.

Daher ergibt es Sinn, $x_0 + \Delta x$ und $x_0 - \Delta x$ zu berechnen und anschließend aus beiden Ergebnissen den arithmetischen Mittelwert zu bestimmen.

In der Ermittlung der Geometriefaktoren entsteht durch die Linearisierung im Arbeitspunkt ein gewisser Fehler. Dieser Fehler wird umso größer, je größer Δx gewählt wird. Dieser Zusammenhang ist sehr gut in der Abb. 5.1 zu erkennen. Es ist jedoch für die Toleranzanalyse ausreichend, wenn in geometrischen Zusammenhängen in Abhängigkeit der Variablen $\Delta x \pm 1$ mm oder $\pm 1°$ variiert wird.

Diese Vorgehensweise wird nachfolgend für die drei Qualitätsanforderungen der Antriebseinheit in der Außenstellung umgesetzt.

5.2.1 Geometriefaktoren für den X-Abstand des Schraubpunktes SP$_a$ (110-1)

Nachfolgend werden bis auf eine Variable alle anderen Variablen innerhalb der Funktionsgleichung als konstant angenommen. Bezüglich dieser einen Variablen wird somit der partielle Differenzialquotient bestimmt. Als Ergebnis erhält man die partielle Ableitung der Funktion für die abgeleitete Variable.

Die Änderung der Variablen innerhalb der Funktionsgleichung wird zunächst vom Nominal- bzw. Nennmaß ausgehend um 1 mm vergrößert und anschließend um 1 mm verkleinert. Aus diesen beiden Veränderungen wird dann der arithmetische Mittelwert berechnet, der dann den betreffenden Geometriefaktor ergibt.

Der nominale X-Abstand des Schraubpunktes SP$_a$ des Schwingenarms für die Außenstellung berechnet sich nach der bereits bekannten Funktionsgleichung.

$$x_{SP_a} = B_x + e \cdot \left(\frac{c^2 + (B_x - A_x)^2 - (b - a)^2}{2 \cdot c \cdot (B_x - A_x)} \right) \tag{5.50}$$

Der Nominalabstand x$_{SPa}$ ist 208,0357 mm.

Jetzt werden mithilfe dieser Gl. (5.50) die Geometriefaktoren für die Variablen A$_x$, B$_x$, a, b, c und e berechnet. Für die Eingangsgrößen der Gleichung wird wieder die Nominalstruktur der CAD-Konstruktion zugrunde gelegt.

Beginnend mit der Variablen A$_x$ an der Grundplatte wird nachfolgend ausgehend vom Nennmaß 50 dieses um 1 mm vergrößert. Daraus folgt:

Änderung $A_x + 1\,\text{mm}$

$$x_{SP_{a\,var}} = 130 + 95 \cdot \left(\frac{35^2 + (130 - 51)^2 - (80 - 25)^2}{2 \cdot 35 \cdot (130 - 51)} \right)$$

$$x_{SP_{a\,var}} = 206{,}2920434\,\text{mm}$$

Dieser neu berechnete Abstand zum Tertiärbezug C der Grundplatte bildet jetzt die Basis gegenüber des Nominalabstandes von 208,0357 mm. Hiernach berechnet sich der erste Geometriefaktor zu:

$$\alpha_{A_x} = \frac{x_{SP_{a\,var}} - x_{SP_a}}{\Delta l} \tag{5.51}$$

$$\alpha_{A_x} = \frac{206{,}2920434\,\text{mm} - 208{,}0357\,\text{mm}}{1\,\text{mm}} = -1{,}743670886$$

Jetzt wird die Variable A$_x$ an der Grundplatte ausgehend vom Nennmaß um 1 mm verkleinert. Daraus folgt:

Änderung $A_x - 1\,\text{mm}$

$$x_{SP_{a\,var}} = 130 + 95 \cdot \left(\frac{35^2 + (130 - 49)^2 - (80 - 25)^2}{2 \cdot 35 \cdot (130 - 49)} \right)$$

$$x_{SP_{a\,var}} = 209{,}7698413 \, \text{mm}$$

Dieser jetzt neu berechnete Abstand bildet wieder die Basis gegenüber dem Nominalabstand. Hiernach berechnet sich der zweite Geometriefaktor für A_x zu:

$$\alpha_{A_x} = \frac{x_{SP_{a\,var}} - x_{SP_a}}{\Delta l} = \frac{209{,}7698413 \, \text{mm} - 208{,}0357 \, \text{mm}}{1 \, \text{mm}} = 1{,}734126984$$

Nun wird aus den beiden Geometriefaktoren für A_x der arithmetische Mittelwert unter Beibehaltung des richtigen Vorzeichens nach der folgenden Gl. (5.52) berechnet.

$$\text{Faktor}_i = \alpha_{i(+1)} + \left(\frac{\alpha_{i(+1)} + \alpha_{i(-1)}}{2} \right) \cdot (-1) \qquad (5.52)$$

$$\text{Faktor}_{A_x} = -1{,}743670886 + \left(\frac{-1{,}743670886 + 1{,}734126984}{2} \right) \cdot (-1)$$

$$\text{Faktor}_{A_x} = -1{,}739$$

Das Vorzeichen „−" drückt aus, dass bei einer Vergrößerung von A_x das gesuchte Nennschließmaß x_{SP_a} kleiner wird.

Diese Rechenschritte werden nachfolgend für alle Variablen durchgeführt.

Der Geometriefaktor für den Abstand B_x an der Grundplatte berechnet sich zu:

Änderung $B_x + 1 \, \text{mm}$

$$x_{SP_{a\,var}} = 131 + 95 \cdot \left(\frac{35^2 + (131 - 50)^2 - (80 - 25)^2}{2 \cdot 35 \cdot (131 - 50)} \right)$$

$$x_{SP_{a\,var}} = 210{,}7698413 \, \text{mm}$$

$$\alpha_{B_x} = \frac{x_{SP_{a\,var}} - x_{SP_a}}{\Delta l} \qquad (5.53)$$

$$\alpha_{B_x} = \frac{210{,}7698413 \, \text{mm} - 208{,}0357 \, \text{mm}}{1 \, \text{mm}} = 2{,}734126984$$

Änderung $B_x - 1 \, \text{mm}$

$$x_{SP_{a\,var}} = 129 + 95 \cdot \left(\frac{35^2 + (129 - 50)^2 - (80 - 25)^2}{2 \cdot 35 \cdot (129 - 50)} \right)$$

$$x_{SP_{a\,var}} = 205{,}2920434 \, \text{mm}$$

$$\alpha_{B_x} = \frac{x_{SP_{a\,var}} - x_{SP_a}}{\Delta l} = \frac{205{,}2920434\,\text{mm} - 208{,}0357\,\text{mm}}{1\,\text{mm}} = -2{,}743670886$$

$$\text{Faktor}_{B_x} = 2{,}734126984 + \left(\frac{2{,}734126984 + (-2{,}743670886)}{2}\right) \cdot (-1)$$

$$\text{Faktor}_{B_x} = 2{,}739$$

Der Geometriefaktor für die Kurbellänge a berechnet sich zu:
Änderung $a + 1\,\text{mm}$

$$x_{SP_{a\,var}} = 130 + 95 \cdot \left(\frac{35^2 + (130 - 50)^2 - (80 - 26)^2}{2 \cdot 35 \cdot (130 - 50)}\right)$$

$$x_{SP_{a\,var}} = 209{,}8848214\,\text{mm}$$

$$\alpha_a = \frac{x_{SP_{a\,var}} - x_{SP_a}}{\Delta l} \tag{5.54}$$

$$\alpha_a = \frac{209{,}8848214\,\text{mm} - 208{,}0357\,\text{mm}}{1\,\text{mm}} = 1{,}849107143$$

Änderung $a - 1\,\text{mm}$

$$x_{SP_{a\,var}} = 130 + 95 \cdot \left(\frac{35^2 + (130 - 50)^2 - (80 - 24)^2}{2 \cdot 35 \cdot (130 - 50)}\right)$$

$$x_{SP_{a\,var}} = 206{,}1526786\,\text{mm}$$

$$\alpha_a = \frac{x_{SP_{a\,var}} - x_{SP_a}}{\Delta l} = \frac{206{,}1526786\,\text{mm} - 208{,}0357\,\text{mm}}{1\,\text{mm}} = -1{,}883035714$$

$$\text{Faktor}_a = 1{,}849107143 + \left(\frac{1{,}849107143 + (-1{,}883035714)}{2}\right) \cdot (-1)$$

$$\text{Faktor}_a = 1{,}866$$

Der Geometriefaktor für die Koppelstangenlänge b berechnet sich zu:
Änderung $b + 1\,\text{mm}$

$$x_{SP_{a\,var}} = 130 + 95 \cdot \left(\frac{35^2 + (130 - 50)^2 - (81 - 25)^2}{2 \cdot 35 \cdot (130 - 50)}\right)$$

$$x_{SP_{a\,var}} = 206{,}1526786\,\text{mm}$$

$$\alpha_b = \frac{x_{SP_{a\,var}} - x_{SP_a}}{\Delta l} \tag{5.55}$$

$$\alpha_b = \frac{206,1526786\,\text{mm} - 208,0357\,\text{mm}}{1\ \text{mm}} = -1,883035714$$

Änderung $b - 1\,\text{mm}$

$$x_{SP_{a\,var}} = 130 + 95 \cdot \left(\frac{35^2 + (130 - 50)^2 - (79 - 25)^2}{2 \cdot 35 \cdot (130 - 50)} \right)$$

$$x_{SP_{a\,var}} = 209,8848214\,\text{mm}$$

$$\alpha_b = \frac{x_{SP_{a\,var}} - x_{SP_a}}{\Delta l} = \frac{209,8848214\,\text{mm} - 208,0357\,\text{mm}}{1\ \text{mm}} = 1,849107143$$

$$\text{Faktor}_b = -1,883035714 + \left(\frac{-1,883035714 + 1,849107143}{2} \right) \cdot (-1)$$

$$\text{Faktor}_b = -1,866$$

Der Geometriefaktor für die Schwingenlänge c berechnet sich zu:
Änderung $c + 1\,\text{mm}$

$$x_{SP_{a\,var}} = 130 + 95 \cdot \left(\frac{36^2 + (130 - 50)^2 - (80 - 25)^2}{2 \cdot 36 \cdot (130 - 50)} \right)$$

$$x_{SP_{a\,var}} = 207,0390625\,\text{mm}$$

$$\alpha_c = \frac{x_{SP_{a\,var}} - x_{SP_a}}{\Delta l} \tag{5.56}$$

$$\alpha_c = \frac{207,0390625\,\text{mm} - 208,0357\,\text{mm}}{1\ \text{mm}} = -0,996651786$$

Änderung $c - 1\,\text{mm}$

$$x_{SP_{a\,var}} = 130 + 95 \cdot \left(\frac{34^2 + (130 - 50)^2 - (80 - 25)^2}{2 \cdot 34 \cdot (130 - 50)} \right)$$

$$x_{SP_{a\,var}} = 209,1259191\,\text{mm}$$

$$\alpha_c = \frac{x_{SP_{a\,var}} - x_{SP_a}}{\Delta l} = \frac{209,1259191\,\text{mm} - 208,0357\,\text{mm}}{1\ \text{mm}} = 1,090204832$$

$$\text{Faktor}_c = -0{,}996651786 + \left(\frac{-0{,}996651786 + 1{,}090204832}{2} \right) \cdot (-1)$$

$$\text{Faktor}_c = -1{,}043$$

Der Geometriefaktor für die Schwingenarmlänge e berechnet sich zu:
Änderung $e + 1\,\text{mm}$

$$x_{SP_{a\,var}} = 130 + 96 \cdot \left(\frac{35^2 + (130 - 50)^2 - (80 - 25)^2}{2 \cdot 35 \cdot (130 - 50)} \right)$$

$$x_{SP_{a\,var}} = 208{,}8571429\,\text{mm}$$

$$\alpha_e = \frac{x_{SP_{a\,var}} - x_{SP_a}}{\Delta l} \tag{5.57}$$

$$\alpha_e = \frac{208{,}8571429\,\text{mm} - 208{,}0357\,\text{mm}}{1\,\text{mm}} = 0{,}821428571$$

Änderung $e - 1\,\text{mm}$

$$x_{SP_{a\,var}} = 130 + 94 \cdot \left(\frac{35^2 + (130 - 50)^2 - (80 - 25)^2}{2 \cdot 35 \cdot (130 - 50)} \right)$$

$$x_{SP_{a\,var}} = 207{,}2142857\,\text{mm}$$

$$\alpha_e = \frac{x_{SP_{a\,var}} - x_{SP_a}}{\Delta l} = \frac{207{,}2142857\,\text{mm} - 208{,}0357\,\text{mm}}{1\,\text{mm}} = -0{,}821428571$$

$$\text{Faktor}_e = 0{,}821428571 + \left(\frac{0{,}821428571 + (-0{,}821428571)}{2} \right) \cdot (-1)$$

$$\text{Faktor}_e = 0{,}821$$

Die Zusammenstellung der ermittelten Geometriefaktoren (Spalte Faktor) nach dem Verfahren der Variablenvariation für den X-Abstand des Schraubpunktes SP_a (110-1) zeigt die Tab. 5.4.

5.2.2 Geometriefaktoren für den Y-Abstand des Schraubpunktes SP_a (120-1)

Der nominale Y-Abstand des Schraubpunktes SP_a des Schwingenarms für die Außenstellung berechnet sich nach der bereits bekannten Funktionsgleichung.

Tab. 5.4 Zusammenstellung der Geometriefaktoren für den X-Abstand des Schraubpunktes SP$_a$ (110-1) nach dem Verfahren der Variablenvariation

Variable	Nennmaß	+ 1 mm	−1 mm	Faktor
Grundplatte (X-Pos. Festlager A, A$_X$; Kurbel)	50	−1,743671	1,734127	−1,739
Grundplatte (X-Pos. Festlager B, B$_X$; Schwinge)	130	2,734127	−2,743671	2,739
Kurbel a	25	1,849107	−1,883036	1,866
Koppelstange b	80	−1,883036	1,849107	−1,866
Schwinge c	35	−0,996652	1,090205	−1,043
Schwingenarm e	95	0,821429	−0,821429	0,821

$$y_{SP_a} = B_y + e \cdot \left[\left(1 + \left(\frac{c^2 + (B_x - A_x)^2 - (b-a)^2}{2 \cdot c \cdot (B_x - A_x)} \right) \right) \right.$$

$$\left. \cdot \left(1 - \left(\frac{c^2 + (B_x - A_x)^2 - (b-a)^2}{2 \cdot c \cdot (B_x - A_x)} \right) \right) \right]^{\frac{1}{2}} \quad (5.58)$$

Der Nominalabstand y$_{SPa}$ ist 104,1795838 mm.

Der Geometriefaktor für den Abstand A$_x$ an der Grundplatte berechnet sich zu:

Änderung A_x + 1 mm

$$y_{SP_a\,var} = 50 + 95 \cdot \left[\left(1 + \left(\frac{35^2 + (130 - 51)^2 - (80 - 25)^2}{2 \cdot 35 \cdot (130 - 51)} \right) \right) \right.$$

$$\left. \cdot \left(1 - \left(\frac{35^2 + (130 - 51)^2 - (80 - 25)^2}{2 \cdot 35 \cdot (130 - 51)} \right) \right) \right]^{\frac{1}{2}}$$

$$y_{SP_a\,var} = 106,6085163 \, \text{mm}$$

$$\alpha_{A_x} = \frac{y_{SP_a\,var} - y_{SP_a}}{\Delta l} \quad (5.59)$$

$$\alpha_{A_x} = \frac{106,6085163 \, \text{mm} - 104,1795838 \, \text{mm}}{1 \, \text{mm}} = 2,4289325$$

Änderung A_x − 1 mm

$$y_{SP_a\,var} = 50 + 95 \cdot \left[\left(1 + \left(\frac{35^2 + (130 - 49)^2 - (80 - 25)^2}{2 \cdot 35 \cdot (130 - 49)} \right) \right) \right.$$

$$\cdot \left(1 - \left(\frac{35^2 + (130 - 49)^2 - (80 - 25)^2}{2 \cdot 35 \cdot (130 - 49)}\right)\right)\right]^{\frac{1}{2}}$$

$$y_{SP_{a\,var}} = 101{,}5923679 \, \text{mm}$$

$$\alpha_{A_x} = \frac{y_{SP_{a\,var}} - y_{SP_a}}{\Delta l} = \frac{101{,}5923679 \, \text{mm} - 104{,}1795838 \, \text{mm}}{1 \, \text{mm}} = -2{,}5872158$$

$$\text{Faktor}_i = \alpha_{i(+1)} + \left(\frac{\alpha_{i(+1)} + \alpha_{i(-1)}}{2}\right) \cdot (-1) \tag{5.60}$$

$$\text{Faktor}_{A_x} = 2{,}4289325 + \left(\frac{2{,}4289325 + (-2{,}5872158)}{2}\right) \cdot (-1)$$

$$\text{Faktor}_{A_x} = 2{,}508$$

Der Geometriefaktor für den Abstand B_x an der Grundplatte berechnet sich zu:
Änderung $B_x + 1$ mm

$$y_{SP_{a\,var}} = 50 + 95 \cdot \left[\left(1 + \left(\frac{35^2 + (131 - 50)^2 - (80 - 25)^2}{2 \cdot 35 \cdot (131 - 50)}\right)\right)\right.$$
$$\left. \cdot \left(1 - \left(\frac{35^2 + (131 - 50)^2 - (80 - 25)^2}{2 \cdot 35 \cdot (131 - 50)}\right)\right)\right]^{\frac{1}{2}}$$

$$y_{SP_{a\,var}} = 101{,}5923679 \, \text{mm}$$

$$\alpha_{B_x} = \frac{y_{SP_{a\,var}} - y_{SP_a}}{\Delta l} \tag{5.61}$$

$$\alpha_{B_x} = \frac{101{,}5923679 \, \text{mm} - 104{,}1795838 \, \text{mm}}{1 \, \text{mm}} = -2{,}5872158$$

Änderung $B_x - 1$ mm

$$y_{SP_{a\,var}} = 50 + 95 \cdot \left[\left(1 + \left(\frac{35^2 + (129 - 50)^2 - (80 - 25)^2}{2 \cdot 35 \cdot (129 - 50)}\right)\right)\right.$$
$$\left. \cdot \left(1 - \left(\frac{35^2 + (129 - 50)^2 - (80 - 25)^2}{2 \cdot 35 \cdot (129 - 50)}\right)\right)\right]^{\frac{1}{2}}$$

$$y_{SP_{a\,var}} = 106{,}6085163 \, \text{mm}$$

$$\alpha_{B_x} = \frac{y_{SP_{a\,var}} - y_{SP_a}}{\Delta l} = \frac{106{,}6085163 \, \text{mm} - 104{,}1795838 \, \text{mm}}{1 \, \text{mm}} = 2{,}4289325$$

$$\text{Faktor}_{B_x} = -2{,}5872158 + \left(\frac{-2{,}5872158 + 2{,}4289325}{2} \right) \cdot (-1)$$

$$\text{Faktor}_{B_x} = -2{,}508$$

Der Geometriefaktor für die Kurbellänge a berechnet sich zu:
Änderung $a + 1\,\text{mm}$

$$y_{SP_{a\,var}} = 50 + 95 \cdot \left[\left(1 + \left(\frac{35^2 + (130-50)^2 - (80-26)^2}{2 \cdot 35 \cdot (130-50)} \right) \right) \right.$$
$$\left. \cdot \left(1 - \left(\frac{35^2 + (130-50)^2 - (80-26)^2}{2 \cdot 35 \cdot (130-50)} \right) \right) \right]^{\frac{1}{2}}$$

$$y_{SP_{a\,var}} = 101{,}4141547\,\text{mm}$$

$$\alpha_a = \frac{y_{SP_{a\,var}} - y_{SP_a}}{\Delta l} \tag{5.62}$$

$$\alpha_a = \frac{101{,}4141547\,\text{mm} - 104{,}1795838\,\text{mm}}{1\,\text{mm}} = -2{,}7654290$$

Änderung $a - 1\,\text{mm}$

$$y_{SP_{a\,var}} = 50 + 95 \cdot \left[\left(1 + \left(\frac{35^2 + (130-50)^2 - (80-24)^2}{2 \cdot 35 \cdot (130-50)} \right) \right) \right.$$
$$\left. \cdot \left(1 - \left(\frac{35^2 + (130-50)^2 - (80-24)^2}{2 \cdot 35 \cdot (130-50)} \right) \right) \right]^{\frac{1}{2}}$$

$$y_{SP_{a\,var}} = 106{,}7958585\,\text{mm}$$

$$\alpha_a = \frac{y_{SP_{a\,var}} - y_{SP_a}}{\Delta l} = \frac{106{,}7958585\,\text{mm} - 104{,}1795838\,\text{mm}}{1\,\text{mm}} = 2{,}6162747$$

$$\text{Faktor}_a = -2{,}7654290 + \left(\frac{-2{,}7654290 + 2{,}6162747}{2} \right) \cdot (-1)$$

$$\text{Faktor}_a = -2{,}691$$

Der Geometriefaktor für die Koppelstangenlänge b berechnet sich zu:
Änderung $b + 1\,\text{mm}$

$$y_{SP_{a\,var}} = 50 + 95 \cdot \left[\left(1 + \left(\frac{35^2 + (130-50)^2 - (81-25)^2}{2 \cdot 35 \cdot (130-50)} \right) \right) \right.$$

$$\cdot \left(1 - \left(\frac{35^2 + (130 - 50)^2 - (81 - 25)^2}{2 \cdot 35 \cdot (130 - 50)}\right)\right)\Bigg]^{\frac{1}{2}}$$

$$y_{SP_a\,var} = 106{,}7958585 \,\text{mm}$$

$$\alpha_b = \frac{y_{SP_a\,var} - y_{SP_a}}{\Delta l} \tag{5.63}$$

$$\alpha_b = \frac{106{,}7958585 \,\text{mm} - 104{,}1795838 \,\text{mm}}{1 \,\text{mm}} = 2{,}6162747$$

Änderung $b - 1$ mm

$$y_{SP_a\,var} = 50 + 95 \cdot \left[\left(1 + \left(\frac{35^2 + (130 - 50)^2 - (79 - 25)^2}{2 \cdot 35 \cdot (130 - 50)}\right)\right)\right.$$

$$\left. \cdot \left(1 - \left(\frac{35^2 + (130 - 50)^2 - (79 - 25)^2}{2 \cdot 35 \cdot (130 - 50)}\right)\right)\right]^{\frac{1}{2}}$$

$$y_{SP_a\,var} = 101{,}4141547 \,\text{mm}$$

$$\alpha_b = \frac{y_{SP_a\,var} - y_{SP_a}}{\Delta l} = \frac{101{,}4141547 \,\text{mm} - 104{,}1795838 \,\text{mm}}{1 \,\text{mm}} = -2{,}7654290$$

$$\text{Faktor}_b = 2{,}6162747 + \left(\frac{2{,}6162747 + (-2{,}7654290)}{2}\right) \cdot (-1)$$

$$\text{Faktor}_b = 2{,}691$$

Der Geometriefaktor für die Schwingenlänge c berechnet sich zu:
Änderung $c + 1$ mm

$$y_{SP_a\,var} = 50 + 95 \cdot \left[\left(1 + \left(\frac{36^2 + (130 - 50)^2 - (80 - 25)^2}{2 \cdot 36 \cdot (130 - 50)}\right)\right)\right.$$

$$\left. \cdot \left(1 - \left(\frac{36^2 + (130 - 50)^2 - (80 - 25)^2}{2 \cdot 36 \cdot (130 - 50)}\right)\right)\right]^{\frac{1}{2}}$$

$$y_{SP_a\,var} = 105{,}5876142 \,\text{mm}$$

$$\alpha_c = \frac{y_{SP_a\,var} - y_{SP_a}}{\Delta l} \tag{5.64}$$

$$\alpha_c = \frac{105{,}5876142 \,\text{mm} - 104{,}1795838 \,\text{mm}}{1 \,\text{mm}} = 1{,}4080304$$

Änderung $c - 1\,\text{mm}$

$$y_{SP_{a\,var}} = 50 + 95 \cdot \left[\left(1 + \left(\frac{34^2 + (130-50)^2 - (80-25)^2}{2 \cdot 34 \cdot (130-50)}\right)\right) \right.$$
$$\left. \cdot \left(1 - \left(\frac{34^2 + (130-50)^2 - (80-25)^2}{2 \cdot 34 \cdot (130-50)}\right)\right)\right]^{\frac{1}{2}}$$

$$y_{SP_{a\,var}} = 102,5746034\,\text{mm}$$

$$\alpha_c = \frac{y_{SP_{a\,var}} - y_{SP_a}}{\Delta l} = \frac{102,5746034\,\text{mm} - 104,1795838\,\text{mm}}{1\,\text{mm}} = -1,6049803$$

$$\text{Faktor}_c = 1,4080304 + \left(\frac{1,4080304 + (-1,6049803)}{2}\right) \cdot (-1)$$

$$\text{Faktor}_c = 1,507$$

Der Geometriefaktor für die Schwingenarmlänge e berechnet sich zu:

Änderung $e + 1\,\text{mm}$

$$y_{SP_{a\,var}} = 50 + 96 \cdot \left[\left(1 + \left(\frac{35^2 + (130-50)^2 - (80-25)^2}{2 \cdot 35 \cdot (130-50)}\right)\right) \right.$$
$$\left. \cdot \left(1 - \left(\frac{35^2 + (130-50)^2 - (80-25)^2}{2 \cdot 35 \cdot (130-50)}\right)\right)\right]^{\frac{1}{2}}$$

$$y_{SP_{a\,var}} = 104,7498952\,\text{mm}$$

$$\alpha_e = \frac{y_{SP_{a\,var}} - y_{SP_a}}{\Delta l} \tag{5.65}$$

$$\alpha_e = \frac{104,7498952\,\text{mm} - 104,1795838\,\text{mm}}{1\,\text{mm}} = 0,5703114$$

Änderung $e - 1\,\text{mm}$

$$y_{SP_{a\,var}} = 50 + 94 \cdot \left[\left(1 + \left(\frac{35^2 + (130-50)^2 - (80-25)^2}{2 \cdot 35 \cdot (130-50)}\right)\right) \right.$$
$$\left. \cdot \left(1 - \left(\frac{35^2 + (130-50)^2 - (80-25)^2}{2 \cdot 35 \cdot (130-50)}\right)\right)\right]^{\frac{1}{2}}$$

$$y_{SP_{a\,var}} = 103,6092723\,\text{mm}$$

Tab. 5.5 Zusammenstellung der Geometriefaktoren für den Y-Abstand des Schraubpunktes SP$_a$ (120-1) nach dem Verfahren der Variablenvariation

Variable	Nennmaß	+ 1 mm	−1 mm	Faktor
Grundplatte (X-Pos. Festlager A, A$_X$; Kurbel)	50	2,428932	−2,587215	2,508
Grundplatte (X-Pos. Festlager B, B$_X$; Schwinge)	130	−2,587215	2,428932	−2,508
Kurbel a	25	−2,765429	2,616274	−2,691
Koppelstange b	80	2,616274	−2,765429	2,691
Schwinge c	35	1,408030	−1,604980	1,507
Schwingenarm e	95	0,570311	−0,570311	0,570

$$\alpha_e = \frac{y_{SP_a\,var} - y_{SP_a}}{\Delta l} = \frac{103{,}6092723\,\text{mm} - 104{,}1795838\,\text{mm}}{1\,\text{mm}} = -0{,}5703114$$

$$\text{Faktor}_e = 0{,}5703114 + \left(\frac{0{,}5703114 + (-0{,}5703114)}{2}\right) \cdot (-1)$$

$$\text{Faktor}_e = 0{,}570$$

Die Zusammenstellung der ermittelten Geometriefaktoren (Spalte Faktor) nach dem Verfahren der Variablenvariation für den Y-Abstand des Schraubpunktes SP$_a$ (120-1) zeigt die Tab. 5.5.

5.2.3 Geometriefaktoren für den Schwingenwinkel ψ_i (130-1)

Der nominale Schwingenwinkel ψ_i für die Außenstellung berechnet sich nach der bereits bekannten Funktionsgleichung.

$$\psi_i = \arccos\left(\frac{c^2 + (B_x - A_x)^2 - (b - a)^2}{2 \cdot c \cdot (B_x - A_x)}\right) \tag{5.66}$$

Der Nominalwinkel ψ_i ist $34{,}77194403°$.
Der Geometriefaktor für den Abstand A$_x$ an der Grundplatte berechnet sich zu:
Änderung $A_x + 1\,\text{mm}$

$$\psi_{i\,var} = \arccos\left(\frac{35^2 + (130 - 51)^2 - (80 - 25)^2}{2 \cdot 35 \cdot (130 - 51)}\right)$$

$$\psi_{i\,var} = 36{,}57532787°$$

$$\alpha_{A_x} = \frac{\psi_{i\,var} - \psi_i}{\Delta l}$$

$$\alpha_{A_x} = \frac{36{,}57532787° - 34{,}77194403°}{1\,\text{mm}} = 1{,}803383842°/\text{mm} \qquad (5.67)$$

Änderung $A_x - 1\,\text{mm}$

$$\psi_{i\,var} = \arccos\left(\frac{35^2 + (130 - 49)^2 - (80 - 25)^2}{2 \cdot 35 \cdot (130 - 49)}\right)$$

$$\psi_{i\,var} = 32{,}89338824°$$

$$\alpha_{A_x} = \frac{\psi_{i\,var} - \psi_i}{\Delta l} = \frac{32{,}89338824° - 34{,}77194403°}{1\,\text{mm}} = -1{,}878555797°/\text{mm}$$

$$\text{Faktor}_i = \alpha_{i(+1)} + \left(\frac{\alpha_{i(+1)} + \alpha_{i(-1)}}{2}\right) \cdot (-1)$$

$$\text{Faktor}_{A_x} = 1{,}803383842 + \left(\frac{1{,}803383842 + (-1{,}878555797)}{2}\right) \cdot (-1)$$

$$\text{Faktor}_{A_x} = 1{,}841°/\text{mm} \qquad (5.68)$$

Der Geometriefaktor für den Abstand B_x an der Grundplatte berechnet sich zu:
Änderung $B_x + 1mm$

$$\psi_{i\,var} = \arccos\left(\frac{35^2 + (131 - 50)^2 - (80 - 25)^2}{2 \cdot 35 \cdot (131 - 50)}\right)$$

$$\psi_{i\,var} = 32{,}89338824°$$

$$\alpha_{B_x} = \frac{\psi_{i\,var} - \psi_i}{\Delta l}$$

$$\alpha_{B_x} = \frac{32{,}89338824° - 34{,}77194403°}{1\,\text{mm}} = -1{,}878555797°/\text{mm} \qquad (5.69)$$

Änderung $B_x - 1mm$

$$\psi_{i\,var} = \arccos\left(\frac{35^2 + (129 - 50)^2 - (80 - 25)^2}{2 \cdot 35 \cdot (129 - 50)}\right)$$

$$\psi_{i\,var} = 36{,}57532787°$$

$$\alpha_{B_x} = \frac{\psi_{i\,var} - \psi_i}{\Delta l} = \frac{36{,}57532787° - 34{,}77194403°}{1\,\text{mm}} = 1{,}803383842°/\text{mm}$$

$$\text{Faktor}_{B_x} = -1{,}878555797 + \left(\frac{-1{,}878555797 + 1{,}803383842}{2}\right) \cdot (-1)$$

$$\text{Faktor}_{B_x} = -1{,}841°/\text{mm}$$

Der Geometriefaktor für die Kurbellänge a berechnet sich zu:
Änderung $a + 1\,\text{mm}$

$$\psi_{i\,var} = \arccos\left(\frac{35^2 + (130 - 50)^2 - (80 - 26)^2}{2 \cdot 35 \cdot (130 - 50)}\right)$$

$$\psi_{i\,var} = 32{,}76547643°$$

$$\alpha_a = \frac{\psi_{i\,var} - \psi_i}{\Delta l}$$

$$\alpha_a = \frac{32{,}76547643° - 34{,}77194403°}{1\,\text{mm}} = -2{,}006467601°/\text{mm} \qquad (5.70)$$

Änderung $a - 1\,\text{mm}$

$$\psi_{i\,var} = \arccos\left(\frac{35^2 + (130 - 50)^2 - (80 - 24)^2}{2 \cdot 35 \cdot (130 - 50)}\right)$$

$$\psi_{i\,var} = 36{,}71615158°$$

$$\alpha_a = \frac{\psi_{i\,var} - \psi_i}{\Delta l} = \frac{36{,}71615158° - 34{,}77194403°}{1\,\text{mm}} = 1{,}944207553°/\text{mm}$$

$$\text{Faktor}_a = -2{,}006467601 + \left(\frac{-2{,}006467601 + 1{,}944207553}{2}\right) \cdot (-1)$$

$$\text{Faktor}_a = -1{,}975°/\text{mm}$$

Der Geometriefaktor für die Koppelstangenlänge b berechnet sich zu:
Änderung $b + 1\,\text{mm}$

$$\psi_{i\,var} = \arccos\left(\frac{35^2 + (130 - 50)^2 - (81 - 25)^2}{2 \cdot 35 \cdot (130 - 50)}\right)$$

$$\psi_{i\,var} = 36{,}71615158°$$

$$\alpha_b = \frac{\psi_{i\,var} - \psi_i}{\Delta l}$$

$$\alpha_b = \frac{36{,}71615158° - 34{,}77194403°}{1\,\text{mm}} = 1{,}944207553°/\text{mm} \qquad (5.71)$$

Änderung $b - 1\,\text{mm}$

$$\psi_{i\,var} = \arccos\left(\frac{35^2 + (130-50)^2 - (79-25)^2}{2 \cdot 35 \cdot (130-50)}\right)$$

$$\psi_{i\,var} = 32{,}76547643°$$

$$\alpha_b = \frac{\psi_{i\,var} - \psi_i}{\Delta l} = \frac{32{,}76547643° - 34{,}77194403°}{1\,\text{mm}} = -2{,}006467601°/\text{mm}$$

$$\text{Faktor}_b = 1{,}944207553 + \left(\frac{1{,}944207553 + (-2{,}006467601)}{2}\right) \cdot (-1)$$

$$\text{Faktor}_b = 1{,}975°/\text{mm}$$

Der Geometriefaktor für die Schwingenlänge c berechnet sich zu:
Änderung $c + 1\,\text{mm}$

$$\psi_{i\,var} = \arccos\left(\frac{36^2 + (130-50)^2 - (80-25)^2}{2 \cdot 36 \cdot (130-50)}\right)$$

$$\psi_{i\,var} = 35{,}81237092°$$

$$\alpha_c = \frac{\psi_{i\,var} - \psi_i}{\Delta l}$$

$$\alpha_c = \frac{35{,}81237092° - 34{,}77194403°}{1\,\text{mm}} = 1{,}040426883°/\text{mm} \qquad (5.72)$$

Änderung $c - 1\,\text{mm}$

$$\psi_{i\,var} = \arccos\left(\frac{34^2 + (130-50)^2 - (80-25)^2}{2 \cdot 34 \cdot (130-50)}\right)$$

$$\psi_{i\,var} = 33{,}60174236°$$

$$\alpha_c = \frac{\psi_{i\,var} - \psi_i}{\Delta l} = \frac{33{,}60174236° - 34{,}77194403°}{1\,\text{mm}} = -1{,}170201675°/\text{mm}$$

$$\text{Faktor}_c = 1{,}040426883 + \left(\frac{1{,}040426883 + (-1{,}170201675)}{2}\right) \cdot (-1)$$

$$\text{Faktor}_c = 1{,}105°/\text{mm}$$

Die Zusammenstellung der ermittelten Geometriefaktoren (Spalte Faktor) nach dem Verfahren der Variablenvariation für den Schwingenwinkel ψ_i (130-1) zeigt die Tab. 5.6.

Tab. 5.6 Zusammenstellung der Geometriefaktoren für den Schwingenwinkel ψ_i (130-1) nach dem Verfahren der Variablenvariation

Variable	Nennmaß	+ 1 mm	−1 mm	Faktor
Grundplatte (X-Pos. Festlager A, A_X; Kurbel)	50	1,803383	−1,878555	1,841
Grundplatte (X-Pos. Festlager B, B_X; Schwinge)	130	−1,878555	1,803383	−1,841
Kurbel a	25	−2,006467	1,944207	−1,975
Koppelstange b	80	1,944207	−2,006467	1,975
Schwinge c	35	1,040426	−1,170201	1,105

5.3 Geometrisches Verfahren

Als letztes der drei Verfahren zur Ermittlung der Geometriefaktoren wird das geometrische Verfahren vorgestellt. Das Verfahren ist eine CAD-basierte Analyse [4]. Grundsätzlich weist das geometrische Verfahren eine Analogie zu dem Verfahren der Variablenvariation auf.

Die beiden Verfahren der Linearisierung und der Variablenvariation setzen jedoch voraus, dass die Zielfunktion bekannt ist. Das nachfolgend gezeigte geometrische Verfahren benötigt hingegen keine Kenntnis der Zielfunktion bzw. der Maßkettengleichung. Dieser Sachverhalt bietet dem Anwender somit einen entscheidenden Vorteil.

Im Konstruktionsalltag kann die Basis zur Anwendung dieses Verfahrens in dem aktuellen CAD-Modell liegen. Im gegebenen Fall der Antriebseinheit ist es ausreichend, wenn zunächst im CAD-System eine vereinfachte 2D-Konstruktion in Nominallage der betreffenden Bauteile erstellt wird, siehe Abb. 5.2. In dieser 2D-Konstruktion sind neben den Nominal- bzw. Nennmaßen auch die drei Qualitätsanforderungen für die Außenstellung der Schwinge dimensioniert bzw. Messungen eingetragen, hier die eingeklammerten Angaben.

Die modernen CAD-Systeme erlauben eine parametrisierbare Konstruktion, d. h., es existieren Abhängigkeiten innerhalb der Konstruktionsvariablen. Damit ist es möglich, für die Antriebseinheit ein 2D-Kinematikmodell mit Drehgelenken zu erstellen. Mit dessen Existenz können anschließend die Konstruktionsvariablen/Parameter variiert werden, um so quasi eine Sensitivitätsanalyse an der Baugruppe durchzuführen.

Abb. 5.2 zeigt die 2D-Konstruktion der Antriebseinheit in Nominallage für die Außenstellung des Schwingenarms.

Eine besondere Bedeutung bei den kinematischen Auswirkungen von Bauteiltoleranzen kommt den Positionstoleranzen und etwaigen Lagerspielen zu. Hier ist die Auswirkung der Toleranzzone auf eine Baugruppenfunktion nicht eindeutig vektoriell gerichtet, sondern zirkular.

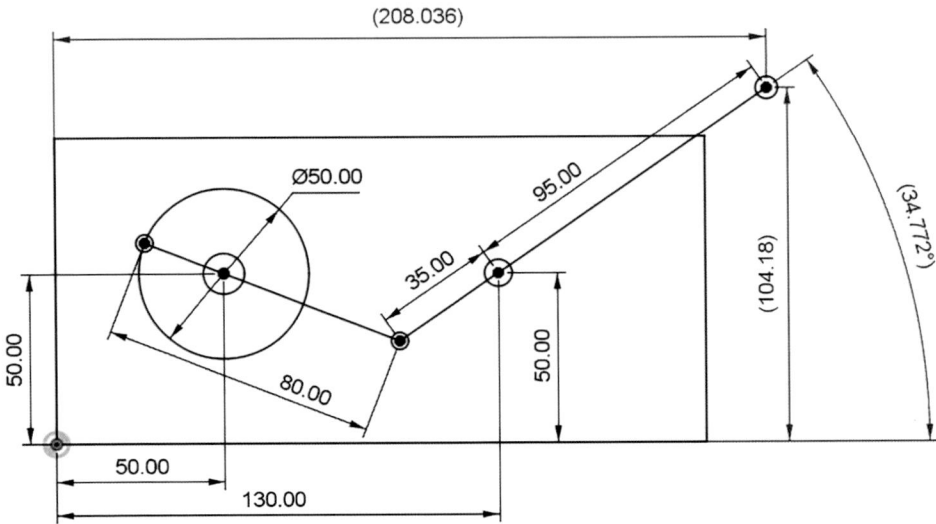

Abb. 5.2 Außenstellung: 2D-Konstruktion der Antriebseinheit (Kurbelschwinge) in Nominallage

Die Positionen der beiden Lagerstellen in der Grundplatte werden später in den Fertigungszeichnungen über Positionstoleranzen definiert. Für das Kinematik-Modell ist es daher sinnvoll, die geforderte Positionsabweichung in X- und Y-Koordinaten aufzuspalten. Dementsprechend wird es für die beiden Lagerstellen ein A_x, A_y, B_x und B_y geben.

Grundsätzlich muss durch die Eintragung einer Positionstoleranz die Lage des Lagerpunktes in der nachfolgenden Abb. 5.3 innerhalb einer zylindrischen Zone des Durchmessers t_{Pos} liegen, deren Achse mit dem theoretisch exakten Ort der betrachteten Lagerstelle A zu dem Bezugssystem übereinstimmt. Hierfür muss dem Toleranzwert das Symbol Ø (Durchmesser) vorangestellt sein [5].

Dies bedeutet, dass der Lagerpunkt irgendwo innerhalb der Toleranzzone (auf der Kreisfläche vom Durchmesser t_{Pos}) zum Liegen kommen kann.

In den zuvor explizit erörterten Verfahren zur Ermittlung der Geometriefaktoren wurden die beiden Lager A und B ausschließlich über ihren X-Abstand erfasst. Die Y-Abweichungen der beiden Lager üben natürlich ebenfalls einen kinematischen Einfluss auf die drei zu berechnenden Qualitätsanforderungen aus. Jedoch sind die Y-Einflüsse in den Gl. (5.6), (5.22) und (5.35) nicht berücksichtigt. Nur in der Berechnung des Y-Abstandes des Schraubpunktes SP_a ist die Y-Lage des Lagers B berücksichtigt. Die Y-Lage des Lagers A bleibt indes unberücksichtigt.

Abb. 5.3
Positionsabweichung t_{Pos} am
Lager A

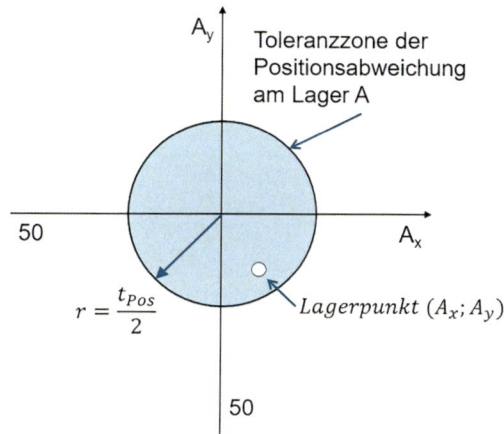

5.3.1 Geometriefaktoren für den X- und Y-Abstand des Schraubpunktes SP_a sowie für den Schwingenwinkel ψ_i

Ausgehend von der 2D-Nominalstruktur der Antriebseinheit in Außenstellung des Schwingenarms werden nachfolgend sämtliche Variablen jeweils um 1 mm verlängert und anschließend um 1 mm gekürzt. Die hierdurch auftretenden Veränderungen auf die jeweiligen drei Qualitätsanforderungen werden dabei erfasst und anschließend als Geometriefaktor ausgewertet.

Innerhalb des 2D-Modells sind die geforderten beiden Positionsabweichungen in der Grundplatte in X- und Y-Koordinaten aufgespalten.

Begonnen werden soll mit der Positionsabweichung des Lagers A. Durch die Aufspaltung in X- und Y-Koordinaten wird zunächst die Veränderung durch die Verlängerung in der X-Koordinate betrachtet. Die Verlängerung bzw. Verkürzung wird wieder mit der normierten Größenordnung 1 mm vollzogen, siehe Abb. 5.4. Alle anderen Variablen bleiben konstant.

Durch die Verlängerung der Variable A_x auf 51 mm haben sich die drei Qualitätsanforderungen verändert. Die Länge x_{SPa} hat sich verkürzt und die Länge y_{SPa} sowie der Schwingenwinkel ψ_i haben sich gegenüber dem jeweiligen Nominalwert vergrößert.

Diese Veränderungen werden zunächst notiert und über die Differenz zum Nominalwert zum Geometriefaktor umgerechnet.

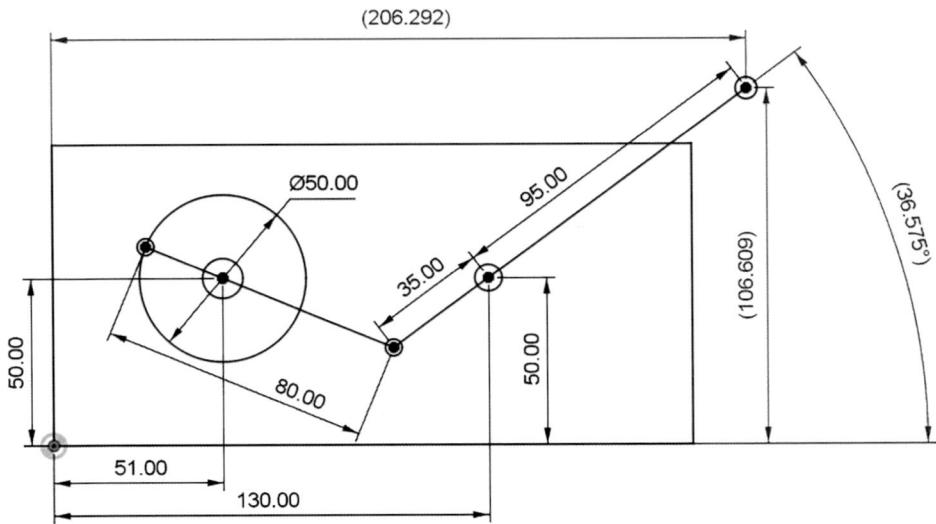

Abb. 5.4 Außenstellung: 2D-Konstruktion der Kurbelschwinge in Nominallage mit Positionsänderung (+1 mm) des Festlagers A in X-Richtung

Änderung $A_x + 1\,\text{mm}$

$$\alpha_{A_x \to X} = \frac{x_{SP_{a\,var}} - x_{SP_a}}{\Delta l} = \frac{206{,}292\,\text{mm} - 208{,}036\,\text{mm}}{1\,\text{mm}} = -1{,}744 \tag{5.73}$$

$$\alpha_{A_x \to Y} = \frac{y_{SP_{a\,var}} - y_{SP_a}}{\Delta l} = \frac{106{,}609\,\text{mm} - 104{,}18\,\text{mm}}{1\,\text{mm}} = 2{,}429 \tag{5.74}$$

$$\alpha_{A_x \to \psi} = \frac{\psi_{i\,var} - \psi_i}{\Delta l} = \frac{36{,}575° - 34{,}772°}{1\,\text{mm}} = 1{,}803°/\text{mm} \tag{5.75}$$

Anschließend wird die Variable A_x auf 49 mm geändert, wodurch sich die drei Qualitätsanforderungen ebenfalls verändern. Jetzt hat sich die Länge x_{SPa} vergrößert und die Länge y_{SPa} sowie der Schwingenwinkel ψ_i haben sich gegenüber dem jeweiligen Nominalwert verkleinert, siehe Abb. 5.5.

Diese Veränderungen führen zu den nachfolgenden Geometriefaktoren.

Änderung $A_x - 1\,\text{mm}$

$$\alpha_{A_x \to X} = \frac{x_{SP_{a\,var}} - x_{SP_a}}{\Delta l} = \frac{209{,}77\,\text{mm} - 208{,}036\,\text{mm}}{1\,\text{mm}} = 1{,}734$$

$$\alpha_{A_x \to Y} = \frac{y_{SP_{a\,var}} - y_{SP_a}}{\Delta l} = \frac{101{,}592\,\text{mm} - 104{,}18\,\text{mm}}{1\,\text{mm}} = -2{,}588$$

$$\alpha_{A_x \to \psi} = \frac{\psi_{i\,var} - \psi_i}{\Delta l} = \frac{32{,}893° - 34{,}772°}{1\,\text{mm}} = -1{,}879°/\text{mm}$$

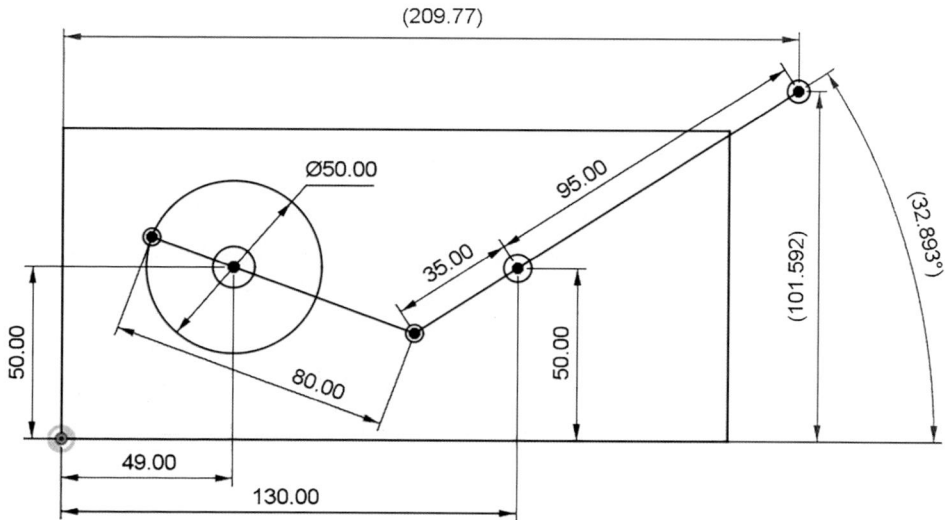

Abb. 5.5 Außenstellung: 2D-Konstruktion der Kurbelschwinge in Nominallage mit Positionsänderung (−1 mm) des Festlagers A in X-Richtung

Nun wird aus den beiden jeweiligen Geometriefaktoren für A_x der arithmetische Mittelwert für die drei Qualitätsanforderungen unter Beibehaltung des richtigen Vorzeichens nach der folgenden Gl. (5.76) berechnet.

$$\text{Faktor}_i = \alpha_{i(+1)} + \left(\frac{\alpha_{i(+1)} + \alpha_{i(-1)}}{2} \right) \cdot (-1) \tag{5.76}$$

Der Geometriefaktor des Abstandes A_x an der Grundplatte mit Auswirkung auf den X-Abstand x_{SPa} des Schraubpunktes berechnet sich zu:

$$\text{Faktor}_{A_x \to X} = -1{,}744 + \left(\frac{-1{,}744 + 1{,}734}{2} \right) \cdot (-1)$$

$$\text{Faktor}_{A_x \to X} = -1{,}739$$

Der Geometriefaktor des Abstandes A_x mit Auswirkung auf den Y-Abstand y_{SPa} berechnet sich zu:

$$\text{Faktor}_{A_x \to Y} = 2{,}429 + \left(\frac{2{,}429 + (-2{,}588)}{2} \right) \cdot (-1)$$

$$\text{Faktor}_{A_x \to Y} = 2{,}509$$

Der Geometriefaktor des Abstandes A_x mit Auswirkung auf den Schwingenwinkel ψ_i berechnet sich zu:

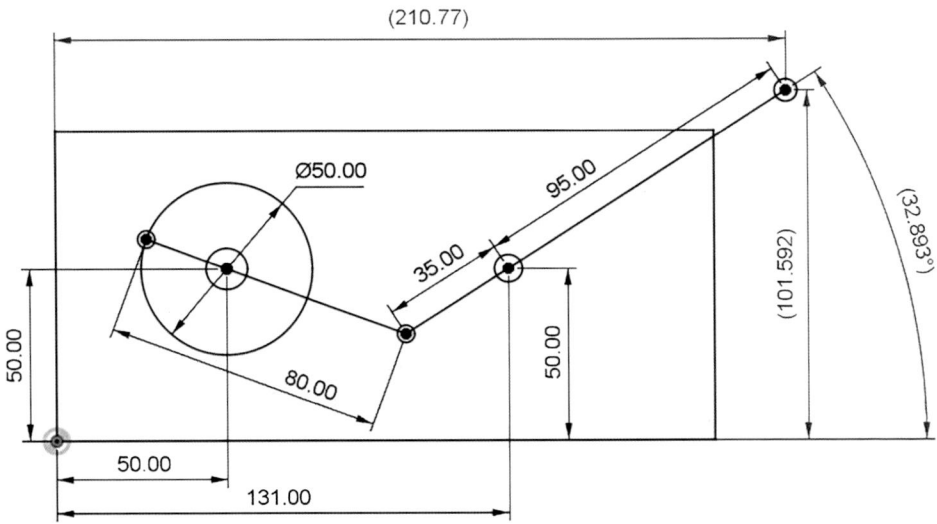

Abb. 5.6 Außenstellung: 2D-Konstruktion der Kurbelschwinge in Nominallage mit Positionsände-rung (+1 mm) des Festlagers B in X-Richtung

$$\text{Faktor}_{A_x \to \psi} = 1{,}803 + \left(\frac{1{,}803 + (-1{,}879)}{2} \right) \cdot (-1)$$

$$\text{Faktor}_{A_x \to \psi} = 1{,}841°/\text{mm}$$

Diese Schritte werden nachfolgend an sämtlichen Variablen der Antriebseinheit vollzogen.

X-Länge B_x des Festlagers B:

Änderung $B_x + 1\,\text{mm}$

$$\alpha_{B_x \to X} = \frac{x_{SP_{a\,var}} - x_{SP_a}}{\Delta l} = \frac{210{,}77\,\text{mm} - 208{,}036\,\text{mm}}{1\,\text{mm}} = 2{,}734 \qquad (5.77)$$

$$\alpha_{B_x \to Y} = \frac{y_{SP_{a\,var}} - y_{SP_a}}{\Delta l} = \frac{101{,}592\,\text{mm} - 104{,}18\,\text{mm}}{1\,\text{mm}} = -2{,}588 \qquad (5.78)$$

$$\alpha_{B_x \to \psi} = \frac{\psi_{i\,var} - \psi_i}{\Delta l} = \frac{32{,}893° - 34{,}772°}{1\,\text{mm}} = -1{,}879°/\text{mm} \qquad (5.79)$$

Änderung $B_x - 1\,\text{mm}$

$$\alpha_{B_x \to X} = \frac{x_{SP_{a\,var}} - x_{SP_a}}{\Delta l} = \frac{205{,}292\,\text{mm} - 208{,}036\,\text{mm}}{1\,\text{mm}} = -2{,}744$$

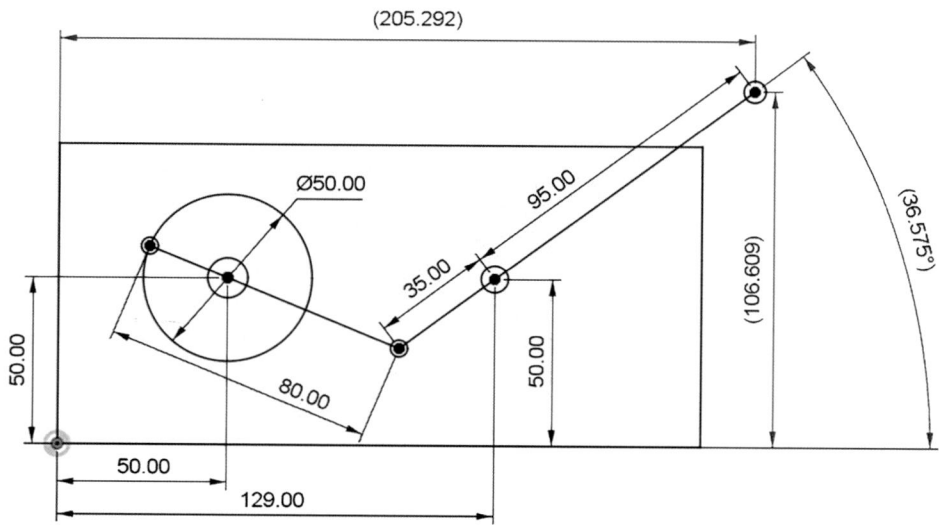

Abb. 5.7 Außenstellung: 2D-Konstruktion der Kurbelschwinge in Nominallage mit Positionsänderung (−1 mm) des Festlagers B in X-Richtung

$$\alpha_{B_x \to Y} = \frac{y_{SP_a\,var} - y_{SP_a}}{\Delta l} = \frac{106{,}609\,\text{mm} - 104{,}18\,\text{mm}}{1\,\text{mm}} = 2{,}429$$

$$\alpha_{B_x \to \psi} = \frac{\psi_{i\,var} - \psi_i}{\Delta l} = \frac{36{,}575° - 34{,}772°}{1\,\text{mm}} = 1{,}803°/\text{mm}$$

Der Geometriefaktor des Abstandes B_x an der Grundplatte mit Auswirkung auf den
X-Abstand x_{SP_a} des Schraubpunktes berechnet sich zu:

$$\text{Faktor}_{B_x \to X} = 2{,}734 + \left(\frac{2{,}734 + (-2{,}744)}{2} \right) \cdot (-1)$$

$$\text{Faktor}_{B_x \to X} = 2{,}739$$

Der Geometriefaktor des Abstandes B_x mit Auswirkung auf den Y-Abstand y_{SP_a}
berechnet sich zu:

$$\text{Faktor}_{B_x \to Y} = -2{,}588 + \left(\frac{-2{,}588 + 2{,}429}{2} \right) \cdot (-1)$$

$$\text{Faktor}_{B_x \to Y} = -2{,}509$$

Der Geometriefaktor des Abstandes B_x mit Auswirkung auf den Schwingenwinkel ψ_i
berechnet sich zu:

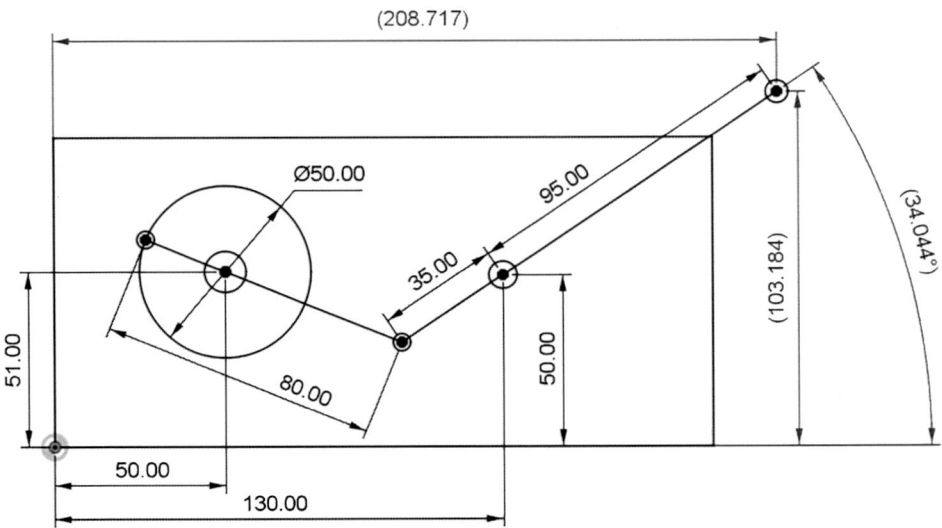

Abb. 5.8 Außenstellung: 2D-Konstruktion der Kurbelschwinge in Nominallage mit Positionsänderung (+1 mm) des Festlagers A in Y-Richtung

$$\text{Faktor}_{B_x \to \psi} = -1{,}879 + \left(\frac{-1{,}879 + 1{,}803}{2}\right) \cdot (-1)$$

$$\text{Faktor}_{B_x \to \psi} = -1{,}841°/\text{mm}$$

Y-Länge A_y des Festlagers A:
Änderung $A_y + 1\,\text{mm}$

$$\alpha_{A_y \to X} = \frac{x_{SP_{a\,var}} - x_{SP_a}}{\Delta l} = \frac{208{,}717\,\text{mm} - 208{,}036\,\text{mm}}{1\,\text{mm}} = 0{,}681 \qquad (5.80)$$

$$\alpha_{A_y \to Y} = \frac{y_{SP_{a\,var}} - y_{SP_a}}{\Delta l} = \frac{103{,}184\,\text{mm} - 104{,}18\,\text{mm}}{1\,\text{mm}} = -0{,}996 \qquad (5.81)$$

$$\alpha_{A_y \to \psi} = \frac{\psi_{i\,var} - \psi_i}{\Delta l} = \frac{34{,}044° - 34{,}772°}{1\,\text{mm}} = -0{,}728°/\text{mm} \qquad (5.82)$$

Änderung $A_y - 1\,\text{mm}$

$$\alpha_{A_y \to X} = \frac{x_{SP_{a\,var}} - x_{SP_a}}{\Delta l} = \frac{207{,}363\,\text{mm} - 208{,}036\,\text{mm}}{1\,\text{mm}} = -0{,}673$$

$$\alpha_{A_y \to Y} = \frac{y_{SP_{a\,var}} - y_{SP_a}}{\Delta l} = \frac{105{,}135\,\text{mm} - 104{,}18\,\text{mm}}{1\,\text{mm}} = 0{,}955$$

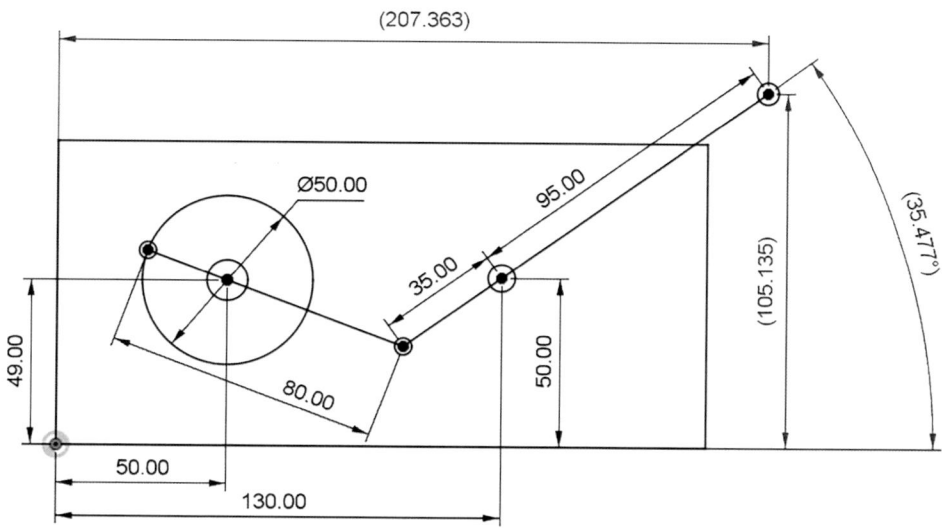

Abb. 5.9 Außenstellung: 2D-Konstruktion der Kurbelschwinge in Nominallage mit Positionsänderung (−1 mm) des Festlagers A in Y-Richtung

$$\alpha_{A_y \to \psi} = \frac{\psi_{i\,var} - \psi_i}{\Delta l} = \frac{35{,}477° - 34{,}772°}{1\,\text{mm}} = 0{,}705°/\text{mm}$$

Der Geometriefaktor des Abstandes A_y an der Grundplatte mit Auswirkung auf den X-Abstand x_{SPa} des Schraubpunktes berechnet sich zu:

$$\text{Faktor}_{A_y \to X} = 0{,}681 + \left(\frac{0{,}681 + (-0{,}673)}{2} \right) \cdot (-1)$$

$$\text{Faktor}_{A_y \to X} = 0{,}677$$

Der Geometriefaktor des Abstandes A_y mit Auswirkung auf den Y-Abstand y_{SPa} berechnet sich zu:

$$\text{Faktor}_{A_y \to Y} = -0{,}996 + \left(\frac{-0{,}996 + 0{,}955}{2} \right) \cdot (-1)$$

$$\text{Faktor}_{A_y \to Y} = -0{,}976$$

Der Geometriefaktor des Abstandes A_y mit Auswirkung auf den Schwingenwinkel ψ_i berechnet sich zu:

$$\text{Faktor}_{A_y \to \psi} = -0{,}728 + \left(\frac{-0{,}728 + 0{,}705}{2} \right) \cdot (-1)$$

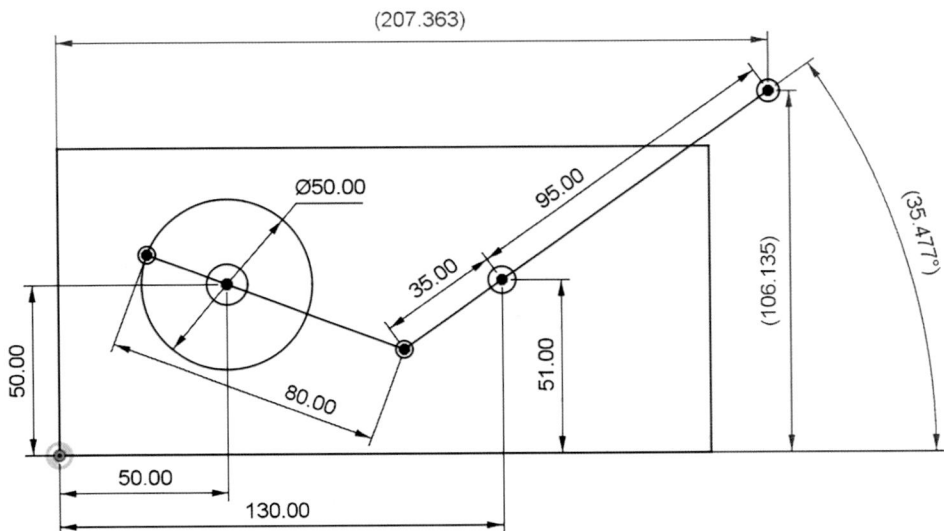

Abb. 5.10 Außenstellung: 2D-Konstruktion der Kurbelschwinge in Nominallage mit Positionsänderung (+1 mm) des Festlagers B in Y-Richtung

$$\text{Faktor}_{A_y \to \psi} = -0{,}717°/\text{mm}$$

Y-Länge B_y des Festlagers B:
Änderung $B_y + 1$ mm

$$\alpha_{B_y \to X} = \frac{x_{SP_{a\,var}} - x_{SP_a}}{\Delta l} = \frac{207{,}363\,\text{mm} - 208{,}036\,\text{mm}}{1\,\text{mm}} = -0{,}673 \qquad (5.83)$$

$$\alpha_{B_y \to Y} = \frac{y_{SP_{a\,var}} - y_{SP_a}}{\Delta l} = \frac{106{,}135\,\text{mm} - 104{,}18\,\text{mm}}{1\,\text{mm}} = 1{,}955 \qquad (5.84)$$

$$\alpha_{B_y \to \psi} = \frac{\psi_{i\,var} - \psi_i}{\Delta l} = \frac{35{,}477° - 34{,}772°}{1\,\text{mm}} = 0{,}705°/\text{mm} \qquad (5.85)$$

Änderung $B_y - 1$ mm

$$\alpha_{B_y \to X} = \frac{x_{SP_{a\,var}} - x_{SP_a}}{\Delta l} = \frac{208{,}717\,\text{mm} - 208{,}036\,\text{mm}}{1\,\text{mm}} = 0{,}681$$

$$\alpha_{B_y \to Y} = \frac{y_{SP_{a\,var}} - y_{SP_a}}{\Delta l} = \frac{102{,}184\,\text{mm} - 104{,}18\,\text{mm}}{1\,\text{mm}} = -1{,}996$$

$$\alpha_{B_y \to \psi} = \frac{\psi_{i\,var} - \psi_i}{\Delta l} = \frac{34{,}044° - 34{,}772°}{1\,\text{mm}} = -0{,}728°/\text{mm}$$

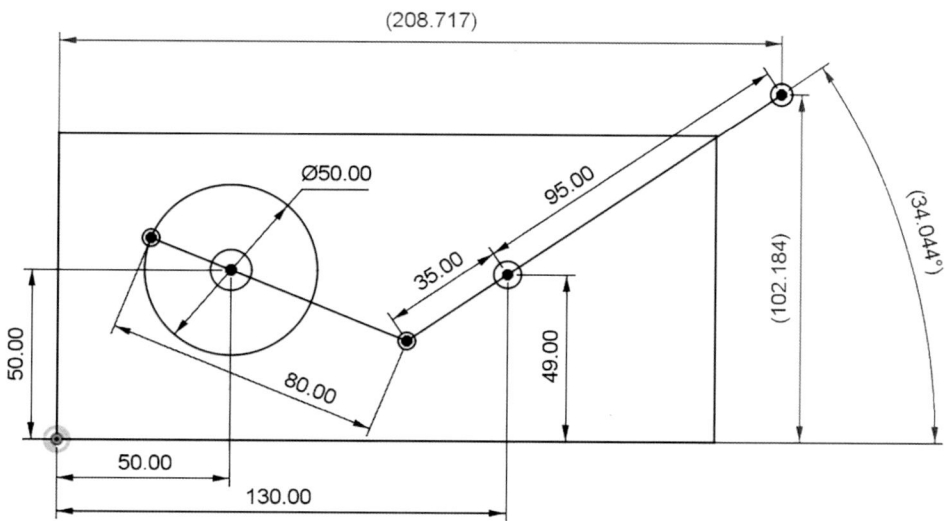

Abb. 5.11 Außenstellung: 2D-Konstruktion der Kurbelschwinge in Nominallage mit Positionsänderung (-1 mm) des Festlagers B in Y-Richtung

Der Geometriefaktor des Abstandes B_y an der Grundplatte mit Auswirkung auf den X-Abstand x_{SPa} des Schraubpunktes berechnet sich zu:

$$\text{Faktor}_{B_y \to X} = -0{,}673 + \left(\frac{-0{,}673 + 0{,}681}{2} \right) \cdot (-1)$$

$$\text{Faktor}_{B_y \to X} = -0{,}677$$

Der Geometriefaktor des Abstandes B_y mit Auswirkung auf den Y-Abstand y_{SPa} berechnet sich zu:

$$\text{Faktor}_{B_y \to Y} = 1{,}955 + \left(\frac{1{,}955 + (-1{,}996)}{2} \right) \cdot (-1)$$

$$\text{Faktor}_{B_y \to Y} = 1{,}976$$

Der Geometriefaktor des Abstandes B_y mit Auswirkung auf den Schwingenwinkel ψ_i berechnet sich zu:

$$\text{Faktor}_{B_y \to \psi} = 0{,}705 + \left(\frac{0{,}705 + (-0{,}728)}{2} \right) \cdot (-1)$$

$$\text{Faktor}_{B_y \to \psi} = 0{,}717° / \text{mm}$$

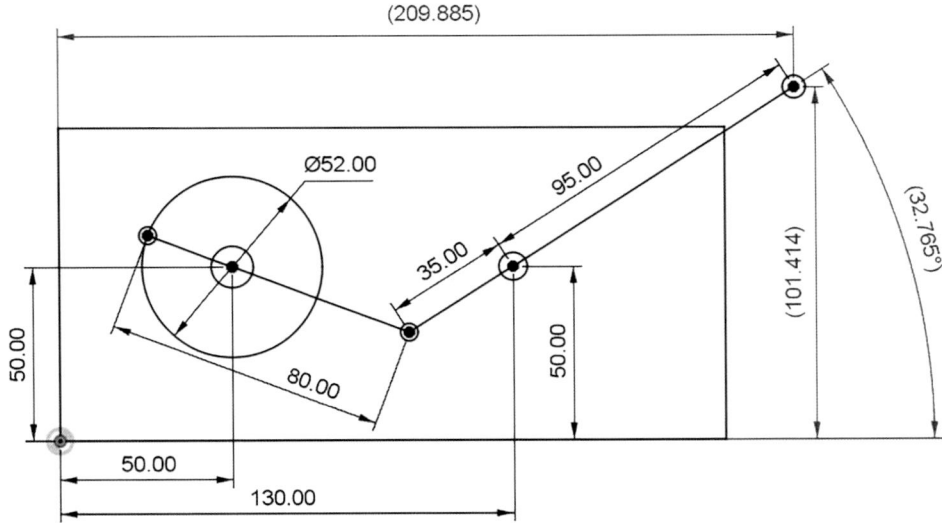

Abb. 5.12 Außenstellung: 2D-Konstruktion der Kurbelschwinge in Nominallage mit Längen-/Durchmesser-Änderung (+2 mm) der Kurbel a

Länge a der Kurbel: In den Abb. 5.12 und 5.13 wird veranschaulicht, wie sich die Längen-(Durchmesser-)änderung der Kurbel a auf die 2D-Konstruktion der Kurbelschwinge in Nominallage auswirkt.

Für die Änderung der Variable Kurbellänge muss beachtet werden, dass das vorliegende Design der Kurbel über eine Kreisscheibe unter Angabe des Durchmessers konstruiert wurde. Dementsprechend wird für eine benötigte Radiusänderung von + 1 mm der Durchmesser um + 2 mm angepasst.

Änderung $a + 1$ mm

$$\alpha_{a \to X} = \frac{x_{SP_{a\,var}} - x_{SP_a}}{\Delta l} = \frac{209{,}885\,\text{mm} - 208{,}036\,\text{mm}}{1\,\text{mm}} = 1{,}849 \qquad (5.86)$$

$$\alpha_{a \to Y} = \frac{y_{SP_{a\,var}} - y_{SP_a}}{\Delta l} = \frac{101{,}484\,\text{mm} - 104{,}18\,\text{mm}}{1\,\text{mm}} = -2{,}766 \qquad (5.87)$$

$$\alpha_{a \to \psi} = \frac{\psi_{i\,var} - \psi_i}{\Delta l} = \frac{32{,}765° - 34{,}772°}{1\,\text{mm}} = -2{,}007°/\text{mm} \qquad (5.88)$$

Änderung $a - 1$ mm

$$\alpha_{a \to X} = \frac{x_{SP_{a\,var}} - x_{SP_a}}{\Delta l} = \frac{206{,}153\,\text{mm} - 208{,}036\,\text{mm}}{1\,\text{mm}} = -1{,}883$$

$$\alpha_{a \to Y} = \frac{y_{SP_{a\,var}} - y_{SP_a}}{\Delta l} = \frac{106{,}796\,\text{mm} - 104{,}18\,\text{mm}}{1\,\text{mm}} = 2{,}616$$

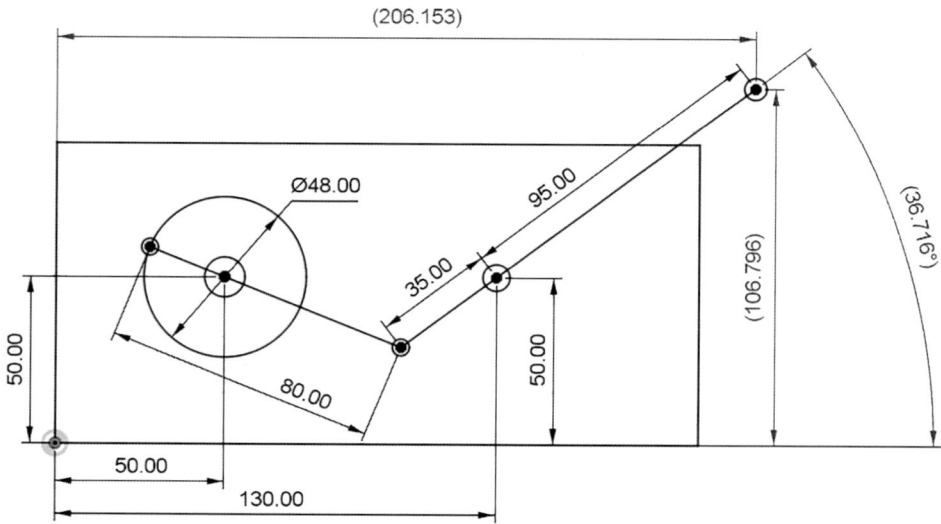

Abb. 5.13 Außenstellung: 2D-Konstruktion der Kurbelschwinge in Nominallage mit Längen-/ Durchmesser-Änderung (−2 mm) der Kurbel a

$$\alpha_{a\to\psi} = \frac{\psi_{i\,var} - \psi_i}{\Delta l} = \frac{36{,}716° - 34{,}772°}{1\,\text{mm}} = 1{,}944°/\text{mm}$$

Der Geometriefaktor der Kurbellänge a mit Auswirkung auf den X-Abstand x_{SPa} des Schraubpunktes berechnet sich zu:

$$\text{Faktor}_{a\to X} = 1{,}849 + \left(\frac{1{,}849 + (-1{,}883)}{2}\right) \cdot (-1)$$

$$\text{Faktor}_{a\to X} = 1{,}866$$

Der Geometriefaktor der Kurbellänge a mit Auswirkung auf den Y-Abstand y_{SPa} des Schraubpunktes berechnet sich zu:

$$\text{Faktor}_{a\to Y} = -2{,}766 + \left(\frac{-2{,}766 + 2{,}616}{2}\right) \cdot (-1)$$

$$\text{Faktor}_{a\to Y} = -2{,}691$$

Der Geometriefaktor der Kurbellänge a mit Auswirkung auf den Schwingenwinkel ψ_i berechnet sich zu:

$$\text{Faktor}_{a\to\psi} = -2{,}007 + \left(\frac{-2{,}007 + 1{,}944}{2}\right) \cdot (-1)$$

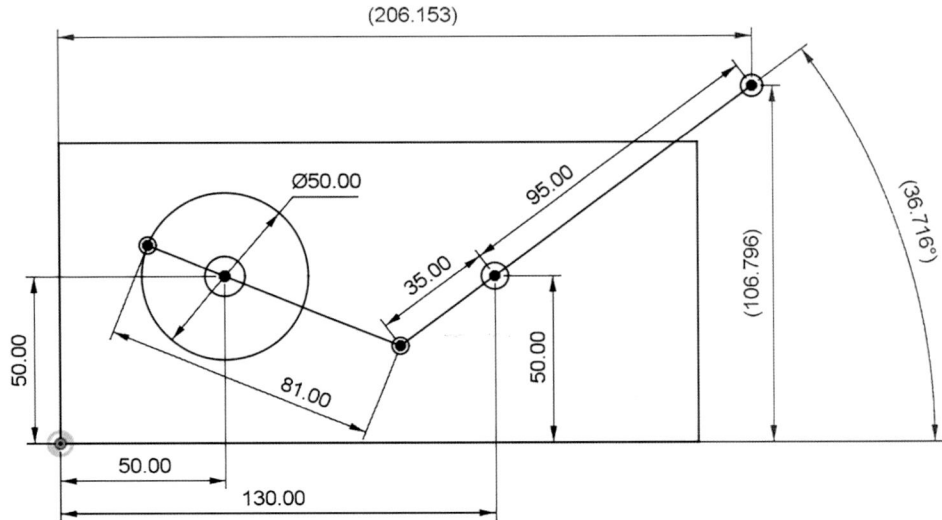

Abb. 5.14 Außenstellung: 2D-Konstruktion der Kurbelschwinge in Nominallage mit Längenänderung (+1 mm) der Koppelstange b

$$\text{Faktor}_{a \rightarrow \psi} = -1{,}976°/\text{mm}$$

Länge b der Koppelstange: In den Abb. 5.14 und 5.15 wird veranschaulicht, wie sich die Längenänderung der Koppelstange b auf die 2D-Konstruktion der Kurbelschwinge in Nominallage auswirkt.

Änderung $b + 1\,\text{mm}$

$$\alpha_{b \rightarrow X} = \frac{x_{SP_{a\,var}} - x_{SP_a}}{\Delta l} = \frac{206{,}153\,\text{mm} - 208{,}036\,\text{mm}}{1\,\text{mm}} = -1{,}883 \qquad (5.89)$$

$$\alpha_{b \rightarrow Y} = \frac{y_{SP_{a\,var}} - y_{SP_a}}{\Delta l} = \frac{106{,}796\,\text{mm} - 104{,}18\,\text{mm}}{1\,\text{mm}} = 2{,}616 \qquad (5.90)$$

$$\alpha_{b \rightarrow \psi} = \frac{\psi_{i\,var} - \psi_i}{\Delta l} = \frac{36{,}716° - 34{,}772°}{1\,\text{mm}} = 1{,}944°/\text{mm} \qquad (5.91)$$

Änderung $b - 1\,\text{mm}$

$$\alpha_{b \rightarrow X} = \frac{x_{SP_{a\,var}} - x_{SP_a}}{\Delta l} = \frac{209{,}885\,\text{mm} - 208{,}036\,\text{mm}}{1\text{mm}} = 1{,}849$$

$$\alpha_{b \rightarrow Y} = \frac{y_{SP_{a\,var}} - y_{SP_a}}{\Delta l} = \frac{101{,}414\,\text{mm} - 104{,}18\,\text{mm}}{1\,\text{mm}} = -2{,}766$$

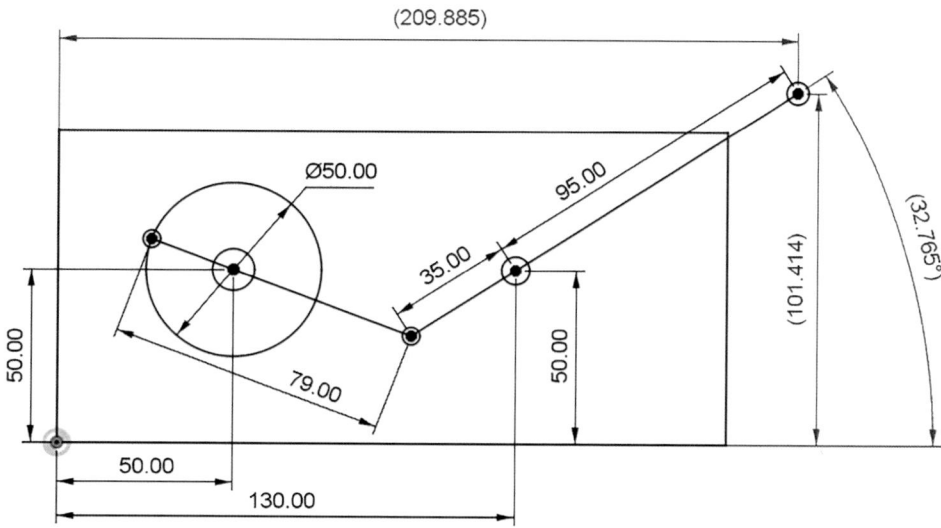

Abb. 5.15 Außenstellung: 2D-Konstruktion der Kurbelschwinge in Nominallage mit Längenänderung (-1 mm) der Koppelstange b

$$\alpha_{b \to \psi} = \frac{\psi_{i\,var} - \psi_i}{\Delta l} = \frac{32{,}765° - 34{,}772°}{1\,\text{mm}} = -2{,}007°/\text{mm}$$

Der Geometriefaktor der Koppelstangenlänge b mit Auswirkung auf den X-Abstand x_{SPa} des Schraubpunktes berechnet sich zu:

$$\text{Faktor}_{b \to X} = -1{,}883 + \left(\frac{-1{,}883 + 1{,}849}{2} \right) \cdot (-1)$$

$$\text{Faktor}_{b \to X} = -1{,}866$$

Der Geometriefaktor der Koppelstangenlänge b mit Auswirkung auf den Y-Abstand y_{SPa} des Schraubpunktes berechnet sich zu:

$$\text{Faktor}_{b \to Y} = 2{,}616 + \left(\frac{2{,}616 + (-2{,}766)}{2} \right) \cdot (-1)$$

$$\text{Faktor}_{b \to Y} = 2{,}691$$

Der Geometriefaktor der Koppelstangenlänge b mit Auswirkung auf den Schwingenwinkel ψ_i berechnet sich zu:

$$\text{Faktor}_{b \to \psi} = 1{,}944 + \left(\frac{1{,}944 + (-2{,}007)}{2} \right) \cdot (-1)$$

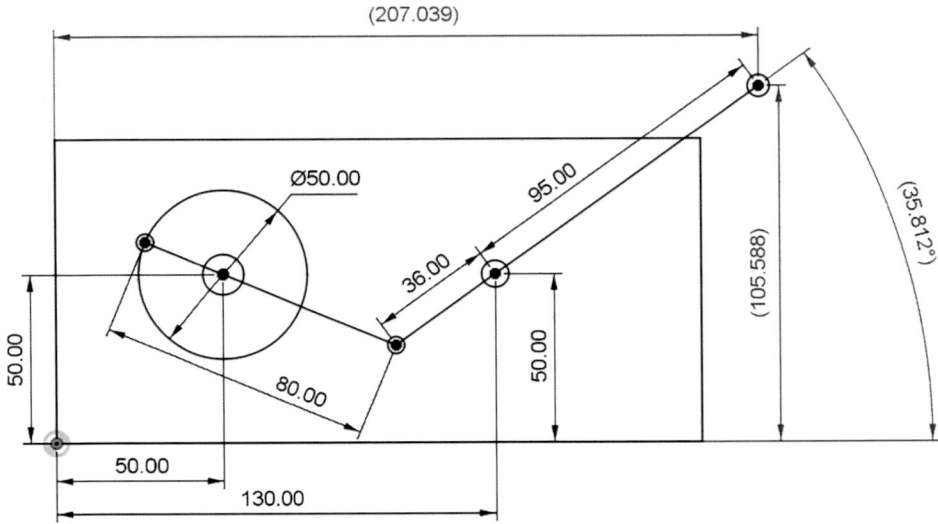

Abb. 5.16 Außenstellung: 2D-Konstruktion der Kurbelschwinge in Nominallage mit Längenänderung (+1 mm) der Schwinge c

$$\text{Faktor}_{b \to \psi} = 1{,}976° / \text{mm}$$

Länge c der Schwinge: In den Abb. 5.16 und 5.17 wird veranschaulicht, wie sich die Längenänderung der Schwinge c auf die 2D-Konstruktion der Kurbelschwinge in Nominallage auswirkt.

Änderung $c + 1\,\text{mm}$

$$\alpha_{c \to X} = \frac{x_{SP_{a\,var}} - x_{SP_a}}{\Delta l} = \frac{207{,}039\,\text{mm} - 208{,}036\,\text{mm}}{1\,\text{mm}} = -0{,}997 \tag{5.92}$$

$$\alpha_{c \to Y} = \frac{y_{SP_{a\,var}} - y_{SP_a}}{\Delta l} = \frac{105{,}588\,\text{mm} - 104{,}18\,\text{mm}}{1\,\text{mm}} = 1{,}408 \tag{5.93}$$

$$\alpha_{c \to \psi} = \frac{\psi_{i\,var} - \psi_i}{\Delta l} = \frac{35{,}812° - 34{,}772°}{1\,\text{mm}} = 1{,}04° / \text{mm} \tag{5.94}$$

Änderung $c - 1\,\text{mm}$

$$\alpha_{c \to X} = \frac{x_{SP_{a\,var}} - x_{SP_a}}{\Delta l} = \frac{209{,}126\,\text{mm} - 208{,}036\,\text{mm}}{1\,\text{mm}} = 1{,}09$$

$$\alpha_{c \to Y} = \frac{y_{SP_{a\,var}} - y_{SP_a}}{\Delta l} = \frac{102{,}575\,\text{mm} - 104{,}18\,\text{mm}}{1\,\text{mm}} = -1{,}605$$

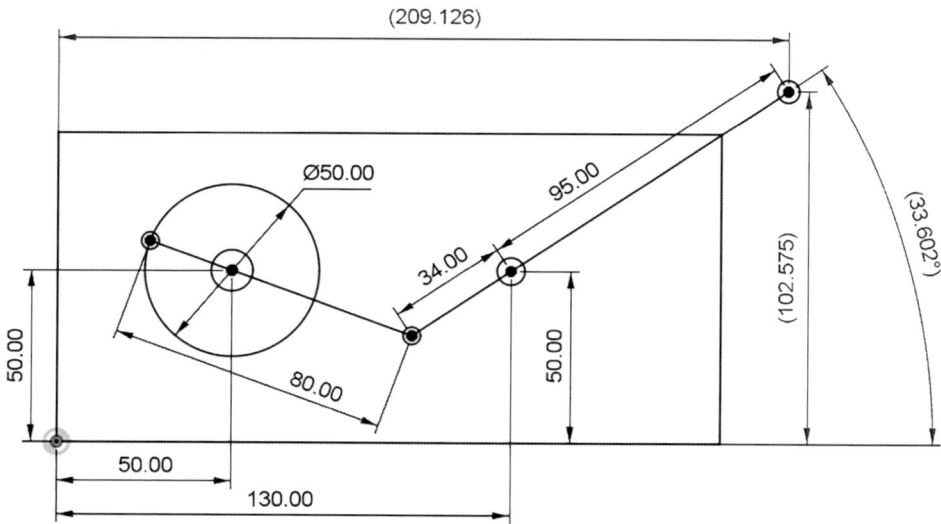

Abb. 5.17 Außenstellung: 2D-Konstruktion der Kurbelschwinge in Nominallage mit Längenänderung (-1 mm) der Schwinge c

$$\alpha_{c \to \psi} = \frac{\psi_{i\,var} - \psi_i}{\Delta l} = \frac{33{,}602° - 34{,}772°}{1\,mm} = -1{,}17°/mm$$

Der Geometriefaktor der Schwingenlänge c mit Auswirkung auf den X-Abstand x_{SPa} des Schraubpunktes berechnet sich zu:

$$Faktor_{c \to X} = -0{,}997 + \left(\frac{-0{,}997 + 1{,}09}{2} \right) \cdot (-1)$$

$$Faktor_{c \to X} = -1{,}044$$

Der Geometriefaktor der Schwingenlänge c mit Auswirkung auf den Y-Abstand y_{SPa} des Schraubpunktes berechnet sich zu:

$$Faktor_{c \to Y} = 1{,}408 + \left(\frac{1{,}408 + (-1{,}605)}{2} \right) \cdot (-1)$$

$$Faktor_{c \to Y} = 1{,}507$$

Der Geometriefaktor der Schwingenlänge c mit Auswirkung auf den Schwingenwinkel ψ_i berechnet sich zu:

$$Faktor_{c \to \psi} = 1{,}04 + \left(\frac{1{,}04 + (-1{,}17)}{2} \right) \cdot (-1)$$

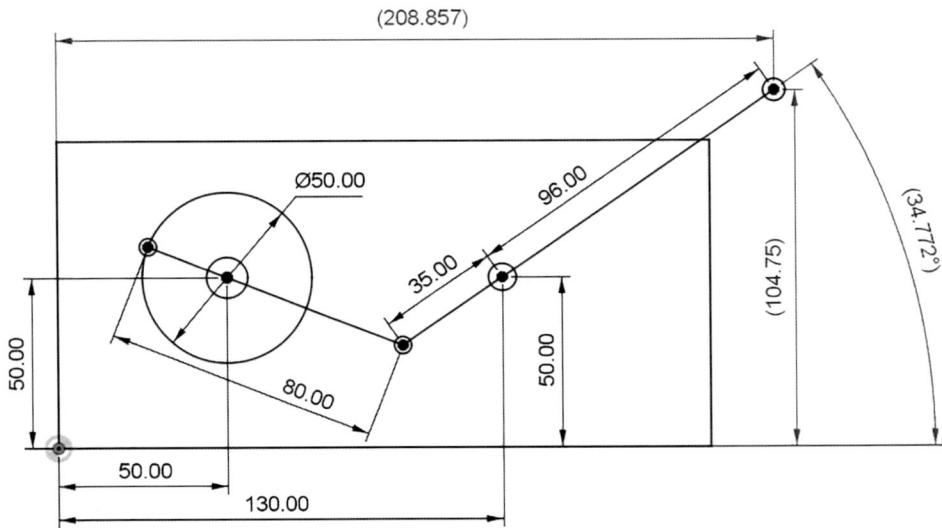

Abb. 5.18 Außenstellung: 2D-Konstruktion der Kurbelschwinge in Nominallage mit Längenänderung (+1 mm) des Schwingenarms e

$$\text{Faktor}_{c \to \psi} = 1,105°/\text{mm}$$

Länge e des Schwingenarms: In den Abb. 5.18 und 5.19 wird veranschaulicht, wie sich die Längenänderung des Schwingenarms e auf die 2D-Konstruktion der Kurbelschwinge in Nominallage auswirkt.

Änderung $e + 1$ mm

$$\alpha_{e \to X} = \frac{x_{SP_{a\,var}} - x_{SP_a}}{\Delta l} = \frac{208,857\,\text{mm} - 208,036\,\text{mm}}{1\,\text{mm}} = 0,821 \qquad (5.95)$$

$$\alpha_{e \to Y} = \frac{y_{SP_{a\,var}} - y_{SP_a}}{\Delta l} = \frac{104,75\,\text{mm} - 104,18\,\text{mm}}{1\,\text{mm}} = 0,57 \qquad (5.96)$$

Änderung $e - 1$ mm

$$\alpha_{e \to X} = \frac{x_{SP_{a\,var}} - x_{SP_a}}{\Delta l} = \frac{207,214\,\text{mm} - 208,036\,\text{mm}}{1\,\text{mm}} = -0,822$$

$$\alpha_{e \to Y} = \frac{y_{SP_{a\,var}} - y_{SP_a}}{\Delta l} = \frac{103,609\,\text{mm} - 104,18\,\text{mm}}{1\,\text{mm}} = -0,571$$

Der Geometriefaktor der Schwingenlänge e mit Auswirkung auf den X-Abstand x_{SPa} des Schraubpunkts berechnet sich zu:

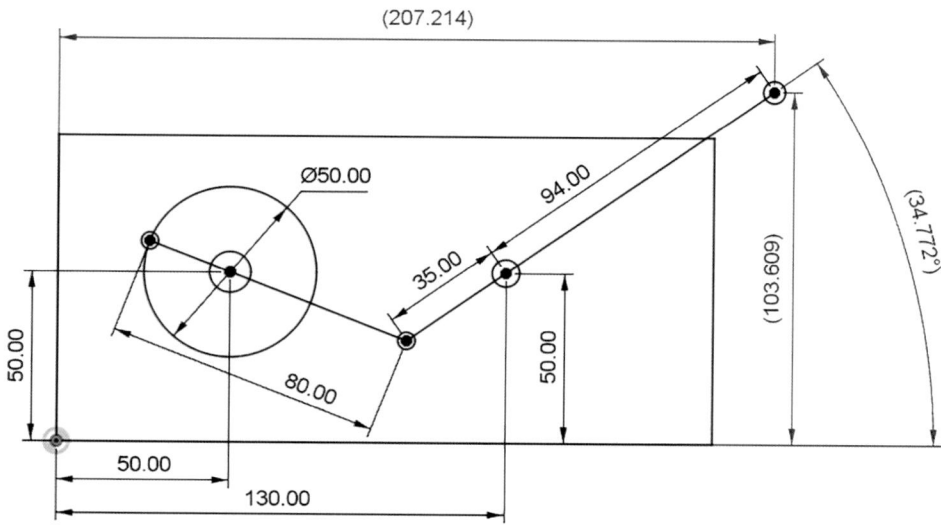

Abb. 5.19 Außenstellung: 2D-Konstruktion der Kurbelschwinge in Nominallage mit Längenänderung (-1 mm) des Schwingenarms e

$$\text{Faktor}_{e \to X} = 0{,}821 + \left(\frac{0{,}821 + (-0{,}822)}{2} \right) \cdot (-1)$$

$$\text{Faktor}_{e \to X} = 0{,}822$$

Der Geometriefaktor der Schwingenarmlänge e mit Auswirkung auf den Y-Abstand y_{SPa} des Schraubpunktes berechnet sich zu:

$$\text{Faktor}_{e \to Y} = 0{,}57 + \left(\frac{0{,}57 + (-0{,}571)}{2} \right) \cdot (-1)$$

$$\text{Faktor}_{e \to Y} = 0{,}571$$

Die ermittelten Geometriefaktoren sind in den drei nachfolgenden Tab. 5.7, 5.8 und 5.9 für den X- und Y-Abstand des Schraubpunktes SP_a sowie den Schwingenwinkel ψ_i zusammengefasst.

Das geometrische Verfahren zur Ermittlung der Geometriefaktoren bietet sich an, da es mit einfachsten Mitteln und ohne Kenntnis der Funktionsgleichung angewandt werden kann.

Das hier gezeigte geometrische Verfahren funktioniert selbstverständlich auch bei einer dreidimensionalen Fragestellung.

Tab. 5.7 Zusammenstellung der Geometriefaktoren für den X-Abstand des Schraubpunktes SP_a (110-1) nach dem geometrischen Verfahren

Variable	Nennmaß	Faktor
Grundplatte (X-Pos. Festlager A, A_x; Kurbel)	50	−1,739
Grundplatte (Y-Pos. Festlager A, A_y; Kurbel)	50	0,677
Grundplatte (X-Pos. Festlager B, B_x; Schwinge)	130	2,739
Grundplatte (Y-Pos. Festlager B, B_y; Schwinge)	50	−0,677
Kurbel a	25	1,866
Koppelstange b	80	−1,866
Schwinge c	35	−1,044
Schwingenarm e	95	0,822

Tab. 5.8 Zusammenstellung der Geometriefaktoren für den Y-Abstand des Schraubpunktes SP_a (120-1) nach dem geometrischen Verfahren

Variable	Nennmaß	Faktor
Grundplatte (X-Pos. Festlager A, A_x; Kurbel)	50	2,508
Grundplatte (Y-Pos. Festlager A, A_y; Kurbel)	50	−0,975
Grundplatte (X-Pos. Festlager B, B_x; Schwinge)	130	−2,508
Grundplatte (Y-Pos. Festlager B, B_y; Schwinge)	50	1,976
Kurbel a	25	−2,691
Koppelstange b	80	2,691
Schwinge c	35	1,507
Schwingenarm e	95	0,571

Tab. 5.9 Zusammenstellung der Geometriefaktoren für den Schwingenwinkel ψ_i (130-1) nach dem geometrischen Verfahren

Variable	Nennmaß	Faktor
Grundplatte (X-Pos. Festlager A, A_x; Kurbel)	50	1,841
Grundplatte (Y-Pos. Festlager A, A_y; Kurbel)	50	−1,841
Grundplatte (X-Pos. Festlager B, B_x; Schwinge)	130	−0,716
Grundplatte (Y-Pos. Festlager B, B_y; Schwinge)	50	0,717
Kurbel a	25	−1,976
Koppelstange b	80	1,976
Schwinge c	35	1,105

5.4 Gegenüberstellung der Geometriefaktoren aus den verschiedenen Verfahren

Nachfolgend sind die ermittelten Geometriefaktoren bzw. Differenzialquotienten für die drei verschiedenen Verfahren in Abhängigkeit des X- und Y-Abstandes des Schraubpunktes und des Schwingenwinkels in den Tab. 5.10, 5.11 und 5.12 gegenübergestellt.

In der jeweiligen Tabellenkopfzeile steht „Ableitung" für die Linearisierung einer Funktion, „Variation" für die geringe Änderung einer Variablen bei Konstanz der übrigen Variablen und „CAD" für die Ermittlung der Geometriefaktoren mittels konstruktiver Variation der Variablen unter Anwendung von CAD.

Die Gegenüberstellung der Geometriefaktoren aus den verschiedenen Verfahren zeigt deutlich auf, wie vergleichbar die ermittelten Geometriefaktoren sind.

Tab. 5.10 Gegenüberstellung der Geometriefaktoren aus den verschiedenen Verfahren für den X-Abstand des Schraubpunktes SP_a (110-1)

Variable	Ableitung	Variation	CAD
Grundplatte (X-Pos. Festlager A, A_x; Kurbel)	−1,738	−1,739	−1,739
Grundplatte (Y-Pos. Festlager A, A_y; Kurbel)	–	–	0,677
Grundplatte (X-Pos. Festlager B, B_x; Schwinge)	2,738	2,739	2,739
Grundplatte (Y-Pos. Festlager B, B_y; Schwinge)	–	–	−0,677
Kurbel a	1,866	1,866	1,866
Koppelstange b	−1,866	−1,866	−1,866
Schwinge c	−1,042	−1,043	−1,044
Schwingenarm e	0,821	0,821	0,822

Tab. 5.11 Gegenüberstellung der Geometriefaktoren aus den verschiedenen Verfahren für den Y-Abstand des Schraubpunktes SP_a (120-1)

Variable	Ableitung	Variation	CAD
Grundplatte (X-Pos. Festlager A, A_x; Kurbel)	2,504	2,508	2,508
Grundplatte (Y-Pos. Festlager A, A_y; Kurbel)	–	–	−0,975
Grundplatte (X-Pos. Festlager B, B_x; Schwinge)	−2,504	−2,508	−2,508
Grundplatte (Y-Pos. Festlager B, B_y; Schwinge)	–	–	1,976
Kurbel a	−2,687	−2,691	−2,691
Koppelstange b	2,687	2,691	2,691
Schwinge c	1,500	1,507	1,507
Schwingenarm e	0,570	0,570	0,571

Tab. 5.12 Gegenüberstellung der Geometriefaktoren aus den verschiedenen Verfahren für den Schwingenwinkel ψ_i (130-1)

Variable	Ableitung	Variation	CAD
Grundplatte (X-Pos. Festlager A, A_X; Kurbel)	1,838	1,841	1,841
Grundplatte (Y-Pos. Festlager A, A_Y; Kurbel)	–	–	−0,716
Grundplatte (X-Pos. Festlager B, B_X; Schwinge)	−1,838	−1,841	−1,841
Grundplatte (Y-Pos. Festlager B, B_Y; Schwinge)	–	–	0,717
Kurbel a	−1,973	−1,975	−1,976
Koppelstange b	1,973	1,975	1,976
Schwinge c	1,102	1,105	1,105

Das heißt, welches Verfahren zur Ermittlung der Geometriefaktoren angewendet wird, ist vom Fehlerpotenzial her unerheblich.

Jedoch setzen die beiden Verfahren der Linearisierung sowie die Variablenvariation voraus, dass die Zielfunktion bzw. die Maßkettengleichung bekannt ist. Diese benötigte Zielfunktion ist für diese Art von technischen Fragestellungen nicht immer trivial zu bestimmen.

Von daher empfiehlt es sich, für die praktische Anwendung das geometrische Verfahren heranzuziehen. Wer die Geometriefaktoren mithilfe des gebräuchlichen und beherrschten Werkzeugs CAD bestimmt, wird allein schon bei der Ausführung die sensiblen und neuralgischen Einflussgrößen innerhalb der Konstruktion erkennen, lokalisieren und bewerten. Und dies, ohne die Anwendung einer komplexen Mathematik.

5.5　Geometriefaktoren der Positionstoleranzen an der Grundplatte

Die Auswirkungen der Positionsabweichungen der beiden Lagerstellen A und B an der Grundplatte müssen an dieser Stelle jeweils als resultierende verstanden werden.

Der resultierende Geometriefaktor kann als die Vektorsumme der beiden Verschiebungen betrachtet werden. Im gegebenen Fall von zwei Einzelvektoren ist der resultierende Vektor durch die Diagonale des zugehörigen Vektorparallelogramms gegeben. Beispielhaft soll dieser Zusammenhang für die Verschiebungen am Lager A in X- und Y-Richtung mit Auswirkung auf die X-Lage des Schraubpunktes x_{SPa} in der Außenstellung dargestellt werden. Die geometrischen Verschiebungen hierfür sind in Abschn. 5.3.1 vorgestellt worden. Durch die rechtwinklige Stellung der beiden Vektoren zueinander folgt an dieser Stelle der Satz des Pythagoras, siehe Abb. 5.20, rechts.

Hiernach berechnet sich der Geometriefaktor für den Lagerpunkt A durch die Änderungen von $A_x = 50 + 1$ mm und $A_y = 50 + 1$ mm zu 1,872.

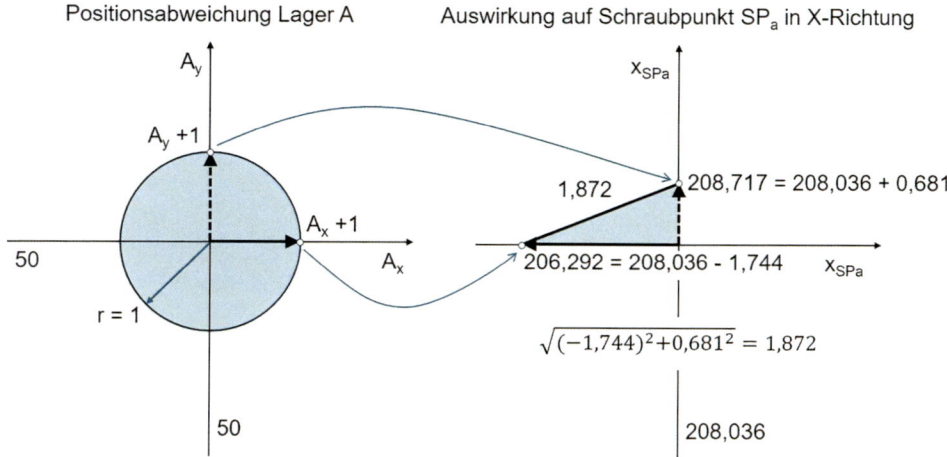

Abb. 5.20 Auswirkung der Positionsabweichung des Lagers A auf die X-Lage des Schraubpunktes x_{SPa} in der Außenstellung; $A_x + 1$ mm, $A_y + 1$ mm

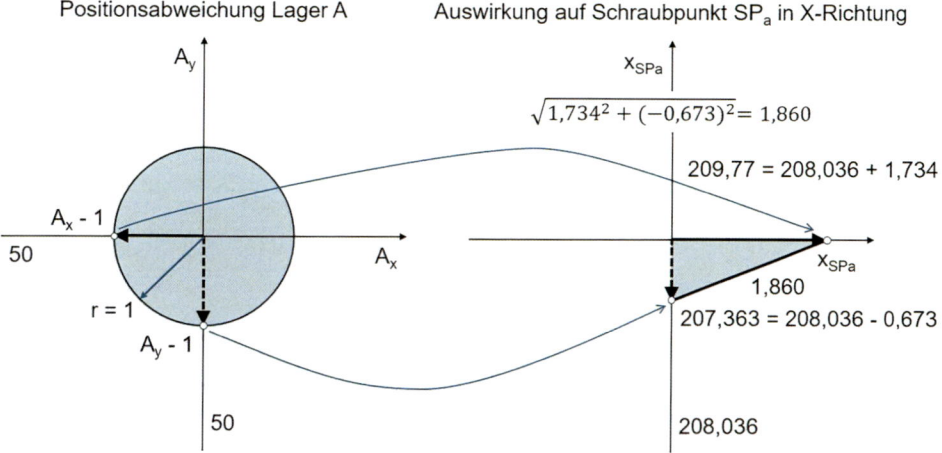

Abb. 5.21 Auswirkung der Positionsabweichung des Lagers A auf die X-Lage des Schraubpunktes x_{SPa} in der Außenstellung; $A_x - 1$ mm, $A_y - 1$ mm

Durch die Änderungen von $A_x = 50-1$ mm und $A_y = 50-1$ mm berechnet sich der Geometriefaktor zu 1,860 (siehe Abb. 5.21).

Aus diesen beiden Ergebnissen wird jetzt der arithmetische Mittelwert für den geometrischen Einfluss der Positionsabweichung der Lagerstelle A in Bezug auf die X-Stellung des Schraubpunktes x_{SPa} gebildet.

$$\frac{1{,}872 + 1{,}86}{2} = 1{,}866$$

Jetzt gilt es noch, das Vorzeichen anzupassen. Durch die gleichzeitige Vergrößerung von $A_x = 51$ und $A_y = 51$ würde die Verschiebung des Lagerpunktes zu einer Verkürzung von x_{SPa} führen und somit ein negatives Maßkettenglied ausweisen. Dementsprechend ist der Geometriefaktor α_A für die Positionsabweichung des Lagers A $\alpha_A = -1{,}866$.

Aus dieser Berechnungsbasis resultiert der Geometriefaktor für den Lagerpunkt B zu $\alpha_B = 2{,}821$.

Diese Berechnungsbasis wird für die beiden Lager an den Qualitätsanforderungen 120–1 und 130–1 ebenfalls zugrunde gelegt. Die hieraus resultierenden Geometriefaktoren sind in den nachfolgenden Tab. 5.14 und 5.15 zusammengestellt.

5.5.1 Interpretation von Positionsabweichungen in 3DCS

Die Antriebseinheit wird in diesem Buch neben der analytischen Berechnung auch mit dem CAD-integrierten Toleranzanalyse-Programmsystem 3DCS Variation Analyst Suite berechnet. Dieses Programmsystem berechnet/simuliert die Schließmaßverteilung mithilfe des Monte-Carlo-Verfahrens. Dieser Sachverhalt soll an dieser Stelle erwähnt werden, weil in diesem Programmsystem die Möglichkeit der Zirkulartoleranzvergabe besteht. Die Zirkulartoleranzen können für die Positionsabweichungen herangezogen werden.

Die Methodik in der Anwendung der Zirkularen Toleranzzone (engl. circular tolerance) mit dem Programmsystem 3DCS ist die Folgende: Die Mittelachse/der Mittelpunkt der Lagerstelle variiert in einem kreisförmigen Toleranzfeld vom Durchmesser t_{Pos}, welcher senkrecht zur Kreisfläche steht.

Die Größe, um die die Achse/der Punkt in der kreisförmigen Toleranzzone abweichen darf, wird aus der Positionstoleranz und der zugeordneten Verteilung (Wahrscheinlichkeitsdichtefunktion) berechnet/simuliert. Dies bestimmt per Zufallsgenerator den i-ten Abstand, um den die Achse/der Punkt von der nominalen Mittelachse/dem nominalen Mittelpunkt abweicht. Die Zufallsgröße hat eine Größenordnung zwischen 0 und $t_{Pos}/2$ mm, siehe Abb. 5.22, links.

Die Achse/der Punkt wird dann um diese Größe abgelenkt und anschließend in einem zweiten Schritt von der Startlinie aus in einem zufälligen Winkel gedreht. Der Zufallswinkel wird durch den Winkelbereich, in der Regel 0° bis 360°, und die Verteilung bestimmt. Die hier vom Programmsystem zugeordnete Verteilung für den Verdrehwinkel ist eine stetige Rechteck- bzw. Gleichverteilung (engl. uniform distribution). Der Winkel wird in der Ebene senkrecht zur Mittelachse/zum Mittelpunkt der Lagerstelle berechnet/simuliert [6]. So ist von der Wahrscheinlichkeit her jeder Punkt auf der Kreisfläche im Durchmesser von t_{Pos} erreichbar, siehe Abb. 5.22, rechts. Um eine verlässliche Wahrscheinlichkeitsverteilung für das gesuchte Maß zu erhalten, sollte die Anzahl der Simulation $n \geq 1.000$ liegen.

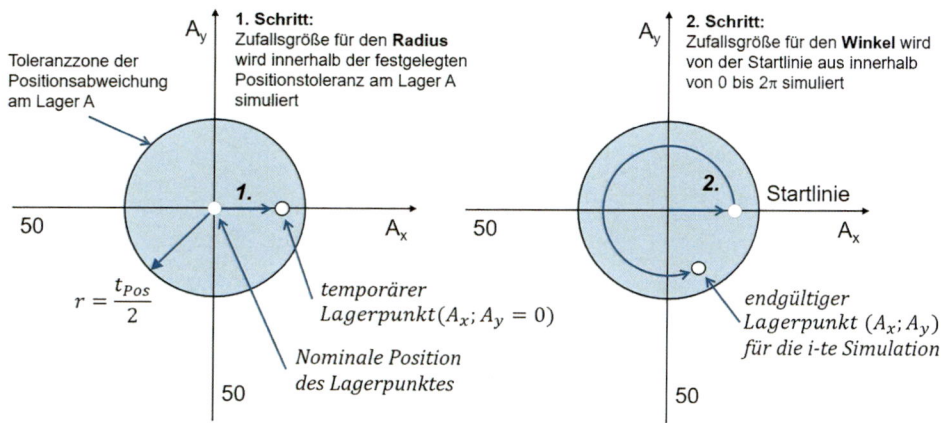

Abb. 5.22 Anwendung der Zirkular-Toleranz mit dem Programmsystem 3DCS am Beispiel der Lagerstelle A an der Grundplatte

Alternativ zu dieser beschriebenen Zirkular-Toleranz-Definition besteht in 3DCS auch die Möglichkeit, die Positionstoleranz zwischen 0 und t_{Pos} anzugeben. Der dazugehörige Zufallswinkel liegt dann in dem Winkelbereich zwischen 0° und 180°.

Die Ergebnisse der 3DCS-GeoFactor Analysis für das Beispiel der Antriebseinheit sind in den Tab. 5.13, 5.14 und 5.15 in der Spalte „3DCS" zu sehen. Die weiteren Ergebnisse der 3DCS-GeoFactor Analysis sind im Anhang zu finden.

Tab. 5.13 Gegenüberstellung der Geometriefaktoren (GeoFactor) für den X-Abstand des Schraubpunktes SP_a in der Außenstellung aus den Verfahren geometrische Variation (CAD) und dem Programmsystem 3DCS (110-1)

Variable	CAD	3DCS
Grundplatte (Position Festlager A; Kurbel)	−1,866	−1,866
Grundplatte (Position Festlager B; Schwinge)	2,821	2,821

Tab. 5.14 Gegenüberstellung der Geometriefaktoren (GeoFactor) für den Y-Abstand des Schraubpunktes SP_a in der Außenstellung aus den Verfahren geometrische Variation (CAD) und dem Programmsystem 3DCS (120-1)

Variable	CAD	3DCS
Grundplatte (Position Festlager A; Kurbel)	2,691	2,687
Grundplatte (Position Festlager B; Schwinge)	−3,194	−3,189

Tab. 5.15 Gegenüberstellung der Geometriefaktoren (GeoFactor) für den Schwingenwinkel ψ_i in der Außenstellung aus den Verfahren geometrische Variation (CAD) und dem Programmsystem 3DCS (130-1)

Variable	CAD	3DCS
Grundplatte (Position Festlager A; Kurbel)	1,976	1,973
Grundplatte (Position Festlager B; Schwinge)	−1,976	−1,973

Die Gegenüberstellungen der Geometriefaktoren für die beiden Positionsabweichungen an der Grundplatte in den Tab. 5.13, 5.14 und 5.15 zeigen, dass die Faktoren mittels Vektorsumme über das geometrische Verfahren sehr gut mit denen aus dem Programmsystem 3DCS berechneten, „GeoFactor" übereinstimmen.

Mit den in den Tab. 5.13, 5.14 und 5.15 aufgeführten Geometriefaktoren für die Positionsabweichungen werden die nachfolgenden arithmetischen sowie die statistischen Toleranzanalysen an der Antriebseinheit durchgeführt.

5.6　Vektoranalysis zur Ermittlung der Geometriefaktoren

Für die Durchführung einer Toleranzanalyse ist in der Literatur u. a. der Lösungsansatz der Vektoranalysis bzw. Vektorrechnung zu finden, beispielsweise in den Werken von Moetakef-Imani und Pour [7] oder Stuppy [8]. Hierbei werden die Nennmaße innerhalb einer 1D- oder 2D-Maßkettenstruktur als gerichtete Größen, also als Vektoren, betrachtet. In einer 2D-Kette beschreiben die Vektoren einen Polygonzug. Der Polygonzug muss immer geschlossen sein, ebenso wie bei der Maßkette. Dabei ist der resultierende Vektor die Vektorsumme, auch „Summenvektor" genannt, aus den Einzelvektoren bzw. den k Nennmaßen. Der Summenvektor ist der Vektor, welcher vom Anfangspunkt des ersten Vektors zum Endpunkt des letzten Vektors führt [1].

Für das gegebene Beispiel der Antriebseinheit in der Außenstellung sollen nachfolgend die Geometriefaktoren mithilfe der Vektoranalysis berechnet werden. Gesucht wird die Position des Schraubpunktes SP_a in X- und Y-Richtung, gemessen zum Bezugssystem A | B | C der Grundplatte. Das hierfür benötigte Vektorpolygon könnte wie in der nachfolgenden Abb. 5.23 dargestellt aussehen.

An der Antriebseinheit geht der Summenvektor $\overrightarrow{SP_a}$ vom Bezug (Nullpunkt) der Grundplatte bis zum Schraubpunkt SP_a an dem Schwingenarm. Innerhalb des Vektorpolygons ist der resultierende Vektor $\overrightarrow{SP_a}$ gleich der Summe aus den sechs Einzelvektoren, wie die Gl. (5.97) zeigt.

In der Regel würde der Betrag des zu berechnenden Summenvektors dem Nennschließmaß N_0 entsprechen. Jedoch werden im gegebenen Beispiel die X- und Y-Komponenten des Summenvektors $\overrightarrow{SP_a}$ gesucht.

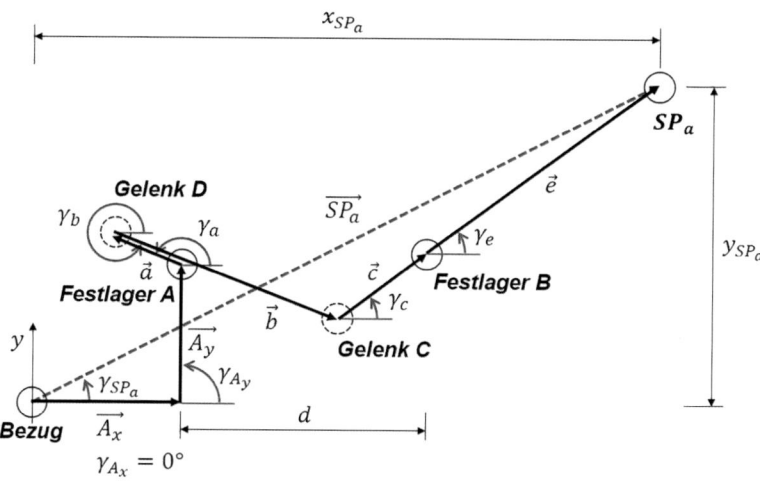

Abb. 5.23 Vektorpolygon für das Beispiel Antriebseinheit in der Außenstellung

Um den Summenvektor und den in Abb. 5.23 eingezeichneten Winkel γ_{SP_a} zu berechnen, müssen zunächst die X- und Y-Komponenten der sechs Einzelmaße berechnet werden. Dabei entsprechen die Vektorbeträge $\left|\vec{A_x}\right|$ und $\left|\vec{A_y}\right|$ den TED-Maßen $A_x = A_y = 50$ mm an der Grundplatte. Der Vektorbetrag $\left|\vec{a}\right|$ entspricht dem Nennmaß $a = 25$ mm an der Kurbel, $\left|\vec{b}\right|$ entspricht dem Nennmaß $b = 80$ mm an der Koppelstange, $\left|\vec{c}\right|$ entspricht dem Nennmaß $c = 35$ mm an der Schwinge und $\left|\vec{e}\right|$ entspricht dem Nennmaß $e = 95$ mm an dem Schwingenarm.

$$\vec{SP_a} = \vec{A_x} + \vec{A_y} + \vec{a} + \vec{b} + \vec{c} + \vec{e} \qquad (5.97)$$

$$\vec{SP_a} = A_x \cdot \begin{pmatrix} \cos\gamma_{A_x} \\ \sin\gamma_{A_x} \end{pmatrix} + A_y \cdot \begin{pmatrix} \cos\gamma_{A_y} \\ \sin\gamma_{A_y} \end{pmatrix} + a \cdot \begin{pmatrix} \cos\gamma_a \\ \sin\gamma_a \end{pmatrix} + b \cdot \begin{pmatrix} \cos\gamma_b \\ \sin\gamma_b \end{pmatrix}$$
$$+ c \cdot \begin{pmatrix} \cos\gamma_c \\ \sin\gamma_c \end{pmatrix} + e \cdot \begin{pmatrix} \cos\gamma_e \\ \sin\gamma_e \end{pmatrix} \qquad (5.98)$$

$$\vec{SP_a} = \begin{pmatrix} A_x \cdot \cos\gamma_{A_x} \\ A_x \cdot \sin\gamma_{A_x} \end{pmatrix} + \begin{pmatrix} A_y \cdot \cos\gamma_{A_y} \\ A_y \cdot \sin\gamma_{A_y} \end{pmatrix} + \begin{pmatrix} a \cdot \cos\gamma_a \\ a \cdot \sin\gamma_a \end{pmatrix} + \begin{pmatrix} b \cdot \cos\gamma_b \\ b \cdot \sin\gamma_b \end{pmatrix}$$
$$+ \begin{pmatrix} c \cdot \cos\gamma_c \\ c \cdot \sin\gamma_c \end{pmatrix} + \begin{pmatrix} e \cdot \cos\gamma_e \\ e \cdot \sin\gamma_e \end{pmatrix} \qquad (5.99)$$

$$\vec{SP_a} = \begin{pmatrix} 50 \cdot \cos 0° \\ 50 \cdot \sin 0° \end{pmatrix} + \begin{pmatrix} 50 \cdot \cos 90° \\ 50 \cdot \sin 90° \end{pmatrix} + \begin{pmatrix} 25 \cdot \cos 158,72° \\ 25 \cdot \sin 158,72° \end{pmatrix} + \begin{pmatrix} 80 \cdot \cos 338,72° \\ 80 \cdot \sin 338,72° \end{pmatrix}$$

$$+ \begin{pmatrix} 35 \cdot \cos 34{,}772° \\ 35 \cdot \sin 34{,}772° \end{pmatrix} + \begin{pmatrix} 95 \cdot \cos 34{,}772° \\ 95 \cdot \sin 34{,}772° \end{pmatrix}$$

$$\overrightarrow{SP_a} = \begin{pmatrix} 50 \cdot 1 \\ 50 \cdot 0 \end{pmatrix} + \begin{pmatrix} 50 \cdot 0 \\ 50 \cdot 1 \end{pmatrix} + \begin{pmatrix} 25 \cdot (-0{,}931817969) \\ 25 \cdot 0{,}362925987 \end{pmatrix} + \begin{pmatrix} 80 \cdot 0{,}931817969 \\ 80 \cdot (-0{,}362925987) \end{pmatrix}$$
$$+ \begin{pmatrix} 35 \cdot 0{,}821428014 \\ 35 \cdot 0{,}57031221 \end{pmatrix} + \begin{pmatrix} 95 \cdot 0{,}821428014 \\ 95 \cdot 0{,}57031221 \end{pmatrix}$$

$$\overrightarrow{SP_a} = \begin{pmatrix} 50\,\text{mm} \\ 0\,\text{mm} \end{pmatrix} + \begin{pmatrix} 0\,\text{mm} \\ 50\,\text{mm} \end{pmatrix} + \begin{pmatrix} -23{,}29\,\text{mm} \\ 9{,}07\,\text{mm} \end{pmatrix} + \begin{pmatrix} 74{,}54\,\text{mm} \\ -29{,}03\,\text{mm} \end{pmatrix}$$
$$+ \begin{pmatrix} 28{,}74\,\text{mm} \\ 19{,}96\,\text{mm} \end{pmatrix} + \begin{pmatrix} 78{,}03\,\text{mm} \\ 54{,}17\,\text{mm} \end{pmatrix}$$

$$\overrightarrow{SP_a} = \begin{pmatrix} x_{SP_a} \\ y_{SP_a} \end{pmatrix} = \begin{pmatrix} 208{,}036\,\text{mm} \\ 104{,}18\,\text{mm} \end{pmatrix} \tag{5.100}$$

Aus dem resultierenden Spaltenvektor $\overrightarrow{SP_a}$ können direkt die beiden gesuchten Abstände x_{SP_a} und y_{SP_a} abgelesen werden.

Darüber hinaus kann aus dem Spaltenvektor $\overrightarrow{SP_a}$ der Betrag und somit das Nennmaß bzw. Nennschließmaß für den Abstand vom Anfangspunkt des ersten Vektors zum Endpunkt des letzten Vektors nach der folgenden Gl. (5.101) berechnet werden.

$$\left| \overrightarrow{SP_a} \right| = \sqrt{x_{SP_a}^2 + y_{SP_a}^2} = \sqrt{208{,}036^2 + 104{,}18^2} = 232{,}663\,\text{mm} \tag{5.101}$$

Der eingeschlossene Winkel γ_{SP_a} berechnet sich unter Berücksichtigung des Einheitsvektors $\overrightarrow{E_x}$ nach der nachfolgenden Gl. (5.102) zu:

$$\cos(\gamma_{SP_a}) = \frac{\overrightarrow{SP_a} \cdot \overrightarrow{E_x}}{\left| \overrightarrow{SP_a} \right| \cdot \left| \overrightarrow{E_x} \right|} \tag{5.102}$$

$$\cos(\gamma_{SP_a}) = \frac{\begin{pmatrix} 208{,}036 \\ 104{,}18 \end{pmatrix} \cdot \begin{pmatrix} 1 \\ 0 \end{pmatrix}}{232{,}663 \cdot 1} = \frac{208{,}036}{232{,}663}$$

$$\gamma_{SP_a} = \arccos(0{,}894151) = 26{,}6° \tag{5.103}$$

Damit liegen sämtliche Ergebnisse des Summenvektors $\overrightarrow{SP_a}$ vor. Insbesondere mit den X- und Y-Komponenten des Summenvektors liegen die Nennschließmaße der beiden Abstände x_{SP_a} und y_{SP_a} vor, welche identisch mit denen des CAD-Nominal-Modells sind.

Dies ist das erste Ergebnis der Vektoranalysis. Des Weiteren sollen aus der vektorbasierten Berechnung die X- und Y-koordinatenabhängigen Geometriefaktoren bestimmt werden. Diese sind für die jeweilige X-Komponente der Cosinus des entsprechenden Winkels γ_i und für die jeweilige Y-Komponente der Sinus des entsprechenden Winkels γ_i.

Die aus der Vektoranalysis bestimmten Geometriefaktoren (Spalte Vektor) sind in den beiden nachfolgenden Tab. 5.16 und 5.17 zusammengestellt. Darüber hinaus sind in den beiden Tabellen die Geometriefaktoren denen des geometrischen Verfahrens (Spalte CAD) nach Abschn. 5.3.1 gegenübergestellt.

Die Gegenüberstellung der Geometriefaktoren führt bei den beiden X- und Y-Abständen zu einer großen Diskrepanz. Zum einen sind die Größenordnungen sehr unterschiedlich und zum anderen sind in Teilen die Vorzeichen unterschiedlich.

Hieraus folgt die Erkenntnis, dass die Geometriefaktoren, welche mittels der Vektoranalysis berechnet wurden, für den Linearisierungsansatz nicht zu verwenden sind, wenn sich innerhalb der Maßkettenstruktur eine Kinematik befindet. D. h., dass bei einem oder mehreren Maßkettengliedern Freiheitsgrade offen sind, welche zu translatorischen Bewegungen, Drehungen, Kreisbewegungen oder Rotationen führen können.

Eine Kinematik kann beispielsweise zu Hebelverhältnissen innerhalb der Maßkettenstruktur führen, welche zu unterschiedlichen Einflussverhältnissen der Maßkettenglieder auf das betrachtete Schließmaß führen können. Aus diesem nichtlinearen Zusammenhang

Tab. 5.16 Gegenüberstellung der Geometriefaktoren für den X-Abstand des Schraubpunktes SP_a (110-1)

Variable	Nennmaß	CAD	Vektor
Grundplatte (X-Pos. Festlager A, A_x)	50	−1,739	1,000
Grundplatte (Y-Pos. Festlager A, A_y)	50	0,677	0,000
Kurbel a	25	1,866	−0,931
Koppelstange b	80	−1,866	0,931
Schwinge c	35	−1,044	0,821
Schwingenarm e	95	0,822	0,821

Tab. 5.17 Gegenüberstellung der Geometriefaktoren für den Y-Abstand des Schraubpunktes SP_a (120-1)

Variable	Nennmaß	CAD	Vektor
Grundplatte (X-Pos. Festlager A, A_x)	50	2,508	0,000
Grundplatte (Y-Pos. Festlager A, A_y)	50	−0,975	1,000
Kurbel a	25	−2,691	0,362
Koppelstange b	80	2,691	−0,362
Schwinge c	35	1,507	0,570
Schwingenarm e	95	0,571	0,570

heraus können die Geometriefaktoren mathematisch grundsätzlich Werte zwischen $-\infty$ und ∞ annehmen.

Hingegen sind die Geometriefaktoren bei dem vektoriellen Ansatz auf den Sinus oder Cosinus des Vektorenwinkels γ_i beschränkt. Da die Sinus- und Cosinusfunktion innerhalb der kleinsten positiven Periode von 2π nur Funktionswerte zwischen -1 und 1 annehmen können, sind auch die Geometriefaktoren α_i, basierend auf der Vektoranalysis, auf Werte zwischen -1 und 1 beschränkt, wie die Werte (Spalte Vektor) in den beiden Tab. 5.16 und 5.17 zeigen.

Die an der Antriebseinheit angewandte Vektoranalysis zur Bestimmung der Geometriefaktoren führt somit zu falschen Ergebnissen, weil der richtig aufgestellte Vektorpolygonzug in Abb. 5.23 nicht die Einflüsse und Auswirkungen der Kinematik erfasst.

Dies wird deutlich, wenn ein Vektor eine Nominallängenänderung erfährt. Hierdurch werden sich alle übrigen Vektoren parallel in der Ebene verschieben. Diese Transformation in der X-Y-Ebene erfasst nicht die rotatorischen Auswirkungen, welche sich durch die beiden Festlager A und B sowie die beiden Drehgelenke C und D ergeben.

Wird beispielsweise der Vektor A_x verlängert, dann würden sich u. a. die beiden Festlager A und B entsprechend der X- und Y-Komponente mit verschieben. Dieses bildet jedoch nicht die Realität der Kinematik der Antriebseinheit ab.

Die nachfolgende Tab. 5.18 fasst die geometrischen Auswirkungen bei möglichen Längenvariationen der Variablen an der Antriebseinheit in der Außenstellung zusammen. In der Spalte „Beurteilung" ist zu sehen, dass die Auswirkungen, mit Ausnahme der Schwingenarmlänge, die tatsächlichen ebenen/rotatorischen Bewegungen der Bauteile nicht erfassen.

So würde beispielsweise die Längenänderung von Vektor A_x um $+\,1$ mm eine ausschließliche Änderung des Spaltenvektors A_x nach sich ziehen, wie die nachfolgende Beispielrechnung zeigt.

$$\overrightarrow{SP_a} = \begin{pmatrix} (A_x + 1) \cdot \cos\gamma_{A_x} \\ (A_x + 1) \cdot \sin\gamma_{A_x} \end{pmatrix} + \begin{pmatrix} A_y \cdot \cos\gamma_{A_y} \\ A_y \cdot \sin\gamma_{A_y} \end{pmatrix} + \begin{pmatrix} a \cdot \cos\gamma_a \\ a \cdot \sin\gamma_a \end{pmatrix} + \begin{pmatrix} b \cdot \cos\gamma_b \\ b \cdot \sin\gamma_b \end{pmatrix}$$
$$+ \begin{pmatrix} c \cdot \cos\gamma_c \\ c \cdot \sin\gamma_c \end{pmatrix} + \begin{pmatrix} e \cdot \cos\gamma_e \\ e \cdot \sin\gamma_e \end{pmatrix} \tag{5.104}$$

$$\overrightarrow{SP_a} = \begin{pmatrix} 51 \cdot 1 \\ 51 \cdot 0 \end{pmatrix} + \begin{pmatrix} 50 \cdot 0 \\ 50 \cdot 1 \end{pmatrix} + \begin{pmatrix} 25 \cdot (-0{,}931817969) \\ 25 \cdot 0{,}362925987 \end{pmatrix} + \begin{pmatrix} 80 \cdot 0{,}931817969 \\ 80 \cdot (-0{,}362925987) \end{pmatrix}$$
$$+ \begin{pmatrix} 35 \cdot 0{,}821428014 \\ 35 \cdot 0{,}57031221 \end{pmatrix} + \begin{pmatrix} 95 \cdot 0{,}821428014 \\ 95 \cdot 0{,}57031221 \end{pmatrix}$$

$$\overrightarrow{SP_a} = \begin{pmatrix} x_{SP_a} \\ y_{SP_a} \end{pmatrix} = \begin{pmatrix} 209{,}036\,\text{mm} \\ 104{,}18\,\text{mm} \end{pmatrix} \tag{5.105}$$

Tab. 5.18 Geometrische Auswirkungen der Längenvariationen der Variablen an der Antriebseinheit in der Außenstellung

Nennmaßvariation	Nennmaß	Auswirkung	Beurteilung
X-Pos. Festlager A, A_x	50	Lagerabstand d bleibt konstant; Winkel γ_a, γ_b, γ_c, γ_e sind konstant	falsch
Y-Pos. Festlager A, A_y	50	Lagerabstand d bleibt konstant; Lager B verschiebt sich; Winkel γ_a, γ_b, γ_c, γ_e sind konstant	falsch
Kurbel a	25	Lager B verschiebt sich; Winkel γ_a, γ_b, γ_c, γ_e sind konstant	falsch
Koppelstange b	80	Lager B verschiebt sich; Winkel γ_a, γ_b, γ_c, γ_e sind konstant	falsch
Schwinge c	35	Lager B verschiebt sich; Winkel γ_a, γ_b, γ_c, γ_e sind konstant	falsch
Schwingenarm e	95	Lagerabstand d bleibt konstant; Winkel γ_a, γ_b, γ_c, γ_e sind konstant; Schraubpunkt SP verschiebt sich	richtig

Das Ergebnis für den neu berechneten Summenvektor $\overrightarrow{SP}_a$ zeigt, dass durch die Längenänderung von A_x sich x_{SP_a} im selben Verhältnis ändert und y_{SP_a} konstant bleibt. Im Vergleich zu der tatsächlichen Lageänderung des Schraubpunktes SP_a, siehe Abschn. 5.3.1, Abb. 5.4. Aus dieser Abbildung wird ersichtlich, dass die tatsächliche Lageänderung zu anderen Ergebnissen führt, nämlich $x_{SP_a} = 206{,}292$ mm und $y_{SP_a} = 106{,}609$ mm.

Das Beispiel hat deutlich gezeigt, dass die Vektoranalyse für die Toleranzanalyse an einem kinematischen System nicht geeignet ist. Jedoch ist die Vektoranalyse sehr gut geeignet, um an solchen kinematischen Systemen das Nennschließmaß zu bestimmen, in diesem Fall den Summenvektor.

Quellen und weiterführende Literatur

1. Papula, L.: Mathematik für Ingenieure und Naturwissenschaftler, Band 1, 12. Auflage, Vieweg und Teubner, GWV-Fachverlage, Wiesbaden, 2009
2. Bronstein, I. N.; Semendjajew, K. A.; Musiol, G.; Mühlig, H. (Hrsg.): Taschenbuch der Mathematik, Europa-Lehrmittel, Nourney, Vollmer GmbH & Co. KG, Edition Harri Deutsch, Haan-Gruiten, 10. Auflage, 2016
3. Klein, B.; Mannewitz, F.: Statistische Tolerierung, Vieweg-Verlag, Braunschweig/Wiesbaden 1993
4. Mannewitz, F.: Komplexe Toleranzanalysen einfach durchführen, Konstruktion, Heft Juli/August, Seite 69–74, 2004

5. DIN EN ISO 1101: Geometrische Produktspezifikation (GPS) – Geometrische Tolerierung –
    Tolerierung von Form, Richtung, Ort und Lauf, Beuth-Verlag, Berlin, 2017
6. 3DCS Tutorial: 3DCS Variation Analyst, Programmhilfe-Datei, 2021
7. Moetakef-Imani, B., Pour, M.: Reduction of Position Error of Kinematic Mechanicms by
    Tolerance Analysis Method, Part I: Theory, Conference on Applications and Design in Mecha-
    nical Engineering, Kangar, Perlis, Malaysia, 25–26 October 2007
8. Stuppy, J.: Ansatz zur integrierten Betrachtung von Geometrieabweichungen und Bewegungs-
    verhalten eines technischen Systems, 18. Symposium „Design for X", Neukirchen, 11. und 12.
    Oktober 2007

Konstruktion der Antriebseinheit Kurbelschwinge

Inhaltsverzeichnis

6.1 Direkte Funktionsmaße an der Antriebseinheit 87
6.2 Relevante Maßkettenglieder an der Antriebseinheit 93
Quellen und weiterführende Literatur 95

Jetzt werden die benötigten Einzelteile der Antriebseinheit basierend auf dem Konzept auskonstruiert. Einen Zeichnungsausschnitt der Zusammenbauzeichnung zeigt die nachfolgende Abb. 6.1. In dieser Abbildung ist die Antriebseinheit bereits auf dem Befestigungsblech positioniert. Dabei sind die folgenden Bauteile zu sehen:

1. Grundplatte (Gestell)
2. Schwinge/Schwingenarm
3. Kurbel
4. Koppelstange

Die Kurbel sitzt formschlüssig mittels Vierkantdurchbruch auf der Antriebswelle des DC-Motors, welche am Wellenende ebenfalls ein 8er-Vierkant aufweist. Die Kurbel wird an dieser Stelle axial über einen Sicherungsring mit der Welle fixiert. Der DC-Motor wird über ein Lochbild mit drei Schrauben stirnflächenseitig mit der Grundplatte verschraubt. Radial wird der DC-Motor über seine Antriebswelle zur Grundplatte positioniert. Für eine verbesserte Laufeigenschaft ist eine Kunststoff-Gleitbuchse mit einem Innendurchmesser von Ø12 mm in die Grundplatte eingepresst, siehe Abb. 6.2, Nr. 11. In dieser Gleitbuchse wird der DC-Motor (spielfrei) radial zentriert.

F. Mannewitz, *Toleranzanalysen an mehrdimensionalen Maßketten*,
https://doi.org/10.1007/978-3-658-49758-3_6

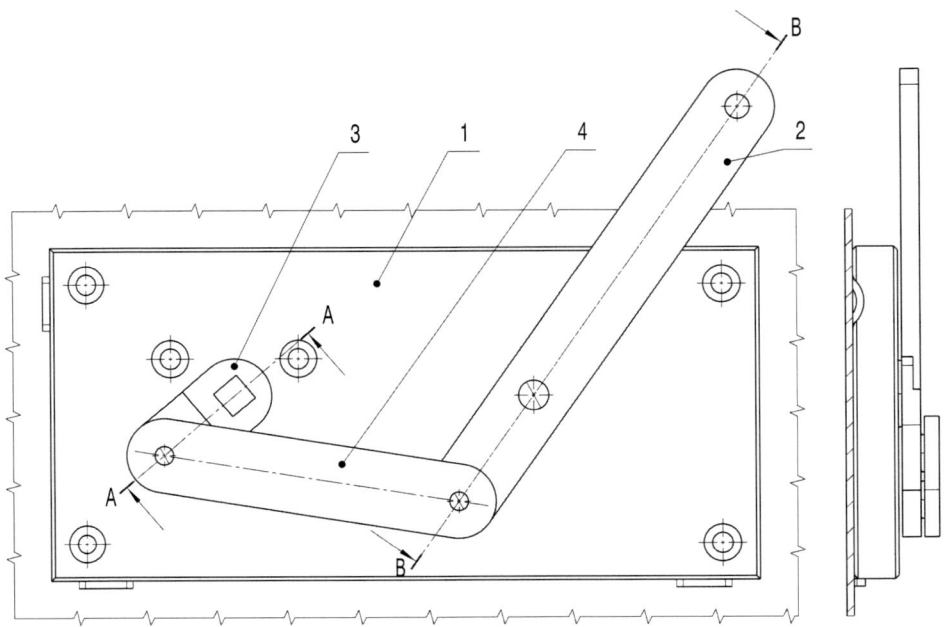

Abb. 6.1   Zeichnungsausschnitt Antriebseinheit (A 225-044-025), siehe Anhang

Abb. 6.2
Zeichnungsausschnitt,
Schnittdarstellung
Antriebseinheit
(A 225-044-025),
5 Befestigungsblech,
7 Zylinderstift,
8/10 Passscheibe,
11 Kunststoff-Gleitbuchse,
siehe Anhang

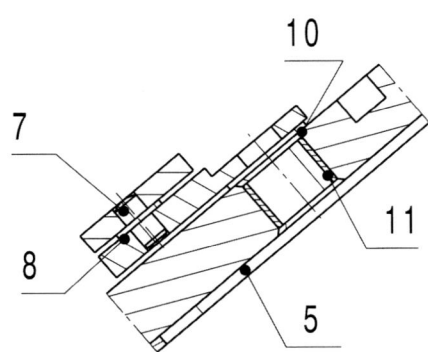

Kurbel, Koppelstange und Schwinge sind jeweils durch Zylinderstifte (Nr. 7) mitein-ander verstiftet. Zur Reduzierung des Flächenkontaktes liegen oberflächenseitig jeweils Passscheiben (Nr. 8, 10) zwischen den betreffenden Bauteilen.

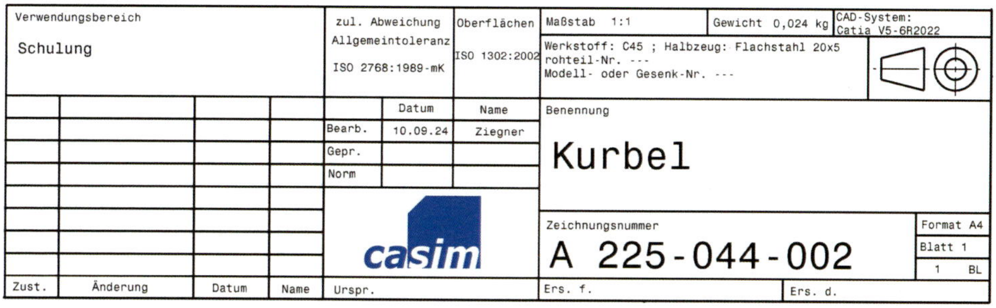

Verwendungsbereich					zul. Abweichung	Oberflächen	Maßstab 1:1	Gewicht 0,024 kg	CAD-System: Catia V5-6R2022
Schulung					Allgemeintoleranz ISO 2768:1989-mK	ISO 1302:2002	Werkstoff: C45 ; Halbzeug: Flachstahl 20x5 rohteil-Nr. --- Modell- oder Gesenk-Nr. ---		
					Datum	Name	Benennung		
				Bearb.	10.09.24	Ziegner	**Kurbel**		
				Gepr.					
				Norm					
							Zeichnungsnummer		Format A4
					casim		A 225-044-002		Blatt 1
									1 BL
Zust.	Änderung	Datum	Name	Urspr.			Ers. f.	Ers. d.	

Abb. 6.3 Zeichnungsausschnitt, Schriftfeld Kurbel (A 225-044-002), siehe Anhang

6.1 Direkte Funktionsmaße an der Antriebseinheit

Die Einzelteilzeichnungen der Grundplatte, der Kurbel, der Koppelstange und der Schwinge befinden sich im Anhang. Die Fertigungs- bzw. Funktionszeichnungen sind normkonform erstellt worden. Um den aktuellen Anforderungen bei der Zeichnungserstellung gerecht zu werden, ist die Geometrische Produktspezifikation (GPS) für die Tolerierung von Form, Richtung, Ort und Lauf gemäß der DIN EN ISO 1101 [1] angewandt worden.

Abb. 6.3 zeigt zunächst beispielhaft das Zeichnungsschriftfeld für das Bauteil Kurbel.

Da in dem Schriftfeld keine Angabe zum Tolerierungsgrundsatz angeführt ist, gilt die Zweipunktmessung und somit implizit der Tolerierungsgrundsatz „Unabhängigkeitsprinzip" nach ISO 8015 [2].

Für „lineare[1] Größenmaße" sollen hier die Allgemeintoleranzen nach ISO 2768-m [3], Tabelle 1, gelten. Der Default-Spezifikationsoperator für lineare Größenmaße ist gemäß der DIN EN ISO 14405-1 [4] „Zweipunktgrößenmaß LP".

Die Oberflächenbeschaffenheit der Bauteile ist über die ISO 1302 [5] definiert. Zum Zeitpunkt der Zeichnungserstellung wurde diese Norm durch die ISO 21920-1 [6] ersetzt. Daher wurde hier die ISO 1302 datiert (historisch gesetzt).

Im Rahmen der Anwendung der Geometrischen Produktspezifikation sollte an den betreffenden Bauteilen zunächst ein „funktionsorientiertes" Bezugssystem festgelegt werden. Dies ist für alle Bauteile umgesetzt worden.

---

[1] „Ein lineares Größenmaß ist z. B. der Durchmesser eines Zylinders oder der Abstand zwischen zwei parallelen gegenüberliegenden Ebenen (natürlich begrenzte Ebenen), zwei gegenüberliegenden Geraden und zwei konzentrischen Kreisen. In Abhängigkeit von der Art des linearen Größenmaßelements sind die Begriffe „Durchmesser", „Breite" und „Dicke" Synonyme für das Größenmaß." [4]

Für die Darstellung der betreffenden direkten Funktionsmaße sind die jeweiligen Zeichnungsausschnitte in den nachfolgenden Abbildungen dargestellt. Die direkten Funktionsmaße sind die Maße, welche die Qualitätsanforderungen an der Antriebseinheit beeinflussen, also die Maßkettenglieder.

Zunächst werden die direkten Funktionsmaße an der Grundplatte diskutiert. An der Grundplatte sind für die anschließende Toleranzanalyse die beiden Lagerstellen A und B von Bedeutung. Die beiden Lagerstellen sind über ihre Mittelachsen zum Bezugssystem A I B I C der Grundplatte mithilfe von Positionstoleranzen mit zylindrischer Toleranzzone toleriert, siehe Abb. 6.4.

Dementsprechend wird gemäß der DIN EN ISO 14405-2 [7] mit einer geometrischen Tolerierung (Positionstoleranz), mit geometrischen Toleranzen und einer Positionsanforderung mit einer zylindrischen Toleranzzone gearbeitet. Die Verwendung des Primärbezugs A orientiert die Toleranzzone senkrecht zum Bezug A.

Die zylindrische Toleranzzone für das Lager A (Ø14 H7) beträgt 0,3 mm und für Lager B (Ø8 P8) 0,4 mm. Die Toleranzzone entspricht hierbei dem Durchmesser. Hiernach muss die extrahierte Mittelachse innerhalb der zylindrischen Toleranzzone vom angegebenen Durchmesser liegen, deren Achse mit dem theoretisch exakten Ort der betrachteten Lagerbohrung zu den Bezugsebenen B und C übereinstimmt [1]. Der „theoretisch exakte Ort" wird über TED-Maße definiert.

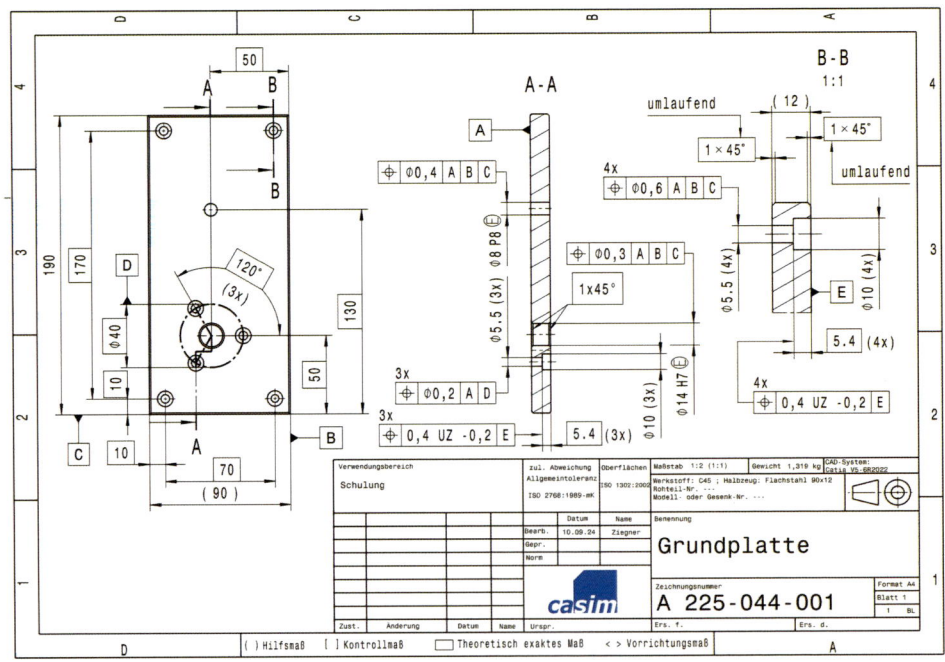

Abb. 6.4 Zeichnung Grundplatte (A 225-044-001), siehe Anhang

Im Rahmen der Toleranzanalyse wird betreffend der Maßkettenglieder immer mit „tolerierten Maßen" gearbeitet. D. h., es gibt ein Nennmaß (N), ein oberes (es) und unteres (ei) Grenzabmaß. Dementsprechend müssen die Positionseintragungen wieder in X- und Y-Eintragungen interpretiert werden.

Hieraus ergeben sich dann die folgenden tolerierten Maße für die beiden Lagerstellen A und B:

$$A_x = 50 \pm 0{,}15 \ mm$$

$$A_y = 50 \pm 0{,}15 \ mm$$

$$B_x = 130 \pm 0{,}2 \ mm$$

$$B_y = 50 \pm 0{,}2 \ mm$$

Wie dabei mit den kreisförmigen Toleranzauswirkungen der Positionsabweichungen umzugehen ist, wurde bereits in Abschn. 5.5 erörtert. Grundsätzlich ist in der ISO GPS die Aufteilung zylindrischer Toleranzzonen möglich, siehe DIN EN ISO 14405-2 [7]. Hierfür sollten dann Orientierungsebenen-Indikatoren zur Anwendung kommen.

„Der Orientierungsebenen-Indikator bestimmt sowohl die Orientierung der Ebenen, welche die Toleranzzone begrenzen (direkt durch den Bezug und das Symbol im Indikator), als auch die Orientierung der Weite der Toleranzzone (indirekt, senkrecht zu den Ebenen) oder die Orientierung der Achse für eine zylindrische Toleranzzone." DIN EN ISO 1101 [1]

Das nächste betrachtete Bauteil ist die Kurbel. Das direkte Funktionsmaß an der Kurbel ist der Abstand der beiden Gelenkpunkte zueinander. Da es sich hierbei um den linearen Abstand zwischen zwei „abgeleiteten" Geometrieelementen handelt, kann auch hier nach DIN EN ISO 14405-2 [7] keine „klassische" Maßtoleranz angegeben werden. Zur Eindeutigkeit in der Anwendung von geometrischen Toleranzen kann als eine Möglichkeit an dieser Stelle der Vierkant-Durchbruch von 8 mm als Bezug B verwendet werden und durch eine Positionstoleranz die Bohrung Ø5 mm in Beziehung zu diesem Bezug angegeben werden. Der Abstand der beiden Achsen zueinander ist dann über das TED-Abstandsmaß von 25 mm angegeben, siehe Abb. 6.5.

Anmerkung: In der DIN EN ISO 286-1 [8] sind die Bezeichnungen für die oberen Grenzabmaße: „ES" für innere Geometrieelemente und „es" für äußere Geometrieelemente. Sowie für die unteren Grenzabmaße: „EI" für innere Geometrieelemente und „ei" für äußere Geometrieelemente. Dementsprechend sind die Norm-Bezeichnungen für die Grenzabmaße ausschließlich den „linearen Größenmaßen" vorbehalten.

Obwohl es sich bei den direkten Funktionsmaßen an der Antriebseinheit um „Abstände" von „abgeleiteten" Geometrieelementen handelt und es damit „andere als lineare

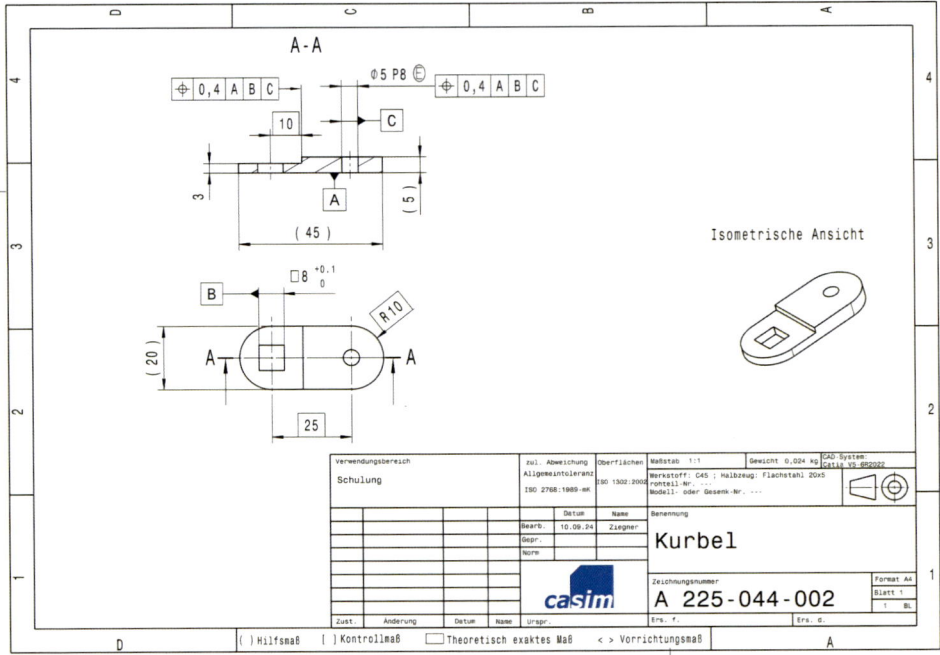

Abb. 6.5 Zeichnung Kurbel (A 225-044-002), siehe Anhang

Größenmaße" sind, werden hier dennoch die Bezeichnungen aus der DIN EN ISO 286-1
[8] für die Grenzabmaße herangezogen.

Somit ergibt sich das folgende tolerierte „Maß" an der Kurbel:

$$a = 25 \pm 0{,}2 \ mm$$

Aus diesem tolerierten Maß können die beiden Grenzmaße und die Maßtoleranz
berechnet werden. Zunächst das Höchstmaß G_o:

$$G_o = N + es \tag{6.1}$$

$$G_{o_a} = N_a + es_a = 25 + 0{,}2 = 25{,}2 \, mm \tag{6.2}$$

Und anschließend das Mindestmaß G_u:

$$G_u = N + ei \tag{6.3}$$

$$G_{u_a} = N_a + ei_a = 25 + (-0{,}2) = 24{,}8 \, mm \tag{6.4}$$

Aus den beiden extremen zugelassenen Maßen kann aus deren Differenz die Maßtoleranz (Toleranz) t berechnet werden.

$$t = G_o - G_u = es - ei \tag{6.5}$$

$$t_a = G_{o_a} - G_{u_a} = es_a - ei_a = 25{,}2 - 24{,}8 = 0{,}2 - (-0{,}2) = 0{,}4\,mm \tag{6.6}$$

Das direkte Funktionsmaß an der Koppelstange ist auch hier der Abstand der beiden Gelenkpunkte zueinander. Da es sich hierbei ebenfalls um den linearen Abstand zwischen zwei abgeleiteten Geometrieelementen handelt, kann auch hier keine klassische Maßtoleranz angegeben werden. An der Koppelstange bildet eine der beiden Passbohrungen den Bezug B und durch die Positionstoleranz wird die zweite Passbohrung in Beziehung zu diesem Bezug angegeben. Der Abstand der beiden Achsen zueinander ist wieder über ein TED-Abstandsmaß von 80 mm angegeben, siehe Abb. 6.6.

Hieraus ergibt sich das folgende tolerierte Maß an der Koppelstange:

$$b = 80 \pm 0{,}3\,mm$$

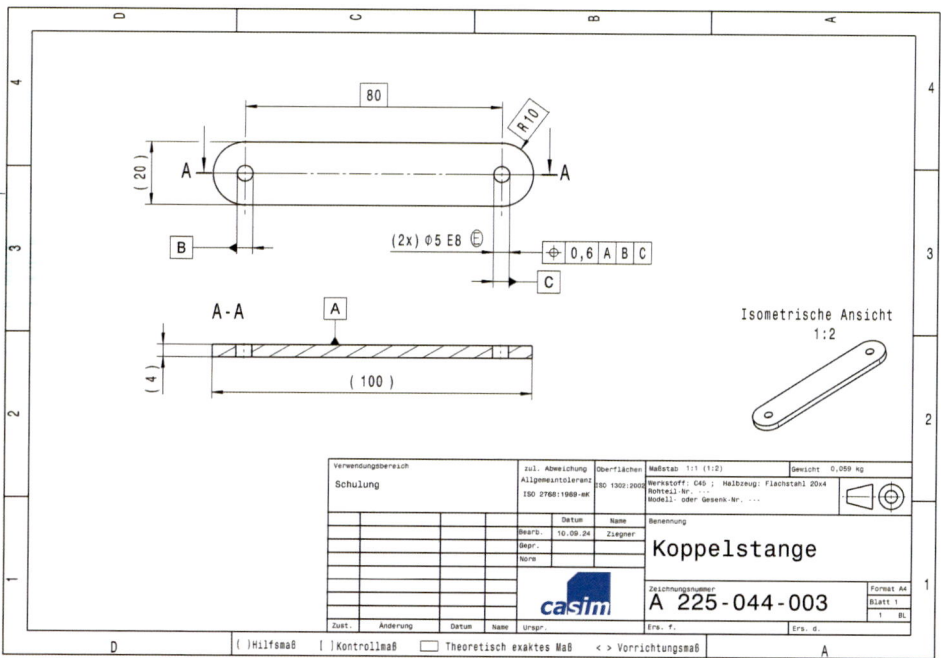

Abb. 6.6 Zeichnung Koppelstange (A 225-044-003), siehe Anhang

Die Schwinge hat zwei direkte Funktionsmaße. Das erste Funktionsmaß ist der Abstand der beiden Gelenkpunkte zueinander. Da es sich wieder um den linearen Abstand zwischen zwei abgeleiteten Geometrieelementen handelt, kann auch hier keine klassische Maßtoleranz angegeben werden. An der Schwinge bildet die Ø8 mm Passbohrung den Bezug B und durch die Positionstoleranz wird die Ø5 mm Passbohrung in Beziehung zu diesem Bezug angegeben. Der Abstand der beiden Achsen zueinander ist wieder über ein TED-Abstandsmaß von 35 mm angegeben, siehe Abb. 6.7.

Das zweite Funktionsmaß an der Schwinge ist der Abstand zwischen der Ø8 mm Passbohrung und der Ø6,5 mm Durchgangsbohrung (Schraubpunkt). Jetzt wird die Ø6,5 mm Durchgangsbohrung durch die Positionstoleranz in Beziehung zu Bezug B angegeben. Der Abstand der beiden Achsen zueinander ist wieder über ein TED-Abstandsmaß von 95 mm angegeben, siehe Abb. 6.7.

Hieraus ergeben sich die beiden folgenden tolerierten Maße an der Schwinge:

$$c = 35 \pm 0{,}3 \ mm$$

$$e = 95 \pm 0{,}3 \ mm$$

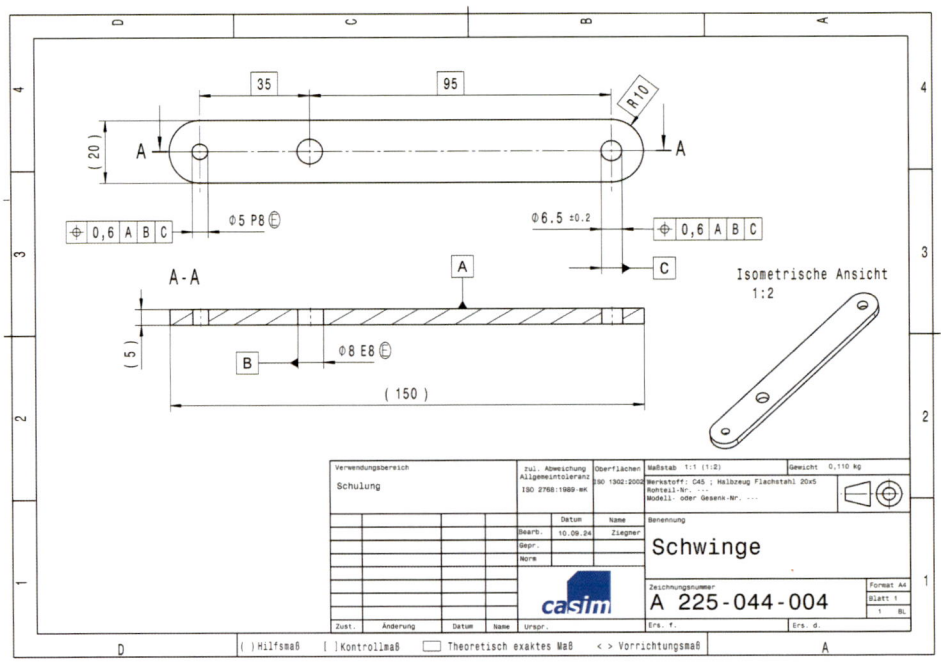

Abb. 6.7 Zeichnung Schwinge (A 225-044-004), siehe Anhang

Da es sich bei der Antriebseinheit bei den sechs direkten Funktionsmaßen (Maßkettengliedern) nicht um „lineare Größenmaße" gemäß Definition der DIN EN ISO 14405-1 [4] handelt, ist, wie bereits zuvor erwähnt, der Tolerierungsgrundsatz „Unabhängigkeitsprinzip" ohne Bedeutung für diese sechs direkten Funktionsmaße.

Betriebsmittel zur Positionierung der Bauteile Befestigungsblech, Grundplatte, Kurbel, Koppelstange, Schwinge, Gleitlager und Zylinderstifte werden in der Montage nicht benötigt.

6.2 Relevante Maßkettenglieder an der Antriebseinheit

Zur besseren Übersicht sind nachfolgend alle relevanten Maßkettenglieder zusammengefasst, welche zur Toleranzanalyse der drei Qualitätsanforderungen der Antriebseinheit in der Außen- und Innenstellung benötigt werden.

Die anschließende Toleranzanalyse wird neben der analytischen Berechnung auch mit dem Programmsystem simTOL® durchgeführt. simTOL® erlaubt es, aus einer Datenbank heraus, gefüllt mit tolerierten Maßen, die Maßketten zu generieren. Dies setzt voraus, dass die tolerierten Maße eindeutig zuordenbar sind. Hierfür werden die Maßkettenglieder mit einem Bezeichnungsschlüssel (Kurzzeichen) versehen, wie z. B. BGP001.

Die nachfolgenden vier Abbildungen zeigen in den jeweiligen Zeichnungsausschnitten nochmals die betreffenden „direkten Funktionsmaße" unter Angabe der Kurzzeichen (Abb. 6.8, 6.9, 6.10 und 6.11).

Eine Zusammenstellung der tolerierten Maße zeigt die nachfolgende Tab. 6.1.

Abb. 6.8
Zeichnungsausschnitt
Grundplatte (A 225-044-001),
siehe Anhang. Funktionsmaß
BGP001: Positionstoleranz;
Festlager A für Kurbel zu
Bezug A I B I C der
Grundplatte. Funktionsmaß
BGP003 Positionstoleranz;
Festlager B für Schwinge zu
Bezug A I B I C der
Grundplatte

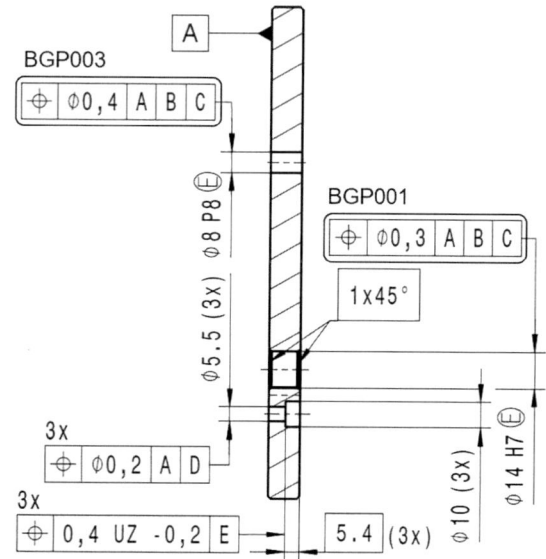

Abb. 6.9
Zeichnungsausschnitt Kurbel
(A 225-044-002), siehe
Anhang. Funktionsmaß
BKUR001: Positionstoleranz;
Gelenkpunkt D für
Koppelstange zu Bezug A I B I
C der Kurbel

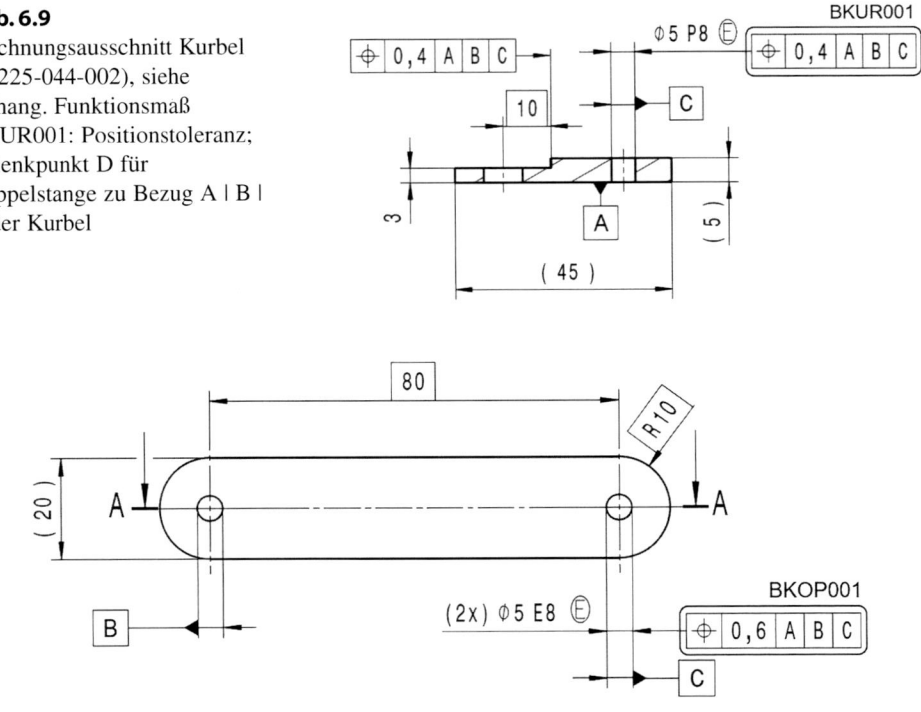

Abb. 6.10 Zeichnungsausschnitt Koppelstange (A 225-044-003), siehe Anhang. Funktionsmaß
BKOP001: Positionstoleranz; Gelenkpunkt C für Schwinge zu Bezug A I B I C

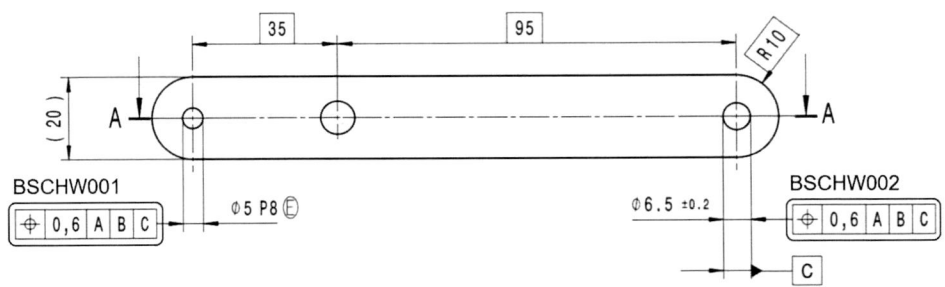

Abb. 6.11 Zeichnungsausschnitt Schwinge (A 225-044-004), siehe Anhang. Funktionsmaß
BSCHW001: Positionstoleranz; Gelenkpunkt C zu Bezug A I B I C der Schwinge. Funktionsmaß
BSCHW002: Positionstoleranz; Schraubpunkt SP zu Bezug A I B I C der Schwinge

Tab. 6.1 Funktionsmaße der Antriebseinheit

Kurzzeichen	Bauteil	Nennmaß [mm]	Toleranz [mm]
BGP001	Grundplatte (X-Pos. Festlager A, A_x; Kurbel)	50	±0,15
	Grundplatte (Y-Pos. Festlager A, A_y; Kurbel)	50	±0,15
BGP003	Grundplatte (X-Pos. Festlager B, B_x; Schwinge)	130	±0,2
	Grundplatte (Y-Pos. Festlager B, B_y; Schwinge)	50	±0,2
BKUR001	Kurbel a	25	±0,2
BKOP001	Koppelstange b	80	±0,3
BSCHW001	Schwinge c	35	±0,3
BSCHW002	Schwingenarm e	95	±0,3

Die Anwendung der Geometrischen Produktspezifikation beinhaltet im Wesentlichen zunächst die Festlegung eines funktionsorientierten Bezugssystems und die anschließende eindeutige Bemaßung/Tolerierung der Form und Lage. Diese „Geometrische Tolerierung" beinhaltet neben den Formtoleranzen auch die Lagetoleranzen mit den drei großen Gruppen der Richtungs-, Orts- und Lauftoleranzen. Ziel ist hierbei, nicht mit klassischen Längenmaßen zu arbeiten.

Für die Toleranzanalyse müssen nun die Form- und Lauftoleranzen wieder in tolerierte Längenmaße überführt werden. D. h., es werden Nennmaße und die dazugehörigen Grenzabmaße benötigt. Hierbei entsprechen die TED-Maße den Nennmaßen. Für die Form- und Lauftoleranzen gilt, diese müssen entsprechend ihrer Toleranzzone in obere und untere Grenzabmaße interpretiert werden.

Somit ist die Toleranzanalyse einer Maßkette mit Form- und Lauftoleranzen identisch einer mit „klassisch" tolerierten Längenmaßen.

Quellen und weiterführende Literatur

1. DIN EN ISO 1101: Geometrische Produktspezifikation (GPS) – Geometrische Tolerierung – Tolerierung von Form, Richtung, Ort und Lauf, Beuth-Verlag, Berlin, 2017
2. DIN EN ISO 8015: Geometrische Produktspezifikation (GPS) – Grundlagen – Konzepte, Prinzipien und Regeln, Beuth-Verlag, Berlin, 2011
3. DIN ISO 2768, Teil 1: Allgemeintoleranzen – Toleranzen für Längen- und Winkelmaße ohne einzelne Toleranzeintragung, Beuth-Verlag, Berlin, 1991
4. DIN EN ISO 14405-1: Geometrische Produktspezifikation (GPS) – Dimensionelle Tolerierung – Teil 1: Lineare Größenmaße, Beuth-Verlag, Berlin, 2017

5. DIN EN ISO 1302: Angabe der Oberflächenbeschaffenheit in der technischen Produktdokumentation, Beuth-Verlag, Berlin, 2002

6. DIN EN ISO 21920-1: Geometrische Produktspezifikation (GPS) – Oberflächenbeschaffenheit: Profile – Teil 1: Angabe der Oberflächenbeschaffenheit, Beuth-Verlag, Berlin, 2022

7. DIN EN ISO 14405-2: Geometrische Produktspezifikation (GPS) – Dimensionelle Tolerierung – Teil 2: Andere als lineare Maße, Berlin, 2012

8. DIN EN ISO 286, Teil 1: Geometrische Produktspezifikation (GPS) – ISO-Toleranzsystem für Längenmaße – Grundlagen für Toleranzen, Abmaße und Passungen, Beuth-Verlag, Berlin, 2019

Arithmetische Toleranzanalyse

7

Inhaltsverzeichnis

7.1 Arithmetische Toleranzanalyse der Antriebseinheit 100
7.2 Arithmetische Toleranzanalyse für den X-Abstand des Schraubpunktes SP_a an der Antriebseinheit in der Außenstellung (110-1) 100
    7.2.1 Nennschließmaß 101
    7.2.2 Arithmetisches Höchstschließmaß 101
    7.2.3 Arithmetisches Mindestschließmaß 102
    7.2.4 Mittenmaß des Schließmaßes 102
    7.2.5 Arithmetische Schließmaßtoleranz 102
    7.2.6 Arithmetische Beitragsleister 103
7.3 Arithmetische Toleranzanalyse für den Y-Abstand des Schraubpunktes SP_a an der Antriebseinheit in der Außenstellung (120-1) 104
    7.3.1 Nennschließmaß 105
    7.3.2 Arithmetisches Höchstschließmaß 105
    7.3.3 Arithmetisches Mindestschließmaß 106
    7.3.4 Mittenmaß des Schließmaßes 106
    7.3.5 Arithmetische Schließmaßtoleranz 107
    7.3.6 Arithmetische Beitragsleister 107
7.4 Arithmetische Toleranzanalyse für den Schwingenwinkel ψ_i an der Antriebseinheit in der Außenstellung (130-1) 108
    7.4.1 Nennschließmaß 108
    7.4.2 Arithmetisches Höchstschließmaß 108
    7.4.3 Arithmetisches Mindestschließmaß 109
    7.4.4 Mittenmaß des Schließmaßes 109
    7.4.5 Arithmetische Schließmaßtoleranz 109
    7.4.6 Arithmetische Beitragsleister 110
7.5 Gegenüberstellung der Ergebnisse für die arithmetische Toleranzanalyse an der Antriebseinheit für die Außenstellung 111
Quellen und weiterführende Literatur 111

© Der/die Autor(en), exklusiv lizenziert an Springer Fachmedien Wiesbaden GmbH, ein Teil von Springer Nature 2026
F. Mannewitz, *Toleranzanalysen an mehrdimensionalen Maßketten*,
https://doi.org/10.1007/978-3-658-49758-3_7

In der arithmetischen Toleranzanalyse wird der schlechteste Fall angenommen, der sogenannte „Worst Case". In diesem weisen die einzelnen Maßkettenglieder alle die jeweils
ungünstigste Istmaßabweichung auf. Der Worst Case wird durch die beiden Grenzwerte
Mindestschließmaß P_u und Höchstschließmaß P_o beschrieben.

Wie bereits erwähnt, sind M_i die Maßkettenglieder. Dabei ist M_i ein toleriertes Maß.
Hierzu gehören ein Nennmaß N_i und die Grenzabmaße, also das obere und untere Grenzabmaß, welche die Lage des Toleranzfeldes in Bezug zum Nennmaß festlegen. Hierbei
ist M_0 innerhalb einer Maßkette für das gesuchte Schließmaß reserviert.

Dieser Sachverhalt soll an dieser Stelle erörtert werden, um aufzuzeigen, dass „geometrisch tolerierte Maßkettenglieder" genauso berechnet werden können wie tolerierte
lineare Größenmaße.

In der folgenden Schreibweise für ein toleriertes Maß wird sich auf die DIN
EN ISO 286-1 [1] bezogen. Dieser Teil der ISO 286 legt die Terminologie für das
ISO-Toleranzsystem für Längenmaße von Geometrieelementen folgender Arten fest.

a) Zylinder
b) zwei parallele, sich gegenüberliegende Flächen

Bezüglich der Grenzabmaße eines Geometrieelementes schreibt die DIN EN ISO 286-1
[1]:

„ES" (franz. écart supérieur) ist das obere Grenzabmaß[1] für ein inneres Geometrieelement und „es" das obere Grenzabmaß für ein äußeres Geometrieelement. Berechnet wird
das obere Grenzabmaß aus Höchstmaß minus Nennmaß.

„EI" (franz. écart inférieur) ist das untere Grenzabmaß[2] für ein inneres Geometrieelement und „ei" das untere Grenzabmaß für ein äußeres Geometrieelement. Berechnet wird
das untere Grenzabmaß aus Mindestmaß minus Nennmaß.

Diese Definitionen gelten für das ISO-Passungssystem und das ISO-Toleranzsystem für
Längenmaße. Dennoch soll hier die Schreibweise dieser Norm auch für andere Geometrieelemente als Zylinder oder zwei parallele, sich gegenüberliegende Flächen herangezogen
werden.

Hiernach soll für die allgemeine Schreibweise eines i-ten tolerierten Maßes gelten:

$$M_i = N_i {}^{ES_i/es_i}_{EI_i/ei_i} \tag{7.1}$$

In Unterscheidung zwischen positiven und negativen Maßkettengliedern, siehe
Abschn. 4.1, ergeben sich somit die tolerierten Maße zu:

---

[1] Frühere Bezeichnung für oberes Grenzabmaß: A_o; keine Unterscheidung zwischen äußerem und
innerem Geometrieelement.
[2] Frühere Bezeichnung für unteres Grenzabmaß: A_u; keine Unterscheidung zwischen äußerem und
innerem Geometrieelement.

$$M_{pos_i} = N_{pos_i}{}_{EI_{pos_i}}^{ES_{pos_i}} \tag{7.2}$$

bzw.

$$M_{neg_i} = N_{neg_i}{}_{ei_{neg_i}}^{es_{neg_i}} \tag{7.3}$$

Liegen jetzt innerhalb einer Maßkette Form-, Richtungs-, Orts- und/oder Lauftoleranzen vor, dann ist die GPS-Eintragung als toleriertes Maß in Koordinaten (x, y) zu interpretieren.

Form- und Richtungstoleranzen haben im übertragenen Sinne keine Nennmaße. Das zugehörige Nennmaß ist in der Regel 0 mm, eine sogenannte „natürliche Grenze". Bezieht sich die GPS-Eintragung auf ein theoretisch exaktes Maß, dann ist das Nennmaß gleich dem TED-Maß.

Das jeweilige obere und untere Grenzabmaß einer Form-, Richtungs-, Orts- oder Laufeintragung muss entsprechend seiner Toleranzzone[3] abgeleitet werden.

„Je nach zu spezifizierendem Merkmal und je nach Art seiner Spezifizierung ist die Toleranzzone eine der folgenden:

- der Raum innerhalb eines Kreises;
- der Raum zwischen zwei konzentrischen Kreisen;
- der Raum zwischen zwei parallelen Kreisen auf einer Kegelfläche;
- der Raum zwischen zwei parallelen Kreisen mit demselben Durchmesser;
- der Raum zwischen zwei abstandsgleichen komplexen Linien oder zwei parallelen geraden Linien;
- der Raum zwischen zwei nicht-abstandsgleichen komplexen Linien oder zwei nicht-parallelen geraden Linien;
- der Raum innerhalb eines Zylinders;
- der Raum zwischen zwei koaxialen Zylindern;
- der Raum innerhalb eines Kegels;
- der Raum innerhalb einer einzelnen komplexen Fläche;
- der Raum zwischen zwei abstandsgleichen komplexen Flächen oder zwei parallelen Ebenen;
- der Raum innerhalb einer Kugel;
- der Raum zwischen zwei nicht-abstandsgleichen komplexen Flächen oder zwei nicht-parallelen Ebenen." [2]

Dieser Sachverhalt wird nachfolgend im Rahmen der Toleranzanalyse an der Antriebseinheit umgesetzt.

---

[3] Gemäß der DIN EN ISO 1101 [2] ist eine Toleranzzone der Raum, der durch eine oder mehrere ideale Linien oder Flächen, diese mit einschließend, begrenzt und durch ein oder mehrere Längenmaße, Toleranz genannt, gekennzeichnet ist.

7.1   Arithmetische Toleranzanalyse der Antriebseinheit

Basierend auf den Maßkettengliedern aus Abschn. 6.2 und den dazugehörigen Geometriefaktoren aus Kap. 5 werden in diesem Kapitel die arithmetischen Toleranzanalysen für die drei Qualitätsanforderungen an der Antriebseinheit für die Außenstellung durchgeführt.

Um die Beispielrechnung der Antriebseinheit nicht unnötigerweise zu Verkomplizieren, werden sowohl für die arithmetische als auch für die anschließende statistische Toleranzanalyse die folgenden Toleranzen vernachlässigt:

- Radiale Montagetoleranz: DC-Motorantriebswelle zu Innendurchmesser Kunststoff-Gleitlagerbuchse; Lager A
- Koaxialitätstoleranz: Innen- zu Außendurchmesser der Kunststoff-Gleitlagerbuchse; Lager A
- Radiale Montagetoleranz: DC-Motorantriebswellenvierkant zu Vierkantdurchbruch an der Kurbel
- Beide radialen Spiele der Zylinderstifte Ø5 in der Koppelstange; Gelenk C und D
- Radiales Spiel des Zylinderstiftes Ø8 in Schwingen-Aufnahmeloch; Lager B
- Rechtwinkligkeitsabweichung der extrahierten Mittellinie (Rotationsachse) zur Bezugsebene an den Lagerstellen A und B sowie in den Gelenken C und D

7.2   Arithmetische Toleranzanalyse für den X-Abstand des Schraubpunktes SP$_a$ an der Antriebseinheit in der Außenstellung (110-1)

Die Eingangsgrößen für die arithmetische Toleranzanalyse für den X-Abstand des Schraubpunktes SP$_a$ an der Antriebseinheit in der Außenstellung zeigt die nachfolgende Tab. 7.1.

Tab. 7.1 Eingangsgrößen der arithmetischen Toleranzanalyse für den X-Abstand des Schraubpunktes SP$_a$ (110-1)

Kurzzeichen	Bauteil	Faktor α_i	Nennmaß	Toleranz	ES/es	EI/ei
BGP001	Festlager A	−1,866	0	±0,15	0,15	−0,15
BGP003	Festlager B	2,821	0	±0,2	0,2	−0,2
BKUR001	Kurbel a	1,866	25	±0,2	0,2	−0,2
BKOP001	Koppelstange b	−1,866	80	±0,3	0,3	−0,3
BSCHW001	Schwinge c	−1,044	35	±0,3	0,3	−0,3
BSCHW002	Schwingenarm e	0,822	95	±0,3	0,3	−0,3

Die Tab. 7.1 zeigt, dass sich die zu berechnende Maßkette aus k = 6 Gliedern zusammensetzt. Die ersten beiden Glieder stehen für die Positionstoleranzen der Lager A und B an der Grundplatte. In der Toleranzanalyse werden die Positionstoleranzen jeweils als Vektorsumme, so wie in Abschn. 5.5.1 beschrieben, berücksichtigt.

Über die Vorzeichen der Geometriefaktoren (Spalte Faktor α_i) ist die Zuordnung in „positive" und „negative" Maßkettenglieder bereits festgelegt.

Nachfolgend werden im Rahmen der arithmetischen Toleranzanalyse berechnet: Höchstschließmaß, Mindestschließmaß, Mittenmaß des Schließmaßes, Schließmaßtoleranz sowie die Beitragsleister.

7.2.1 Nennschließmaß

Das Nennschließmaß N_0 entspricht dem geforderten TED-Maß für den X-Abstand des Schraubpunktes SP_a in der Außenstellung.

$$N_0 = 208{,}036 \, mm$$

7.2.2 Arithmetisches Höchstschließmaß

Unter Berücksichtigung des Nennschließmaßes N_0, der Geometriefaktoren α_i und der Grenzabmaße ES_i/ei_i kann jetzt das Höchstschließmaß P_o bzw. das obere Passmaß des Schließmaßes gemäß der nachfolgenden Gl. (7.4) berechnet werden.

$$P_o = N_0 + \left[\left(\sum_{i=1}^{n} \alpha_{pos_i} \cdot ES_{pos_i} \right) - \left(\sum_{i=n+1}^{k} |\alpha_{neg_i}| \cdot ei_{neg_i} \right) \right] \tag{7.4}$$

$$P_o = N_0 + [(\alpha_B \cdot ES_B + \alpha_a \cdot ES_a + \alpha_e \cdot ES_e) - (|\alpha_A| \cdot ei_A + |\alpha_b| \cdot ei_b + |\alpha_c| \cdot ei_c)]$$

$$P_o = 208{,}036 + \big[(2{,}821 \cdot 0{,}2 + 1{,}866 \cdot 0{,}2 + 0{,}822 \cdot 0{,}3)$$

$$- (|-1{,}866| \cdot (-0{,}15) + |-1{,}866| \cdot (-0{,}3) + |-1{,}044| \cdot (-0{,}3)) \big]$$

$$P_o = 210{,}3729 \, mm \tag{7.5}$$

Hiernach ist der längste horizontale Abstand des Schraubmittelpunktes an dem Schwingenarm zu dem Bezug C der Antriebseinheit maximal 210,372 mm.

In Gl. (7.4) ist mit α_i der i-te Linearitätskoeffizient, Geometriefaktor bzw. partielle Differenzialquotient anzugeben.

7.2.3 Arithmetisches Mindestschließmaß

Das Mindestschließmaß bzw. das untere Passmaß des Schließmaßes berechnet sich gemäß der nachfolgenden Gl. (7.6) zu:

$$P_u = N_0 + \left[\left(\sum_{i=1}^{n} \alpha_{pos_i} \cdot EI_{pos_i} \right) - \left(\sum_{i=n+1}^{k} |\alpha_{neg_i}| \cdot es_{neg_i} \right) \right] \tag{7.6}$$

$$P_u = N_0 + [(\alpha_B \cdot EI_B + \alpha_a \cdot EI_a + \alpha_e \cdot EI_e) - (|\alpha_A| \cdot es_A + |\alpha_b| \cdot es_b + |\alpha_c| \cdot es_c)]$$

$$P_u = 208{,}036 + [(2{,}821 \cdot (-0{,}2) + 1{,}866 \cdot (-0{,}2) + 0{,}822 \cdot (-0{,}3))$$

$$- (|-1{,}866| \cdot 0{,}15 + |-1{,}866| \cdot 0{,}3 + |-1{,}044| \cdot 0{,}3)]$$

$$P_u = 205{,}6991 \, mm \tag{7.7}$$

Der kürzeste horizontale Abstand des Schraubmittelpunktes an dem Schwingenarm zu dem Bezug C ist 205,699 mm.

Nur anhand dieser Ergebnisse von P_o und P_u kann eine Aussage über die Null-Lage des Schließmaßes getroffen werden. D. h., die Lage des Schließmaßes gibt an, ob es sich im Ergebnis um eine Spiel-, Übergangs- oder Presspassung handelt.

Die beiden Gl. (7.4) und (7.6) haben in ihrer Anwendung eine Allgemeingültigkeit, d. h., sie können auch angewendet werden, wenn eine oder mehrere Einzeltoleranzfeldlagen asymmetrisch zum Nennmaß liegen.

7.2.4 Mittenmaß des Schließmaßes

Das Mittenmaß des Schließmaßes berechnet sich zu:

$$C_0 = \frac{P_o + P_u}{2}$$

$$C_0 = \frac{210{,}3729 + 205{,}6991}{2} = 208{,}036 \, mm \tag{7.8}$$

Da im gewählten Beispiel sämtliche Toleranzfeldlagen symmetrisch zum jeweiligen Nennmaß (Allgemeintoleranzen) liegen, wie beispielsweise die Koppelstangenlänge mit $80 \pm 0{,}3$ mm, ist $C_0 = N_0$.

7.2.5 Arithmetische Schließmaßtoleranz

„Die Toleranz einer Funktionseigenschaft mehrerer unabhängiger Einzeleigenschaften ist gleich der Summe der absoluten Werte der Produkte aller partiellen Differenzialquotienten der Funktion und der entsprechenden Toleranz der Veränderlichen." [3]

Hieraus folgt die nachfolgende Gl. (7.9) zur Bestimmung der arithmetischen Schließ-maßtoleranz.

$$T_a = \sum_{i=1}^{k} |\alpha_i| \cdot t_i \tag{7.9}$$

$$T_a = |\alpha_A| \cdot t_A + |\alpha_B| \cdot t_B + |\alpha_a| \cdot t_a + |\alpha_b| \cdot t_b + |\alpha_c| \cdot t_c + |\alpha_e| \cdot t_e$$

$$T_a = |-1{,}866| \cdot 0{,}3 + 2{,}821 \cdot 0{,}4$$

$$+ 1{,}866 \cdot 0{,}4 + |-1{,}866| \cdot 0{,}6 + |-1{,}044| \cdot 0{,}6 + 0{,}822 \cdot 0{,}6$$

$$T_a = 4{,}6738 \, mm \tag{7.10}$$

„Die Gleichung wird als lineares Toleranzfortpflanzungsgesetz für nichtlineare physikalische Maßketten bezeichnet." [3]

Alternativ kann die arithmetische Schließmaßtoleranz auch aus der Differenz zwischen dem Höchst- und Mindestschließmaß berechnet werden.

$$T_a = P_o - P_u$$

$$T_a = 210{,}3729 - 205{,}6991 = 4{,}6738 \, mm \tag{7.11}$$

Das Ergebnis der arithmetischen Toleranzanalyse zeigt, dass die Forderung der Positionsabweichung von 2 mm für den Schraubpunkt SP$_a$ mit 4,67 mm deutlich überschritten wird.

Häufig ist in der Praxis das Verständnis von Toleranzanalysen auf die reine Summenbildung der Einzeltoleranzen beschränkt. Also auf das alleinige Ergebnis von T$_a$ ausgerichtet. Das bedeutet für eine lineare Maßkette die Summe der Einzeltoleranzen und für eine nichtlineare Maßkette die Addition der Terme, Produkt des Geometriefaktors mal Einzeltoleranz. Das Ergebnis von T$_a$ gibt aber nur die Differenz zwischen Höchst- und Mindestschließmaß an, also ein relativer Abstand. Was über das Ergebnis von T$_a$ nicht beantwortet wird, ist, ob es sich im Ergebnis um eine Spiel-, Übergangs- oder Presspassung handelt. Dieser absolute Abstand ist jedoch entscheidend, um eine Aussage über die Funktion der Baugruppe bzw. des Qualitätsmerkmals treffen zu können. Von daher sollte immer das Höchst- und Mindestschließmaß einer Maßkette berechnet werden.

7.2.6   Arithmetische Beitragsleister

Damit stellt sich die Frage, welches Maßkettenglied wie stark das Schließmaß der Baugruppe beeinflusst. Diese Frage soll mithilfe der sogenannten Beitragsleister beantwortet werden. Diese nachfolgende Beitragsleisteranalyse wird auch häufig als Paretoanalyse bezeichnet.

Hierbei sollen die arithmetischen und statistischen Beitragsleister unterschieden werden.

Die Ermittlung der individuellen prozentualen arithmetischen Beitragsleister B_i ist relativ einfach über das Verhältnis der arithmetischen Einzel- zur arithmetischen Schließmaßtoleranz sowie den Geometriefaktoren durchzuführen [4].

$$B_{i_{arith}} = |\alpha_i| \cdot \left(\frac{t_i}{T_a}\right) \cdot 100\,\% \tag{7.12}$$

$$B_{A_{arith}} = |\alpha_A| \cdot \left(\frac{t_A}{T_a}\right) \cdot 100\,\% = |-1{,}866| \cdot \left(\frac{0{,}3}{4{,}6738}\right) \cdot 100\,\% = 11{,}98\,\% \tag{7.13}$$

$$B_{B_{arith}} = |\alpha_B| \cdot \left(\frac{t_B}{T_a}\right) \cdot 100\,\% = 2{,}821 \cdot \left(\frac{0{,}4}{4{,}6738}\right) \cdot 100\,\% = 24{,}14\,\% \tag{7.14}$$

$$B_{a_{arith}} = |\alpha_a| \cdot \left(\frac{t_a}{T_a}\right) \cdot 100\,\% = 1{,}866 \cdot \left(\frac{0{,}4}{4{,}6738}\right) \cdot 100\,\% = 15{,}97\,\% \tag{7.15}$$

$$B_{b_{arith}} = |\alpha_b| \cdot \left(\frac{t_b}{T_a}\right) \cdot 100\,\% = |-1{,}866| \cdot \left(\frac{0{,}6}{4{,}6738}\right) \cdot 100\,\% = 23{,}95\,\% \tag{7.16}$$

$$B_{C_{arith}} = |\alpha_c| \cdot \left(\frac{t_c}{T_a}\right) \cdot 100\,\% = |-1{,}044| \cdot \left(\frac{0{,}6}{4{,}6738}\right) \cdot 100\,\% = 13{,}40\,\% \tag{7.17}$$

$$B_{e_{arith}} = |\alpha_e| \cdot \left(\frac{t_e}{T_a}\right) \cdot 100\,\% = 0{,}822 \cdot \left(\frac{0{,}6}{4{,}6738}\right) \cdot 100\,\% = 10{,}55\,\% \tag{7.18}$$

Aus der Beitragsleisteranalyse wird deutlich, dass die Positionstoleranz des Lagers B mit 24,14 % den größten Einfluss auf den X-Abstand des Schraubpunktes SP_a in der Außenstellung ausübt.

Es bietet sich an, die Ergebnisse der Beitragsleisteranalyse in Form eines Balkendiagramms darzustellen. Hierdurch werden die unterschiedlichen Einflussgrößen besser visualisiert, wie Abb. 7.1 zeigt.

7.3 Arithmetische Toleranzanalyse für den Y-Abstand des Schraubpunktes SP_a an der Antriebseinheit in der Außenstellung (120-1)

Die Eingangsgrößen für die arithmetische Toleranzanalyse für den Y-Abstand des Schraubpunktes SP_a an der Antriebseinheit in der Außenstellung zeigt die nachfolgende Tab. 7.2.

Nachfolgend werden wieder das Höchstschließmaß, das Mindestschließmaß, das Mittenmaß des Schließmaßes, die Schließmaßtoleranz und die Beitragsleister berechnet.

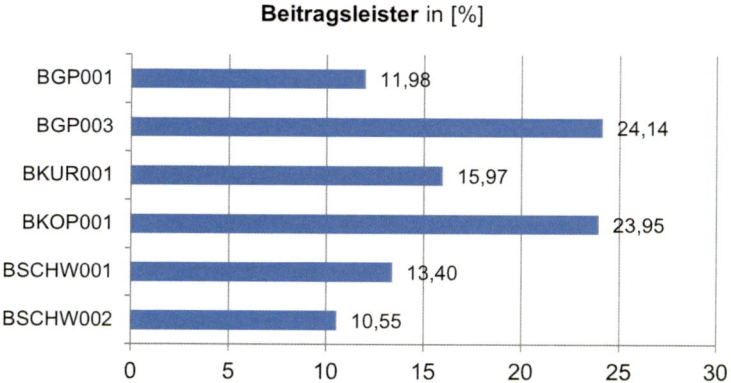

Abb. 7.1 Darstellung der arithmetischen Beitragsleisteranalyse für den X-Abstand des Schraubpunktes SP_a in der Außenstellung

Tab. 7.2 Eingangsgrößen der arithmetischen Toleranzanalyse für den Y-Abstand des Schraubpunktes SP_a (120-1)

Kurzzeichen	Bauteil	Faktor α_i	Nennmaß	Toleranz	ES/es	EI/ei
BGP001	Festlager A	2,691	0	±0,15	0,15	−0,15
BGP003	Festlager B	−3,194	0	±0,2	0,2	−0,2
BKUR001	Kurbel a	−2,691	25	±0,2	0,2	−0,2
BKOP001	Koppelstange b	2,691	80	±0,3	0,3	−0,3
BSCHW001	Schwinge c	1,507	35	±0,3	0,3	−0,3
BSCHW002	Schwingenarm e	0,571	95	±0,3	0,3	−0,3

7.3.1 Nennschließmaß

Das Nennschließmaß N_0 entspricht auch hier dem geforderten TED-Maß für den Y-Abstand des Schraubpunktes SP_a in der Außenstellung mit

$$N_0 = 104{,}18\,mm$$

7.3.2 Arithmetisches Höchstschließmaß

Das Höchstschließmaß bzw. das obere Passmaß des Schließmaßes berechnet sich zu:

$$P_o = N_0 + \left[\left(\sum_{i=1}^{n} \alpha_{pos_i} \cdot ES_{pos_i} \right) - \left(\sum_{i=n+1}^{k} |\alpha_{neg_i}| \cdot ei_{neg_i} \right) \right] \tag{7.19}$$

$$P_o = N_0 + [(\alpha_A \cdot ES_A + \alpha_b \cdot ES_b + \alpha_c \cdot ES_c + \alpha_e \cdot ES_e) - (|\alpha_B| \cdot ei_B + |\alpha_a| \cdot ei_a)]$$

$$P_o = 104,18 + \Big[(2,691 \cdot 0,15 + 2,691 \cdot 0,3 + 1,507 \cdot 0,3 + 0,571 \cdot 0,3)$$

$$- (|-3,194| \cdot (-0,2) + |-2,691| \cdot (-0,2)) \Big]$$

$$P_o = 107,1913 \, mm \tag{7.20}$$

Der längste vertikale Abstand des Schraubmittelpunktes an dem Schwingenarm zu dem Bezug B der Antriebseinheit ist maximal 107,191 mm.

7.3.3 Arithmetisches Mindestschließmaß

Das Mindestschließmaß bzw. das untere Passmaß des Schließmaßes berechnet sich zu:

$$P_u = N_0 + \left[\left(\sum_{i=1}^{n} \alpha_{pos_i} \cdot EI_{pos_i} \right) - \left(\sum_{i=n+1}^{k} |\alpha_{neg_i}| \cdot es_{neg_i} \right) \right] \tag{7.21}$$

$$P_u = N_0 + [(\alpha_A \cdot EI_A + \alpha_b \cdot EI_b + \alpha_c \cdot EI_c + \alpha_e \cdot EI_e) - (|\alpha_B| \cdot es_B + |\alpha_a| \cdot es_a)]$$

$$P_u = 104,18 + [(2,691 \cdot (-0,15) + 2,691 \cdot (-0,3) + 1,507 \cdot (-0,3)$$

$$+ 0,571 \cdot (-0,3) - (|-3,194| \cdot 0,2 + |-2,691| \cdot 0,2)]$$

$$P_u = 101,1686 \, mm \tag{7.22}$$

Der kürzeste vertikale Abstand des Schraubmittelpunktes an dem Schwingenarm zu dem Bezug B ist 101,168 mm.

7.3.4 Mittenmaß des Schließmaßes

Das Mittenmaß des Schließmaßes berechnet sich zu:

$$C_0 = \frac{P_o + P_u}{2}$$

$$C_0 = \frac{107,1913 + 101,1686}{2} = 104,18 \, mm \tag{7.23}$$

Auch hier ist $C_0 = N_0$.

7.3.5 Arithmetische Schließmaßtoleranz

Die arithmetische Schließmaßtoleranz berechnet sich zu:

$$T_a = \sum_{i=1}^{k} |\alpha_i| \cdot t_i \tag{7.24}$$

$$T_a = |\alpha_A| \cdot t_A + |\alpha_B| \cdot t_B + |\alpha_a| \cdot t_a + |\alpha_b| \cdot t_b + |\alpha_c| \cdot t_c + |\alpha_e| \cdot t_e$$

$$T_a = 2{,}691 \cdot 0{,}3 + |-3{,}194| \cdot 0{,}4$$

$$+ |-2{,}691| \cdot 0{,}4 + 2{,}691 \cdot 0{,}6 + 1{,}507 \cdot 0{,}6 + 0{,}571 \cdot 0{,}6$$

$$T_a = 6{,}0227 \, mm \tag{7.25}$$

Der alternative Berechnungsansatz führt zu dem gleichen Ergebnis.

$$T_a = P_o - P_u$$

$$T_a = 107{,}1913 - 101{,}1686 = 6{,}0227 \, mm \tag{7.26}$$

Das Ergebnis der arithmetischen Toleranzanalyse zeigt auch für den Y-Abstand, dass die Forderung der Positionsabweichung von 2 mm für den Schraubpunkt SP_a mit 6,02 mm deutlich überschritten wird.

7.3.6 Arithmetische Beitragsleister

Die Ermittlung der individuellen prozentualen arithmetischen Beitragsleister führt zu den folgenden Ergebnissen:

$$B_{i_{arith}} = |\alpha_i| \cdot \left(\frac{t_i}{T_a}\right) \cdot 100\,\% \tag{7.27}$$

$$B_{A_{arith}} = |\alpha_A| \cdot \left(\frac{t_A}{T_a}\right) \cdot 100\,\% = 2{,}691 \cdot \left(\frac{0{,}3}{6{,}0227}\right) \cdot 100\,\% = 13{,}40\,\% \tag{7.28}$$

$$B_{B_{arith}} = |\alpha_B| \cdot \left(\frac{t_B}{T_a}\right) \cdot 100\,\% = |-3{,}194| \cdot \left(\frac{0{,}4}{6{,}0227}\right) \cdot 100\,\% = 21{,}21\,\% \tag{7.29}$$

$$B_{a_{arith}} = |\alpha_a| \cdot \left(\frac{t_a}{T_a}\right) \cdot 100\,\% = |-2{,}691| \cdot \left(\frac{0{,}4}{6{,}0227}\right) \cdot 100\,\% = 17{,}87\,\% \tag{7.30}$$

$$B_{b_{arith}} = |\alpha_b| \cdot \left(\frac{t_b}{T_a}\right) \cdot 100\,\% = 2{,}691 \cdot \left(\frac{0{,}6}{6{,}0227}\right) \cdot 100\,\% = 26{,}81\,\% \tag{7.31}$$

$$B_{c_{arith}} = |\alpha_c| \cdot \left(\frac{t_c}{T_a}\right) \cdot 100\,\% = 1{,}507 \cdot \left(\frac{0{,}6}{6{,}0227}\right) \cdot 100\,\% = 15{,}01\,\% \tag{7.32}$$

$$B_{e_{arith}} = |\alpha_e| \cdot \left(\frac{t_e}{T_a}\right) \cdot 100\,\% = 0{,}571 \cdot \left(\frac{0{,}6}{6{,}0227}\right) \cdot 100\,\% = 5{,}69\,\% \qquad (7.33)$$

Aus der Beitragsleisteranalyse wird deutlich, dass die Koppelstangentoleranz mit 26,81 % den größten Einfluss ausübt.

7.4 Arithmetische Toleranzanalyse für den Schwingenwinkel ψ_i an der Antriebseinheit in der Außenstellung (130-1)

Die Eingangsgrößen für die arithmetische Toleranzanalyse für den Schwingenwinkel ψ_i an der Antriebseinheit in der Außenstellung zeigt die nachfolgende Tab. 7.3.

Die Tab. 7.3 zeigt, dass sich die zu berechnende Maßkette aus k = 5 Gliedern zusammensetzt. Sie ist um die Schwingenarmlänge e reduziert, da eine Längenänderung des Schwingenarms keine Veränderung des Schwingenwinkels zur Folge hat.

7.4.1 Nennschließmaß

Das Nennschließmaß N_0 entspricht auch für den Schwingenwinkel dem geforderten TED-Maß für den Schwingenwinkel ψ_i in der Außenstellung mit

$$N_0 = 34{,}772°$$

7.4.2 Arithmetisches Höchstschließmaß

Das Höchstschließmaß bzw. das obere Passmaß des Schließmaßes berechnet sich zu:

$$P_o = N_0 + \left[\left(\sum_{i=1}^{n}\alpha_{pos_i} \cdot ES_{pos_i}\right) - \left(\sum_{i=n+1}^{k}|\alpha_{neg_i}| \cdot ei_{neg_i}\right)\right] \qquad (7.34)$$

Tab. 7.3 Eingangsgrößen der arithmetischen Toleranzanalyse für den Schwingenwinkel ψ_i (130-1)

Kurzzeichen	Bauteil	Faktor α_i	Nennmaß	Toleranz	ES/es	EI/ei
BGP001	Festlager A	1,976	0	±0,15	0,15	−0,15
BGP003	Festlager B	−1,976	0	±0,2	0,2	−0,2
BKUR001	Kurbel a	−1,976	25	±0,2	0,2	−0,2
BKOP001	Koppelstange b	1,976	80	±0,3	0,3	−0,3
BSCHW001	Schwinge c	1,105	35	±0,3	0,3	−0,3

$$P_o = N_0 + [(\alpha_A \cdot ES_A + \alpha_b \cdot ES_b + \alpha_c \cdot ES_c) - (|\alpha_B| \cdot ei_B + |\alpha_a| \cdot ei_a)]$$
$$P_o = 34{,}772 + [(1{,}976 \cdot 0{,}15 + 1{,}976 \cdot 0{,}3$$
$$+ 1{,}105 \cdot 0{,}3) - (|-1{,}976| \cdot (-0{,}2) + |-1{,}976| \cdot (-0{,}2))]$$
$$P_o = 36{,}7831° \tag{7.35}$$

Dementsprechend ist der größte Schwingenwinkel, gemessen zu dem Bezug B der Antriebseinheit, maximal 36,783° groß.

7.4.3 Arithmetisches Mindestschließmaß

Das Mindestschließmaß bzw. das untere Passmaß des Schließmaßes berechnet sich zu:

$$P_u = N_0 + \left[\left(\sum_{i=1}^{n} \alpha_{pos_i} \cdot EI_{pos_i} \right) - \left(\sum_{i=n+1}^{k} |\alpha_{neg_i}| \cdot es_{neg_i} \right) \right] \tag{7.36}$$

$$P_u = N_0 + [(\alpha_A \cdot EI_A + \alpha_b \cdot EI_b + \alpha_c \cdot EI_c) - (|\alpha_B| \cdot es_B + |\alpha_a| \cdot es_a)]$$
$$P_u = 34{,}772 + [(1{,}976 \cdot (-0{,}15) + 1{,}976 \cdot$$
$$(-0{,}3) + 1{,}105 \cdot (-0{,}3)) - (|-1{,}976| \cdot 0{,}2 + |-1{,}976| \cdot 0{,}2)]$$
$$P_u = 32{,}7609° \tag{7.37}$$

Der kleinste Schwingenwinkel, gemessen zu dem Bezug B der Antriebseinheit, ist im Minimum 32,76°.

7.4.4 Mittenmaß des Schließmaßes

Das Mittenmaß des Schließmaßes berechnet sich zu:

$$C_0 = \frac{P_o + P_u}{2}$$
$$C_0 = \frac{36{,}7831 + 32{,}7609}{2} = 34{,}772° \tag{7.38}$$

Auch hier ist $C_0 = N_0$.

7.4.5 Arithmetische Schließmaßtoleranz

Die arithmetische Schließmaßtoleranz für den Schwingenwinkel berechnet sich zu:

$$T_a = \sum_{i=1}^{k} |\alpha_i| \cdot t_i \tag{7.39}$$

$$T_a = |\alpha_A| \cdot t_A + |\alpha_B| \cdot t_B + |\alpha_a| \cdot t_a + |\alpha_b| \cdot t_b + |\alpha_c| \cdot t_c$$
$$T_a = 1{,}976 \cdot 0{,}3 + |-1{,}976| \cdot 0{,}4 + |-1{,}976| \cdot 0{,}4 + 1{,}976 \cdot 0{,}6 + 1{,}105 \cdot 0{,}6$$
$$T_a = 4{,}0222° \tag{7.40}$$

Der alternative Berechnungsansatz führt zu dem gleichen Ergebnis.

$$T_a = P_o - P_u$$
$$T_a = 36{,}7831 - 32{,}7609 = 4{,}0222° \tag{7.41}$$

Das Ergebnis der arithmetischen Toleranzanalyse zeigt, dass die Forderung der maximalen Winkelabweichung von 1,2° für den Schwingenwinkel ψ_i mit 4,02° deutlich überschritten wird.

7.4.6 Arithmetische Beitragsleister

Die Ermittlung der individuellen prozentualen arithmetischen Beitragsleister führt zu den folgenden Ergebnissen:

$$B_{i_{arith}} = |\alpha_i| \cdot \left(\frac{t_i}{T_a} \right) \cdot 100\,\% \tag{7.42}$$

$$B_{A_{arith}} = |\alpha_A| \cdot \left(\frac{t_A}{T_a} \right) \cdot 100\,\% = 1{,}976 \cdot \left(\frac{0{,}3}{4{,}0222} \right) \cdot 100\,\% = 14{,}74\,\% \tag{7.43}$$

$$B_{B_{arith}} = |\alpha_B| \cdot \left(\frac{t_B}{T_a} \right) \cdot 100\,\% = |-1{,}976| \cdot \left(\frac{0{,}4}{4{,}0222} \right) \cdot 100\,\% = 19{,}65\,\% \tag{7.44}$$

$$B_{a_{arith}} = |\alpha_a| \cdot \left(\frac{t_a}{T_a} \right) \cdot 100\,\% = |-1{,}976| \cdot \left(\frac{0{,}4}{4{,}0222} \right) \cdot 100\,\% = 19{,}65\,\% \tag{7.45}$$

$$B_{b_{arith}} = |\alpha_b| \cdot \left(\frac{t_b}{T_a} \right) \cdot 100\,\% = 1{,}976 \cdot \left(\frac{0{,}6}{4{,}0222} \right) \cdot 100\,\% = 29{,}48\,\% \tag{7.46}$$

$$B_{c_{arith}} = |\alpha_c| \cdot \left(\frac{t_c}{T_a} \right) \cdot 100\,\% = 1{,}105 \cdot \left(\frac{0{,}6}{4{,}0222} \right) \cdot 100\,\% = 16{,}48\,\% \tag{7.47}$$

Aus der Beitragsleisteranalyse wird deutlich, dass auch hier die Koppelstangentoleranz mit 29,48 % den größten Einfluss ausübt.

Tab. 7.4 Gegenüberstellung der Ergebnisse für die arithmetische Toleranzanalyse an der Antriebseinheit für die Außenstellung

| Nr. | Q-Merkmal | Anforderung | | $T_{Vorgabe}$ | Ergebnis |
		Eintragung	Maßtoleranz		T_a
110-1	Abstand x_{SPa}	$\oplus 2{,}0$	± 1 mm	2 mm	4,673 mm
120-1	Abstand y_{SPa}	$\oplus 2{,}0$	± 1 mm	2 mm	6,022 mm
130-1	Winkel ψ_i	$\angle 2{,}0$	$\pm 0{,}6°$	1,2°	4,022°

7.5 Gegenüberstellung der Ergebnisse für die arithmetische Toleranzanalyse an der Antriebseinheit für die Außenstellung

Die nachfolgende Tab. 7.4 zeigt die Ergebnisse der arithmetischen Toleranzanalyse gegenüber den drei Qualitätsanforderungen an der Antriebseinheit für die Außenstellung auf.

Die arithmetische Toleranzanalyse zeigt, dass die Ergebnisse doppelt bis vierfach so groß sind, gegenüber den Qualitätsanforderungen.

Basierend auf der hier vorliegenden reinen Worst-Case-Betrachtung, müssten die Bauteiltoleranzen alle deutlich eingeengt werden, um die Qualitätsvorgaben zu erfüllen.

Quellen und weiterführende Literatur

1. DIN EN ISO 286, Teil 1: Geometrische Produktspezifikation (GPS) – ISO-Toleranzsystem für Längenmaße – Grundlagen für Toleranzen, Abmaße und Passungen, Beuth-Verlag, Berlin, 2019
2. DIN EN ISO 1101: Geometrische Produktspezifikation (GPS) – Geometrische Tolerierung – Tolerierung von Form, Richtung, Ort und Lauf, Beuth-Verlag, Berlin, 2017
3. Trumpold, H.; Beck, Ch.; Richter, G.: Toleranzsysteme und Toleranzdesign – Qualität im Austauschbau, Carl Hanser Verlag, München/Wien, 1997
4. Mannewitz, F.: Baugruppenfunktions- und prozessorientierte Toleranzaufweitung – Teil 2, Gleichwertigkeit der Maßkettenglieder herstellen, Konstruktion, Jahrgang 57, Heft 11/12, Seite 57–62, 2005

Statistische Toleranzanalyse

8

Inhaltsverzeichnis

8.1   Voraussetzungen für die Anwendung der statistischen Toleranzanalyse 116
8.2   Akzeptierter Überschreitungsanteil 117
8.3   Festlegung der Einzelverteilungen für die Funktionsmaße 118
8.4   Statistische Schließmaßtoleranz 122
8.5   Berechnungsmethode: Allgemeine statistische Toleranzanalyse 125
    8.5.1   Fehlerpotenzial im Ergebnis der statistischen Schließmaßtoleranz 125
8.6   Berechnungsmethode: Quadratische Schließmaßtoleranz 131
8.7   Berechnungsmethode: Modifizierte quadratische Schließmaßtoleranz 132
8.8   Statistische Toleranzanalyse für den X-Abstand des Schraubpunktes SP_a an der
    Antriebseinheit in der Außenstellung (110-1) 135
    8.8.1   Statistische Toleranzanalyse für den X-Abstand des Schraubpunktes SP_a
        mittels der allgemeinen statistischen Toleranzanalyse..................... 136
    8.8.2   Statistische Beitragsleister 138
    8.8.3   Direktläuferquote 141
8.9   Statistische Toleranzanalyse für den Y-Abstand des Schraubpunktes SP_a an der
    Antriebseinheit in der Außenstellung (120-1) 143
    8.9.1   Statistische Toleranzanalyse für den Y-Abstand des Schraubpunktes SP_a
        mittels der allgemeinen statistischen Toleranzanalyse..................... 144
    8.9.2   Statistische Beitragsleister 145
    8.9.3   Direktläuferquote 147
8.10   Statistische Toleranzanalyse für den Schwingenwinkel ψ_i an der Antriebseinheit in der
    Außenstellung (130-1) 148
    8.10.1   Statistische Toleranzanalyse für den Schwingenwinkel ψ_i mittels der
        allgemeinen statistischen Toleranzanalyse 149
    8.10.2   Statistische Beitragsleister 150
    8.10.3   Direktläuferquote 152
8.11   Gegenüberstellung der Ergebnisse für die Toleranzanalysen an der Antriebseinheit für
    die Außenstellung 153
Quellen und weiterführende Literatur 154

Vor dem Hintergrund, dass der Konstrukteur bereits in der konstruktiven Auslegungsphase die spätere Fertigung und Montage der Einzelteile sowie die Funktionen der Baugruppen bei in Serienfertigung produzierten Bauteilen sicherstellen muss, reicht eine arithmetische Verifizierung der Konstruktion nicht aus. Er benötigt den Nachweis über den konstruktiven Erfüllungsgrad hinsichtlich der geforderten Funktionsqualität. Eine Aussage darüber, was man braucht und was möglich ist, kann die statistische Toleranzanalyse[1] geben. Mit der Anwendung der statistischen Toleranzanalyse ist es möglich, frühzeitig kritische Einflüsse und Risiken innerhalb der späteren Realisierung unter Serienbedingungen zu erfassen.

Aufgrund verschiedener Veröffentlichungen in den fünfziger und sechziger Jahren des 20. Jahrhunderts, die sich mit der Toleranzauslegung nach statistischen Gesetzmäßigkeiten beschäftigten, brachte im August 1974 der Deutsche Normenausschuss (Ausschuss für Toleranzen und Passungen (ATP) sowie der Fachnormenausschuss Zeichnungen (FZ)) die DIN 7186, Blatt 1 heraus [1]. Diese Norm mit dem Titel „Statistische Tolerierung" (Begriffe, Anwendungsrichtlinien und Zeichnungsangaben) sollte dem Konstrukteur die Möglichkeit einer besseren Berücksichtigung der Fertigungsgegebenheiten bei der Toleranzvergabe bieten.

Die DIN 7186, Blatt 1 sagte u. a. aus:

„Immer, wenn mehrere Längenmaße oder auch andere Messgrößen ein für die Eigenschaft des Erzeugnisses bestimmtes Maß bilden – in dieser Norm heißt es Schließmaß – sollte statistisch toleriert werden." [1]

Da sich der Inhalt dieser Norm nur auf Begriffe und Anwendungsrichtlinien der statistischen Tolerierung sowie auf die Zeichnungseintragung für statistische Toleranzen beschränkte, wurde im Januar 1980 ein Teil 2 vom Normenausschuss für Länge und Gestalt (NLG) im DIN Deutsches Institut für Normung e. V. mit dem Titel „Statistische Tolerierung" (Grundlagen für Rechenverfahren) herausgegeben – allerdings nur als Entwurf.

Die gleichen Bestrebungen waren auch in der ehemaligen Deutschen Demokratischen Republik festzustellen, welche im Jahre 1983 mit der Schaffung der TGL 19115, Teil 4 [2] mit dem Titel „Berechnung von Maß- und Toleranzketten" (Wahrscheinlichkeitstheoretische Methode) die Grundlagen hierfür legte.

Zielsetzung beider Normen war es, gerade in der Serienfertigung für lineare Maß- und Toleranzketten zu einer extrem kostengünstigen Herstellung bei einer guten Ausführungsqualität zu gelangen.

Laut dem Deutschen Normenausschuss (Technische Grundlagen) war die DIN 7186, Teil 2 [3] ohnehin zunächst nur ein Entwurf und wurde im Jahr 2002 ersatzlos gestrichen. Ein ergänzender bzw. austauschender Teil 3 dieser ehemaligen Norm zur statistischen Tolerierung sei derzeit nicht geplant. Die TGL 19115, Teil 4, hat wiederum bereits mit der deutschen Wiedervereinigung im Jahr 1989 ihre Wirkung verloren. Dennoch

---

[1] Anm.: Die statistische Toleranzanalyse wird oftmals auch als „statistische Tolerierung" bezeichnet, insbesondere in der DIN 7186 [1], [3]. Andere Bezeichnungen sind „wahrscheinlichkeitstheoretische Methode", „prozessorientierte Toleranzberechnung" oder „Toleranzsimulation".

sind – trotz fehlender gültiger Norm zur statistischen Tolerierung – die damit verbundenen statistischen Gesetzmäßigkeiten in ihrer Anwendung nicht außer Kraft gesetzt. Vor diesem Hintergrund sollen nachfolgend (u. a. anhand der nicht mehr aktuellen Normen) die Randbedingungen und die Vorgehensweise zur statistischen Toleranzanalyse erörtert werden.

Bei der statistischen Toleranzanalyse werden die Wahrscheinlichkeitsdichtefunktionen, welche hier auch Fertigungsverteilungen genannt werden, innerhalb der Toleranz der jeweiligen Einzelteile berücksichtigt. D. h., hierbei werden die Häufigkeitsverteilungen der Istmaße innerhalb der Toleranzfelder prozessorientiert analysiert und fließen als Fertigungsverteilungen mit in die Toleranzanalyse ein. Mögliche symmetrische Fertigungsverteilungen sind im Anhang in Tab. 15.1 einzusehen.

Die zu berechnende statistische Schließmaßtoleranz T_s wird kleiner sein als die eingangs errechnete arithmetische Schließmaßtoleranz T_a, unter der Voraussetzung, dass ein gewisser Überschreitungsanteil für das Schließmaß akzeptiert wird.

Die hierfür verantwortlichen Grundlagen sind laut DIN 7186, Teil 2 [3]:

- das Abweichungsfortpflanzungsgesetz[2]
- der Zusammenhang zwischen den Standardabweichungen und den Toleranzen
- der zentrale Grenzwertsatz der Statistik

Die Methode der Fehlerfortpflanzung hat als Hintergrund den „Zentralen Grenzwertsatz" der Statistik. Hiernach verteilt sich die Summe beliebiger unabhängiger Verteilungen bei einer Anzahl $k \geq 5$[3] hinreichend genau wie eine Normalverteilung [10]. Gemäß der standardisierten Normalverteilung, die für $\mu = 0$ und für $\sigma = 1$ ausgewertet vorliegt, ist das Quantil $u = \pm 3{,}0$ bei einer Annahmewahrscheinlichkeit[4] von $P_a = 99{,}73002$ %, welches mit einem Prozessfähigkeitsindex $C_p = 1{,}0$ korrespondiert. Ist $u = \pm 4{,}0$ bei einer Annahmewahrscheinlichkeit von $P_a = 99{,}9936$ %, korrespondiert dies mit dem Prozessfähigkeitsindex $C_p = 1{,}33$. In diesem Fall darf die Fertigung maximal 75 % der geforderten Zeichnungstoleranzbreite ausschöpfen. Hierbei wird vorausgesetzt, dass symmetrisch um den Mittelwert μ einer Normalverteilung ausgewertet wird, wonach das obere Quantil u_o und das untere Quantil u_u betragsmäßig gleich groß sind. Weitere Abhängigkeiten sind der nachfolgenden Tab. 8.1 zu entnehmen.

Die Anwendung dieser statistischen Gesetzmäßigkeiten bei der Toleranzanalyse von Maßketten bietet dem Anwender enorme Vorteile.

---

[2] Anm.: Das Abweichungsfortpflanzungsgesetz wird auch als Fehlerfortpflanzungsgesetz bezeichnet.

[3] Anm.: Die hier zur Erfüllung des zentralen Grenzwertsatzes benötigte Mindestmaßkettengliederanzahl von $k \geq 5$ variiert in diversen Veröffentlichungen zwischen 4, 5 oder 6.

[4] Die Annahmewahrscheinlichkeit entspricht dem „Konfidenzniveau", auch „statistische Sicherheit" genannt, im Rahmen von Parameterschätzungen auf Grundlage der Wahrscheinlichkeitsrechnung, z. B. die Lage eines Mittelwertes.

Tab. 8.1 Annahmewahrscheinlichkeit in Abhängigkeit des Quantils an der standardisierten Normalverteilung sowie des korrespondierenden Prozessfähigkeitsindex und des Ausschöpfungsgrades der Zeichnungstoleranz

Annahmewahrschein-lichkeit P_a	Quantil u wenn Verteilung symmetrisch $u_o = \lvert -u_u \rvert = u$	Prozessfähigkeits-index C_p wenn zentrierte Mittellage $C_p = C_{pk}$[5]	Ausschöpfung der Toleranzbreite
< 99,73002039367 %	< 3	< 1	
99,73002039367 %	**3**	**1**	**≤ 100 %**
99,99366575179 %	**4**	**1,33**	**≤ 75 %**
99,99994266968 %	**5**	**1,67**	**≤ 60 %**
99,99999980268 %	**6**	**2**	**≤ 50 %**

Schon bei einer geringen Maßkettengliederanzahl erweist sich der statistische Lösungsansatz als wesentlich vorteilhafter gegenüber einer arithmetischen Toleranzanalyse.

8.1 Voraussetzungen für die Anwendung der statistischen Toleranzanalyse

Die Voraussetzungen für die Anwendung der statistischen Tolerierung sind laut TGL 19115, Teil 4 [2] – hier als „wahrscheinlichkeitstheoretische Methode" bezeichnet – folgende:

- Es muss ein Überschreitungsanteil des Schließmaßes erlaubt sein
- Die Verteilungen der Einzelmaße müssen bekannt oder abschätzbar sein
- Die Istwerte des Schließmaßes sollten einer Normalverteilung genügen

Dies ist nur der Fall, wenn:

- hinreichende Bedingungen in der Fertigungsvorbereitung und -durchführung, also stabile Prozesse, vorliegen
- die Losgröße der Einzelmaße (Anzahl gefertigter Teile) n > 50 ist
- vielgliedrige Toleranzketten mit Einzelmaßen k ≥ 5[6] vorliegen

---

[5] Anm.: Die beiden Prozessfähigkeitsindizes C_p und C_{pk} sind bei zentrierter Mittellage bezogen auf die Spezifikationsgrenzen (USG und OSG) gleich groß. Dies gilt nur bei beidseitig begrenzten Merkmalen, wie Längenmaßen oder Durchmessern.

[6] Anm.: Die hier benötigte Toleranz- bzw. Maßkettengliederanzahl k ≥ 5 ist abhängig von den Fertigungsverteilungstypen und von der statistischen Toleranzanalysemethode. Dennoch kann selbst eine Maßkette mit k = 2 Gliedern und mit nicht normalverteilten Verteilungen beispielsweise mit der Methode der Faltung exakt berechnet werden.

- eine weniggliedrige Toleranzkette, z. B. mit k = 2, in den Verteilungen der Einzelmaße normalverteilt vorliegt

Die zuvor genannten Voraussetzungen zur Anwendung der statistischen Tolerierung beruhen auf dem Berechnungsansatz der Fehlerfortpflanzung. Steht dem Anwender eine Software mit einem alternativen Berechnungsansatz wie beispielsweise dem Monte-Carlo-Verfahren zur Verfügung, so können dann auch weniggliedrige Toleranzketten hinreichend genau berechnet werden. Ebenso können die Fertigungsverteilungen auch von der Normalverteilung abweichen.

In der DIN 7186, Blatt 1 hieß es zur Anwendung der statistischen Toleranzrechnung:

„Aus wirtschaftlichen Gründen ist die Anwendung der statistischen Toleranzrechnung auch dann zu empfehlen, wenn die arithmetische Schließmaßtoleranz tragbar oder die aus ihr ermittelten Einzeltoleranzen realisierbar wären." [1]

8.2   Akzeptierter Überschreitungsanteil

Eine Bedingung für die Anwendung der statistischen Tolerierung besteht in der Akzeptanz eines Überschreitungsanteils für das Schließmaß.

Die „akzeptierte Ausschussquote" – in der Statistik als „Überschreitungsanteil"[7] p_e bezeichnet – ist für das Schließmaß frei wählbar.

Sie ist eine wichtige Grundvoraussetzung zur Anwendung der statistischen Tolerierung. Hierbei wird explizit erlaubt, dass die Qualitätsvorgabe (Spezifikationsgrenzen) des Schließmaßes, z. B. eine Spaltmaßtoleranz, nicht bei 100 % aller montierten bzw. gefügten Baugruppen eingehalten werden muss.

Der prozentuale Anteil der zu erfüllenden Qualitäts- bzw. Toleranzvorgabe in der Serienfertigung – in der Statistik als „Annahmewahrscheinlichkeit" P_a bezeichnet – wird in der Serienproduktion über die Prozessfähigkeitsindizes C_p und C_{pk} vorgegeben. Für die Serienfertigung werden gegenwärtig im Maschinen- und Fahrzeugbau Prozessfähigkeitsindizes von > 1,33 gefordert. Diese Spezifikation ist u. a. in der DIN 55350-33 [4] zu finden, wo die Prozessfähigkeit für ein Prozessmerkmal mit $C_p > 1{,}33$ angegeben ist. Dementsprechend dürfen von einer Million montierter bzw. gefügter Baugruppen maximal 63 Baugruppen die geforderte Qualitätsvorgabe unter- und/oder überschreiten, wie die nachfolgende Abb. 8.1 nochmals graphisch verdeutlicht.

Die genannten Beziehungen und Verhältnisse sind hierbei in der Beurteilung von Einzelmerkmalen gemäß der DIN ISO 22514 [6] und [7], vormals DIN ISO 21747 bzw. DIN 55319, übernommen worden.

Die akzeptierten Überschreitungsanteile beinhalten:

---

[7] Anm.: Der Überschreitungsanteil wird auch als Fehlerwahrscheinlichkeit bezeichnet. Hierbei kann es einen oberen und/oder unteren Anteil geben.

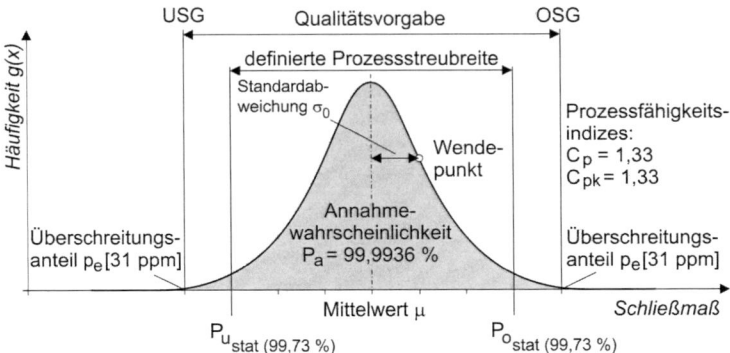

Abb. 8.1 Toleranzbezogene zentrierte Wahrscheinlichkeitsdichtefunktion einer Normalverteilung für eine geforderte Schließmaßtoleranz mit den Prozessfähigkeitsindizes C_p und $C_{pk} = 1,33$ [5]

- wenn $C_{pk} > 1$ ist, dann sind bei einer Million gefertigter Bauteile maximal 2699 außerhalb der Spezifikation (2699 ppm)
- wenn $C_{pk} > 1,33$ ist, dann sind bei einer Million gefertigter Bauteile maximal 63 außerhalb der Spezifikation (63 ppm)
- wenn $C_{pk} > 1,67$ ist, dann sind bei einer Milliarde gefertigter Bauteile maximal 573 außerhalb der Spezifikation (0,573 ppm)
- wenn $C_{pk} > 2$ ist, dann ist bei einer Milliarde gefertigter Bauteile maximal 1 Bauteil außerhalb der Spezifikation

8.3   Festlegung der Einzelverteilungen für die Funktionsmaße

Zur Ermittlung der statistischen Schließmaßtoleranz T_s werden im Vorfeld der Berechnung den Einzeltoleranzen fertigungsspezifische Einflussgrößen in Form von Wahrscheinlichkeitsdichtefunktionen – auch „Fertigungsverteilungen" genannt – zugeordnet.

Fertigungsverteilungen sind die statistischen Auswertungen der Istmaße eines Funktionsmerkmals, z. B. der Wellendurchmesser einer Passung über einen definierten Zeitraum mit dem ausgewerteten Ergebnis eines Histogramms.

Bei der Zuordnung der Prozessparameter müssen verschiedene Fertigungsverteilungen unterschieden werden. In der Praxis können die unterschiedlichsten Verteilungstypen auftreten. Basierend auf der Art des Fertigungsvorgangs (Drehen, Fräsen, Schleifen, Bohren etc.), dem Umfang der hergestellten Stückzahl und nicht zuletzt den Verhältnissen bei der Fertigung, wo systematische und/oder zufallsbedingte Einflüsse zum Tragen kommen, resultieren die verschiedenen Verteilungstypen. Einen Überblick symmetrischer Fertigungsverteilungen zeigt die Tab. 8.2.

Tab. 8.2   Fertigungsverteilungen und deren Anwendung [5]

Verteilungstyp		Anwendung
Rechteck	$C_p = 1,0027$ G_u ────── G_o t	Bei Vorliegen von Mischverteilungen. Starke Verschiebung des Mittelwerts innerhalb eines kurzen Fertigungszyklus: • Prozesstrend mit Lagesprung (Werkzeugverschleiß und Chargenwechsel)
Trapez I	1/2 t $C_p = 1,047$ G_u ────── G_o t	Bei starkem Auftreten von systematischen Mittelwertverschiebungen ausgelöst durch: • Prozesstrend durch Werkzeugverschleiß (kontinuierliche Prozesslagenänderung)
Trapez II	1/3 t $C_p = 1,051$ G_u ────── G_o t	Bei weniger starkem Auftreten von systematischen Mittelwertverschiebungen ausgelöst durch: • Prozesstrend durch Werkzeugverschleiß (kontinuierliche Prozesslagenänderung)
Trapez III	1/5 t $C_p = 1,053$ G_u ────── G_o t	Bei geringfügigem Auftreten von systematischen Mittelwertverschiebungen ausgelöst durch: • Prozesstrend durch Werkzeugverschleiß (kontinuierliche Prozesslagenänderung)
Dreieck	$C_p = 1,0548$ G_u ────── G_o t	Bei einem Prozess, wo sich während der Fertigungszeit: • eine Streuungsänderung (kein fähiger Prozess) einstellt, • jedoch keine Mittelwertverschiebung (stationärer und beherrschter Prozess)

(Fortsetzung)

Tab. 8.2 (Fortsetzung)

Verteilungstyp		Anwendung
Normal I	$C_p = 1$ G_u t G_o	Idealzustand des Fertigungsprozesses für ein beidseitig toleriertes Maß: • Keine Streuungsänderung (fähiger Prozess) während der Fertigung • Keine Mittelwertverschiebung (stationärer und beherrschter Prozess) während der Fertigung • 6-Sigma-Einheiten innerhalb der geforderten Toleranz
Normal II	$C_p = 1{,}33$ G_u t G_o	Idealzustand des Fertigungsprozesses für ein beidseitig toleriertes Maß: • Keine Streuungsänderung (fähiger Prozess) während der Fertigung • Keine Mittelwertverschiebung (stationärer und beherrschter Prozess) während der Fertigung • 8-Sigma-Einheiten innerhalb der geforderten Toleranz

Neben den in Tab. 8.2 angegebenen symmetrischen Verteilungstypen existieren auch asymmetrische Verteilungen, so z. B. logarithmische Normalverteilungen für Rundlaufabweichungen von rotationssymmetrischen Flächen oder auch Rayleigh-Verteilungen bei Vorliegen von Exzentrizität, Koaxialität oder Positionstoleranzen. Dies sind Betragsverteilungen 1. und 2. Art. Des Weiteren können sich auch Mischverteilungen 1. und 2. Art ausbilden.

Die sich im Prozess einstellenden Verteilungstypen sind über einen längeren Betrachtungszeitraum nicht konstant, sogenannte „zeitabhängige Verteilungsmodelle". So führt beispielsweise der Werkzeugverschleiß zu einer kontinuierlichen Änderung des Mittelwertes und beispielsweise ein Chargenwechsel zu einer sprunghaften Änderung des Mittelwertes, siehe Abb. 8.2.

Die DIN ISO 22514-2 [7] schreibt hierzu: „Über die Qualitätsfähigkeit und die Leistung von Prozessen sind von internationalen, regionalen und nationalen Normungsgremien sowie auch von der Industrie viele Normen veröffentlicht worden. Alle von ihnen gehen davon aus, dass der betrachtete Prozess stabil ist, mit stationären, normalverteilten Prozessen. Eine umfassende Analyse von Herstellungsprozessen zeigt jedoch, dass, über die Zeit gesehen, Prozesse sehr selten in solch einem Zustand verbleiben."

Insbesondere die „nicht stabilen" Prozesse sind für die statistische Toleranzanalyse von großer Bedeutung. Unter Berücksichtigung der Zeitabhängigkeit kann die momentane Verteilung eine beliebige Form annehmen, ebenso wie die resultierende Verteilung. Da bei der statistischen Toleranzanalyse bereits in der konstruktiven Auslegungsphase die Montage und Fügbarkeit der Einzelteile über den Produktlebenszyklus validiert werden sollen,

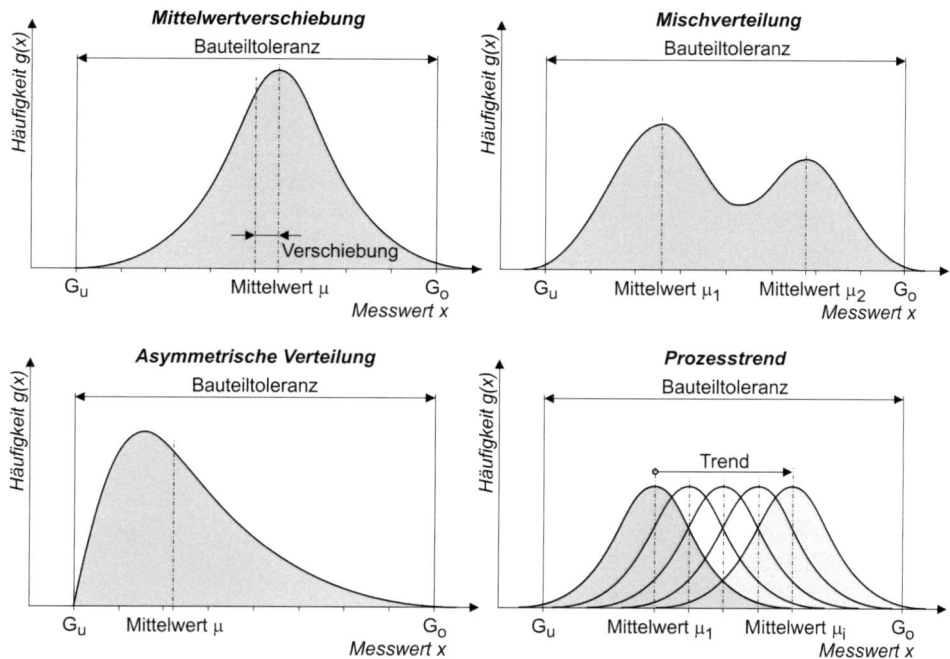

Abb. 8.2 Beispiele für das Auftreten von Fertigungsverteilungen: Mittelwertverschiebung, Mischverteilung, Asymmetrische Verteilung und Prozesstrend

müssen auch diese Einflüsse auf den Fertigungs- und Montageprozess berücksichtigt werden.

In der Volkswagen-Konzernnorm VW01057 zur statistischen Toleranzberechnung von Maßketten heißt es hierzu: „Für Einzelmaße sind folgende Regelungen einzuhalten: In der Regel ist die Trapezverteilung mit einem Seitenverhältnis von 2 zu 3 als Modellverteilungstyp zugrunde zu legen, da sie die meisten Fälle möglicher Abweichungen von den statistischen Idealbedingungen abfängt." [8]

Diesen Sachverhalt bildet das zeitabhängige Verteilungsmodell (früher Prozesszeitmodell) C3 innerhalb der DIN ISO 22514-2 [7] sehr gut ab. Diese hier beschriebene Mischverteilung 1. Art gibt die kontinuierliche zeitabhängige Mittelwertverschiebung, auch als „Trend" oder „Zyklus" bezeichnet, durch den beispielhaften Verschleiß eines Werkzeuges wieder. Dieser theoretische Ansatz ist sehr praxisnah, da bei der statistischen Toleranzanalyse gerade diesen zeitabhängigen Einflüssen auf die Fertigungs- und Montageprozesse Rechnung getragen werden muss.

Von den in Tab. 8.2 dargestellten Verteilungstypen entsprechen die Trapezverteilungen (engl. trapezoid distribution) dieser Art der Mischverteilung 1. Art sehr gut. Einen guten Kompromiss in den Anforderungen an die Prozessqualität und die zeitabhängige Stabilität des Prozesses bildet daher die Verteilung Trapez I.

Deshalb sei an dieser Stelle die Empfehlung ausgesprochen, sämtliche Maß-, Form-, Richtungs-, Orts- und Lauftoleranzen im Rahmen der statistischen Toleranzanalyse innerhalb der geforderten Zeichnungstoleranz durch eine Trapezverteilung Typ I abzubilden. Diese Empfehlung wird in Kap. 9 inhaltlich nochmals ergänzend diskutiert.

Selbstverständlich kann auch jeder andere Verteilungstyp aus Tab. 8.2 in einer statistischen Toleranzanalyse zur Anwendung kommen. Dieses Vorgehen sollte jedoch durch Messreihen belegt sein.

8.4   Statistische Schließmaßtoleranz

Entsprechend der nachfolgend in Abb. 8.3 dargestellten Schließmaßverteilung gibt es an der Normalverteilung ein Verhältnis der Annahmewahrscheinlichkeit P_a zur Standardabweichung σ. Wenn der Bereich – also das Intervall für die Annahmewahrscheinlichkeit – definiert wird, geschieht dies nicht in den jeweiligen Berechnungsgrößen, hier in [mm], sondern über die transformierte Größe „u". u entspricht dabei dem „einseitigen Gutanteil in σ-Einheiten". Das beidseitig zu definierende Intervall entspricht der gesuchten statistischen Schließmaßtoleranz T_s.

Die allgemeine Transformation zur Ermittlung der Grenzwerte in σ-Einheiten – die sogenannten „Quantile" – geschieht durch die Anwendung der Gl. (8.1). Diese Grenzwerte werden zum einen für die untere $P_{u\,stat}$ und zum anderen für die obere Grenze $P_{o\,stat}$ ermittelt.

$$u = \frac{x - \mu}{\sigma} = \frac{x - C_0}{\sigma_0} \tag{8.1}$$

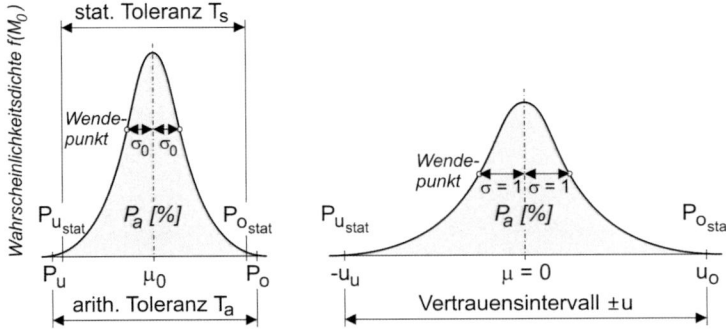

Abb. 8.3 Darstellung des Zusammenhangs zwischen der statistischen Schließmaßtoleranz (links) und der standardisierten Normalverteilung (rechts) [5]

Daraus folgt für die untere Grenze das untere Quantil:

$$u_u = \frac{x_u - \mu_0}{\sigma_0} = \frac{P_{u_{stat}} - C_0}{\sigma_0} \tag{8.2}$$

bzw. das obere Quantil für die obere Grenze:

$$u_o = \frac{x_o - \mu_0}{\sigma_0} = \frac{P_{o_{stat}} - C_0}{\sigma_0} \tag{8.3}$$

Abhängig vom Mittenmaß des Schließmaßes C_0 und den Grenzwerten $P_{u\,stat}$ und $P_{o\,stat}$ können die Quantile auch negativ sein. Dies trifft meist für das untere Quantil zu.

Nach Umstellung der Gl. (8.2) folgt die Gl. (8.4) zur Ermittlung des unteren statistischen Grenzwertes $P_{u\,stat}$ der Schließmaßverteilung in [mm]. D. h., in der Ausgangssituation der statistischen Schließmaßberechnung wird die Annahmewahrscheinlichkeit über [%] bzw. den Prozessfähigkeitsindex C_p vorgegeben. Dieser Größenordnung entsprechend wird über den Zusammenhang an der standardisierten Normalverteilung der Grenzwert in σ-Einheiten ermittelt. Diese σ-Einheiten entsprechen pro σ-Einheit der transformierten Größe u. Somit ist es über diesen Zusammenhang nach den Gl. (8.4) und (8.5) möglich, die absoluten statistischen unteren $P_{u\,stat}$ und oberen Grenzwerte $P_{o\,stat}$ der Verteilung zu berechnen.

Zunächst die absolute statistische untere Grenze

$$P_{u_{stat}} = C_0 + (u_u \cdot \sigma_0) \tag{8.4}$$

und anschließend die absolute statistische obere Grenze

$$P_{o_{stat}} = C_0 + (u_o \cdot \sigma_0) \tag{8.5}$$

Die Differenz $P_{o\,stat}$ zu $P_{u\,stat}$ führt dann zur statistischen Schließmaßtoleranz T_s. Dementsprechend folgt Gl. (8.6):

$$T_s = P_{o_{stat}} - P_{u_{stat}} \tag{8.6}$$

Die in den Gl. (8.4) bis (8.6) angewandte Berechnungsmethode zur Ermittlung der statistischen Schließmaßtoleranz wird auch als „Momentenverfahren" bezeichnet.

Da in der Regel von einer symmetrischen und zentrierten Normalverteilung für die Schließmaßverteilung ausgegangen wird, kann die Herleitung der Fehlerfortpflanzung über den Zusammenhang nach Gl. (8.7) erfolgen.

$$T_s = P_{o_{stat}} - P_{u_{stat}} = (C_0 + (u_o \cdot \sigma_0)) - (C_0 + (u_u \cdot \sigma_0))$$

$$T_s = (u_o \cdot \sigma_0) - (u_u \cdot \sigma_0) \tag{8.7}$$

$$T_s = (u_o - u_u) \cdot \sigma_0 \tag{8.8}$$

Bei einer symmetrischen und zentrierten Schließmaßverteilung in Anwendung der Gl. (8.8) ist $u = u_o = |-u_u|$. Hiernach ist auch die folgende Schreibweise möglich [9]:

$$T_s = 2 \cdot u \cdot \sigma_0 \tag{8.9}$$

Beispielhaft würde sich die statistische Schließmaßtoleranz für eine Annahmewahrscheinlichkeit von $P_a = 99{,}9936\,\%$ wie folgt berechnen:

$$T_s = (u_o - u_u) \cdot \sigma_0 = (4 - (-4)) \cdot \sigma_0 \tag{8.10}$$

bzw.

$$T_s = 8 \cdot \sigma_0 \tag{8.11}$$

Dementsprechend wird mit steigender Annahmewahrscheinlichkeit die statistische Schließmaßtoleranz ebenfalls größer, bis zu einer Annahmewahrscheinlichkeit von $P_a = 100\,\%$, wonach mathematisch $T_s = T_a$ resultiert.

Häufig wird der Zusammenhang zur Ermittlung der statistischen Schließmaßtoleranz T_s nach Gl. (8.8) beschrieben. Auch hier wird die symmetrische Auswertung um den Mittelwert μ bzw. μ_0 der Normalverteilung vorausgesetzt. Somit kann „$\pm u$" durch „$2u$" ersetzt werden. u ist durch die Vorgabe des Prozessfähigkeitsindex für das Schließmaß über die standardisierte Normalverteilung gemäß der Tab. 8.1 im Kap. 8 festgelegt.

Es existieren verschiedene Methoden zur Berechnung der statistischen Schließmaßtoleranz, welche auf der Grundlage der Fehlerfortpflanzung basieren. Nachfolgend sollen die allgemeine statistische Toleranzanalyse, die quadratische Toleranzanalyse und die modifizierte quadratische Toleranzanalyse erörtert werden.

Diese unterschiedlichen Methoden haben alle Stärken, aber auch Schwächen, die sich unter gewissen Randbedingungen zum Teil in einem falschen statistischen Schließmaßergebnis auswirken. Dabei reichen die Rechenfehler bis hin zu einer statistischen Schließmaßtoleranz, die in ihrer Größenordnung größer ist als die arithmetische. Dies ist nicht nur falsch, sondern Unsinn, weil das arithmetische Ergebnis bereits den Extremfall abbildet.

8.5 Berechnungsmethode: Allgemeine statistische Toleranzanalyse

Bei der Anwendung der allgemeinen statistischen Toleranzanalyse wird zunächst mithilfe der Gl. (8.12) die Standardabweichung σ_0 für das Schließmaß ermittelt. Diese Gleichung entspricht dem Fehlerfortpflanzungsgesetz nach Carl Friedrich Gauß[8]. Die hierbei benötigten Varianzen σ^2 der Einzelverteilungen sind verteilungsspezifisch der im Anhang befindlichen Tabelle „Standardisierte Verteilungsarten" zu entnehmen. Die des Weiteren benötigten α_i sind die Geometriefaktoren.

$$\sigma_0 = \sqrt{\sum_{i=1}^{k} \alpha_i^2 \cdot \sigma_i^2} \qquad (8.12)$$

Mit Kenntnis der Standardabweichung σ_0 und der Vorgabe der Annahmewahrscheinlichkeit P_a für das Schließmaß, kann dann unter Anwendung der Gl. (8.9) die (allgemeine) statistische Schließmaßtoleranz berechnet werden.

$$T_s = 2 \cdot u \cdot \sigma_0$$

Vorteilhaft bei der Anwendung der allgemeinen statistischen Toleranzanalyse ist, dass den Einzeltoleranzen jeder beliebige symmetrische Verteilungstyp zugeordnet werden kann. Auch innerhalb einer Maßkette können die Glieder unterschiedliche symmetrische Verteilungstypen aufweisen.

In Anwendung dieser Methode muss aber auch auf die möglichen Fehlerpotenziale geachtet werden. Insbesondere, wenn die Maßkettengliederanzahl k gering ist.

8.5.1 Fehlerpotenzial im Ergebnis der statistischen Schließmaßtoleranz

Die statistische Schließmaßtoleranz wird durch folgende Einflussgrößen beeinflusst:

- Annahmewahrscheinlichkeit P_a für das Schließmaß
- Maßkettengliederanzahl k
- Wahrscheinlichkeitsdichtefunktionen (Fertigungsverteilungen/Verteilungstyp) der Maßkettenglieder
- Gewichtung der Beitragsleister B_i; Der Beitrag resultiert aus dem Geometriefaktor α_i und der Einzeltoleranz t_i; Der Idealzustand liegt vor, wenn $B_i = \frac{100\%}{k}$ ist. Dies ist der

---

[8] Anm.: https://www.kotte-autographs.com/de/autograph/gauss-carl-friedrich/
Carl Friedrich Gauß (1777–1855): „Mit 18 Jahren entwickelte Gauß die Grundlagen der modernen Ausgleichsrechnung und der mathematischen Statistik, mit der er 1801 die Wiederentdeckung des ersten Asteroiden Ceres ermöglichte."

Fall, wenn die mathematischen Produkte aus $\alpha_i \cdot t_i$ für sämtliche Glieder einer Maßkette gleich groß sind

Neben der Maßkettengliederanzahl übt die Gewichtung der Beitragsleister einen bedeutenden Einfluss auf die Genauigkeit der Ergebnisse aus. Wenn beispielsweise die Beitragsleister innerhalb einer Maßkette unterschiedlich groß sind, dann tritt bei der statistischen Toleranzanalyse unter Anwendung der Fehlerfortpflanzung selbst bei k = 5 oder größer ein Rechenfehler auf. Dieser Fehler wird umso größer, je geringer die Maßkettengliederanzahl ist. Diesen Zusammenhang zeigt Abb. 8.4. Hierin sind anhand von Maßkettengliederanzahlen für k = 2 bis k = 16 die statistischen Schließmaßtoleranzen zum einen nach der Methode der allgemeinen statistischen Toleranzanalyse und zum anderen mittels eines numerischen Verfahrens (Faltung) berechnet worden. In diesen Beispielrechnungen sind sämtliche Maßkettenglieder trapezverteilt (Trapez I). Die unterschiedlichen Gewichtungen entsprechen der Modellrechnung im späteren Abschn. 8.7. Wenn jetzt das numerische Verfahren der Faltung als hinreichend genau eingestuft wird, dann weist das Diagramm in Abb. 8.4 in Abhängigkeit der jeweiligen Annahmewahrscheinlichkeit P_a ein beträchtliches Fehlerpotenzial für die Methode der allgemeinen statistischen Toleranzanalyse aus.

Der Fehler tritt auf, weil hier der zentrale Grenzwertsatz der Statistik nicht hinreichend erfüllt ist. D. h., es liegt im Ergebnis für das Schließmaß noch keine Normalverteilung vor. Dies wird erst bei k = ∞ der Fall sein. Ursächlich ist dies mit dem Multiplikator des Quantils u zu erklären, welcher sich im Verhältnis der Verteilungsfunktion an der

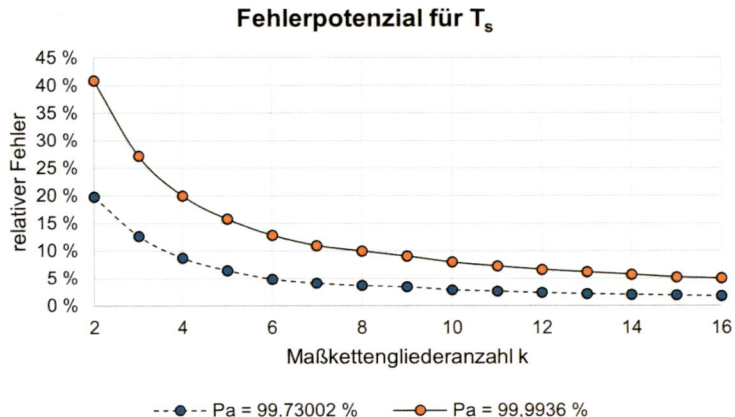

Abb. 8.4 Fehlerpotenzial für die statistische Schließmaßtoleranz T_s bei Vorliegen von deutlich unterschiedlichen Beitragsleistern innerhalb der Maßkette für trapezverteilte (Typ I) Maßkettenglieder mit einem Stufensprung von 0,1 mm

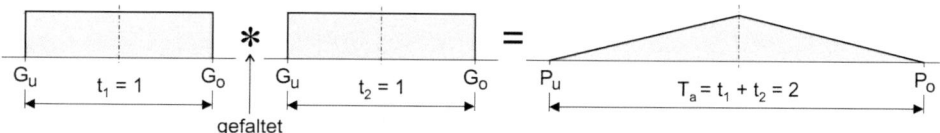

Abb. 8.5 Zweigliedrige lineare Maßkette mit rechteckig verteilten Fertigungsverteilungen; Schließmaß entspricht einer symmetrischen Dreieckverteilung

Normalverteilung orientiert. Also darf erst bei einer Maßkettengliederanzahl von $k = \infty$ die Standardabweichung σ_0 mit 2u multipliziert werden.

Das nachfolgende Beispiel einer zweigliedrigen linearen Maßkette soll diesen wichtigen Sachverhalt nochmals verdeutlichen.

Es ist für diese zweigliedrige lineare Maßkette Folgendes gegeben: $t_1 = t_2 = 1$ mm sowie die beiden Verteilungstypen $VT_1 = VT_2 =$ Rechteckverteilung. Darüber hinaus haben beide Maßkettenglieder einen positiven Richtungskoeffizienten. Aus diesen beiden gleich großen rechteckverteilten Eingangsgrößen ist für deren Kombination (Faltung) bekannt, dass für die Schließmaßverteilung ein symmetrisches Dreieck resultiert, siehe Abb. 8.5.

Zunächst kann die Varianz eines Maßkettengliedes der gegebenen Maßkette berechnet werden. Hierfür wird auf die Tabelle „Standardisierte Verteilungsarten" im Anhang zurückgegriffen. Basierend auf einem rechteckig verteilten Los berechnet sich die Varianz zu:

$$\sigma_{RV}^2 = \frac{t^2}{12} = \frac{1^2}{12} = \frac{1}{12} \text{ mm}^2 \tag{8.13}$$

In Anwendung des Abweichungsfortpflanzungsgesetzes berechnet sich die Varianz des Schließmaßes zu:

$$\sigma_0^2 = \sum_{i=1}^{k} \alpha_i^2 \cdot \sigma_i^2 = \alpha_1^2 \cdot \frac{t_1^2}{12} + \alpha_2^2 \cdot \frac{t_2^2}{12} = \frac{2 \cdot t^2}{12} = \frac{2 \cdot 1^2}{12} = \frac{2}{12} = \frac{1}{6} \text{ mm}^2 \tag{8.14}$$

Dieselbe (Schließmaß-)Varianz berechnet sich bei Vorliegen eines symmetrisch dreieckig verteilten Loses mit $t = 2$ mm, siehe Tabelle „Standardisierte Verteilungsarten" im Anhang.

$$\sigma_{DV}^2 = \frac{t^2}{24} = \frac{T_a^2}{24} = \frac{2^2}{24} = \frac{4}{24} = \frac{1}{6} \text{ mm}^2 \tag{8.15}$$

Mit dieser Schließmaßvarianz kann jetzt mittels der folgenden Gl. (8.16) die statistische Schließmaßtoleranz T_s auf Basis einer Annahmewahrscheinlichkeit von beispielsweise $P_a = 99{,}9936$ % berechnet werden.

$$T_s = 2 \cdot u \cdot \sigma_0 = 2 \cdot 4 \cdot \sqrt{\sigma_{DV}^2} = 2 \cdot 4 \cdot \sqrt{\frac{1}{6}} = 3{,}265 \, \text{mm} \qquad (8.16)$$

Das Ergebnis mit $T_s = 3{,}265$ mm ist offensichtlich falsch, da der Worst Case mit $T_a = 2$ mm viel kleiner ist. Das Ergebnis aus dem numerischen Verfahren der Faltung beträgt in diesem Fall $T_s = 1{,}988$ mm. Der relative Fehler liegt für dieses Berechnungsbeispiel bei 64,32 % und ist damit beträchtlich groß.

Würde dieses Beispiel für drei rechteckig verteilte Maßkettenglieder gemäß der Fehlerfortpflanzung berechnet werden, so würde sich die Standardabweichung des Schließmaßes zu 0,5 mm ergeben. Hieraus berechnet sich die statistische Schließmaßtoleranz für eine Annahmewahrscheinlichkeit von $P_a = 99{,}9936$ % zu $T_s = 4$ mm. Richtig nach dem numerischen Verfahren der Faltung ist jedoch 2,906 mm. Für diesen Fall liegt der relative Fehler bei 37,64 %. Das Beispiel zeigt deutlich auf, je mehr Glieder die Maßkette besitzt, umso kleiner wird der relative Fehler, der bei der allgemeinen statistischen Toleranzanalyse auftreten kann.

Dieser Zusammenhang stellt sich für die in Abschn. 8.3 empfohlene Trapezverteilung Typ I in einer Modellrechnung wie folgt in der Tab. 8.3 dar. Hier sind die statistischen Schließmaßtoleranzen T_s für die Maßkettengliederanzahl k = 2, 3, 4 und 100 mit der Annahmewahrscheinlichkeit von $P_a = 99{,}73002$ % an linearen Maßketten berechnet worden. Die Einzeltoleranzen sämtlicher Maßkettenglieder sind $t_i = 1$ mm groß.

In der linken Hälfte der Tabelle sind die Ergebnisse für die Trapezverteilung Typ I und in der rechten Hälfte die der Normalverteilung Typ I zu sehen.

Die Ergebnisse für die statistischen Schließmaßtoleranzen T_{sTV} der überlagerten Trapezverteilungen, in der nachfolgenden Tab. 8.3, sind mittels numerischer Faltung berechnet worden.

Mit Zunahme der Maßkettengliederanzahl zeigt sich deutlich die Konvergenz der Schließmaßverteilung hin zur Normalverteilung, so wie es der zentrale Grenzwertsatz der Statistik auch beschreibt. So entspricht bei k = 100 die Schließmaßverteilung nahezu einer Normalverteilung. Erst bei dieser sehr großen Maßkettengliederanzahl ist das Verhältnis der statistischen Schließmaßtoleranz T_s zu der verteilungsabhängigen Quantil u nahezu gegeben.

Für das Beispiel der Normal- zu der Trapezverteilung ist dies das Quantil der Normalverteilung Typ I zu dem Quantil der Trapezverteilung Typ I, siehe Tabelle „Standardisierte Verteilungsarten" im Anhang.

$$\frac{u_{NVI}}{u_{TVI}} = \frac{3}{2{,}1908902} = 1{,}3693 \qquad (8.17)$$

Dieses Verhältnis von 1,3693 findet sich dann auch in der Gegenüberstellung der Standardabweichungen der beiden Verteilungstypen wieder, wie die Gl. (8.18) zeigt.

$$\sigma_{TVI} = \sqrt{\frac{360}{192} \cdot \sigma_{NVI}^2} = 1{,}3693 \cdot \sigma_{NVI} \qquad (8.18)$$

Tab. 8.3 Zentraler Grenzwertsatz am Beispiel der statistischen Schließmaßtoleranz T_s für k = 2, 3, 4 und 100 überlagerte Fertigungsverteilungen mit $t_i = 1$ mm an linearen Maßketten für $P_a = $ 99,73002 %; (Abbildungen nicht maßstäblich)

	Trapezverteilungen TV I		Normalverteilungen NV I	
k = 2	$\sigma_i = 0{,}228$ mm $\sigma_0 = 0{,}322$ mm $T_{s_{TV}} = 1{,}643$ mm	$T_{s_{TV}} \neq 6 \cdot \sigma_0$	$\sigma_i = 0{,}166$ mm $\sigma_0 = 0{,}235$ mm $T_{s_{NV}} = 1{,}414$ mm	$T_{s_{NV}} = 6 \cdot \sigma_0$
$\dfrac{T_{s_{TV}}}{T_{s_{NV}}} = 1{,}161$	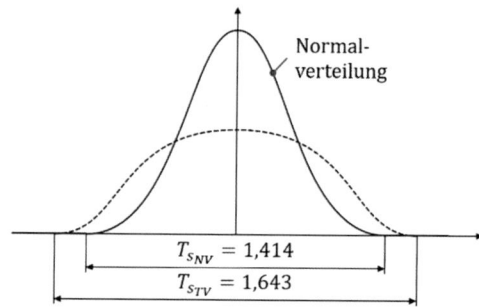			
k = 3	$\sigma_i = 0{,}228$ mm $\sigma_0 = 0{,}395$ mm $T_{s_{TV}} = 2{,}152$ mm	$T_{s_{TV}} \neq 6 \cdot \sigma_0$	$\sigma_i = 0{,}166$ mm $\sigma_0 = 0{,}288$ mm $T_{s_{NV}} = 1{,}732$ mm	$T_{s_{NV}} = 6 \cdot \sigma_0$
$\dfrac{T_{s_{TV}}}{T_{s_{NV}}} = 1{,}242$	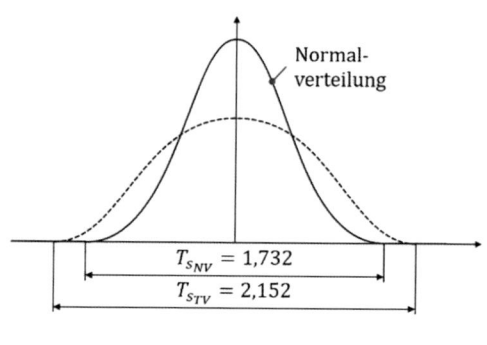			

(Fortsetzung)

Tab. 8.3 (Fortsetzung)

	Trapezverteilungen TV I		Normalverteilungen NV I	
$k = 4$	$\sigma_i = 0{,}228\,\text{mm}$ $\sigma_0 = 0{,}456\,\text{mm}$ $T_{S_{TV}} = 2{,}584\,\text{mm}$	$T_{S_{TV}} \neq 6 \cdot \sigma_0$	$\sigma_i = 0{,}166\,\text{mm}$ $\sigma_0 = 0{,}333\,\text{mm}$ $T_{S_{NV}} = 2{,}000\,\text{mm}$	$T_{S_{NV}} = 6 \cdot \sigma_0$

$$\frac{T_{S_{TV}}}{T_{S_{NV}}} = 1{,}292$$

Normal-
verteilung

$T_{S_{NV}} = 2{,}000$

$T_{S_{TV}} = 2{,}584$

$k = 100$	$\sigma_i = 0{,}228\,\text{mm}$ $\sigma_0 = 2{,}282\,\text{mm}$ $T_{S_{TV}} = 13{,}69\,\text{mm}$	$T_{S_{TV}} = 6 \cdot \sigma_0$	$\sigma_i = 0{,}166\,\text{mm}$ $\sigma_0 = 1{,}666\,\text{mm}$ $T_{S_{NV}} = 10{,}00\,\text{mm}$	$T_{S_{NV}} = 6 \cdot \sigma_0$

$$\frac{T_{S_{TV}}}{T_{S_{NV}}} = 1{,}369$$

Normal-
verteilung

Normal-
verteilung

σ_{NV}

$\sigma_0 = 1{,}3693 \cdot \sigma_{NV}$

$T_{S_{NV}} = 10{,}000$

$T_{S_{TV}} = 13{,}693$

Dieses Beispiel verdeutlicht nochmals die nicht unerheblichen Fehlerpotenziale in den Ergebnissen, welche durch die Anwendung der allgemeinen statistischen Toleranzanalyse bei einer geringen Anzahl von Maßkettengliedern auftreten können.

Nichtsdestotrotz ist diese weitverbreitete Berechnungsmethode, welche auch in der DIN 7186, Teil 2 [3] u. a. beschrieben ist, ein sehr gutes Werkzeug, um in einer frühen Entwicklungsphase die Konstruktion zu validieren.

8.6 Berechnungsmethode: Quadratische Schließmaßtoleranz

Voraussetzung für die Anwendung der quadratischen Toleranzanalyse[9] ist nach Kirschling [10] sowie der DIN 7186, Blatt 1 [1], dass die Einzeltoleranzen einer mehrgliedrigen Maßkette normalverteilt innerhalb der jeweiligen Toleranzfelder vorliegen müssen. Des Weiteren muss der Mittelwert einer Verteilung annähernd identisch mit dem jeweiligen Mittenmaß C_i sein. Darüber hinaus muss die Standardabweichung der Häufigkeitsverteilung des Schließmaßes so klein sein, dass der 6σ-Bereich nicht größer ist als die jeweilige nach der quadratischen Toleranzanalyse vorliegende Toleranz. Ferner müssen, wie bereits erwähnt, die Einzeltoleranzen voneinander unabhängig sein.

Die Begründung dieser notwendigen Voraussetzungen zur Anwendung der quadratischen Toleranzanalyse, wie auch bei der Fehlerfortpflanzung und dem Momentenverfahren, sind in dem zentralen Grenzwertsatz der Statistik gegeben. Dementsprechend werden auf Basis der Normalverteilung – welche symmetrisch ist – die Gleichungen hergeleitet.

Die Quadratische Schließmaßtoleranz T_q einer Maßkette kann unter den genannten Voraussetzungen aus den Einzeltoleranzen t_i und den Geometriefaktoren α_i ermittelt werden, wie die folgende Gl. (8.19) zeigt.

$$T_q = \sqrt{\sum_{i=1}^{k} \alpha_i^2 \cdot t_i^2} \tag{8.19}$$

Durch die Vorlage normalverteilter Einzeltoleranzen mit den Prozessfähigkeitsindizes $C_p = C_{pk} \geq 1{,}0$ wird in der Gl. (8.19) das Fehlerfortpflanzungsgesetz nach Gl. (8.12) direkt auf die Einzeltoleranzen angewandt.

Hiernach ist der Schluss zulässig, dass die quadratische Toleranzanalyse ein Sonderfall der (allgemeinen) statistischen Toleranzanalyse in Anwendung der Gl. (8.19) ist. So wie das Ergebnis der arithmetischen Toleranzanalyse den Worst Case abbildet, so bildet das Ergebnis der quadratischen Toleranzanalyse den Best Case ab.

Eine anschauliche Visualisierung der quadratischen Toleranzanalyse ist in der Abb. 8.6 zu sehen. Die hier dargestellten Vektoren entsprechen in ihrer Länge den mathematischen Produkten aus Geometriefaktor α_i und Einzeltoleranz t_i. Gegenüber der arithmetischen Toleranzanalyse, wo die Vektoren linear addiert werden, stehen bei der quadratischen Toleranzanalyse die Vektoren orthogonal aufeinander. So bilden zunächst die Vektoren 1 und 2 die Katheten eines rechtwinkligen Dreiecks und die hieraus resultierende quadratische Schließmaßtoleranz T_{q1} die Hypotenuse. Auf dieser Schließmaßtoleranz steht dann orthogonal der 3. Vektor. Dieses weitere rechtwinklige Dreieck liefert mit dessen Hypotenuse sodann die zweite quadratische Schließmaßtoleranz T_{q2}. Dieses Vorgehen wird sukzessiv bis zum k-ten Vektor durchgeführt und liefert damit die gesuchte quadratische Schließmaßtoleranz T_q der zu berechnenden Maßkette.

---

[9] Anm.: Die quadratische Toleranzanalyse wird auch als „root summed square" analysis (RSS) bezeichnet.

Abb. 8.6 Visualisierung der
quadratischen Toleranzanalyse
in Anlehnung an [10], [11]

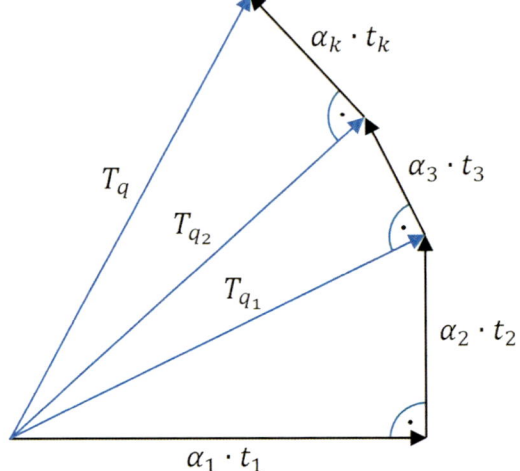

$$T_q^2 = \alpha_1^2 \cdot t_1^2 + \alpha_2^2 \cdot t_2^2 + \alpha_3^2 \cdot t_3^2 + \ldots + \alpha_k^2 \cdot t_k^2$$

Es sollte an dieser Stelle erwähnt werden, dass dieser Berechnungsansatz der quadratischen Toleranzanalyse in der Praxis eine große Anwendungsbreite gefunden hat, obwohl es in der VDI-Richtlinie 2247 [12] zur quadratischen Toleranzanalyse wörtlich heißt: „Da in der Praxis die Voraussetzungen für die quadratische Toleranzrechnung fast nie völlig erfüllt sind, liegt die wahrscheinliche Schließmaßtoleranz innerhalb der Grenzen von arithmetischer und quadratischer Schließmaßtoleranz."

D. h. mit anderen Worten: Hier wird in der Praxis vermehrt eine Berechnungsmethode zur statistischen Toleranzanalyse angewandt, deren Berechnungsgrundlagen in der Fertigung und Montage nur zu einem sehr geringen Teil gegeben sind. Bezogen auf die Voraussetzung der Normalverteilung als Fertigungsverteilung der Einzeltoleranzen sind dies nur ca. 2 % der Fertigungs- und Montageprozesse [13].

8.7   Berechnungsmethode: Modifizierte quadratische Schließmaßtoleranz

Die Anwendung der zuvor beschriebenen quadratischen Toleranzanalyse ist an die Voraussetzung gebunden, dass die Einzeltoleranzen normalverteilt vorliegen. Diese Voraussetzung ist in der Praxis aus bekannten Gründen nur in Teilen und darüber hinaus nur sehr kostenintensiv realisierbar.

Mit der hier vorgestellten Methode der modifizierten quadratischen Toleranzanalyse $T_{q\,mod}$ soll hier der Praxis Rechnung getragen werden. Hierfür wird zunächst ein

Korrekturfaktor g eingeführt. Dieser Korrekturfaktor soll die Abweichung der realen Gesamtdichtefunktion gegenüber der Normalverteilung korrigieren.

In Abhängigkeit der Annahmewahrscheinlichkeit sind für ausschließlich „trapezverteilte" Fertigungsverteilungen die Korrekturfaktoren g in Tab. 8.4 zusammengestellt.

Die Anwendung der Gl. (8.20) setzt voraus, dass die Einzelverteilungen der Funktionsmaße alle denselben Verteilungstyp, hier Trapez I, mit deren Parametern aufweisen. Referenziert wird das Ergebnis an dem idealen Zusammenhang bei Vorliegen normalverteilter Einzeltoleranzen. Dementsprechend wird ein verteilungs- und annahmewahrscheinlichkeitsspezifischer Multiplikator g herangezogen, der das Referenzergebnis nach der quadratischen Toleranzanalyse entsprechend aufweitet.

Basierend auf einer Modell-Toleranzanalyse sind hier die Korrekturfaktoren g berechnet worden. In der Modellrechnung sind die Maßkettenglieder von ihrem arithmetischen Beitrag auf das Schließmaß gezielt mittels Stufensprung ungleich groß gewählt worden. So sind in der Modell-Maßkette mit k = 2 die arithmetischen Beiträge 40 % und 60 %. In der Maßkette mit k = 3 sind die arithmetischen Beiträge 22,2 %, 33,3 % und 44,4 % und in der Maßkette mit k = 4 sind die arithmetischen Beiträge 14,3 %, 21,4 %, 28,6 % und 35,7 %. Für die weiteren Maßketten ist derselbe Verhältnisschlüssel angewandt worden. Diese unterschiedlichen arithmetischen Beitragsleister geben die Praxis realistischer wieder als die Tatsache, dass die Glieder innerhalb einer Maßkette alle den gleichen Einfluss ausüben. Aber auch diese Modellberechnung bildet nur ein bestimmtes Szenario in der Gewichtung der Maßkettenglieder ab, sodass diese Methode der modifizierten quadratischen Toleranzanalyse auch nur ein Näherungsverfahren darstellt.

Die Werte in Tab. 8.4 konvergieren in Abhängigkeit der Annahmewahrscheinlichkeit für eine sehr große Anzahl von Maßkettengliedern k (eigentlich k = ∞) für P_a = 99,73002 % zu g = 1,3693 und für P_a = 99,9936 % zu g = 1,8257, siehe hierzu auch Abschn. 8.5.1.

Die modifizierte Methode wird unter der Voraussetzung angewandt, dass sämtliche Glieder einer Maßkette trapezverteilt (Trapez I) sind. In Anwendung dieser Methode wird das Ergebnis der quadratischen Toleranzanalyse mit dem Korrekturfaktor g in Abhängigkeit der Gliederanzahl und der gewählten Annahmewahrscheinlichkeit nach der folgenden Gl. (8.20) berechnet.

$$T_{q_{mod}} = g \cdot \sqrt{\sum_{i=1}^{k} \alpha_i^2 \cdot t_i^2} \qquad (8.20)$$

Darüber hinaus werden auch die beiden statistischen Grenzschließmaße benötigt. Diese berechnen sich nach den beiden nachfolgenden Gl. (8.21) und (8.22).

Zunächst das statistische Mindestschließmaß:

$$P_{u_{stat}} = C_0 - \frac{T_{q_{mod}}}{2} \qquad (8.21)$$

Tab. 8.4 Korrekturfaktoren g für die modifizierte Toleranzanalysemethode $T_{q\,mod}$ bei Vorliegen von trapezverteilten Einzeltoleranzen (Trapez I) in Abhängigkeit der Maßkettengliederanzahl k und der Annahmewahrscheinlichkeit P_a

	k = 2	k = 3	k = 4	k = 5	k = 6	k = 7	k = 8
$P_a = 99{,}73002\,\%$	**1,143**	**1,216**	**1,260**	**1,287**	**1,306**	**1,316**	**1,321**
$P_a = 99{,}9936\,\%$	**1,296**	**1,436**	**1,522**	**1,578**	**1,619**	**1,646**	**1,661**
	k = 9	k = 10	k = 11	k = 12	k = 13	k = 14	k = 15
$P_a = 99{,}73002\,\%$	**1,324**	**1,332**	**1,335**	**1,338**	**1,341**	**1,343**	**1,345**
$P_a = 99{,}9936\,\%$	**1,675**	**1,692**	**1,703**	**1,713**	**1,721**	**1,728**	**1,736**

Und anschließend das statistische Höchstschließmaß:

$$P_{o_{stat}} = C_0 + \frac{T_{q_{mod}}}{2} \tag{8.22}$$

Die statistische Toleranzanalyse der drei Qualitätsanforderungen an der Antriebseinheit soll mit der Methode der modifizierten quadratischen Toleranzanalyse durchgeführt werden.

Es soll an dieser Stelle erwähnt werden, dass neben den hier vorgestellten Verfahren zur Berechnung der Schließmaßverteilung auch weitere Verfahren existieren, wie beispielsweise das parameterorientierte Toleranzmodell zur Approximation linearer oder nichtlinearer Maßketten [14].

8.8   Statistische Toleranzanalyse für den X-Abstand des Schraubpunktes SP$_a$ an der Antriebseinheit in der Außenstellung (110-1)

Nachfolgend wird die statistische Toleranzanalyse für den X-Abstand des Schraubpunktes SP$_a$ an der Antriebseinheit in der Außenstellung mit der Methode der modifizierten quadratischen Toleranzanalyse durchgeführt. Hierfür sind die gewählten Fertigungsverteilungen für die sechs Maßkettenglieder trapezverteilt mit einem Seitenverhältnis von 0,5t. Dies entspricht in der Verteilungsartentabelle im Anhang Trapez I.

Die Eingangsgrößen für die statistische Toleranzanalyse sind nochmals in der nachfolgenden Tab. 8.5 zusammengefasst.

Die Annahmewahrscheinlichkeit für das gesuchte Schließmaß soll P$_a$ = 99,9936 % betragen. Dementsprechend kann in der Tab. 8.4 für die Gliederanzahl von k = 6 der Korrekturfaktor g = 1,619 abgelesen werden.

Hiernach berechnet sich zunächst die quadratische Schließmaßtoleranz zu:

Tab. 8.5 Eingangsgrößen der statistischen Toleranzanalyse für den X-Abstand des Schraubpunktes SP$_a$ (110-1)

Kurzzeichen	Bauteil	Faktor α_i	Toleranz	VT
BGP001	Festlager A	−1,866	±0,15	TV I
BGP003	Festlager B	2,821	±0,2	TV I
BKUR001	Kurbel a	1,866	±0,2	TV I
BKOP001	Koppelstange b	−1,866	±0,3	TV I
BSCHW001	Schwinge c	−1,044	±0,3	TV I
BSCHW002	Schwingenarm e	0,822	±0,3	TV I

$$T_q = \sqrt{\sum_{i=1}^{k} \alpha_i^2 \cdot t_i^2} \tag{8.23}$$

$$T_q = \sqrt{\alpha_A^2 \cdot t_A^2 + \alpha_B^2 \cdot t_B^2 + \alpha_a^2 \cdot t_a^2 + \alpha_b^2 \cdot t_b^2 + \alpha_c^2 \cdot t_c^2 + \alpha_e^2 \cdot t_e^2} \tag{8.24}$$

$$T_q = [(-1{,}866)^2 \cdot 0{,}3^2 + 2{,}821^2 \cdot 0{,}4^2 + 1{,}866^2 \cdot 0{,}4^2$$
$$+ (-1{,}866)^2 \cdot 0{,}6^2 + (-1{,}044)^2 \cdot 0{,}6^2 + 0{,}822^2 \cdot 0{,}6^2]^{\frac{1}{2}}$$

$$T_q = 2{,}0082 \,\text{mm}$$

Und anschließend berechnet sich die modifizierte quadratische Schließmaßtoleranz zu:

$$T_{q_{mod}} = g \cdot \sqrt{\sum_{i=1}^{k} \alpha_i^2 \cdot t_i^2} = 1{,}619 \cdot 2{,}0082 = 3{,}2512 \,\text{mm} \tag{8.25}$$

Das statistische Mindestschließmaß berechnet sich zu:

$$P_{u_{stat}} = C_0 - \frac{T_{q_{mod}}}{2} = 208{,}036 - \frac{3{,}2512}{2} = 206{,}4103 \,\text{mm} \tag{8.26}$$

Und das statistische Höchstschließmaß zu:

$$P_{o_{stat}} = C_0 + \frac{T_{q_{mod}}}{2} = 208{,}036 + \frac{3{,}2512}{2} = 209{,}6616 \,\text{mm} \tag{8.27}$$

Dieser Zusammenhang ist graphisch in der nachfolgenden Abb. 8.7 dargestellt.

Das Ergebnis der statistischen Schließmaßtoleranz zeigt mit $T_{q\,mod} = 3{,}25$ mm einen deutlich kleineren Wert als das Ergebnis der arithmetischen Schließmaßtoleranz mit $T_a = 4{,}67$ mm.

8.8.1 Statistische Toleranzanalyse für den X-Abstand des Schraubpunktes SP$_a$ mittels der allgemeinen statistischen Toleranzanalyse

Im Rahmen einer Kontrollrechnung soll die statistische Toleranzanalyse für den X-Abstand des Schraubpunktes SP$_a$ mit der Methode der allgemeinen statistischen Toleranzanalyse durchgeführt werden. Die Eingangsgrößen bleiben hierfür identisch.

Zunächst wird die Standardabweichung σ_0 für das Schließmaß nach Gl. (8.28) berechnet.

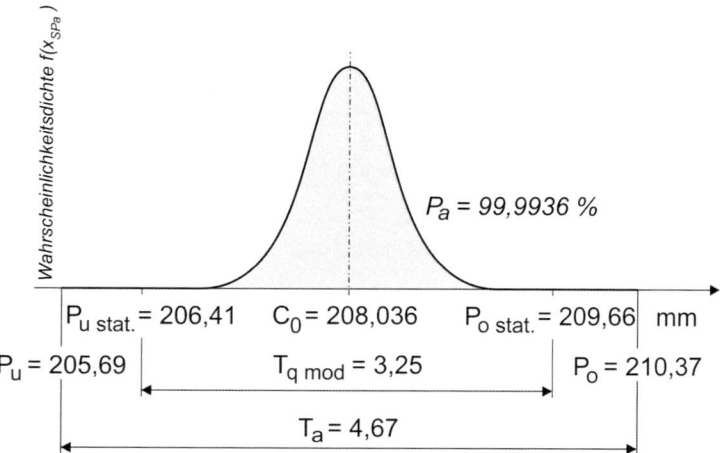

Abb. 8.7 Resultierende Gesamtdichtefunktion für den X-Abstand des Schraubpunktes SP_a an der Antriebseinheit in der Außenstellung

$$\sigma_0 = \sqrt{\sum_{i=1}^{k} \alpha_i^2 \cdot \sigma_i^2} \tag{8.28}$$

$$\sigma_0 = \sqrt{\alpha_A^2 \cdot \sigma_A^2 + \alpha_B^2 \cdot \sigma_B^2 + \alpha_a^2 \cdot \sigma_a^2 + \alpha_b^2 \cdot \sigma_b^2 + \alpha_c^2 \cdot \sigma_c^2 + \alpha_e^2 \cdot \sigma_e^2} \tag{8.29}$$

$$
\begin{aligned}
\sigma_0 = \Big[& (-1{,}866)^2 \cdot \frac{10}{192} \cdot 0{,}3^2 + 2{,}821^2 \cdot \frac{10}{192} \cdot 0{,}4^2 \\
& + 1{,}866^2 \cdot \frac{10}{192} \cdot 0{,}4^2 + (-1{,}866)^2 \cdot \frac{10}{192} \cdot 0{,}6^2 + (-1{,}044)^2 \cdot \frac{10}{192} \cdot 0{,}6^2 \\
& + 0{,}822^2 \cdot \frac{10}{192} \cdot 0{,}6^2 \Big]^{\frac{1}{2}}
\end{aligned}
$$

$$\sigma_0 = 0{,}458308 \, \text{mm}$$

Bei gleicher Annahmewahrscheinlichkeit von $P_a = 99{,}9936\,\%$ berechnet sich die statistische Schließmaßtoleranz zu:

$$T_s = 2 \cdot u \cdot \sigma_0 = 2 \cdot 4 \cdot 0{,}458308 = 3{,}6664 \, \text{mm} \tag{8.30}$$

Das in den nachfolgenden Kapiteln vorgestellte numerische Verfahren der Faltung kommt im Ergebnis zu einer statistischen Schließmaßtoleranz von 3,234 mm.

Dementsprechend ist das Ergebnis der modifizierten Methode deutlich näher an dem exakten Ergebnis von 3,234 mm als das allgemeine Toleranzanalyseverfahren.

8.8.2 Statistische Beitragsleister

Bei der Ermittlung der individuellen arithmetischen Beitragsleister (u. a. Abschn. 7.2.6) werden die notwendigen Fertigungsprozesse nicht erfasst. Die Fertigungsprozessqualität beeinflusst jedoch die Wertigkeit eines Maßkettengliedes in Teilen signifikant. Daher ist die Kenntnis der individuellen statistischen Beitragsleister einer Maßkette von entscheidender Bedeutung.

Zur Ermittlung der jeweiligen prozentualen statistischen Beitragsleister B_i wird die folgende Gl. (8.31) angewandt.

$$B_{i_{stat}} = \frac{\alpha_i^2 \cdot \sigma_i^2}{\sum_{i=1}^{k} \alpha_i^2 \cdot \sigma_i^2} \cdot 100\,\% \tag{8.31}$$

Statistischer prozentualer Beitrag von Festlager A (BGP001):

$$B_{A_{stat}} = \frac{\alpha_A^2 \cdot \sigma_A^2}{\alpha_A^2 \cdot \sigma_A^2 + \alpha_B^2 \cdot \sigma_B^2 + \alpha_a^2 \cdot \sigma_a^2 + \alpha_b^2 \cdot \sigma_b^2 + \alpha_c^2 \cdot \sigma_c^2 + \alpha_e^2 \cdot \sigma_e^2} \cdot 100\,\% \tag{8.32}$$

$$\begin{aligned} B_{A_{stat}} = &\left((-1{,}866)^2 \cdot \frac{10}{192} \cdot 0{,}3^2\right) \cdot \left((-1{,}866)^2 \cdot \frac{10}{192} \cdot 0{,}3^2\right. \\ &+ 2{,}821^2 \cdot \frac{10}{192} \cdot 0{,}4^2 + 1{,}866^2 \cdot \frac{10}{192} \cdot 0{,}4^2 \\ &+ (-1{,}866)^2 \cdot \frac{10}{192} \cdot 0{,}6^2 + (-1{,}044)^2 \cdot \frac{10}{192} \cdot 0{,}6^2 \\ &\left.+ 0{,}822^2 \cdot \frac{10}{192} \cdot 0{,}6^2\right)^{-1} \cdot 100\,\% \end{aligned}$$

$$B_{A_{stat}} = 7{,}77\,\%$$

Statistischer prozentualer Beitrag von Festlager B (BGP003):

$$B_{B_{stat}} = \frac{\alpha_B^2 \cdot \sigma_B^2}{\alpha_A^2 \cdot \sigma_A^2 + \alpha_B^2 \cdot \sigma_B^2 + \alpha_a^2 \cdot \sigma_a^2 + \alpha_b^2 \cdot \sigma_b^2 + \alpha_c^2 \cdot \sigma_c^2 + \alpha_e^2 \cdot \sigma_e^2} \cdot 100\,\% \tag{8.33}$$

$$\begin{aligned} B_{B_{stat}} = &\left(2{,}821^2 \cdot \frac{10}{192} \cdot 0{,}4^2\right) \cdot \left((-1{,}866)^2 \cdot \frac{10}{192} \cdot 0{,}3^2\right. \\ &+ 2{,}821^2 \cdot \frac{10}{192} \cdot 0{,}4^2 + 1{,}866^2 \cdot \frac{10}{192} \cdot 0{,}4^2 + (-1{,}866)^2 \cdot \frac{10}{192} \cdot 0{,}6^2 \\ &\left.+ (-1{,}044)^2 \cdot \frac{10}{192} \cdot 0{,}6^2 + 0{,}822^2 \cdot \frac{10}{192} \cdot 0{,}6^2\right)^{-1} \cdot 100\,\% \end{aligned}$$

$$B_{B_{stat}} = 31{,}57\,\%$$

Statistischer prozentualer Beitrag von Kurbel a (BKUR001):

$$B_{a_{stat}} = \frac{\alpha_a^2 \cdot \sigma_a^2}{\alpha_A^2 \cdot \sigma_A^2 + \alpha_B^2 \cdot \sigma_B^2 + \alpha_a^2 \cdot \sigma_a^2 + \alpha_b^2 \cdot \sigma_b^2 + \alpha_c^2 \cdot \sigma_c^2 + \alpha_e^2 \cdot \sigma_e^2} \cdot 100\,\% \qquad (8.34)$$

$$B_{a_{stat}} = \left(1,866^2 \cdot \frac{10}{192} \cdot 0,4^2\right) \cdot \left((-1,866)^2 \cdot \frac{10}{192} \cdot 0,3^2\right.$$
$$+ 2,821^2 \cdot \frac{10}{192} \cdot 0,4^2 + 1,866^2 \cdot \frac{10}{192} \cdot 0,4^2 + (-1,866)^2 \cdot \frac{10}{192} \cdot 0,6^2$$
$$\left. + (-1,044)^2 \cdot \frac{10}{192} \cdot 0,6^2 + 0,822^2 \cdot \frac{10}{192} \cdot 0,6^2\right)^{-1} \cdot 100\,\%$$

$$B_{a_{stat}} = 13,81\,\%$$

Statistischer prozentualer Beitrag von Koppelstange b (BKOP001):

$$B_{b_{stat}} = \frac{\alpha_b^2 \cdot \sigma_b^2}{\alpha_A^2 \cdot \sigma_A^2 + \alpha_B^2 \cdot \sigma_B^2 + \alpha_a^2 \cdot \sigma_a^2 + \alpha_b^2 \cdot \sigma_b^2 + \alpha_c^2 \cdot \sigma_c^2 + \alpha_e^2 \cdot \sigma_e^2} \cdot 100\,\% \qquad (8.35)$$

$$B_{b_{stat}} = \left((-1,866)^2 \cdot \frac{10}{192} \cdot 0,6^2\right) \cdot \left((-1,866)^2 \cdot \frac{10}{192} \cdot 0,3^2\right.$$
$$+ 2,821^2 \cdot \frac{10}{192} \cdot 0,4^2 + 1,866^2 \cdot \frac{10}{192} \cdot 0,4^2 + (-1,866)^2 \cdot \frac{10}{192} \cdot 0,6^2$$
$$\left. + (-1,044)^2 \cdot \frac{10}{192} \cdot 0,6^2 + 0,822^2 \cdot \frac{10}{192} \cdot 0,6^2\right)^{-1} \cdot 100\,\%$$

$$B_{b_{stat}} = 31,08\,\%$$

Statistischer prozentualer Beitrag von Schwinge c (BSCHW001):

$$B_{c_{stat}} = \frac{\alpha_c^2 \cdot \sigma_c^2}{\alpha_A^2 \cdot \sigma_A^2 + \alpha_B^2 \cdot \sigma_B^2 + \alpha_a^2 \cdot \sigma_a^2 + \alpha_b^2 \cdot \sigma_b^2 + \alpha_c^2 \cdot \sigma_c^2 + \alpha_e^2 \cdot \sigma_e^2} \cdot 100\,\% \qquad (8.36)$$

$$B_{c_{stat}} = \left((-1,044)^2 \cdot \frac{10}{192} \cdot 0,6^2\right) \cdot \left((-1,866)^2 \cdot \frac{10}{192} \cdot 0,3^2\right.$$
$$+ 2,821^2 \cdot \frac{10}{192} \cdot 0,4^2 + 1,866^2 \cdot \frac{10}{192} \cdot 0,4^2 + (-1,866)^2 \cdot \frac{10}{192} \cdot 0,6^2$$
$$\left. + (-1,044)^2 \cdot \frac{10}{192} \cdot 0,6^2 + 0,822^2 \cdot \frac{10}{192} \cdot 0,6^2\right)^{-1} \cdot 100\,\%$$

$$B_{c_{stat}} = 9,73\,\%$$

Statistischer prozentualer Beitrag von Schwingenarm e (BSCHW002):

$$B_{e_{stat}} = \frac{\alpha_e^2 \cdot \sigma_e^2}{\alpha_A^2 \cdot \sigma_A^2 + \alpha_B^2 \cdot \sigma_B^2 + \alpha_a^2 \cdot \sigma_a^2 + \alpha_b^2 \cdot \sigma_b^2 + \alpha_c^2 \cdot \sigma_c^2 + \alpha_e^2 \cdot \sigma_e^2} \cdot 100\,\% \qquad (8.37)$$

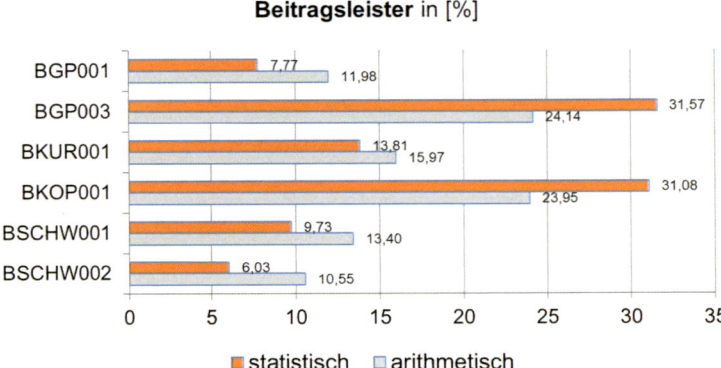

Abb. 8.8 Darstellung der arithmetischen und statistischen Beitragsleisteranalyse für den X-Abstand des Schraubpunktes SP_a in der Außenstellung

$$B_{e_{stat}} = \left(0{,}822^2 \cdot \frac{10}{192} \cdot 0{,}6^2\right) \cdot \left((-1{,}866)^2 \cdot \frac{10}{192} \cdot 0{,}3^2 \right.$$

$$+ 2{,}821^2 \cdot \frac{10}{192} \cdot 0{,}4^2 + 1{,}866^2 \cdot \frac{10}{192} \cdot 0{,}4^2 + (-1{,}866)^2 \cdot \frac{10}{192} \cdot 0{,}6^2$$

$$\left. + (-1{,}044)^2 \cdot \frac{10}{192} \cdot 0{,}6^2 + 0{,}822^2 \cdot \frac{10}{192} \cdot 0{,}6^2\right)^{-1} \cdot 100\,\%$$

$$B_{e_{stat}} = 6{,}03\,\%$$

Ebenso wie bei der arithmetischen Beitragsleisteranalyse bietet es sich an, die prozentuale Auswirkung der Glieder in einem eventuell geordneten und priorisierten Balkendiagramm darzustellen, wie Abb. 8.8 zeigt.

Die Abb. 8.8 macht deutlich, dass sich die arithmetischen und statistischen Beitragsleister signifikant unterscheiden können.

Der Entwickler erhält anhand der ermittelten statistischen Beitragsleister sofort einen Hinweis, welche Bauteile bzw. Maßkettenglieder für die Baugruppenfunktion von primärer und welche von sekundärer Bedeutung sind.

Hiernach zeigt sich der Lösungsansatz der statistischen Beitragsleisteranalyse als ein gutes Werkzeug zur Beurteilung von Maßketten, da die einflussnehmenden Randbedingungen erfasst werden. Diese sind:

- die Funktionszusammenhänge der Maßkettenglieder, erfasst durch die Geometriefaktoren α_i
- die Qualität der Fertigung in Form der Standardabweichungen σ_i

8.8.3 Direktläuferquote

Die Direktläuferquote DL ist neben den Prozessleistungs- und Prozessfähigkeitskenngrößen ein gutes objektives Bewertungskriterium zur Erfassung des qualitativen Erfül-
lungsgrades einer Baugruppe. Viele Unternehmen beurteilen innerhalb der Serienfertigung
die optischen, funktionalen und montagerelevanten Qualitätsmerkmale u. a. anhand der
Direktläuferquote. Die Direktläuferquote spiegelt den Flächeninhalt innerhalb der Spezifikation der Wahrscheinlichkeitsdichtefunktion des Schließmaßes wider und wird in Prozent
angegeben.

Für die Direktläuferquotenberechnung muss im Allgemeinen das Integral der Schließ-
maßdichtefunktion in den Grenzen USG und OSG gelöst werden. In dem nachfolgenden
gezeigten Lösungsansatz kann die Integralrechnung vermieden werden, indem vorausgesetzt wird, dass die Schließmaßverteilung normalverteilt ist. Auf dieser Berechnungsbasis
kann dann mit der ausgewerteten standardisierten Normalverteilung gearbeitet werden.

Zur Berechnung der Direktläuferquote wird zunächst das untere Quantil für die
untere Qualitätsgrenze (USG = 207,036 mm) sowie das obere Quantil für die obere
Qualitätsgrenze (OSG = 209,036 mm) der Spezifikation berechnet.

Für das untere Quantil gilt nach DIN ISO 22514-1 [6]:

$$u_u = \frac{x_u - \mu_0}{\sigma_0} \tag{8.38}$$

$$u_u = \frac{USG - C_0}{\sigma_0} = \frac{207{,}036 - 208{,}036}{0{,}458308} = -2{,}1819 \approx -2{,}2 \tag{8.39}$$

Mit diesem unteren Quantil kann jetzt der Anteil der Verteilungsfunktion der standardisierten Normalverteilung aus der Tab. 15.2 im Anhang abgelesen werden, welcher kleiner
ist als der untere Grenzwert (Mindestwert) USG. Dieser Anteil resultiert mit φ(u) zu:

$$\Phi(u_u = -2{,}2) = 0{,}013903$$

Das Zwischenergebnis gibt an, dass 1,39 % der X-Abstände des Schraubpunktes SP_a
an der Antriebseinheit einen geringeren Abstand als 207,036 mm haben werden.

Für das obere Quantil gilt dementsprechend nach DIN ISO 22514-1 [6]:

$$u_o = \frac{x_o - \mu_0}{\sigma_0} \tag{8.40}$$

$$u_o = \frac{OSG - C_0}{\sigma_0} = \frac{209{,}036 - 208{,}036}{0{,}458308} = 2{,}1819 \approx 2{,}2 \tag{8.41}$$

Mit diesem oberen Quantil wird ebenfalls der Anteil der Verteilungsfunktion der standardisierten Normalverteilung bestimmt, welcher kleiner ist als der obere Grenzwert
(Höchstwert) OSG. Dieser Anteil resultiert mit φ(u) zu:

$$\Phi(u_o = 2{,}2) = 0{,}986097$$

Für die Berechnung der Direktläuferquote wird die Differenz der Zwischenergebnisse gebildet.

$$DL = \Phi(u_o) - \Phi(u_u) \qquad\qquad (8.42)$$

$$DL = \Phi(u_o = 2{,}2) - \Phi(u_u = -2{,}2) = 0{,}986097 - 0{,}013903 = 0{,}972194$$

Dies führt unter der Berücksichtigung der beiden Spezifikationsgrenzen USG = 207,036 mm und OSG = 209,036 mm für den X-Abstand zu einer Direktläuferquote von 97,21 %. Somit liegen 2,79 % der montierten Baugruppen außerhalb der Spezifikation.

Diesen Zusammenhang verdeutlicht nochmals die nachfolgende Abb. 8.9.

Obwohl das arithmetische Schließmaß eine Toleranz von $T_a = 4{,}67$ mm aufweist, liegen bei einer Spezifikationsvorgabe von 2 mm mehr als 97 % innerhalb dieser Vorgabe.

Das Ergebnis der hier berechneten Direktläuferquote basiert auf der Voraussetzung, dass die Schließmaßverteilung einer Normalverteilung entspricht.

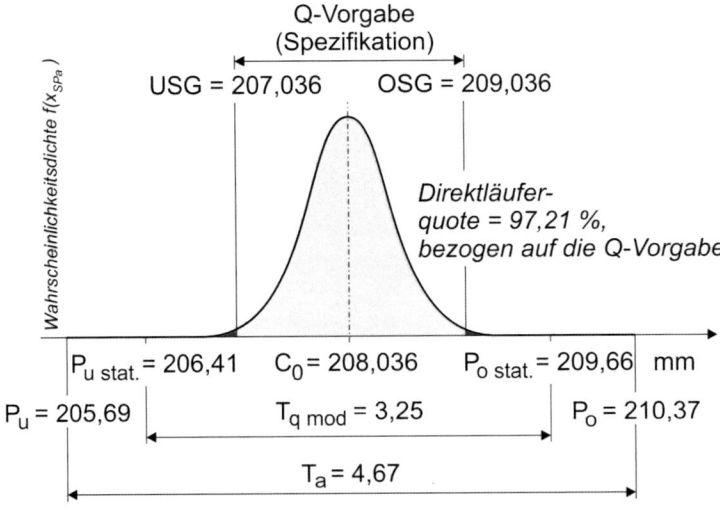

Abb. 8.9 Resultierende Gesamtdichtefunktion sowie die Direktläuferquote für den X-Abstand des Schraubpunktes SP_a an der Antriebseinheit in der Außenstellung

8.9 Statistische Toleranzanalyse für den Y-Abstand des Schraubpunktes SP$_a$ an der Antriebseinheit in der Außenstellung (120-1)

Die zweite statistische Toleranzanalyse wird für den Y-Abstand des Schraubpunktes SP$_a$ an der Antriebseinheit in der Außenstellung durchgeführt. Die gewählten Fertigungsverteilungen für die sechs Maßkettenglieder sind ebenfalls trapezverteilt mit einem Seitenverhältnis von 0,5t (Trapez I).

Die Eingangsgrößen für die statistische Toleranzanalyse sind nochmals in der nachfolgenden Tab. 8.6 zusammengefasst.

Die Annahmewahrscheinlichkeit für das gesuchte Schließmaß soll wieder P$_a$ = 99,9936 % betragen. Dementsprechend kann in der Tab. 8.4 für die Gliederanzahl von k = 6 der Korrekturfaktor g = 1,619 abgelesen werden.

Hiernach berechnet sich zunächst die quadratische Schließmaßtoleranz zu:

$$T_q = \sqrt{\sum_{i=1}^{k} \alpha_i^2 \cdot t_i^2} \tag{8.43}$$

$$T_q = \sqrt{\alpha_A^2 \cdot t_A^2 + \alpha_B^2 \cdot t_B^2 + \alpha_a^2 \cdot t_a^2 + \alpha_b^2 \cdot t_b^2 + \alpha_c^2 \cdot t_c^2 + \alpha_e^2 \cdot t_e^2} \tag{8.44}$$

$$T_q = \Big[2{,}691^2 \cdot 0{,}3^2 + (-3{,}194)^2 \cdot 0{,}4^2$$
$$+ (-2{,}691)^2 \cdot 0{,}4^2 + 2{,}691^2 \cdot 0{,}6^2$$
$$+ 1{,}507^2 \cdot 0{,}6^2 + 0{,}571^2 \cdot 0{,}6^2 \Big]^{\frac{1}{2}}$$

$$T_q = 2{,}6428 \, \text{mm}$$

Und anschließend berechnet sich die modifizierte quadratische Schließmaßtoleranz zu:

Tab. 8.6 Eingangsgrößen der statistischen Toleranzanalyse für den Y-Abstand des Schraubpunktes SP$_a$ (120-1)

Kurzzeichen	Bauteil	Faktor α_i	Toleranz	VT
BGP001	Festlager A	2,691	± 0,15	TV I
BGP003	Festlager B	−3,194	± 0,2	TV I
BKUR001	Kurbel a	−2,691	± 0,2	TV I
BKOP001	Koppelstange b	2,691	± 0,3	TV I
BSCHW001	Schwinge c	1,507	± 0,3	TV I
BSCHW002	Schwingenarm e	0,571	± 0,3	TV I

$$T_{q_{mod}} = g \cdot \sqrt{\sum_{i=1}^{k} \alpha_i^2 \cdot t_i^2} = 1{,}619 \cdot 2{,}6428 = 4{,}2787\,\text{mm} \tag{8.45}$$

Das statistische Mindestschließmaß berechnet sich zu:

$$P_{u_{stat}} = C_0 - \frac{T_{q_{mod}}}{2} = 104{,}18 - \frac{4{,}2787}{2} = 102{,}0406\,\text{mm} \tag{8.46}$$

Und das statistische Höchstschließmaß zu:

$$P_{o_{stat}} = C_0 + \frac{T_{q_{mod}}}{2} = 104{,}18 + \frac{4{,}2787}{2} = 106{,}3193\,\text{mm} \tag{8.47}$$

Das Ergebnis der statistischen Schließmaßtoleranz zeigt mit $T_{q\,mod} = 4{,}27$ mm einen deutlich kleineren Wert als das Ergebnis der arithmetischen Schließmaßtoleranz mit $T_a = 6{,}02$ mm.

8.9.1   Statistische Toleranzanalyse für den Y-Abstand des Schraubpunktes SP$_a$ mittels der allgemeinen statistischen Toleranzanalyse

Auch für den Y-Abstand des Schraubpunktes SP$_a$ soll die statistische Toleranzanalyse mit der Methode der allgemeinen statistischen Toleranzanalyse als Kontrollrechnung durchgeführt werden. Die Kontrollrechnung liefert auch das Ergebnis für die Standardabweichung σ_0, welche im Abschn. 8.9.3 zur Berechnung der Direktläuferquote benötigt wird. Die Eingangsgrößen der Kontrollrechnung bleiben auch hier identisch.

Zunächst wird die angesprochene Standardabweichung σ_0 für das Schließmaß nach Gl. (8.48) berechnet.

$$\sigma_0 = \sqrt{\sum_{i=1}^{k} \alpha_i^2 \cdot \sigma_i^2} \tag{8.48}$$

$$\sigma_0 = \sqrt{\alpha_A^2 \cdot \sigma_A^2 + \alpha_B^2 \cdot \sigma_B^2 + \alpha_a^2 \cdot \sigma_a^2 + \alpha_b^2 \cdot \sigma_b^2 + \alpha_c^2 \cdot \sigma_c^2 + \alpha_e^2 \cdot \sigma_e^2} \tag{8.49}$$

$$\sigma_0 = \Big[2{,}691^2 \cdot \frac{10}{192} \cdot 0{,}3^2 + (-3{,}194)^2 \cdot \frac{10}{192} \cdot 0{,}4^2$$
$$+ (-2{,}691)^2 \cdot \frac{10}{192} \cdot 0{,}4^2 + 2{,}691^2 \cdot \frac{10}{192} \cdot 0{,}6^2$$
$$+ 1{,}507^2 \cdot \frac{10}{192} \cdot 0{,}6^2 + 0{,}571^2 \cdot \frac{10}{192} \cdot 0{,}6^2 \Big]^{\frac{1}{2}}$$

$$\sigma_0 = 0{,}603139\,\text{mm}$$

Bei gleicher Annahmewahrscheinlichkeit von $P_a = 99,9936\,\%$ berechnet sich die statistische Schließmaßtoleranz zu:

$$T_s = 2 \cdot u \cdot \sigma_0 = 2 \cdot 4 \cdot 0,603139 = 4,8251\,\text{mm} \qquad (8.50)$$

Das in den nachfolgenden Kapiteln vorgestellte numerische Verfahren der Faltung kommt im Ergebnis zu einer statistischen Schließmaßtoleranz von 4,245 mm.

Dementsprechend ist das Ergebnis der modifizierten Methode deutlich näher an dem exakten Ergebnis von 4,245 mm als das allgemeine Toleranzanalyseverfahren.

8.9.2 Statistische Beitragsleister

Zur Ermittlung der jeweiligen prozentualen statistischen Beitragsleister B_i wird die Gl. (8.51) angewandt.

$$B_{i_{stat}} = \frac{\alpha_i^2 \cdot \sigma_i^2}{\sum_{i=1}^{k} \alpha_i^2 \cdot \sigma_i^2} \cdot 100\,\% \qquad (8.51)$$

Statistischer prozentualer Beitrag von Festlager A (BGP001):

$$B_{A_{stat}} = \frac{\alpha_A^2 \cdot \sigma_A^2}{\alpha_A^2 \cdot \sigma_A^2 + \alpha_B^2 \cdot \sigma_B^2 + \alpha_a^2 \cdot \sigma_a^2 + \alpha_b^2 \cdot \sigma_b^2 + \alpha_c^2 \cdot \sigma_c^2 + \alpha_e^2 \cdot \sigma_e^2} \cdot 100\,\% \qquad (8.52)$$

$$
\begin{aligned}
B_{A_{stat}} = \Big(&2,691^2 \cdot \frac{10}{192} \cdot 0,3^2\Big) + \Big(2,691^2 \cdot \frac{10}{192} \cdot 0,3^2 + (-3,194)^2 \cdot \frac{10}{192} \cdot 0,4^2 \\
&+ (-2,691)^2 \cdot \frac{10}{192} \cdot 0,4^2 + 2,691^2 \cdot \frac{10}{192} \cdot 0,6^2 \\
&+ 1,507^2 \cdot \frac{10}{192} \cdot 0,6^2 + 0,571^2 \cdot \frac{10}{192} \cdot 0,6^2\Big)^{-1} \cdot 100\,\%
\end{aligned}
$$

$$B_{A_{stat}} = 9,33\,\%$$

Statistischer prozentualer Beitrag von Festlager B (BGP003):

$$B_{B_{stat}} = \frac{\alpha_B^2 \cdot \sigma_B^2}{\alpha_A^2 \cdot \sigma_A^2 + \alpha_B^2 \cdot \sigma_B^2 + \alpha_a^2 \cdot \sigma_a^2 + \alpha_b^2 \cdot \sigma_b^2 + \alpha_c^2 \cdot \sigma_c^2 + \alpha_e^2 \cdot \sigma_e^2} \cdot 100\,\% \qquad (8.53)$$

$$
\begin{aligned}
B_{B_{stat}} = \Big(&(-3,194)^2 \cdot \frac{10}{192} \cdot 0,4^2\Big) \cdot \Big(2,691^2 \cdot \frac{10}{192} \cdot 0,3^2 + (-3,194)^2 \cdot \frac{10}{192} \cdot 0,4^2 \\
&+ (-2,691)^2 \cdot \frac{10}{192} \cdot 0,4^2 + 2,691^2 \cdot \frac{10}{192} \cdot 0,6^2 + 1,507^2 \cdot \frac{10}{192} \cdot 0,6^2 \\
&+ 0,571^2 \cdot \frac{10}{192} \cdot 0,6^2\Big)^{-1} \cdot 100\,\%
\end{aligned}
$$

$$BB_{stat} = 23{,}37\%$$

Statistischer prozentualer Beitrag von Kurbel a (BKUR001):

$$B_{a_{stat}} = \frac{\alpha_a^2 \cdot \sigma_a^2}{\alpha_A^2 \cdot \sigma_A^2 + \alpha_B^2 \cdot \sigma_B^2 + \alpha_a^2 \cdot \sigma_a^2 + \alpha_b^2 \cdot \sigma_b^2 + \alpha_c^2 \cdot \sigma_c^2 + \alpha_e^2 \cdot \sigma_e^2} \cdot 100\% \qquad (8.54)$$

$$\begin{aligned} B_{a_{stat}} =& \left((-2{,}691)^2 \cdot \frac{10}{192} \cdot 0{,}4^2\right) \cdot \left(2{,}691^2 \cdot \frac{10}{192} \cdot 0{,}3^2 + (-3{,}194)^2 \cdot \frac{10}{192} \cdot 0{,}4^2\right. \\ &+ (-2{,}691)^2 \cdot \frac{10}{192} \cdot 0{,}4^2 + 2{,}691^2 \cdot \frac{10}{192} \cdot 0{,}6^2 \\ &\left.+ 1{,}507^2 \cdot \frac{10}{192} \cdot 0{,}6^2 + 0{,}571^2 \cdot \frac{10}{192} \cdot 0{,}6^2\right)^{-1} \cdot 100\% \end{aligned}$$

$$B_{a_{stat}} = 16{,}59\%$$

Statistischer prozentualer Beitrag von Koppelstange b (BKOP001):

$$B_{b_{stat}} = \frac{\alpha_b^2 \cdot \sigma_b^2}{\alpha_A^2 \cdot \sigma_A^2 + \alpha_B^2 \cdot \sigma_B^2 + \alpha_a^2 \cdot \sigma_a^2 + \alpha_b^2 \cdot \sigma_b^2 + \alpha_c^2 \cdot \sigma_c^2 + \alpha_e^2 \cdot \sigma_e^2} \cdot 100\% \qquad (8.55)$$

$$\begin{aligned} B_{b_{stat}} =& \left(2{,}691^2 \cdot \frac{10}{192} \cdot 0{,}6^2\right) \cdot \left(2{,}691^2 \cdot \frac{10}{192} \cdot 0{,}3^2\right. \\ &+ (-3{,}194)^2 \cdot \frac{10}{192} \cdot 0{,}4^2 + (-2{,}691)^2 \cdot \frac{10}{192} \cdot 0{,}4^2 + 2{,}691^2 \cdot \frac{10}{192} \cdot 0{,}6^2 \\ &\left.+ 1{,}507^2 \cdot \frac{10}{192} \cdot 0{,}6^2 + 0{,}571^2 \cdot \frac{10}{192} \cdot 0{,}6^2\right)^{-1} \cdot 100\% \end{aligned}$$

$$B_{b_{stat}} = 37{,}32\%$$

Statistischer prozentualer Beitrag von Schwinge c (BSCHW001):

$$B_{c_{stat}} = \frac{\alpha_c^2 \cdot \sigma_c^2}{\alpha_A^2 \cdot \sigma_A^2 + \alpha_B^2 \cdot \sigma_B^2 + \alpha_a^2 \cdot \sigma_a^2 + \alpha_b^2 \cdot \sigma_b^2 + \alpha_c^2 \cdot \sigma_c^2 + \alpha_e^2 \cdot \sigma_e^2} \cdot 100\% \qquad (8.56)$$

$$\begin{aligned} B_{c_{stat}} =& \left(1{,}507^2 \cdot \frac{10}{192} \cdot 0{,}6^2\right) \cdot \left(2{,}691^2 \cdot \frac{10}{192} \cdot 0{,}3^2 + (-3{,}194)^2 \cdot \frac{10}{192} \cdot 0{,}4^2\right. \\ &+ (-2{,}691)^2 \cdot \frac{10}{192} \cdot 0{,}4^2 + 2{,}691^2 \cdot \frac{10}{192} \cdot 0{,}6^2 + 1{,}507^2 \cdot \frac{10}{192} \cdot 0{,}6^2 \\ &\left.+ 0{,}571^2 \cdot \frac{10}{192} \cdot 0{,}6^2\right)^{-1} \cdot 100\% \end{aligned}$$

$$B_{c_{stat}} = 11{,}71\%$$

Statistischer prozentualer Beitrag von Schwingenarm e (BSCHW002):

$$B_{e_{stat}} = \frac{\alpha_e^2 \cdot \sigma_e^2}{\alpha_A^2 \cdot \sigma_A^2 + \alpha_B^2 \cdot \sigma_B^2 + \alpha_a^2 \cdot \sigma_a^2 + \alpha_b^2 \cdot \sigma_b^2 + \alpha_c^2 \cdot \sigma_c^2 + \alpha_e^2 \cdot \sigma_e^2} \cdot 100\% \qquad (8.57)$$

$$\begin{aligned}
B_{e_{stat}} = &\left(0{,}571^2 \cdot \frac{10}{192} \cdot 0{,}6^2\right) \cdot \left(2{,}691^2 \cdot \frac{10}{192} \cdot 0{,}3^2 + (-3{,}194)^2 \cdot \frac{10}{192} \cdot 0{,}4^2\right.\\
&+ (-2{,}691)^2 \cdot \frac{10}{192} \cdot 0{,}4^2 + 2{,}691^2 \cdot \frac{10}{192} \cdot 0{,}6^2 + 1{,}507^2 \cdot \frac{10}{192} \cdot 0{,}6^2\\
&\left.+ 0{,}571^2 \cdot \frac{10}{192} \cdot 0{,}6^2\right)^{-1} \cdot 100\%
\end{aligned}$$

$$B_{e_{stat}} = 1{,}68\%$$

8.9.3 Direktläuferquote

Zur Berechnung der Direktläuferquote wird zunächst das untere Quantil für die untere Qualitätsgrenze (USG = 103,18 mm) sowie das obere Quantil für die obere Qualitätsgrenze (OSG = 105,18 mm) der Spezifikation berechnet.

Für das untere Quantil gilt:

$$u_u = \frac{USG - C_0}{\sigma_0} = \frac{103{,}18 - 104{,}18}{0{,}603139} = -1{,}6579 \approx -1{,}65 \qquad (8.58)$$

Aus der Verteilungsfunktion der standardisierten Normalverteilung nach Tab. 15.2 im Anhang resultiert φ(u) zu:

$$\Phi(u_u = -1{,}65) = 0{,}049471$$

Das Zwischenergebnis gibt an, dass 4,94 % der Y-Abstände des Schraubpunktes SP_a an der Antriebseinheit einen geringeren Abstand als 103,18 mm haben werden.

Für das obere Quantil gilt dementsprechend:

$$u_o = \frac{OSG - C_0}{\sigma_0} = \frac{105{,}18 - 104{,}18}{0{,}603139} = 1{,}6579 \approx 1{,}65 \qquad (8.59)$$

Aus der Verteilungsfunktion der standardisierten Normalverteilung resultiert φ(u) zu:

$$\Phi(u_o = 1{,}65) = 0{,}950529$$

Für die Berechnung der Direktläuferquote wird die Differenz dieser Zwischenergebnisse gebildet.

$$DL = \Phi(u_o) - \Phi(u_u) \qquad (8.60)$$

$$DL = \Phi(u_o = 1,65) - \Phi(u_u = -1,65) = 0,950529 - 0,049471 = 0,901058$$

Dies führt unter der Berücksichtigung der beiden Spezifikationsgrenzen USG = 103,18 mm und OSG = 105,18 mm für den Y-Abstand zu einer Direktläuferquote von 90,1 %. Somit liegen 9,9 % der montierten Baugruppen außerhalb der Spezifikation.

Obwohl das arithmetische Schließmaß eine Toleranz von T_a = 6,02 mm aufweist, liegen bei einer Spezifikationsvorgabe von 2 mm mehr als 90 % innerhalb dieser Vorgabe.

Auch hier basiert die berechnete Direktläuferquote auf der Voraussetzung, dass die Schließmaßverteilung einer Normalverteilung entspricht.

8.10 Statistische Toleranzanalyse für den Schwingenwinkel ψ_i an der Antriebseinheit in der Außenstellung (130-1)

Die dritte statistische Toleranzanalyse wird für den Schwingenwinkel ψ_i an der Antriebseinheit in der Außenstellung durchgeführt. Die gewählten Fertigungsverteilungen für die fünf Maßkettenglieder sind ebenfalls trapezverteilt mit einem Seitenverhältnis von 0,5t (Trapez I).

Die Eingangsgrößen für die statistische Toleranzanalyse sind nochmals in der nachfolgenden Tab. 8.7 zusammengefasst.

Die Annahmewahrscheinlichkeit für das gesuchte Schließmaß soll P_a = 99,9936 % betragen. Dementsprechend kann in der Tab. 8.4 für die Gliederanzahl von k = 5 der Korrekturfaktor g = 1,578 abgelesen werden.

Hiernach berechnet sich zunächst die quadratische Schließmaßtoleranz zu:

$$T_q = \sqrt{\sum_{i=1}^{k} \alpha_i^2 \cdot t_i^2} \tag{8.61}$$

$$T_q = \sqrt{\alpha_A^2 \cdot t_A^2 + \alpha_B^2 \cdot t_B^2 + \alpha_a^2 \cdot t_a^2 + \alpha_b^2 \cdot t_b^2 + \alpha_c^2 \cdot t_c^2} \tag{8.62}$$

Tab. 8.7 Eingangsgrößen der statistischen Toleranzanalyse für den Schwingenwinkel ψ_i (130-1)

Kurzzeichen	Bauteil	Faktor α_i	Toleranz	VT
BGP001	Festlager A	**1,976**	**±0,15**	**TV I**
BGP003	Festlager B	**−1,976**	**±0,2**	**TV I**
BKUR001	Kurbel a	**−1,976**	**±0,2**	**TV I**
BKOP001	Koppelstange b	**1,976**	**±0,3**	**TV I**
BSCHW001	Schwinge c	**1,105**	**±0,3**	**TV I**

$$T_q = \left[1{,}976^2 \cdot 0{,}3^2 + (-1{,}976)^2 \cdot 0{,}4^2 + (-1{,}976)^2 \cdot 0{,}4^2 + 1{,}976^2 \cdot 0{,}6^2 + 1{,}105^2 \cdot 0{,}6^2\right]^{\frac{1}{2}}$$

$$T_q = 1{,}8563°$$

Und anschließend berechnet sich die modifizierte quadratische Schließmaßtoleranz zu:

$$T_{q_{mod}} = g \cdot \sqrt{\sum_{i=1}^{k} \alpha_i^2 \cdot t_i^2} = 1{,}578 \cdot 1{,}8563 = 2{,}9293° \tag{8.63}$$

Das statistische Mindestschließmaß berechnet sich zu:

$$P_{u_{stat}} = C_0 - \frac{T_{q_{mod}}}{2} = 34{,}772 - \frac{2{,}9293}{2} = 33{,}3073° \tag{8.64}$$

Und das statistische Höchstschließmaß zu:

$$P_{o_{stat}} = C_0 + \frac{T_{q_{mod}}}{2} = 34{,}772 + \frac{2{,}9293}{2} = 36{,}2366° \tag{8.65}$$

Das Ergebnis der statistischen Schließmaßtoleranz zeigt mit $T_{q\,mod} = 2{,}92°$ einen deutlich kleineren Wert als das Ergebnis der arithmetischen Schließmaßtoleranz mit $T_a = 4{,}02°$.

8.10.1 Statistische Toleranzanalyse für den Schwingenwinkel ψ_i mittels der allgemeinen statistischen Toleranzanalyse

Auch für den Schwingenwinkel ψ_i soll die statistische Toleranzanalyse mit der Methode der allgemeinen statistischen Toleranzanalyse als Kontrollrechnung durchgeführt werden. Die Eingangsgrößen der Kontrollrechnung bleiben auch hier identisch.

Zunächst wird die angesprochene Standardabweichung σ_0 für das Schließmaß nach Gl. (8.66) berechnet.

$$\sigma_0 = \sqrt{\sum_{i=1}^{k} \alpha_i^2 \cdot \sigma_i^2} \tag{8.66}$$

$$\sigma_0 = \sqrt{\alpha_A^2 \cdot \sigma_A^2 + \alpha_B^2 \cdot \sigma_B^2 + \alpha_a^2 \cdot \sigma_a^2 + \alpha_b^2 \cdot \sigma_b^2 + \alpha_c^2 \cdot \sigma_c^2} \tag{8.67}$$

$$\sigma_0 = \Big[1{,}976^2 \cdot \frac{10}{192} \cdot 0{,}3^2 + (-1{,}976)^2 \cdot \frac{10}{192} \cdot 0{,}4^2$$
$$+ (-1{,}976)^2 \cdot \frac{10}{192} \cdot 0{,}4^2 + 1{,}976^2 \cdot \frac{10}{192} \cdot 0{,}6^2$$

$$+ 1,105^2 \cdot \frac{10}{192} \cdot 0,6^2 \Big]^{\frac{1}{2}}$$

$$\sigma_0 = 0,423655°$$

Bei gleicher Annahmewahrscheinlichkeit von $P_a = 99,9936\,\%$ berechnet sich die statistische Schließmaßtoleranz zu:

$$T_s = 2 \cdot u \cdot \sigma_0 = 2 \cdot 4 \cdot 0,423655 = 3,3892° \tag{8.68}$$

Das in den nachfolgenden Kapiteln vorgestellte numerische Verfahren der Faltung kommt im Ergebnis zu einer statistischen Schließmaßtoleranz von 2,959°.

Dementsprechend ist das Ergebnis der modifizierten Methode deutlich näher an dem exakten Ergebnis von 2,959° als das allgemeine Toleranzanalyseverfahren.

8.10.2 Statistische Beitragsleister

Zur Ermittlung der jeweiligen prozentualen statistischen Beitragsleister B_i wird die Gl. (8.69) angewandt.

$$B_{i_{stat}} = \frac{\alpha_i^2 \cdot \sigma_i^2}{\sum_{i=1}^{k} \alpha_i^2 \cdot \sigma_i^2} \cdot 100\,\% \tag{8.69}$$

Statistischer prozentualer Beitrag von Festlager A (BGP001):

$$B_{A_{stat}} = \frac{\alpha_A^2 \cdot \sigma_A^2}{\alpha_A^2 \cdot \sigma_A^2 + \alpha_B^2 \cdot \sigma_B^2 + \alpha_a^2 \cdot \sigma_a^2 + \alpha_b^2 \cdot \sigma_b^2 + \alpha_c^2 \cdot \sigma_c^2} \cdot 100\,\% \tag{8.70}$$

$$B_{A_{stat}} = \left(1,976^2 \cdot \frac{10}{192} \cdot 0,3^2\right) \cdot \left(1,976^2 \cdot \frac{10}{192} \cdot 0,3^2 \right.$$
$$+ (-1,976)^2 \cdot \frac{10}{192} \cdot 0,4^2 + (-1,976)^2 \cdot \frac{10}{192} \cdot 0,4^2$$
$$+ 1,976^2 \cdot \frac{10}{192} \cdot 0,6^2$$
$$\left. + 1,105^2 \cdot \frac{10}{192} \cdot 0,6^2\right)^{-1} \cdot 100\,\%$$

$$B_{A_{stat}} = 10,2\,\%$$

Statistischer prozentualer Beitrag von Festlager B (BGP003):

$$B_{B_{stat}} = \frac{\alpha_B^2 \cdot \sigma_B^2}{\alpha_A^2 \cdot \sigma_A^2 + \alpha_B^2 \cdot \sigma_B^2 + \alpha_a^2 \cdot \sigma_a^2 + \alpha_b^2 \cdot \sigma_b^2 + \alpha_c^2 \cdot \sigma_c^2} \cdot 100\,\% \tag{8.71}$$

$$B_{B_{stat}} = \left((-1,976)^2 \cdot \frac{10}{192} \cdot 0,4^2 \right) \cdot \left(1,976^2 \cdot \frac{10}{192} \cdot 0,3^2 \right.$$
$$+ (-1,976)^2 \cdot \frac{10}{192} \cdot 0,4^2 + (-1,976)^2 \cdot \frac{10}{192} \cdot 0,4^2 + 1,976^2 \cdot \frac{10}{192} \cdot 0,6^2$$
$$+ 1,105^2 \cdot \frac{10}{192} \cdot 0,6^2 \bigg)^{-1} \cdot 100\,\%$$

$$B_{B_{stat}} = 18,13\,\%$$

Statistischer prozentualer Beitrag von Kurbel a (BKUR001):

$$B_{a_{stat}} = \frac{\alpha_a^2 \cdot \sigma_a^2}{\alpha_A^2 \cdot \sigma_A^2 + \alpha_B^2 \cdot \sigma_B^2 + \alpha_a^2 \cdot \sigma_a^2 + \alpha_b^2 \cdot \sigma_b^2 + \alpha_c^2 \cdot \sigma_c^2} \cdot 100\,\% \qquad (8.72)$$

$$B_{a_{stat}} = \left((-1,976)^2 \cdot \frac{10}{192} \cdot 0,4^2 \right) \cdot \left(1,976^2 \cdot \frac{10}{192} \cdot 0,3^2 \right]$$
$$+ (-1,976)^2 \cdot \frac{10}{192} \cdot 0,4^2 + (-1,976)^2 \cdot \frac{10}{192} \cdot 0,4^2$$
$$+ 1,976^2 \cdot \frac{10}{192} \cdot 0,6^2$$
$$+ 1,105^2 \cdot \frac{10}{192} \cdot 0,6^2 \bigg)^{-1} \cdot 100\,\%$$

$$B_{a_{stat}} = 18,13\,\%$$

Statistischer prozentualer Beitrag von Koppelstange b (BKOP001):

$$B_{b_{stat}} = \frac{\alpha_b^2 \cdot \sigma_b^2}{\alpha_A^2 \cdot \sigma_A^2 + \alpha_B^2 \cdot \sigma_B^2 + \alpha_a^2 \cdot \sigma_a^2 + \alpha_b^2 \cdot \sigma_b^2 + \alpha_c^2 \cdot \sigma_c^2} \cdot 100\,\% \qquad (8.73)$$

$$B_{b_{stat}} = \left(1,976^2 \cdot \frac{10}{192} \cdot 0,6^2 \right) \cdot \left(1,976^2 \cdot \frac{10}{192} \cdot 0,3^2 \right.$$
$$+ (-1,976)^2 \cdot \frac{10}{192} \cdot 0,4^2$$
$$+ (-1,976)^2 \cdot \frac{10}{192} \cdot 0,4^2 + 1,976^2 \cdot \frac{10}{192} \cdot 0,6^2$$
$$+ 1,105^2 \cdot \frac{10}{192} \cdot 0,6^2 \bigg)^{-1} \cdot 100\,\%$$

$$B_{b_{stat}} = 40,79\,\%$$

Statistischer prozentualer Beitrag von Schwinge c (BSCHW001):

$$B_{c_{stat}} = \frac{\alpha_c^2 \cdot \sigma_c^2}{\alpha_A^2 \cdot \sigma_A^2 + \alpha_B^2 \cdot \sigma_B^2 + \alpha_a^2 \cdot \sigma_a^2 + \alpha_b^2 \cdot \sigma_b^2 + \alpha_c^2 \cdot \sigma_c^2} \cdot 100\,\% \qquad (8.74)$$

$$B_{C_{stat}} = \left(1,105^2 \cdot \frac{10}{192} \cdot 0,6^2\right) \cdot \left(1,976^2 \cdot \frac{10}{192} \cdot 0,3^2\right.$$

$$+ (-1,976)^2 \cdot \frac{10}{192} \cdot 0,4^2$$

$$+ (-1,976)^2 \cdot \frac{10}{192} \cdot 0,4^2 + 1,976^2 \cdot \frac{10}{192} \cdot 0,6^2$$

$$\left. + 1,105^2 \cdot \frac{10}{192} \cdot 0,6^2\right)^{-1} \cdot 100\%$$

$$B_{C_{stat}} = 12,76\%$$

8.10.3 Direktläuferquote

Zur Berechnung der Direktläuferquote wird zunächst das untere Quantil für die untere Qualitätsgrenze (USG = 34,172°) sowie das obere Quantil für die obere Qualitätsgrenze (OSG = 35,372°) der Spezifikation berechnet.

Für das untere Quantil gilt:

$$u_u = \frac{USG - C_0}{\sigma_0} = \frac{34,172 - 34,772}{0,423655} = -1,4162 \approx -1,4 \qquad (8.75)$$

Aus der Verteilungsfunktion der standardisierten Normalverteilung nach Tab. 15.2 im Anhang resultiert φ(u) zu:

$$\Phi(u_u = -1,4) = 0,08075$$

Das Zwischenergebnis gibt an, dass 8,07 % der Schwingenwinkel ψ_i an der Antriebseinheit einen geringeren Winkel als 34,172° haben werden.

Für das obere Quantil gilt dementsprechend:

$$u_o = \frac{OSG - C_0}{\sigma_0} = \frac{35,372 - 34,772}{0,423655} = 1,4162 \approx 1,4 \qquad (8.76)$$

Aus der Verteilungsfunktion der standardisierten Normalverteilung resultiert φ(u) zu:

$$\Phi(u_o = 1,4) = 0,91924$$

Für die Berechnung der Direktläuferquote wird die Differenz dieser Zwischenergebnisse gebildet.

$$DL = \Phi(u_o) - \Phi(u_u) \qquad (8.77)$$

Tab. 8.8 Gegenüberstellung der Ergebnisse für die Toleranzanalysen an der Antriebseinheit für die Außenstellung

Anforderung				Ergebnisse		
Q-Merkmal	Eintragung	Maßtoleranz	$T_{Vorgabe}$	T_a	$T_{q\ mod\ (Pa\ =\ 99,9936\ \%)}$	DL
Abstand x_{SPa}	$\oplus$ 2,0	± 1 mm	**2 mm**	**4,673 mm**	**3,251 mm**	**97,21 %**
Abstand y_{SPa}	$\oplus$ 2,0	± 1 mm	**2 mm**	**6,022 mm**	**4,278 mm**	**90,10 %**
Winkel ψ_i	$\angle$ 2,0	$\pm 0,6°$	**1,2°**	**4,022°**	**2,929°**	**83,84 %**

$$DL = \Phi(u_o = 1,4) - \Phi(u_u = -1,4) = 0,91924 - 0,08075 = 0,83848$$

Dies führt unter der Berücksichtigung der beiden Spezifikationsgrenzen USG = 34,172° und OSG = 35,372° für Schwingenwinkel in der Außenstellung zu einer Direktläuferquote von 83,84 %. Somit liegen 16,16 % der montierten Baugruppen außerhalb der Spezifikation.

Obwohl das arithmetische Schließmaß eine Toleranz von $T_a = 4,02°$ aufweist, liegen bei einer Spezifikationsvorgabe von 1,2° mehr als 83 % innerhalb dieser Vorgabe.

Auch hier basiert die berechnete Direktläuferquote auf der Voraussetzung, dass die Schließmaßverteilung einer Normalverteilung entspricht.

Für den praktischen Anwendungsfall in der Durchführung einer analytischen Toleranzanalyse befinden sich im Anhang die notwendigen Arbeitsschritte (Abschn. 15.3) wie auch ein Fließdiagramm (Abschn. 15.2).

8.11   Gegenüberstellung der Ergebnisse für die Toleranzanalysen an der Antriebseinheit für die Außenstellung

Die Ergebnisse der jeweiligen statistischen Toleranzanalyse ergeben für die berechneten Schließmaße einen deutlich kleineren Wert als die Ergebnisse der arithmetischen Toleranzanalyse.

Eine Gegenüberstellung der Ergebnisse zeigt die nachfolgende Tab. 8.8.

An dieser Stelle liegen die Ergebnisse der arithmetischen und der statistischen Toleranzanalyse für die Lage des Schraubpunktes in der Außenstellung des Schwingenarms vor.

In der Beurteilung der Ergebnisse müssen zunächst zwei Aspekte berücksichtigt werden: Erstens ist die Positionsabweichung des Schraubpunktes nicht in X- und Y-Vorgaben spezifiziert, sondern als Positionsabweichung gegenüber dem Bezugssystem. Zweitens ist der Schwingenwinkel $\psi_{a/i}$ eine redundante Qualitätsforderung, welche ausschließlich zur Veranschaulichung der Berechnungsmethodik in dem Forderungskatalog mit aufgenommen wurde.

Von daher soll der Fokus in der Ergebnisbeurteilung auf den beiden Abständen x_{SPa} und y_{SPa} liegen. Diese beiden Ergebnisse repräsentieren die geforderte Positionsabweichung des Schraubpunktes SP zum Bezugssystem von maximal Ø2 mm. Da es sich bei der hier geforderten Positionstoleranzzone um eine zylindrische Zone vom Durchmesser 2 mm handelt, muss von den beiden berechneten Abständen x_{SPa} und y_{SPa} das größere Ergebnis für den Durchmesser der zylindrischen Zone herangezogen werden. Im gegebenen Beispiel ist das y_{SPa} mit $T_a = 6{,}022$ mm. Selbst die statistische Schließmaßtoleranz von $T_s = 4{,}278$ mm ist mehr als doppelt so groß, wie laut Lastenheft gefordert wird.

Würde die Qualitätsanforderung für die Positionsabweichung des Schraubpunktes auf Ø4,3 mm aufgeweitet, dann würde die Forderung unter den angegebenen Einzeltoleranzen prozesssicher realisierbar sein. Aber nur dann.

Quellen und weiterführende Literatur

1. DIN 7186, Blatt 1: Statistische Tolerierung – Begriffe, Anwendungsrichtlinien und Zeichnungsangaben, Beuth-Verlag, Berlin 1974, (zurückgezogen)
2. TGL 19115, Teil 4: Berechnung von Maß- und Toleranzketten – Wahrscheinlichkeitstheoretische Methode, ehem. Verlag für Standardisierung, Leipzig 1983, (zurückgezogen)
3. DIN 7186, Teil 2 (Entwurf): Statistische Tolerierung – Grundlagen für Rechenverfahren, Beuth-Verlag, Berlin 1980, (zurückgezogen)
4. DIN 55350, Teil 33: Begriffe zu Qualitätsmanagement und Statistik – Begriffe der statistischen Prozesslenkung (SPC) – Teil 33, Beuth-Verlag, Berlin, 1993
5. Mannewitz, F.: Statistische Toleranzberechnung – Leitfaden zur systematischen Anwendung, Expert-Verlag, Renningen, 2016
6. DIN ISO 22514-1: Statistische Methoden im Prozessmanagement – Fähigkeit und Leistung – Teil 1: Allgemeine Grundsätze und Begriffe, Beuth-Verlag, Berlin, 2016
7. DIN ISO 22514-2: Statistische Verfahren im Prozessmanagement – Fähigkeit und Leistung – Teil 2: Prozessleistungs- und Prozessfähigkeitskenngrößen von zeitabhängigen Prozessmodellen, Beuth-Verlag, Berlin, 2015
8. VW 01057: Statistische Toleranzberechnung von Maßketten, Volkswagen AG, Konzernnorm, 2002
9. Mannewitz, F.: Baugruppenfunktions- und prozessorientierte Toleranzaufweitung – Teil 1, Die richtige Toleranzfestlegung, Konstruktion, Jahrgang 57, Heft 10, Seite 87–93, 2005
10. Kirschling, G.: Qualitätssicherung und Toleranzen, Springer-Verlag, Berlin, 1988
11. Bosch: Schriftenreihe Qualitätsmanagement in der Bosch-Gruppe, Technische Statistik, Heft Nr. 5: Statistische Tolerierung, 2022
12. VDI 2247: Qualitätsmanagement in der Produktentwicklung, Beuth-Verlag, Berlin, 1994
13. Nowack, H.; Kaiser, B.: Nur scheinbar instabil, Qualität und Zuverlässigkeit, Jahrgang 44, Heft 6, Seite 761–765, 1999
14. Mannewitz, F.: Prozessfähige Tolerierung von Bauteilen und Baugruppen ein Lösungsansatz zur Optimierung der Werkstattfertigung im Informationsverbund zwischen CAD und CAQ, VDI-Fortschrittsberichte, Reihe 20, Nr. 256, 1997

Prozessleistungs- und Prozessfähigkeitskenngrößen

Inhaltsverzeichnis

9.1 Prozessfähigkeitskenngrößen für den X-Abstand des Schraubpunktes SP_a an der Antriebseinheit in der Außenstellung (110-1) 161
9.2 Prozessfähigkeitskenngrößen für den Y-Abstand des Schraubpunktes SP_a an der Antriebseinheit in der Außenstellung (120-1) 163
9.3 Prozessfähigkeitskenngrößen für den Schwingenwinkel ψ_i an der Antriebseinheit in der Außenstellung (130-1) 164
Quellen und weiterführende Literatur 165

Zur Beurteilung/Schätzung der Qualssitätsfähigkeit und der Leistung von industriellen Prozessen hat es in den letzten beiden Jahrzehnten eine Vielzahl von Neuerungen gegeben. Die wesentlichen Beurteilungsaspekte sind die Stabilität von Mittelwert und Varianz bzw. Standardabweichung. Hierbei geht es um deren Konstanz oder ob sie sich systematisch oder zufällig ändern [1].

Die Beurteilung/Schätzung findet anhand von statistischen Kenngrößen statt. Ist ein Prozess instabil, sind die statistischen Kenngrößen P_p, der potenzielle Prozessleistungsindex (engl. performance index), und P_{pk}, als kleinster potenzieller Prozessleistungsindex (engl. minimum performance index). Wenn ein Prozess nachgewiesenermaßen stabil ist, können ihm die Fähigkeitsindizes C_p (engl. process capability index) und C_{pk} (engl. minimum process capability index) zugeordnet werden. Die mathematischen Gleichungen sind die gleichen wie für den entsprechenden Leistungsindex [1]. In den nachfolgenden Betrachtungen wird von stabilen Prozessen ausgegangen.

Zur Ermittlung des Prozessfähigkeitsindex C_p wird ein Referenzmaß für die Prozessstreubreite vorgegeben, die sogenannte „definierte Prozessstreubreite". Die definierte Prozessstreubreite von normalverteilten Merkmalswerten beträgt hierbei 6σ-Einheiten,

F. Mannewitz, *Toleranzanalysen an mehrdimensionalen Maßketten*,
https://doi.org/10.1007/978-3-658-49758-3_9

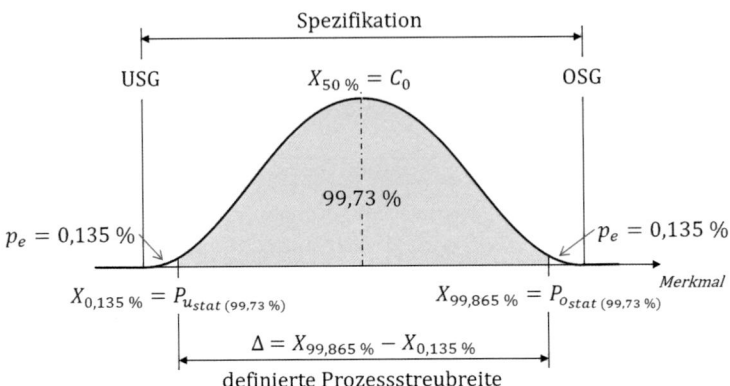

Abb. 9.1 Graphische Darstellung der Verteilungsquantile an einer symmetrischen Schließmaßverteilung.

welche sich gemäß der standardisierten Normalverteilung[1] an der Annahmewahrscheinlichkeit von 99,73002 % orientieren. Somit füllen 8σ-Einheiten die Schließmaßtoleranz aus, wenn die Annahmewahrscheinlichkeit bei einer normalverteilten Schließmaßverteilung 99,9936 % beträgt. Hierbei sollte die berechnete Schließmaßtoleranz der Qualitätsvorgabe entsprechen. Der Prozessfähigkeitsindex C_p lässt sich aus dem Verhältnis der geforderten Schließmaßtoleranz (Spezifikation) zur definierten Prozessstreubreite berechnen, siehe Abb. 9.1.

Ist darüber hinaus der Prozess zentriert, also der Mittelwert μ identisch mit der Qualitätsvorgabenmitte (Spezifikationsmitte), dann ergibt sich für den kleinsten Prozessfähigkeitsindex C_{pk} dieselbe Größenordnung wie C_p. Letzteres gilt nicht für die Betragsverteilungen 1. und 2. Art, denn hier kann durchaus $C_{pk} \geq C_p$ sein. Betragsverteilungen treten, wie bereits erwähnt, bei Form-, Richtungs-, Orts- und Laufabweichungen auf.

Ist ein Prozess nicht normalverteilt, dann ist die definierte Prozessstreubreite ungleich 6σ-Einheiten. Bei nicht normalverteilten Losen müssen die Grenzen der definierten Prozessstreubreite über ein geometrisches Verfahren berechnet werden. Die dabei gesuchten Grenzwerte bzw. Bezugsgrenzwerte sind zum einen das 0,135-%-Verteilungsquantil und zum anderen das 99,865-%-Verteilungsquantil. Der Abstand zwischen diesen beiden Verteilungsquantilen spiegelt die definierte Prozessstreubreite (Streuung Δ) wider.

In der Regel muss das angewandte Berechnungsverfahren zur Ermittlung der Lage und der Streuung mit angegeben werden. In der DIN ISO 22514-2 [1] wird als Symbol $M_{l,d}$ für die Berechnung verwendet. „Der Index l bezieht sich auf eine Gleichung zur Bestimmung des Schätzers für die Lage μ. Der Index d bezieht sich auf eine Gleichung zur Bestimmung des Schätzers für die Streuung Δ." [1]

---

[1] Anm.: Bei der standardisierten Normalverteilung ist μ = 0 und σ = 1.

Die nachfolgenden Ausführungen zur Berechnung der Prozessfähigkeitsindizes beziehen sich zur Berechnung der Lage auf das Verfahren nach Typ $l = 2$. Und die Berechnung der Streuung erfolgt nach Typ $d = 1$. Somit werden zur Bestimmung der Schätzer für die Lage und Streuung die Verfahren $M_{2,1}$ gemäß der DIN ISO 22514-2 [1] angewandt.

Statt des geometrischen Verfahrens kann an dieser Stelle auf den Ergebnissen der statistischen Toleranzanalyse aufgesetzt werden. Hiernach sind die Verteilungsquantile wie folgt:

Das 0,135-%-Verteilungsquantil ist

$$X_{0,135\%} = P_{u_{stat(99,73\%)}}$$

und das 99,865-%-Verteilungsquantil ist

$$X_{99,865\%} = P_{o_{stat(99,73\%)}}$$

Des Weiteren wird ein 50-%-Verteilungsquantil benötigt. Dieses basiert auf den hier vorliegenden Eingangsgrößen der statistischen Toleranzanalyse und entspricht dem Mittenmaß des Schließmaßes, also

$$X_{50\%} = C_0$$

Dies ist so, weil zum einen die Schließmaßverteilung symmetrisch ist und zum anderen das Nennschließmaß N_0 dem Mittenmaß des Schließmaßes C_0 entspricht. Die zuvor beschriebenen Zusammenhänge werden in der nachfolgenden Abb. 9.1 nochmals graphisch veranschaulicht.

Da in dem gegebenen Beispiel der Antriebseinheit von „nachgewiesenermaßen" stabilen Prozessen ausgegangen wird, wird zunächst der Prozessfähigkeitsindex C_p nach der folgenden Gl. (9.1) berechnet.

$$C_p = \frac{\text{Spezifikation}}{\text{definierte Prozessstreubreite}} = \frac{OSG - USG}{X_{99,865\%} - X_{0,135\%}} \tag{9.1}$$

Bei instabilen Prozessen würde ansonsten der potenzielle Prozessleistungsindex P_p bestimmt.

Anschließend wird der untere Prozessfähigkeitsindex C_{pku} und der obere Prozessfähigkeitsindex C_{pko} nach den beiden folgenden Gl. (9.2) und (9.3) berechnet.

$$C_{pk_u} = \frac{X_{50\%} - USG}{X_{50\%} - X_{0,135\%}} \tag{9.2}$$

$$C_{pk_o} = \frac{OSG - X_{50\%}}{X_{99,865\%} - X_{50\%}} \tag{9.3}$$

Das Ergebnis für den kleinsten Prozessfähigkeitsindex C_{pk} ist über die folgende Gl. (9.4) definiert.

$$C_{pk} = min\left(C_{pk_u}, C_{pk_o}\right) \qquad\qquad (9.4)$$

Die hier dargelegten Gleichungen zur Berechnung der Prozessfähigkeitsindizes beziehen sich ausschließlich auf beid- bzw. zweiseitig tolerierte Merkmale.

Die Bestimmungen der beiden jeweiligen Fähigkeitsindizes werden in den nachfolgenden Unterkapiteln für die drei Qualitätsmerkmale an der Antriebseinheit durchgeführt.

Mit der hier ausgeführten Darlegung zur Bestimmung der Prozessfähigkeitsindizes soll an dieser Stelle nochmals die Empfehlung für die Zuordnung des Trapezes als Fertigungsverteilung, welche in Abschn. 8.3 ausgesprochen wurde, inhaltlich ergänzt werden.

Zur ergänzenden Erläuterung soll das Beispiel in der nachfolgenden Tab. 9.1 herangezogen werden. In dieser Tabelle sind im oberen Teil zwei Fertigungsverteilungen (Wahrscheinlichkeitsdichtefunktionen) dargestellt. Zum einen sind dort eine Normal- und eine Trapezverteilung dargestellt. Die Trapezverteilung (Typ I) füllt mit dem Seitenverhältnis von 0,5t das gesamte Toleranzfeld mit t = 1 mm aus. Die schattierte Normalverteilung (Typ II) hingegen weist im Bereich der halben Toleranz bereits 8σ-Einheiten auf. Die ergänzenden Normalverteilungen in der Abbildung der Tabelle sollen den praxisnahen Zustand der Instabilität der Fertigungslage widerspiegeln, so wie es auch in der DIN ISO 22514-2 [1] beschrieben wird. Die in diesem Beispiel dargestellte Mittelwertverschiebung der Normalverteilung kann ±4σ-Einheiten von der Normalverteilung betragen. Die approximierte dargestellte Trapezverteilung erfasst und berücksichtigt diese systematischen Einflüsse.

Hinweis: Die Ergebnisse für die beiden Verteilungsquantile $X_{0,135\%}$ und $X_{99,865\%}$ in der nachfolgenden Tab. 9.1 sind mittels numerischer Faltung berechnet worden.

Die i-te Normalverteilung in Tab. 9.1 variiert seitens des Mittelwertes innerhalb der Bauteiltoleranz von t = 1 mm in einem Bereich von 8σ-Einheiten der Normalverteilung. Diese Verlagerung des Mittelwertes, welche kontinuierlich und/oder sprunghaft sein kann, resultiert aufgrund von systematischen Einflussgrößen innerhalb des Fertigungsprozesses. Die systematischen Einflüsse sind beispielsweise Werkzeugverschleiß sowie Werkzeug- und/oder Chargenwechsel. In diesem Fall lässt sich eine stationäre Normalverteilung nur innerhalb eines gewissen Zeitfensters nachweisen. Je länger der Erfassungszeitraum ist, umso deutlicher wird die Mittelwertverschiebung sichtbar. Damit kann ein auszuwertendes Fertigungslos, welches eine solche Mittelwertverschiebung aufweist, nicht mehr einer stationären Normalverteilung gehorchen. Ist jedoch die Prozesslage (nahezu) konstant, dann liegt, wie bereits erwähnt, eine zeitabhängige Stabilität des Prozesses vor. In der DIN ISO 22514-2 [1] wird dieser Zustand als zeitabhängiges Verteilungsmodell A1 bzw. A2 bezeichnet. Dabei wird das zeitabhängige Verteilungsmodell A1 für beidseitig tolerierte Merkmale herangezogen und A2 für einseitig tolerierte Merkmale.

Tab. 9.1 Gegenüberstellung der Prozessfähigkeitsindizes für die Wahrscheinlichkeitsdichtefunktion einer Normalverteilung mit Mittelwertverschiebung zu einer zentrierten Trapezverteilung

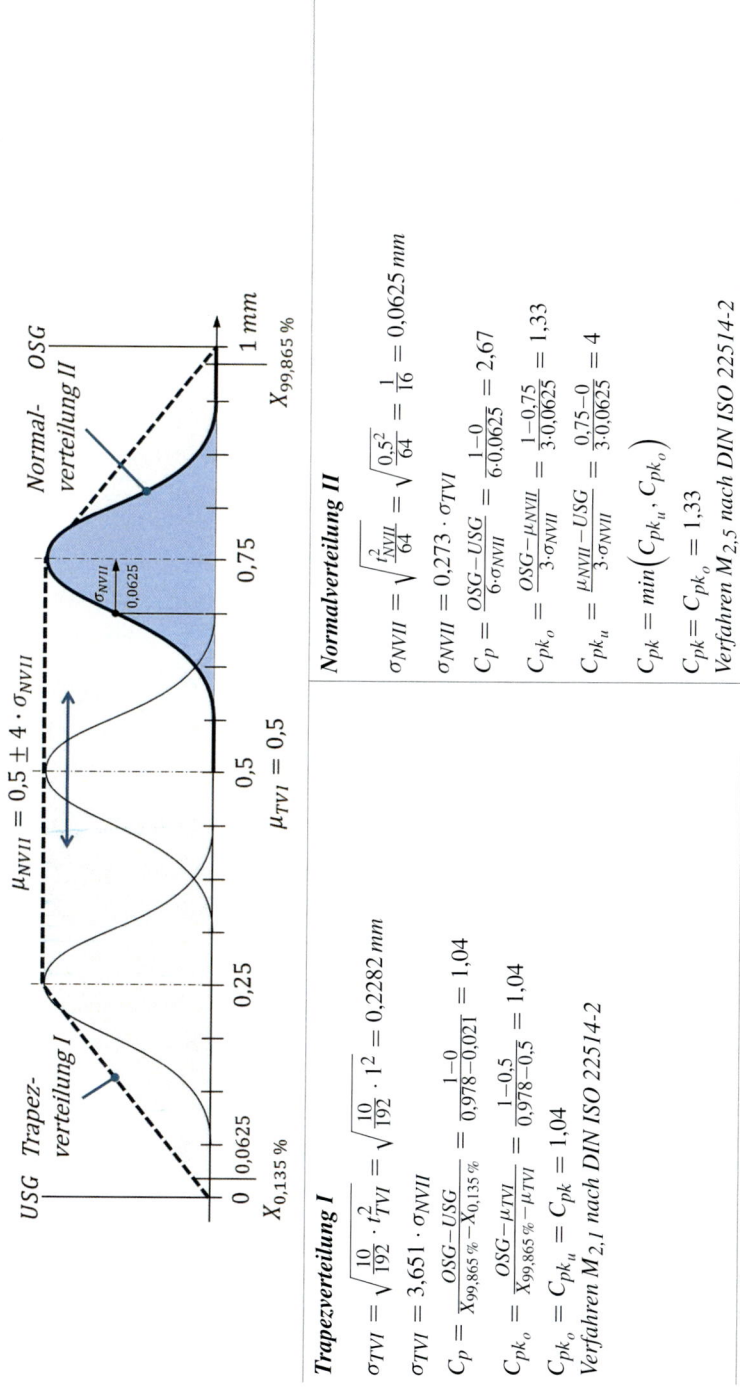

Trapezverteilung I

$$\sigma_{TVI} = \sqrt{\frac{10}{192} \cdot t_{TVI}^2} = \sqrt{\frac{10}{192} \cdot 1^2} = 0{,}2282\ mm$$

$$\sigma_{TVI} = 3{,}651 \cdot \sigma_{NVII}$$

$$C_p = \frac{OSG - USG}{X_{99,865\%} - X_{0,135\%}} = \frac{1 - 0}{0{,}978 - 0{,}021} = 1{,}04$$

$$C_{pk_o} = \frac{OSG - \mu_{TVI}}{X_{99,865\%} - \mu_{TVI}} = \frac{1 - 0{,}5}{0{,}978 - 0{,}5} = 1{,}04$$

$$C_{pk_o} = C_{pk_u} = C_{pk} = 1{,}04$$

Verfahren $M_{2,1}$ nach DIN ISO 22514-2

Normalverteilung II

$$\sigma_{NVII} = \sqrt{\frac{t_{NVII}^2}{64}} = \sqrt{\frac{0{,}5^2}{64}} = \frac{1}{16} = 0{,}0625\ mm$$

$$\sigma_{NVII} = 0{,}273 \cdot \sigma_{TVI}$$

$$C_p = \frac{OSG - USG}{6 \cdot \sigma_{NVII}} = \frac{1 - 0}{6 \cdot 0{,}0625} = 2{,}67$$

$$C_{pk_o} = \frac{OSG - \mu_{NVII}}{3 \cdot \sigma_{NVII}} = \frac{1 - 0{,}75}{3 \cdot 0{,}0625} = 1{,}33$$

$$C_{pk_u} = \frac{\mu_{NVII} - USG}{3 \cdot \sigma_{NVII}} = \frac{0{,}75 - 0}{3 \cdot 0{,}0625} = 4$$

$$C_{pk} = min\left(C_{pk_u}, C_{pk_o}\right)$$

$$C_{pk} = C_{pk_o} = 1{,}33$$

Verfahren $M_{2,5}$ nach DIN ISO 22514-2

Für die Beurteilung der Prozessqualität der beiden Prozesszustände in Tab. 9.1 sind für die Trapezverteilung die Verfahren $M_{2,1}$ und für die Normalverteilung die Verfahren $M_{2,5}$ gemäß der DIN ISO 22514-2 [1] angewandt worden.

Was soll jetzt die Tab. 9.1 verdeutlichen?

Zur Realisierung eines Fertigungsloses mit der beschriebenen Trapezverteilung des Typs I ist eine Standardabweichung von maximal 0,228 mm erforderlich. Diese (große) Standardabweichung erlaubt ein „entfeinertes" Bearbeitungsverfahren. Jedoch ist der Fertiger gezwungen, die Fertigungslage konstant zu halten. Damit ist keine oder nur eine sehr geringe Variation des Mittelwertes erlaubt. In diesem Fall müsste der Fertigungsprozess „Sollwert-orientiert" geregelt werden.

In der Beurteilung des „kurzzeitig" normalverteilten Prozesses vom Typ II darf die Standardabweichung nicht größer als 0,0625 mm sein, also nur 27,3 % gegenüber dem trapezverteilten Prozess. Jedoch hat in diesem Fall die Fertigung die Möglichkeit, den Mittelwert um $\pm 4\sigma$-Einheiten der Normalverteilung zu variieren, ohne dabei die Qualitätsanforderung von $C_{pk} > 1{,}33$ zu verletzen. In diesem Fall könnte der Fertigungsprozess „Toleranz-orientiert" geregelt werden. Fällt die Mittelwertverschiebung geringer aus, erhöht sich automatisch der kleinste Prozessfähigkeitsindex C_{pk}.

Selbstverständlich wird in der Praxis für ein beidseitig toleriertes Merkmal angestrebt, den Fertigungsprozess normalverteilt zu gestalten, jedoch wird dabei, wie bereits erwähnt, über einen längeren Zeitraum die Fertigungslage nicht stationär sein. Das hat zur Folge, dass ein genaueres Bearbeitungsverfahren als eigentlich erforderlich eingesetzt werden sollte, mit der Möglichkeit, einen gewissen Bereich des Toleranzfeldes für die Variation des Mittelwertes bereitzustellen. D. h., je größer der Prozessfähigkeitsindex ist, umso extremer darf die Mittelwertverschiebung sein.

Einfach ausgedrückt heißt das:

- Entweder ein grober Prozess, welcher von der Prozesslage stationär sein muss oder
- ein sehr genauer Prozess, welcher von der Prozesslage variabel sein kann.

Letzteres bildet die Trapezverteilung (Typ I) sehr gut ab. Alternative Verteilungen sind mit der Trapez II und Trapez III in Tab. 8.2, Abschn. 8.3 gegeben. Eine Gegenüberstellung der möglichen Anforderungen an die Prozessfähigkeitsindizes zeigt die Tab. 9.2. Die Berechnungsbasis bildet hierbei die Normalverteilung von Typ II, weil diese der allgemeinen Forderung innerhalb der Serienfertigung entspricht.

Tab. 9.2 Gegenüberstellung der möglichen Anforderungen an die Prozessfähigkeitsindizes bei Vorliegen von trapezverteilten Fertigungslosen

Verteilung	Standardabweichung σ_{NVII} der NV	Mittelwertverschiebung der NV	C_p	C_{pk}
Trapez I	$\frac{1}{16} \cdot t$	$\pm 4 \cdot \sigma_{NVII}$	2,67	1,33
Trapez II	$\frac{1}{12} \cdot t$	$\pm 2 \cdot \sigma_{NVII}$	2	1,33
Trapez III	$\frac{1}{10} \cdot t$	$\pm \sigma_{NVII}$	1,67	1,33

9.1 Prozessfähigkeitskenngrößen für den X-Abstand des Schraubpunktes SP$_a$ an der Antriebseinheit in der Außenstellung (110-1)

Die Anforderung an den X-Abstand des Schraubpunktes SP$_a$ lautet 208,036 $\pm$ 1 mm. Hieraus resultieren die beiden Spezifikationsgrenzen OSG = 209,036 mm und USG = 207,036 mm.

Zur Berechnung der Fähigkeitsindizes werden des Weiteren die beiden Verteilungsquantile $X_{0,135\,\%}$ und $X_{99,865\,\%}$ benötigt. Diese entsprechen den jeweiligen statistischen Mindest- und Höchstschließmaßen für eine Annahmewahrscheinlichkeit von P_a = 99,73002 %. Hierfür werden in einem Zwischenschritt zunächst die statistische Schließmaßtoleranz und anschließend die Mindest- und Höchstschließmaße berechnet. Der dafür benötigte Korrekturfaktor g ist aus Tab. 8.4 für die entsprechende Annahmewahrscheinlichkeit und die Maßkettengliederanzahl k entnommen.

Basierend auf dem Ergebnis der quadratischen Schließmaßtoleranz gemäß Abschn. 8.8 berechnet sich die modifizierte quadratische Schließmaßtoleranz in Abhängigkeit der Annahmewahrscheinlichkeit P_a und der Maßkettengliederanzahl k zu:

$$T_{q_{mod}(99,73\,\%)} = g \cdot T_q = 1,306 \cdot T_q = 1,306 \cdot 2,0082 = 2,6227 \; mm \tag{9.5}$$

Aus diesem Ergebnis können jetzt die beiden statistischen Höchst- und Mindestschließmaße berechnet werden. Zunächst das Höchstschließmaß:

$$P_{o_{stat}(99,73\,\%)} = C_0 + \frac{T_{q_{mod}(99,73\,\%)}}{2} \tag{9.6}$$

$$P_{o_{stat}(99,73\,\%)} = 208,036 + \frac{2,6227}{2} = 209,3473 \; mm$$

Und anschließend das Mindestschließmaß:

$$P_{u_{stat}(99,73\,\%)} = C_0 - \frac{T_{q_{mod}(99,73\,\%)}}{2} \tag{9.7}$$

$$P_{u_{stat}(99,73\,\%)} = 208,036 - \frac{2,6227}{2} = 206,7246 \; mm$$

Mit diesen Eingangsgrößen kann zunächst der Prozessfähigkeitsindex berechnet werden.

$$C_p = \frac{OSG - USG}{X_{99,865\%} - X_{0,135\%}} \tag{9.8}$$

$$C_p = \frac{OSG - USG}{P_{o_{stat(99,73\%)}} - P_{u_{stat(99,73\%)}}} = \frac{209{,}036 - 207{,}036}{209{,}3473 - 206{,}7246} = 0{,}76 \tag{9.9}$$

Anschließend wird der untere und obere Prozessfähigkeitsindex berechnet. Hierfür wird das 50-%-Verteilungsquantil benötigt. Da in diesem Beispiel das Mittenmaß des Schließmaßes dem 50-%-Verteilungsquantil entspricht, ist

$$X_{50\%} = C_0 = 208{,}036 \, mm$$

.

Jetzt kann zunächst der untere Prozessfähigkeitsindex berechnet werden.

$$C_{pk_u} = \frac{X_{50\%} - USG}{X_{50\%} - X_{0,135\%}} \tag{9.10}$$

$$C_{pk_u} = \frac{C_0 - USG}{C_0 - P_{u_{stat(99,73\%)}}} = \frac{208{,}036 - 207{,}036}{208{,}036 - 206{,}7246} = 0{,}76 \tag{9.11}$$

Die zweite Berechnung, welche benötigt wird, um den kleinsten Prozessfähigkeitsindex zu bestimmen, erfordert noch den oberen Prozessfähigkeitsindex. Dieser berechnet sich zu:

$$C_{pk_o} = \frac{OSG - X_{50\%}}{X_{99,865\%} - X_{50\%}} \tag{9.12}$$

$$C_{pk_o} = \frac{OSG - C_0}{P_{o_{stat(99,73\%)}} - C_0} = \frac{209{,}036 - 208{,}036}{209{,}3473 - 208{,}036} = 0{,}76 \tag{9.13}$$

Aufgrund der symmetrischen Lage des Schließmaßmittelwertes gegenüber der Spezifikation sind die beiden Ergebnisse für den unteren und oberen Prozessfähigkeitsindex gleich groß.

Damit ist der gesuchte kleinste Prozessfähigkeitsindex

$$C_{pk} = 0{,}76$$

.

Die Anforderungen an die Prozessfähigkeitsindizes C_p und C_{pk} sind jeweils > 1,33.

Das Ergebnis der Prozessfähigkeitsanalyse zeigt, dass das Schließmaß des X-Abstandes des Schraubpunktes SP_a an der Antriebseinheit in der Außenstellung weder prozessfähig ist ($C_p = 0{,}76$), noch beherrscht wird ($C_{pk} = 0{,}76$)!

9.2   Prozessfähigkeitskenngrößen für den Y-Abstand des Schraubpunktes SP$_a$ an der Antriebseinheit in der Außenstellung (120-1)

Die Anforderung an den Y-Abstand des Schraubpunktes SP$_a$ lautet 104,18 $\pm$ 1 mm. Hieraus resultieren die beiden Spezifikationsgrenzen OSG = 105,18 mm und USG = 103,18 mm.

Zunächst wird wieder die Zwischenrechnung zur Bestimmung der beiden statistischen Höchst- und Mindestschließmaße durchgeführt.

Basierend auf dem Ergebnis der quadratischen Schließmaßtoleranz gemäß Abschn. 8. 9 berechnet sich die modifizierte quadratische Schließmaßtoleranz zu:

$$T_{q_{mod(99,73\,\%)}} = g \cdot T_q = 1{,}306 \cdot T_q = 1{,}306 \cdot 2{,}6428 = 3{,}4515 \; mm \qquad (9.14)$$

Aus diesem Ergebnis können jetzt wieder die beiden statistischen Höchst- und Mindestschließmaße berechnet werden. Zunächst das Höchstschließmaß:

$$P_{o_{stat(99,73\,\%)}} = C_0 + \frac{T_{q_{mod(99,73\,\%)}}}{2} \qquad (9.15)$$

$$P_{o_{stat(99,73\,\%)}} = 104{,}18 + \frac{3{,}4515}{2} = 105{,}9057 \, mm$$

Und anschließend das Mindestschließmaß:

$$P_{u_{stat(99,73\,\%)}} = C_0 - \frac{T_{q_{mod(99,73\,\%)}}}{2} \qquad (9.16)$$

$$P_{u_{stat(99,73\,\%)}} = 104{,}18 - \frac{3{,}4515}{2} = 102{,}4542 \, mm$$

Mit diesen Eingangsgrößen kann jetzt wieder der Prozessfähigkeitsindex berechnet werden.

$$C_p = \frac{OSG - USG}{P_{o_{stat(99,73\,\%)}} - P_{u_{stat(99,73\,\%)}}} = \frac{105{,}18 - 103{,}18}{105{,}9057 - 102{,}4542} = 0{,}58 \qquad (9.17)$$

Anschließend wird mittels des 50-%-Verteilungsquantils

$$X_{50\,\%} = C_0 = 104{,}18 \, mm$$

der untere Prozessfähigkeitsindex berechnet.

$$C_{pk_u} = \frac{C_0 - USG}{C_0 - P_{u_{stat(99,73\,\%)}}} = \frac{104{,}18 - 103{,}18}{104{,}18 - 102{,}4542} = 0{,}58 \qquad (9.18)$$

Aufgrund der symmetrischen Lage des Schließmaßmittelwertes gegenüber der Spezifikation ist die Berechnung des oberen Prozessfähigkeitsindex nicht mehr notwendig, da bei mittiger Lage $C_{pku} = C_{pko}$ ist.

Damit ist der gesuchte kleinste Prozessfähigkeitsindex

$$C_{pk} = 0{,}58$$

Auch diese Prozessfähigkeitsanalyse zeigt, dass das Schließmaß des Y-Abstandes des Schraubpunktes SP_a weder prozessfähig ist ($C_p = 0{,}58$), noch beherrscht wird ($C_{pk} = 0{,}58$)!

9.3   Prozessfähigkeitskenngrößen für den Schwingenwinkel ψ_i an der Antriebseinheit in der Außenstellung (130-1)

Die Anforderung an den Schwingenwinkel ψ_i lautet $34{,}772° \pm 0{,}6°$. Hieraus resultieren die beiden Spezifikationsgrenzen $OSG = 35{,}372°$ und $USG = 34{,}172°$.

Zunächst wird wieder die Zwischenrechnung zur Bestimmung der beiden statistischen Höchst- und Mindestschließmaße durchgeführt.

Basierend auf dem Ergebnis der quadratischen Schließmaßtoleranz gemäß Abschn. 8.10 berechnet sich die modifizierte quadratische Schließmaßtoleranz zu:

$$T_{q_{mod}(99{,}73\,\%)} = g \cdot T_q = 1{,}287 \cdot T_q = 1{,}287 \cdot 1{,}8563 = 2{,}3891° \qquad (9.19)$$

Hier hat sich der Korrekturfaktor g gegenüber den zuvor durchgeführten Berechnungen geändert, weil sich die Maßkettengliederanzahl auf $k = 5$ verringert hat.

Mit dem Ergebnis der modifizierten quadratischen Schließmaßtoleranz können jetzt wieder die beiden statistischen Höchst- und Mindestschließmaße berechnet werden. Zunächst das Höchstschließmaß:

$$P_{o_{stat}(99{,}73\,\%)} = C_0 + \frac{T_{q_{mod}(99{,}73\,\%)}}{2} \qquad (9.20)$$

$$P_{o_{stat}(99{,}73\,\%)} = 34{,}772 + \frac{2{,}3891}{2} = 35{,}9665°$$

Und anschließend das Mindestschließmaß:

$$P_{u_{stat}(99{,}73\,\%)} = C_0 - \frac{T_{q_{mod}(99{,}73\,\%)}}{2} \qquad (9.21)$$

$$P_{u_{stat}(99{,}73\,\%)} = 34{,}277 - \frac{2{,}3891}{2} = 33{,}5774°$$

Mit diesen Eingangsgrößen kann jetzt wieder der Prozessfähigkeitsindex berechnet werden.

$$C_p = \frac{OSG - USG}{P_{o_{stat(99,73\,\%)}} - P_{u_{stat(99,73\,\%)}}} = \frac{35,372 - 34,172}{35,9665 - 33,5774} = 0,50 \qquad (9.22)$$

Anschließend wird mittels des 50-%-Verteilungsquantils

$$X_{50\,\%} = C_0 = 34,772°$$

der untere Prozessfähigkeitsindex berechnet.

$$C_{pk_u} = \frac{C_0 - USG}{C_0 - P_{u_{stat(99,73\,\%)}}} = \frac{34,772 - 34,172}{34,772 - 33,5774} = 0,50 \qquad (9.23)$$

Aufgrund der symmetrischen Lage des Schließmaßmittelwertes gegenüber der Spezifikation erübrigt sich auch hier die Berechnung des oberen Prozessfähigkeitsindex.

Damit ist der gesuchte kleinste Prozessfähigkeitsindex

$$C_{pk} = 0,50$$

.

Auch diese Prozessfähigkeitsanalyse zeigt, dass der Schwingenwinkel ψ_i weder prozessfähig ist ($C_p = 0,50$), noch beherrscht wird ($C_{pk} = 0,50$)!

Die Ergebnisse der sehr geringen Prozessfähigkeitsindizes unterstreichen die Diskrepanz zwischen der arithmetischen $T_a = 4,02°$ wie auch der statistischen Schließmaßtoleranz $T_s = 2,92°$ gegenüber der geforderten Spezifikation von 1,2°.

Mit anderen Worten, die Fertigungstoleranzen der betreffenden Bauteile sind hinsichtlich der Anforderungen, welche an die Antriebseinheit gestellt werden, deutlich zu groß.

Eine mögliche Maßnahme wäre, die Anforderungen an die Fertigungsqualitäten anzupassen. Das würde beispielsweise für die Anforderung an den Schwingenwinkel ψ_i bedeuten, dass die Vorgabe von $\pm$ 0,6° auf $\pm$ 1,6° aufzuweiten wäre. Für diesen Fall wäre der Prozess fähig und auch beherrscht.

Quellen und weiterführende Literatur

1. DIN ISO 22514-2: Statistische Verfahren im Prozessmanagement – Fähigkeit und Leistung – Teil 2: Prozessleistungs- und Prozessfähigkeitskenngrößen von zeitabhängigen Prozessmodellen, Beuth-Verlag, Berlin, 2015

Toleranzanalyse der Antriebseinheit in Außenstellung mittels Programmsystem

Inhaltsverzeichnis

10.1 Toleranzanalyse mit dem Programmsystem simTOL®............................ 168
    10.1.1 Arbeitsschritte bei der Anwendung von simTOL® 168
    10.1.2 Schließmaßberechnung mittels Faltung................................. 171
    10.1.3 Faltungsprozess als analytische Lösung 174
    10.1.4 simTOL®-Toleranzanalyseergebnisse für die drei Qualitätsanforderungen 180
10.2 Toleranzanalyse mit dem Programmsystem 3DCS 180
    10.2.1 Arbeitsschritte bei der Anwendung von 3DCS 183
    10.2.2 Schließmaßverteilung mittels Monte-Carlo-Simulation 184
    10.2.3 Von der Simulation zur statistischen Schließmaßtoleranz.................. 186
    10.2.4 Geometriefaktorenermittlung in 3DCS 189
    10.2.5 3DCS-Toleranzanalyseergebnisse für die drei Qualitätsanforderungen 190
10.3 Gegenüberstellung der Toleranzanalyseergebnisse aus den verschiedenen
    Analyse-Verfahren für die Außenstellung 192
Quellen und weiterführende Literatur... 196

In diesem Kapitel werden die drei Qualitätsmerkmale an der Antriebseinheit in der Außenstellung mithilfe von zwei verschiedenen am Markt existierenden Toleranzanalyse-Programmsystemen berechnet. Die beiden Programmsysteme sind zum einen simTOL® und zum anderen 3DCS.

F. Mannewitz, *Toleranzanalysen an mehrdimensionalen Maßketten*,
https://doi.org/10.1007/978-3-658-49758-3_10

10.1   Toleranzanalyse mit dem Programmsystem simTOL®

Das Programmsystem simTOL®[1] ist eine PC-basierte Softwarelösung zur arithmetischen und statistischen Toleranzanalyse von Maßketten.

Der Programmentwickler[2] der Software schreibt hierzu:

„simTOL® ist eine Softwarelösung für arithmetische und statistische Toleranzanalysen. Sie unterstützt bei der Vergabe größtmöglicher Einzelteiltoleranzen mit dem Ziel, (kritische) Baugruppenfunktionen prozesssicher einhalten zu können.

Mithilfe von simTOL® ist jeder Entwickler und Konstrukteur in der Lage, schnell und sicher statistische Toleranzanalysen selbst durchzuführen. Die Sicherheit in der Ausführung von statistischen Toleranzanalysen wird durch einfache Bedienbarkeit und integrierte Assistenten erzielt. Diese unterstützen den Anwender bei der Integration von geometrischen Toleranzen (Form, Richtung, Ort und Lauf), der richtigen Anwendung von Normen für Allgemeintoleranzen und der Ermittlung von Wirkkoeffizienten bzw. Geometriefaktoren bei nichtlinearen 2D-/3D-Maßketten. simTOL® weist vielfältige Ergebnisse aus, die Aufschluss darüber geben, ob eine gewünschte bzw. erforderliche Zielvorgabe an der Baugruppenfunktion erreicht werden kann. Prägnante Kenngrößen wie der Erfüllungsgrad bzw. Gutanteil in Prozent oder erreichbare Prozessfähigkeitskenngrößen wie C_p und C_{pk} lassen eine zuverlässige Beurteilung dessen zu. Ferner wird analysiert, welches die relevanten Beitragsleister sind und wo potenzielle Risiken bestehen. So kann der Anwender erkennen, ob und welche Maßnahmen zur optimalen Zielerreichung erforderlich sind. Dadurch ergeben sich umfangreiche Möglichkeiten zur Risikovermeidung und Kostenreduktion – nicht nur in der Entwicklung, sondern auch in der Werkzeugerstellung und Produktion. Die Berechnungsergebnisse werden in verschiedenen standardisierten und klar verständlichen Protokollen ausgewiesen und können mit minimalem manuellen Aufwand zu einem strukturierten Bericht zusammengefasst werden. Die visuellen Darstellungen helfen, die Ergebnisse der Toleranzanalysen zu interpretieren und zu kommunizieren.

Die Software simTOL® ist bereits seit vielen Jahren bei zahlreichen namhaften Unternehmen in den unterschiedlichsten Branchen im Einsatz und hat schon viele begeisterte Anwender gefunden. Hierbei unterstützt simTOL® den Anwender, die Produktqualität zu verbessern und die Kosten zu senken." [1]

10.1.1 Arbeitsschritte bei der Anwendung von simTOL®

Eine grobe Beschreibung der Arbeitsschritte ist in der nachfolgenden Tab. 10.1 erfasst.

---

[1] Verwendete simTOL®-Version: 5.6.0.5

[2] Entwickler und Vertriebler des Programmsystems simTOL® ist die casim GmbH & Co. KG, Kassel

Tab. 10.1 Arbeitsschritte bei der Anwendung von simTOL®

Arbeitsschritt	Vorleistung	Eingabe in simTOL®	Programmergebnis
1	Definition Q-Merkmal		
2	CAD-Daten sichten		
3	*Klärung:* Bauteile, Betriebsmittel		
4	Geometriefaktoren bestimmen		
5		*Parametereingabe der Maßkettenglieder:* Benennung/Bezeichnung, Nennmaß, Grenzabmaße, Geometriefaktor bzw. Richtungskoeffizient, Fertigungsverteilung	
6		*Vorgabe:* Annahmewahrscheinlichkeit, Spezifikationsgrenzen	
7			*Berechnung:* Arithmetisches Schließmaß, statistisches Schließmaß, Direktläuferquote (Gutanteil), arithmetische Beitragsleister, statistische Beitragsleister, Prozessfähigkeitsindex, kleinster Prozessfähigkeitsindex
8			Dokumentation

Der Arbeitsschritt 4 in Tab. 10.1 zeigt, dass bei der Anwendung von simTOL® der Anwender die Geometriefaktoren der betreffenden Maßkettenglieder eigenständig, beispielsweise nach dem Variationsverfahren, ermitteln muss.

Im Arbeitsschritt 5 ist das Programmsystem geöffnet. Hier können, wie Abb. 10.1 zeigt, über die Eingabemaske sukzessive die Maßkettengliedbenennung, das Nennmaß, die Toleranz bei GPS-Tolerierung, das obere und das untere Grenzabmaß, die Fertigungsverteilung sowie der Geometriefaktor eingegeben werden. Hierbei verfügt simTOL® über verschiedene unterstützende Assistenzfunktionen.

Die parametrisierten Maßkettenglieder werden dabei direkt in tabellierter Form erfasst und dokumentiert, wie Abb. 10.2 zeigt.

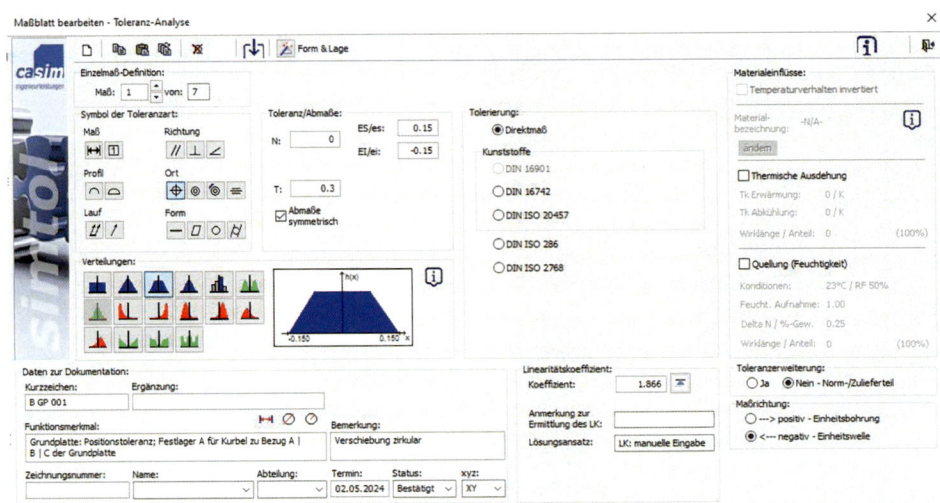

Abb. 10.1 Toleranzanalyse Programmsystem simTOL®: Eingabemaske für die betreffenden Maßkettenglieder

| Nr. | Kurzzeichen | Funktionsmerkmal | Koeff. | Nennmaß | Toleranzparameter | | | | | |
| | | | | | Abmaß | | VT | Para1 | Para2 | x,y,z |
					ES/es	EI/ei				
1	BGP001	Grundplatte: Positionstoleranz; Festlager A für Kurbel zu Bezug A | B | C der Grundplatte	-1.866	0.000	0.150	-0.150	TV	0.250	0.750	XY
2	BGP003	Grundplatte: Positionstoleranz; Festlager B für Schwinge zu Bezug A | B | C der Grundplatte	+2.821	0.000	0.200	-0.200	TV	0.250	0.750	XY
3	BKUR001	Kurbel (Kurbel a): Positionstoleranz; Gelenkpunkt D für Koppelstange zu Bezug A | B | C der Kurbel	+1.866	0.000	0.200	-0.200	TV	0.250	0.750	XY
4	BKOP001	Koppelstange (Koppelstange b): Positionstoleranz; Gelenkpunkt C für Schwinge zu Bezug A | B | C der Koppelstange	-1.866	0.000	0.300	-0.300	TV	0.250	0.750	XY
5	BSCHW001	Schwinge (Schwinge c); Positionstoleranz; Gelenkpunkt C zu Bezug A | B | C der Schwinge	-1.044	0.000	0.300	-0.300	TV	0.250	0.750	XY
6	BSCHW002	Schwinge (Schwingenarm e); Positionstoleranz; Schraubpunkt SP zu Bezug A | B | C der Schwinge	+0.822	0.000	0.300	-0.300	TV	0.250	0.750	XY
7	BSCHW003	Schwinge; Abstandsmaß; Nominalabstand Schraubpunkt SP zu Tertiärbezug C der Grundplatte in der Außenstellung	+1.000	208.036	---	---	---	---	---	---

Abb. 10.2 Toleranzanalyse Programmsystem simTOL®: Protokollausschnitt für die Eingabeparameter des X-Abstandes des Schraubpunktes SP_a in der Außenstellung (110-1)

simTOL® berechnet das Nennschließmaß N_0 einer nichtlinearen Maßkette auf Basis des „vollständigen Differenzials" 1. Ordnung als Funktion von k Variablen (Maßkettengliedern) [1]. Bei der Linearisierung der Maßkettenfunktion geht es um die geringe Änderung der Variable gegenüber der Koordinatenänderung, also um die Relativkoordinaten Δx

und Δy, bezogen auf den Arbeitspunkt P, wie Gl. (10.1) zeigt.

$$\Delta y = f'(x_0) \cdot \Delta x = f'(x_0) \cdot (x_0 - x) \qquad (10.1)$$

Die Linearisierung erfasst damit ausschließlich die Toleranzen und nicht die Nennmaße einer Maßkette. Von daher ist bei der Anwendung von simTOL® die Eingabe der Nennmaße bei der Berechnung einer nichtlinearen Maßkette nicht notwendig, siehe Spalte Nennmaß in Abb. 10.2. Damit jedoch das Nennschließmaß der Konstruktionslage entspricht, kann ein zusätzliches TED-Maß in die Maßkette aufgenommen werden, welches dem Nennschließmaß N_0 entspricht, siehe Maß Nr. 7 (BSCHW003) mit 208,036 mm in Abb. 10.2. Dieses positiv anzusetzende TED-Maß ist notwendig, um anschließend auch die Direktläuferquote bzw. den Erfüllungsgrad entsprechend der Spezifikation berechnen zu können.

simTOL® berechnet die Schließmaßverteilung mit dem Lösungsansatz der Faltung. Daher soll die Faltung von Funktionen im nachfolgenden Unterkapitel erörtert werden.

10.1.2 Schließmaßberechnung mittels Faltung

Die Addition von unabhängigen Zufallsvariablen wird Faltung (engl. convolution) genannt. Die Faltung ermöglicht die Gewinnung der Verteilungsfunktion einer Summe von unabhängigen Zufallsvariablen aus den bekannten Verteilungsfunktionen der Summanden. Dabei können die Verteilungsfunktionen der Summanden unterschiedlicher Art sein. Das Ergebnis einer solchen Faltungsoperation ist die Verteilungsfunktion dieser Überlagerung, das sogenannte Faltungsprodukt. Die Faltung beinhaltet somit die Überführung zweier Dichtefunktionen in eine neue resultierende Dichtefunktion.

Die Faltung gehört zu den grundlegenden Operationen in der digitalen Signalverarbeitung. Hierdurch findet die Faltung im täglichen Gebrauch vielerlei Anwendungen, beispielsweise bei Übertragungssystemen wie Mobilfunk, Netzwerksystemen oder Bussystemen als „digitaler Filter". Hierbei ermöglicht die Faltung, die Kombination aus zwei Signalen $f_1(t)$ und $f_2(t)$ zu bestimmen, welche das Ausgangssignal $g(t)$ eines Systems bildet.

Aber auch in der statistischen Toleranzanalyse ist die Faltung ein wichtiges Hilfsmittel. Insbesondere wegen der Flexibilität der Eingangsfunktionen sowie der hohen Genauigkeit hinsichtlich der ermittelten Schließmaßverteilung, die mit diesem Verfahren erzielt werden kann.

In der Praxis wird zur Faltung das Faltungsintegral nach Gl. (10.2), auch als „Faltungssatz" bezeichnet, angewandt. Üblich ist auch die Ausdrucksweise: Die Eingangsfunktion $f_1(t)$ wird mit der Impulsantwortfunktion $f_2(t)$ eines Systems gefaltet. Mit der Schreibweise: $f_1(t) * f_2(t)$ [gesprochen: $f_1(t)$ gefaltet mit $f_2(t)$ oder $f_1(t)$ „Stern" $f_2(t)$].

$$g(t) = f_1(t) * f_2(t) = \int\limits_{-\infty}^{\infty} f_1(u) \cdot f_2(t-u)du \qquad (10.2)$$

Gemäß der Gl. (10.2) entspricht die Dichtefunktion der Summe der Faltung der Dichtefunktionen der einzelnen Summanden [2].

Für die Anwendung des Faltungsintegrals gilt es zunächst, die Variablen zu verändern. So wird $f_1(t)$ durch $f_1(u)$ und $f_2(t)$ durch $f_2(u)$ ersetzt. Der Variablenname t wird ersetzt, weil die Ausgangsfunktion an der Stelle t berechnet werden soll. Anschließend wird die Dichtefunktion (Impulsantwortfunktion) $f_2(u)$ an der y-Achse gespiegelt, sprich gefaltet. So wird diese Dichtefunktion zu $f_2(-u)$. Wenn jetzt diese gespiegelte Dichtefunktion $f_2(-u)$ auf der t-Achse (Abszisse) verschoben wird, ergibt sich hieraus $f_2(t-u)$. Jetzt können die Eingangsfunktion $f_1(u)$ und die Impulsantwortfunktion $f_2(t-u)$ multipliziert werden. Der Funktionswert der Ausgangsfunktion g(t) an der Stelle t wird bestimmt, indem das Produkt über sämtliche u von $-\infty$ bis ∞ integriert wird [3].

Für die Anwendung des Faltungsintegrals gelten die folgenden drei Rechenregeln [4]: Zunächst das Kommutativgesetz nach Gl. (10.3). Hiernach können die Eingangsfunktion $f_1(t)$ und die Impulsantwortfunktion $f_2(t)$ vertauscht werden.

$$f_1(t) * f_2(t) = f_2(t) * f_1(t) \qquad (10.3)$$

Nach dem Assoziativgesetz nach Gl. (10.4) werden bei drei zu faltenden Funktionen zunächst zwei Funktionen miteinander gefaltet und das hierdurch entstehende Faltungsprodukt wird anschließend mit der verbleibenden dritten Funktion gefaltet.

$$\left[f_1(t) * f_2(t)\right] * f_3(t) = f_1(t) * \left[f_2(t) * f_3(t)\right] \qquad (10.4)$$

Nach dem Distributivgesetz nach Gl. (10.5) ist das Faltungsprodukt einer Funktion $f_1(t)$ mit der Summe der Funktionen $f_2(t)$ und $f_3(t)$ gleich der Summe der beiden Faltungsprodukte $f_1(t) * f_2(t)$ und $f_1(t) * f_3(t)$.

$$f_1(t) * \left[f_2(t) + f_3(t)\right] = f_1(t) * f_2(t) + f_1(t) * f_3(t) \qquad (10.5)$$

Die Faltung bietet sich zur Bestimmung der resultierenden Dichtefunktion eines Schließmaßes aus der Überlagerung der Dichtefunktionen der Maßkettenglieder sehr gut an. Zum einen, weil es ein sehr exaktes Verfahren ist, und zum anderen, weil beliebige Dichtefunktionen gefaltet werden können. Die Anzahl der zu überlagernden Dichtefunktionen ist hierbei unerheblich, sie spiegelt sich ausschließlich in der Rechenzeit bzw. dem Rechenaufwand wider.

Für die Maßkettenberechnung einer Welle-Nabe-Verbindung ist die Anwendung des Faltungsintegrals wie folgt: Die Dichtefunktion (Eingangsfunktion) $f_1(t)$, also die Fertigungsverteilung des Wellendurchmessers, wird mit der Dichtefunktion (Impulsantwortfunktion) $f_2(t)$, also der Fertigungsverteilung des Nabendurchmessers, gefaltet. Oder

gemäß des Kommutativgesetzes auch andersherum. Hieraus resultiert die Schließmaß-
dichtefunktion (Ausgangsfunktion) g(t) der radialen Passung.

Die Lösung des Faltungsintegrals nach Gl. (10.2) stellt sich kompliziert dar. Daher
soll die Wirkungsweise des Faltungsintegrals nachfolgend zunächst in graphischer Form
diskutiert werden. Hierfür werden, wie in Abb. 10.3 gezeigt, zwei gleich- bzw. rechteckig
verteilte Dichtefunktionen miteinander gefaltet. Das Faltungsintegral wird dabei auf dem
folgenden Wege graphisch gelöst. Die gefaltete Funktion $f_2(t-u)$ wird, wie Abb. 10.3
unten links zeigt, um ein bestimmtes „t" auf der Abszisse nach rechts verschoben. Hiernach wird die Größe der Fläche unter den beiden Verteilungskurven bestimmt, d. h., es
wird die überlagerte Fläche beider Verteilungen ermittelt. Diese entspricht der jeweils
dunkelgrau schattierten Fläche. Der Vorgang wird sukzessive für alle t wiederholt. Die
sich dabei für jede Stelle t ergebende Flächengröße ist gleich dem Faltungsintegral an
dieser Stelle t.

Das Faltungsintegral nach Gl. (10.2) darf ausschließlich zur Ermittlung der Summen-
verteilung von G = X + Y angewandt werden. D. h., die beiden zu überlagernden
Funktionen bzw. Fertigungsverteilungen dürfen nur addiert werden. Für die Maßkettenberechnung heißt das, dass Faltungsintegral nach Gl. (10.2) darf ausschließlich für lineare
Maßketten angewandt werden.

Wenn jedoch eine Linearisierung für eine nichtlineare Maßkette vorgenommen wird
oder eine alternative Methode zur Ermittlung der Geometriefaktoren bzw. Linearitätskoeffizienten (partielle Differenzialquotienten) durchgeführt wird, dann kann der Lösungsansatz der Faltung um die ermittelten Geometriefaktoren erweitert und damit auch genutzt
werden. Hierbei wird die Verteilung eines Maßkettengliedes in der Abszissenspannweite

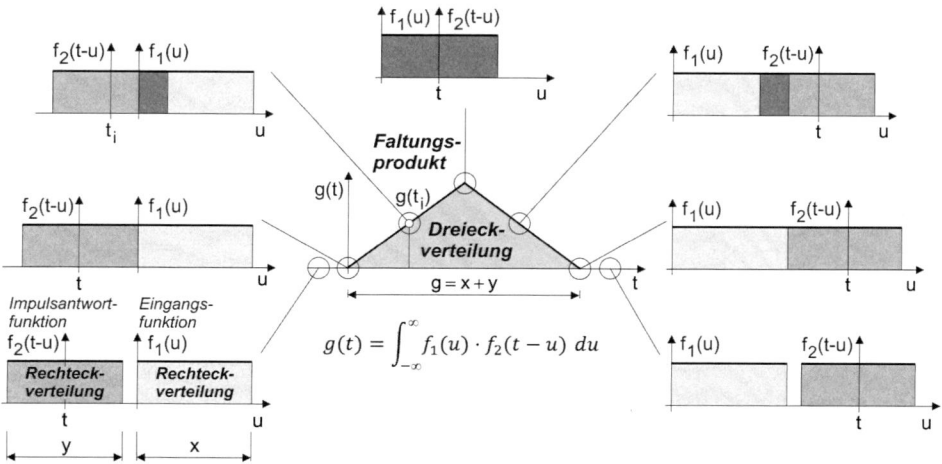

Abb. 10.3 Faltungsoperation zweier rechteckig verteilter Dichtefunktionen mit gleich großer
Spannweite (Toleranz) in Anlehnung an [5]

vor der Faltungsoperation mit dem jeweiligen Geometriefaktor multipliziert. D. h., eine Verteilung mit einem Geometriefaktor $\alpha_i < 1$ wird in Abszissenrichtung gestaucht und bei $\alpha_i > 1$ wird die Verteilung gestreckt.

10.1.3 Faltungsprozess als analytische Lösung

In der analytischen Lösung des Faltungsintegrals werden die beiden zu überlagernden Funktionen zunächst multipliziert und anschließend über sämtliche u von $-\infty$ bis ∞ integriert.

Zur Erörterung der analytischen Lösung des Faltungsintegrals soll nachfolgend die Ausgangsfunktion g(t) für die beiden stetigen Rechteckfunktionen (Gleichverteilungen) $f_1(t)$ und $f_2(t)$ nach Abb. 10.4 bestimmt werden.

Die nachfolgende Faltungsoperation der beiden Rechteckfunktionen $f_1(t)$ und $f_2(t)$ wird in sechs Schritten durchlaufen. Diese Schritte sind:

1. Variablen t der beiden Funktionen $f_1(t)$ und $f_2(t)$ ändern $\rightarrow f_1(u)$ und $f_2(u)$
2. Zweite Funktion $f_2(u)$ an der y-Achse spiegeln $\rightarrow f_2(-u)$
3. Gespiegelte Funktion $f_2(-u)$ um t verschieben $\rightarrow f_2(t-u)$
4. Beide Funktionen miteinander multiplizieren $\rightarrow f_1(u) \bullet f_2(t-u)$
5. Festlegung der Integrationsgrenzen bezüglich „u" in Abhängigkeit der Integrationsgebiete
6. Integrationen durchführen

Schritt 1: Zunächst werden im ersten Schritt die beiden Variablen verändert. Aus $f_1(t)$ wird $f_1(u)$

$$f_1(u) = \frac{1}{b-a}$$ (10.6)

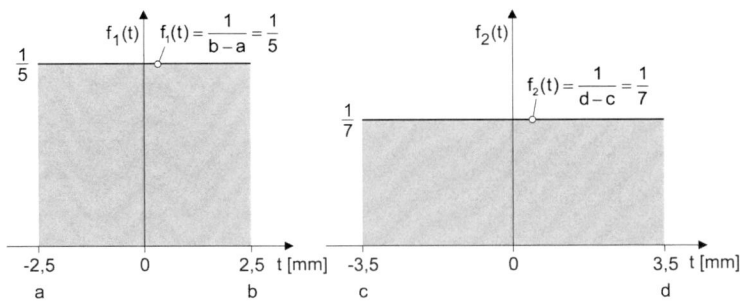

Abb. 10.4 Zwei zu faltende Originaldichtefunktionen $f_1(t)$ und $f_2(t)$

und aus $f_2(t)$ wird $f_2(u)$.

$$f_2(u) = \frac{1}{d-c} \qquad (10.7)$$

Schritt 2: Anschließend wird im zweiten Schritt die Dichtefunktion $f_2(u)$ an der y-Achse gespiegelt. Geometrisch wird sich bei der Spiegelung der Rechteckfunktion keine Änderung einstellen. Rein mathematisch betrachtet wird diese Dichtefunktion zu $f_2(-u)$.

Schritt 3: Im dritten Schritt wird aufgrund der nachfolgenden Abszissenverschiebung die Funktion zu $f_2(t-u)$. Aufgrund des Kommutativgesetzes ist es egal, bei welcher der beiden Funktionen f_1 bzw. f_2 im Faltungsintegral $(t-u)$ und bei welcher (u) steht.

$$f_2(t-u) = \frac{1}{d-c} \qquad (10.8)$$

Schritt 4: Jetzt können im vierten Schritt in Anwendung des Faltungsintegrals nach Gl. (10.2) die beiden Funktionen gemäß den Gl. (10.6) und (10.8) miteinander multipliziert werden.

$$g(t) = f_1(t) * f_2(t) = \int_{-\infty}^{\infty} f_1(u) \cdot f_2(t-u)\, du$$

$$g(t) = \int_{-\infty}^{\infty} f_1(u) \cdot f_2(t-u)\, du = \int_{-\infty}^{\infty} \left(\frac{1}{b-a}\right) \cdot \left(\frac{1}{d-c}\right) du \qquad (10.9)$$

Im gegebenen Beispiel wird sich aufgrund der beiden Rechteckfunktionen für die Ausgangsfunktion $g(t)$ keine kontinuierliche Funktion ergeben. Daher ist das Integral nach Gl. (10.9) für verschiedene Bereiche bzw. Intervalle auszuwerten. Die Anzahl der Intervalle wird von den beiden zu faltenden Funktionen wie auch dem relativen Spannweitenverhältnis beider Funktionen bestimmt. So ergeben sich beispielsweise für die beiden gleich großen Spannweiten (Toleranzen) in Abb. 10.3 zwei Intervalle.

Aufgrund der beiden konstanten Funktionen $f_1(t)$ und $f_2(t)$ sowie der ungleich großen Spannweiten ergeben sich für das gegebene Beispiel drei Intervalle, also drei Integrationsgebiete für die Ausgangsfunktion $g(t)$.

Schritt 5: Eine wichtige Aufgabe bei der Integration des Faltungsintegrals nach Gl. (10.2) kommt im fünften Schritt den Festlegungen der Intervalle und den Integrationsgrenzen zu. Diese Festlegungen sind in der gegenwärtigen Literatur zum Themengebiet nur sehr unzureichend anhand von Beispielen erörtert. Daher ist nachfolgend explizit für die beiden Originaldichtefunktionen $f_1(t)$ und $f_2(t)$ in Abb. 10.4 die intervallabhängige geometrische Festlegung der Integrationsgrenzen in Abb. 10.5 aufgezeigt.

Für die Festlegung der Integrationsgrenzen ist es wichtig, dass die gefaltete Funktion $f_2(t-u)$ variable Grenzwerte in Abhängigkeit von „t" hat. Dies ist notwendig, weil die gefaltete Funktion kontinuierlich in Abszissenrichtung verschoben wird.

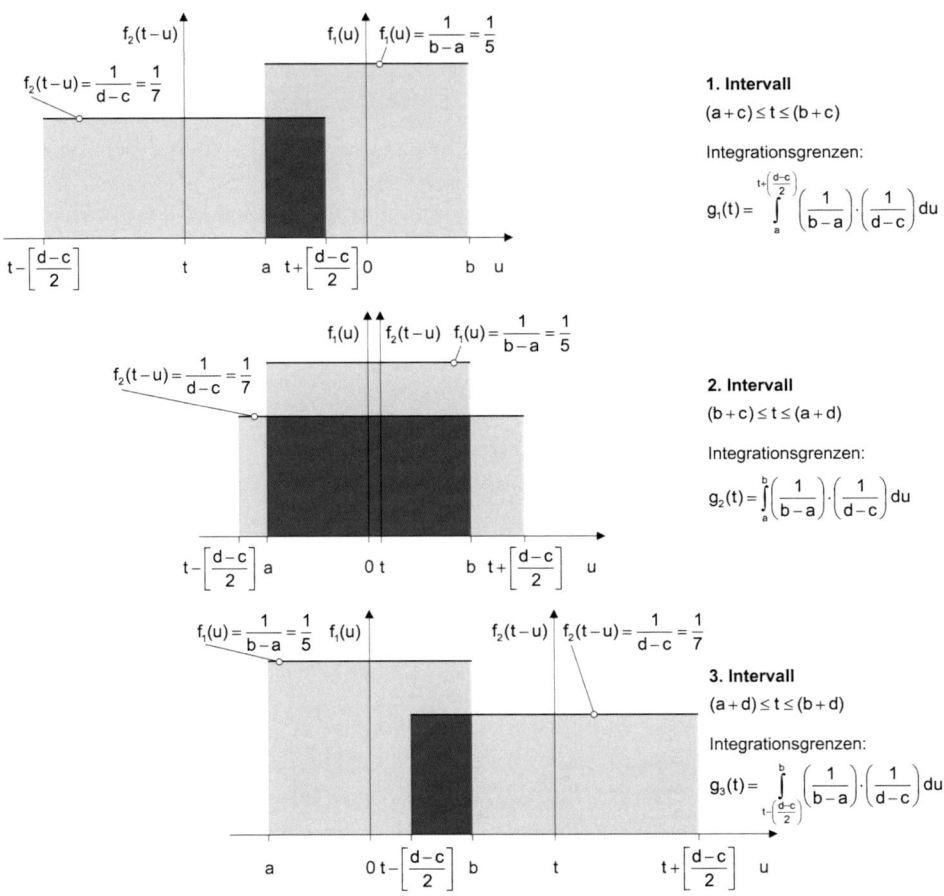

Abb. 10.5 Intervallabhängige Integrationsgrenzen für die Originaldichtefunktionen $f_1(t)$ und $f_2(t)$ nach Abb. 10.4

So werden aus den absoluten Grenzwerten (Höchstmaß d und Mindestmaß c) der zu gefalteten Funktion $f_2(t-u)$ relative Grenzwerte. Und zwar der relative untere Grenzwert mit

$$t - \left(\frac{d-c}{2}\right) \qquad (10.10)$$

und der relative obere Grenzwert, siehe Abb. 10.5.

$$t + \left(\frac{d-c}{2}\right) \qquad (10.11)$$

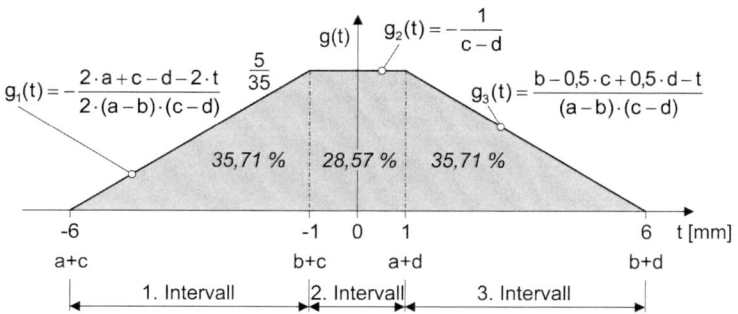

Abb. 10.6 Faltungsprodukt $f_1(t) * f_2(t)$ der beiden Originaldichtefunktionen $f_1(t)$ und $f_2(t)$ nach Abb. 10.4

Schritt 6: Nun können im sechsten und letzten Schritt die Integrationen in Abhängigkeit der Intervalle durchgeführt werden. Im ersten Intervall (Bereich) $(a + c) < t \le (b + c)$ ist die Produktefunktion $g_1(t)$ ungleich Null. Für den Bereich $t \le (a + c)$ ist die Produktefunktion $g(t)$ gleich Null, siehe Abb. 10.6. Die Integrationsgrenzen sind durch a und $t + \frac{(d-c)}{2}$ gegeben, siehe Abb. 10.5.

$$g_1(t) = \int_a^{t+\left(\frac{d-c}{2}\right)} \left(\frac{1}{b-a}\right) \cdot \left(\frac{1}{d-c}\right) du \qquad (10.12)$$

Wird das unbestimmte Integral[3] nach Gl. (10.12) in den Integrationsgrenzen a und $t + \frac{(d-c)}{2}$ ausgewertet, so resultiert die Ausgangsfunktion $g_1(t)$ für das erste Intervall.

$$g_1(t) = -\frac{2 \cdot a + c - d - 2 \cdot t}{2 \cdot (a - b) \cdot (c - d)} \qquad (a + c) \le t \le (b + c) \qquad (10.13)$$

Die Funktionswerte $g_1(t_i)$ ergeben sich für die Bereichsgrenzen zu

$$g_1(t = a + c = -6) = -\frac{2 \cdot a + c - d - 2 \cdot t}{2 \cdot (a - b) \cdot (c - d)} = 0$$

und

$$g_1(t = b + c = -1) = -\frac{2 \cdot a + c - d - 2 \cdot t}{2 \cdot (a - b) \cdot (c - d)} = 0{,}14285714 = \frac{5}{35}$$

Für das bestimmte Integral nach Gl. (10.14) wird die Ausgangsfunktion $g_1(t)$ nach Gl. (10.13) in den Integrationsgrenzen $(a + c)$ und $(b + c)$ integriert und dieses liefert die Verteilungsfunktion $G_1(t)$ für das erste Intervall.

---

[3] Wichtig ist für diese Betrachtung: Ein bestimmtes Integral ist eine Zahl (Flächeninhalt A) und ein unbestimmtes Integral dagegen eine Funktion der oberen Grenze t (Flächenfunktion G(t)) [4].

$$G_1(t) = \int_{a+c}^{b+c} -\frac{2 \cdot a + c - d - 2 \cdot t}{2 \cdot (a - b) \cdot (c - d)} \, dt$$

$$[G_1(t)]_{a+c=-6}^{b+c=-1} = -\frac{b - a + 2 \cdot d}{2 \cdot (c - d)} - \frac{1}{2} = 0{,}35714285 \tag{10.14}$$

Dementsprechend füllt die Fläche im ersten Intervall 35,71 % der Gesamtfläche der Gesamtdichtefunktion G(t) der Ausgangsfunktion aus, siehe Abb. 10.6.

Im zweiten Intervall $(b + c) \leq t \leq (a + d)$ ist die Produktefunktion $g_2(t)$ ungleich Null und konstant, siehe Abb. 10.6. Die Integrationsgrenzen sind durch a und b gegeben, siehe Abb. 10.5.

$$g_2(t) = \int_a^b \left(\frac{1}{b - a}\right) \cdot \left(\frac{1}{d - c}\right) \, du \tag{10.15}$$

Wird das unbestimmte Integral nach Gl. (10.15) in den Integrationsgrenzen a und b ausgewertet, so resultiert die Ausgangsfunktion $g_2(t)$ für das zweite Intervall.

$$g_2(t) = -\frac{1}{c - d} \qquad (b + c) \leq t \leq (a + d) \tag{10.16}$$

Die konstanten Funktionswerte $g_2(t)$ ergeben sich für den Bereich zu

$$g_2(t) = -\frac{1}{c - d} = 0{,}14285714 = \frac{5}{35}$$

Für das bestimmte Integral nach Gl. (10.17) wird die Ausgangsfunktion $g_2(t)$ nach Gl. (10.16) in den Integrationsgrenzen $(b + c)$ und $(a + d)$ integriert und dieses liefert die Verteilungsfunktion $G_2(t)$ für das zweite Intervall.

$$G_2(t) = \int_{b+c}^{a+d} -\frac{1}{c - d} \, dt$$

$$[G_2(t)]_{b+c=-1}^{a+d=1} = 1 - \frac{a - b}{c - d} = 0{,}28571428 \tag{10.17}$$

Dementsprechend füllt die Fläche im zweiten Intervall 28,57 % der Gesamtfläche der Gesamtdichtefunktion G(t) der Ausgangsfunktion aus, siehe Abb. 10.6.

Im dritten Intervall $(a + d) \leq t < (b + d)$ ist die Produktefunktion $g_3(t)$ ungleich Null. Für den Bereich $t \geq (b + d)$ ist die Produktefunktion g(t) gleich Null, siehe Abb. 10.6. Die Integrationsgrenzen sind durch $t - \frac{(d-c)}{2}$ und b gegeben, siehe Abb. 10.5.

$$g_3(t) = \int_{t-\left(\frac{d-c}{2}\right)}^{b} \left(\frac{1}{b - a}\right) \cdot \left(\frac{1}{d - c}\right) \, du \tag{10.18}$$

Wird das unbestimmte Integral nach Gl. (10.18) in den Integrationsgrenzen $t - \frac{(d-c)}{2}$ und b ausgewertet, so resultiert die Ausgangsfunktion $g_3(t)$ für das dritte Intervall.

$$g_3(t) = \frac{b - 0{,}5 \cdot c + 0{,}5 \cdot d - t}{(a - b) \cdot (c - d)} \qquad (a + d) \leq t \leq (b + d) \tag{10.19}$$

Die Funktionswerte $g_3(t_i)$ ergeben sich für die Bereichsgrenzen zu

$$g_3(t = a + d = 1) = \frac{b - 0{,}5 \cdot c + 0{,}5 \cdot d - t}{(a - b) \cdot (c - d)} = 0{,}14285714 = \frac{5}{35}$$

und

$$g_3(t = b + d = 6) = \frac{b - 0{,}5 \cdot c + 0{,}5 \cdot d - t}{(a - b) \cdot (c - d)} = 0$$

Für das bestimmte Integral nach Gl. (10.20) wird die Ausgangsfunktion $g_3(t)$ nach Gl. (10.19) in den Integrationsgrenzen $(a + d)$ und $(b + d)$ integriert und dieses liefert die Verteilungsfunktion $G_3(t)$ für das dritte Intervall.

$$G_3(t) = \int_{a+d}^{b+d} \frac{b - 0{,}5 \cdot c + 0{,}5 \cdot d - t}{(a - b) \cdot (c - d)} \, dt$$

$$[G_3(t)]_{a+d=1}^{b+d=6} = \frac{a - b + 2 \cdot d}{2 \cdot (c - d)} + \frac{1}{2} = 0{,}35714285 \tag{10.20}$$

Dementsprechend füllt die Fläche im dritten Intervall, aufgrund der Symmetrie, ebenso wie im ersten Intervall, 35,71 % der Gesamtfläche der Gesamtdichtefunktion $G(t)$ der Ausgangsfunktion aus, siehe Abb. 10.6.

Die Ausgangsfunktion $g(t)$ in Abb. 10.6 zeigt, wenn die zu überlagernden Dichtefunktionen symmetrisch sind, wie im gegebenen Beispiel zwei Rechteckverteilungen bzw.. -funktionen, dann resultiert auch eine symmetrische Ausgangsfunktion (hier: ein gleichschenkliges Trapez). Sind hingegen eine oder mehrere zu überlagernde Dichtefunktion/en asymmetrisch, dann resultiert auch eine asymmetrische Ausgangsfunktion.

Das erörterte Beispiel zeigt deutlich, wie komplex und aufwendig die Anwendung des Faltungsintegrals ist. Insbesondere, wenn die Maßkette über eine größere Anzahl von Gliedern verfügt. Jedoch kann dieser Zusammenhang auch über eine Softwarelösung zur numerischen Integration anwenderfreundlich gestaltet werden.

Die Abb. 10.7 zeigt die Ausgangsfunktion $g(t)$ bestimmt mittels numerischer Integration. Hier ist die Kombination der beiden Originaldichtefunktionen $f_1(t)$ und $f_2(t)$ mithilfe des Programmsystems simTOL® bestimmt worden. Des Weiteren ist in der Abbildung exemplarisch die statistische Schließmaßtoleranz mit $T_s = 3{,}67$ für eine Annahmewahrscheinlichkeit von $P_a = 50$ % berechnet worden.

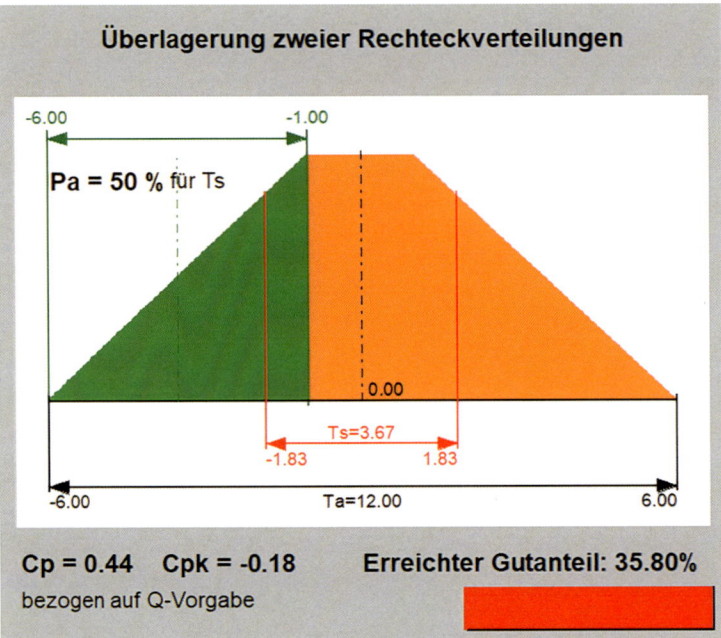

Abb. 10.7 Faltungsprodukt $f_1(t) * f_2(t)$ der beiden Originaldichtefunktionen $f_1(t)$ und $f_2(t)$ nach Abb. 10.4, mittels simTOL® ermittelt

10.1.4 simTOL®-Toleranzanalyseergebnisse für die drei Qualitätsanforderungen

Nachfolgend sind Teile der Toleranzanalyseergebnisse für die drei Qualitätsanforderungen an der Antriebseinheit in der Außenstellung aufgeführt. Die komplette Ergebnisdokumentation für die simTOL®-Analyse befindet sich im Anhang.

Wie bereits erwähnt, erlaubt es simTOL®, aus einer Datenbank heraus, gefüllt mit tolerierten Maßen, die Maßketten aufzustellen. Hierfür werden die Maßkettenglieder mit einem Bezeichnungsschlüssel (Kurzzeichen) versehen, wie z. B. BGP001. Des Weiteren können auch die Maßketten mit einem Bezeichnungsschlüssel versehen werden. Die Nummerierung ist anwenderabhängig. Hier sind die Bezeichnungen für die ersten drei Qualitätsanforderungen an der Antriebseinheit für die Außenstellung mit 110-1, 120-1 und 130-1 gewählt worden (Abb. 10.8, 10.9 und 10.10).

10.2   Toleranzanalyse mit dem Programmsystem 3DCS

3DCS Variation Analyst Suite ist ein CAD-integriertes Toleranzanalyse Programmsystem.

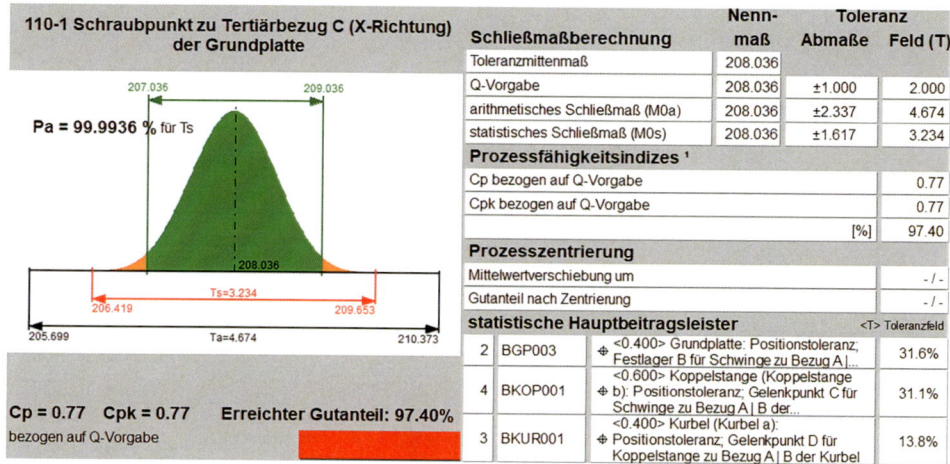

Abb. 10.8 Toleranzanalyse Programmsystem simTOL®: Ergebnis für den X-Abstand des Schraubpunktes SP_a in der Außenstellung (110-1), siehe Anhang

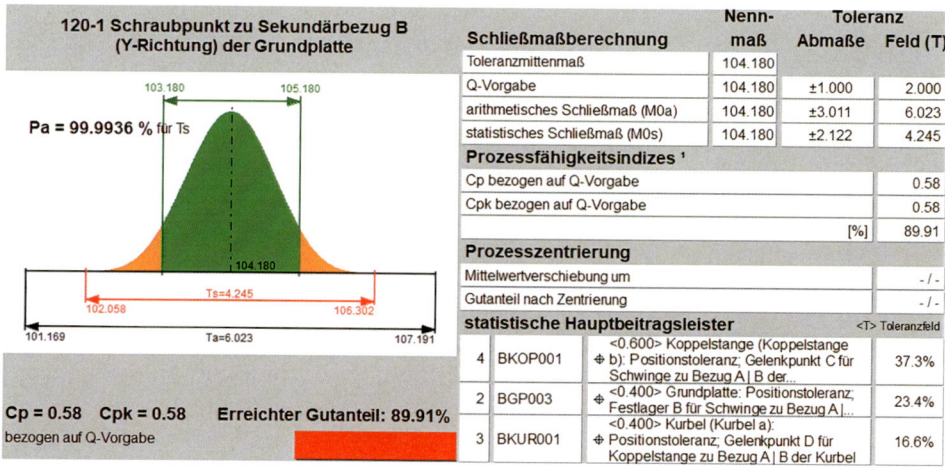

Abb. 10.9 Toleranzanalyse Programmsystem simTOL®: Ergebnis für den Y-Abstand des Schraubpunktes SP_a in der Außenstellung (120-1), siehe Anhang

Der Distributor[4] der Software schreibt hierzu:

„Die Herausforderung der Unternehmen, Kosten zu sparen und innovative Produkte schneller als die Konkurrenz auf den Markt zu bringen, erfordert von Anfang an eine

---

[4] Distributor des Programmsystems 3DCS Variation Analyst Suite ist die CENIT AG, Stuttgart oder www.3DCS.com

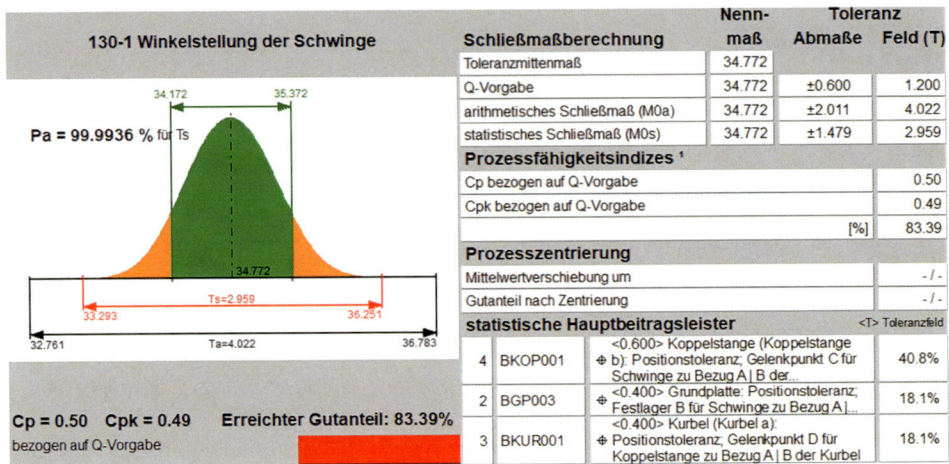

130-1 Winkelstellung der Schwinge	Schließmaßberechnung	Nenn-maß	Toleranz Abmaße	Feld (T)
	Toleranzmittenmaß	34.772		
	Q-Vorgabe	34.772	±0.600	1.200
	arithmetisches Schließmaß (M0a)	34.772	±2.011	4.022
	statistisches Schließmaß (M0s)	34.772	±1.479	2.959
	Prozessfähigkeitsindizes [1]			
	Cp bezogen auf Q-Vorgabe			0.50
	Cpk bezogen auf Q-Vorgabe			0.49
			[%]	83.39
	Prozesszentrierung			
	Mittelwertverschiebung um			- / -
	Gutanteil nach Zentrierung			- / -
	statistische Hauptbeitragsleister			<T> Toleranzfeld
	4 BKOP001 ⊕ <0.600> Koppelstange (Koppelstange b): Positionstoleranz; Gelenkpunkt C für Schwinge zu Bezug A|B der...			40.8%
	2 BGP003 ⊕ <0.400> Grundplatte: Positionstoleranz; Festlager B für Schwinge zu Bezug A|...			18.1%
	3 BKUR001 ⊕ <0.400> Kurbel (Kurbel a): Positionstoleranz; Gelenkpunkt D für Koppelstange zu Bezug A|B der Kurbel			18.1%

Abb. 10.10   Toleranzanalyse Programmsystem simTOL®: Ergebnis für den Schwingenwinkel ψ_i in der Außenstellung (130-1), siehe Anhang

zielgerichtete Produktentwicklung. Der Einsatz von virtuellen Simulations- und Analyseprogrammen ermöglicht schon in der frühen Entwicklungsphase die Design- und Fertigungskonzepte zu analysieren und hinsichtlich ihrer Umsetzbarkeit zu bewerten. So können Problembereiche frühzeitig identifiziert und korrigiert werden, um spätere, kostenintensive Änderungszyklen zu vermeiden.

Das abteilungsübergreifende Toleranzmanagement ist dabei ein entscheidender Schlüssel für eine optimierte Produktqualität.

Genau dies unterstützen die Softwareprodukte für das Toleranzmanagement von DCS (Dimensional Control System).

Die 3DCS Variation Analyst Suite unterstützt bei der realitätsnahen Analyse und Simulation von virtuellen Prototypen bezüglich ihrer Funktionssicherheit. Unter Berücksichtigung der Füge- und Montageprozesse können auch Fertigungsprozesse abgebildet und mit dem Ziel untersucht werden.

Die Kenntnis über die zu erwartende Prozessstreuung und deren Hauptbeitragsleister bietet die Möglichkeit, die Produktqualität frühestmöglich und zielgerichtet zu optimieren und die Produktkosten zu senken."

Eine wesentliche Aufgabe in Anwendung eines solchen CAD-integrierten Programmsystems kommt der Modellbildung zu. Hiermit ist die Verknüpfung der direkten Funktionsmaße bzw. der Geometrieelemente innerhalb einer Baugruppe gemeint.

10.2.1   Arbeitsschritte bei der Anwendung von 3DCS

Eine grobe Beschreibung der Arbeitsschritte ist in der Tab. 10.2 erfasst.

Tab. 10.2 Arbeitsschritte bei der Anwendung von 3DCS Variation Analyst Suite

Arbeitsschritt	Vorleistung	Eingabe in 3DCS	Programmergebnis
1	Definition Q-Merkmal		
2	CAD-Daten Sichten		
3	*Klärung:* Bauteile, Betriebsmittel		
4	CAD-Daten Aufbereiten		
5		Toleranzmodell mittels CAD-Daten erstellen: a) Definition der Toleranz-Features b) Definition der Fügebedingungen (Moves) c) Definition der Qualitätsmerkmale (Messungen anlegen)	
6		*Parametereingabe der Maßkettenglieder:* Benennung/Bezeichnung, Grenzabmaße, Fertigungsverteilung	
7		*Vorgabe:* Annahmewahrscheinlichkeit, Spezifikationsgrenzen, Anzahl der Simulationen	
8			*Simulationsergebnis:* Mittelwert, Standardabweichung, Schiefe, Exzess, Geometriefaktoren *Berechnung aus diesen Parametern:* Statistische Schließmaße, Direktläuferquote, statistische Beitragsleister, potenzieller Prozessleistungsindex, kleinster potenzieller Prozessleistungsindex
9			Dokumentation

Im Arbeitsschritt 5 ist das Programmsystem 3DCS geöffnet. Zunächst muss der Anwender ein Toleranzmodell mittels der CAD-Daten erstellen. Dieses Toleranzmodell basiert auf der Fügefolge und der Anordnung der betreffenden Bauteile bzw. Betriebsmittel. Die Definition der Fügebedingungen findet programmseitig mittels „Moves" statt.

Nachdem das Toleranzmodell erstellt und validiert ist, können, wie Abb. 10.11 zeigt, über die Eingabemaske sukzessive die Maßkettengliedbenennung, die Toleranz, das obere und das untere Grenzabmaß (Toleranz mit ggf. Offset) und die Fertigungsverteilung eingegeben werden. Die Wirkrichtung einer Bauteil- bzw. Betriebsmittelteiltoleranz wird als Vektor eingegeben, hier durch I, J und K.

Im Gegensatz zu simTOL® wird die Schließmaßverteilung von 3DCS Variation Analyst Suite nicht durch eine Gleichung berechnet, sondern mithilfe des Monte-Carlo-Verfahrens simuliert. Daher soll das Monte-Carlo-Verfahren im nachfolgenden Unterkapitel erörtert werden.

10.2.2 Schließmaßverteilung mittels Monte-Carlo-Simulation

3DCS Variation Analyst Suite arbeitet, wie bereits erwähnt, zur Ermittlung der statistischen Schließmaßverteilung mit dem Monte-Carlo-Verfahren[5] bzw. Simulation. [6]

Das Monte-Carlo-Verfahren kann als Methode der statistischen Versuche bzw. als Zufallsexperiment bezeichnet werden. Bei diesem Verfahren wird das Schließmaß über die simulierte Montage der Einzelteile gewonnen. Hierfür werden mithilfe eines Zufallszahlengenerators Istmaße aus zuvor definierten Häufigkeitsverteilungen entnommen. Diese werden anschließend simulierend montiert, indem die gezogenen Istmaße gemäß der Maßkettenstruktur bzw. Zielfunktion arithmetisch aufsummiert werden, um diese Ergebnisse dann in ein sortiertes und klassiertes Feld zu übertragen. Nach mehreren Durchläufen (Simulationen), in der Regel > 1000, laut Germer [7] liegt der Richtwert bei mindestens 100.000, ergibt sich so eine klassierte Häufigkeitsverteilung des Schließmaßes, die umso exakter wird, je mehr Simulationsdurchläufe durchgeführt werden. Die Toleranz des Schließmaßes lässt sich dann sehr leicht aus der Differenz der extremen Toleranzkombinationen bestimmen. Hieraus resultiert, dass die Berechnungszeit im Vergleich zu anderen Verfahren je nach der Anzahl der Variablen, also Maßkettengliedern, doch sehr lang sein kann.

In der Abb. 10.12 ist der prinzipielle Ablauf einer Monte-Carlo-Simulation dargestellt. Hier sind für die drei Zufallsvariablen X1, X2 und X3 verschiedene Wahrscheinlichkeitsdichten vorgegeben. Ziel ist es, über eine ausreichende Anzahl von „Montagesimulationen" dieser drei Zufallsvariablen unter Berücksichtigung der Verknüpfungsvorschrift eine

---

[5] Anm.: Weil bei dieser Methode Zufallszahlen zum Tragen kommen, ist seinerzeit die Benennung „Monte-Carlo" an den für seine Glücksspiele bekannten Ort an der Côte d'Azur gewählt worden.

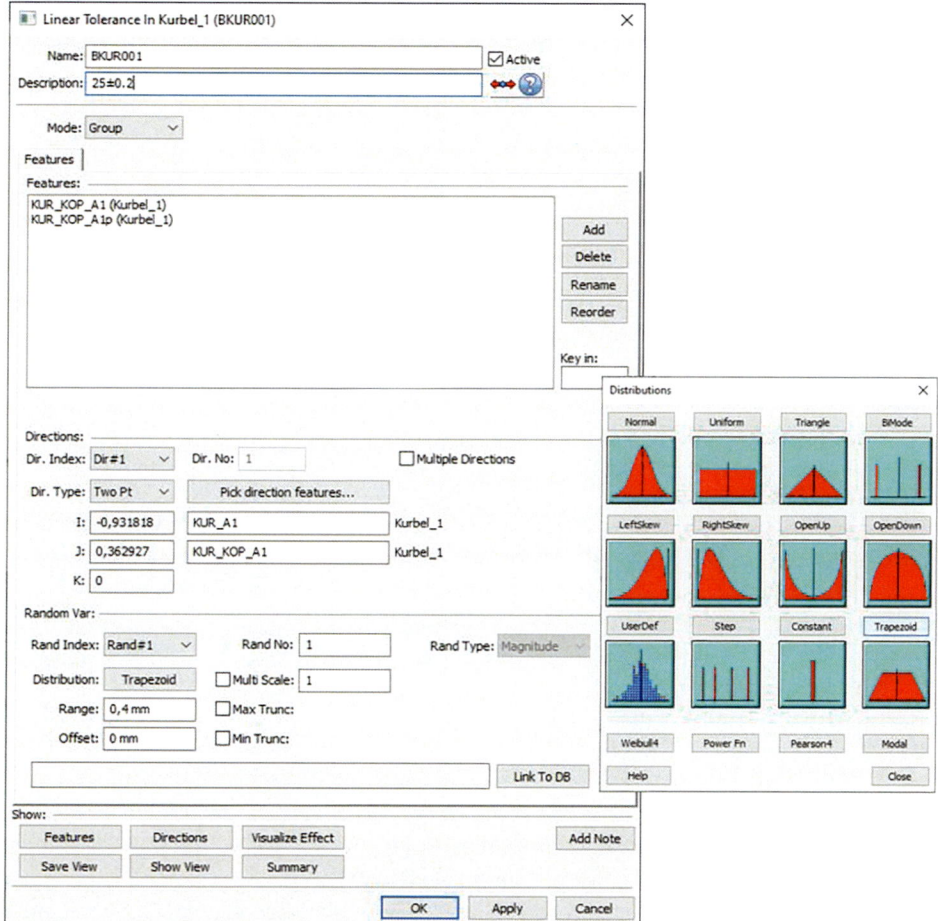

Abb. 10.11 Toleranzanalyse Programmsystem 3DCS (Version 8.0.0.1): Eingabemaske für ein Maßkettenglied; Beispiel Kurbellänge a

Wahrscheinlichkeitsdichtefunktion für die Ausgangsfunktion (Schließmaß) zu erzeugen [7].

Abschließend noch ein ergänzender Hinweis zur Anwendung der Monte-Carlo-Simulation: Zur Generierung der Zufallszahl wird ein gewisser programmtechnischer Algorithmus durchlaufen. Da der Startwert, also der erste entnommene Wert x_1, aus der Zufallsvariablen X per Zufall entnommen wird und nachfolgend der beschriebene Algorithmus durchlaufen wird, muss zur Reproduzierung von Simulationsergebnissen der Startwert in der Rechenroutine abgespeichert werden. Dieser Startwert wird bei einer

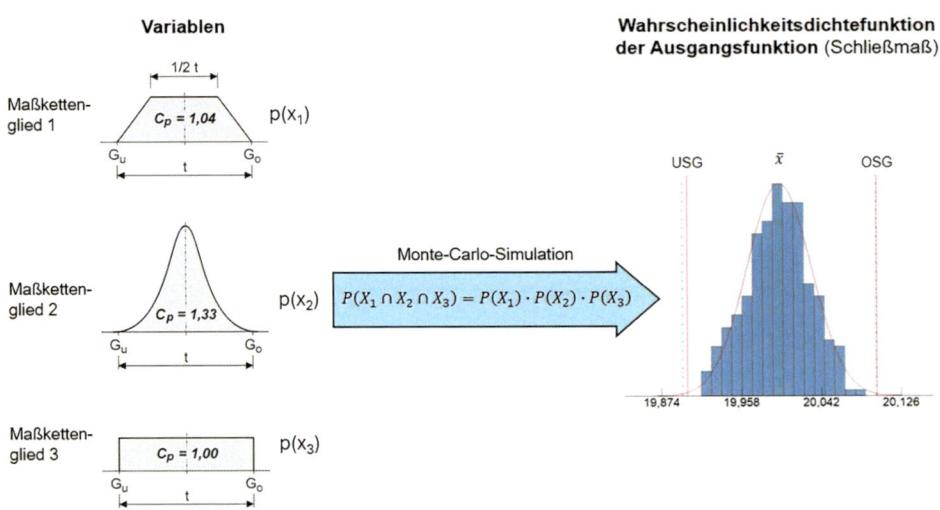

Abb. 10.12 Prinzipieller Ablauf einer Monte-Carlo-Simulation für eine dreigliedrige Maßkette, Darstellung in Anlehnung an das Werk von Germer [7]

erneuten Simulation wieder verwendet. Nur so ist sichergestellt, dass sich bei einer abermaligen Simulation dasselbe Ergebnis einstellt.

10.2.3 Von der Simulation zur statistischen Schließmaßtoleranz

Wie zuvor beschrieben, nutzt 3DCS Variation Analyst Suite zur Ermittlung der statistischen Schließmaßverteilung das Monte-Carlo-Verfahren.

Hierbei wird durch die Vielzahl von Simulationsergebnissen für den Zusammenbau der Einzelteile bzw. Betriebsmittel eine Wahrscheinlichkeitsverteilung für das Schließmaß generiert. Diese Wahrscheinlichkeitsverteilung liegt jedoch nur als Histogramm vor, also eine reine graphische Lösung. Aus dem Histogramm selbst liegen keine Informationen über die Verteilungsparameter vor.

3DCS Variation Analyst Suite berechnet aus den Tausenden von simulierten Schließmaßen die vier zentralen Momente der Wahrscheinlichkeitsdichtefunktion.

Diese vier zentralen Momente einer eindimensionalen stetigen (kontinuierlichen) Verteilung sind [8]:

- Lageparameter: Erwartungswert μ (entspricht dem 1. zentralen Moment der Zufallsvariablen)
- Streuungsparameter: Varianz σ^2 (entspricht dem 2. zentralen Moment der Zufallsvariablen)

- Formparameter: Schiefe γ_1 (entspricht dem 3. zentralen Moment der Zufallsvariablen)
- Formparameter: Exzess γ_2 (entspricht dem 4. zentralen Moment der Zufallsvariablen)

Die Schiefe γ_1 (engl. skewness) charakterisiert die Symmetrie/Asymmetrie und der Exzess γ_2 (engl. kurtosis) die Wölbung/Steilheit einer Verteilung.

Basierend auf den Ergebnissen der vier zentralen Momente nutzt 3DCS Variation Analyst Suite die Pearson-Verteilungsfamilie, um von dem Histogramm zu einer Wahrscheinlichkeitsdichtefunktion zu gelangen, welche dann aufsummiert, also integriert werden kann.

Das Pearson-System ist eine Klasse kontinuierlicher Wahrscheinlichkeitsverteilungen. Karl Pearson unterteilte seine Verteilungsfamilie in zwölf sehr unterschiedliche Verteilungstypen. Hierin gibt es drei Haupttypen, die übrigen sind Übergangstypen [8]. Diese drei Haupttypen sind:

- Erster Haupttyp: Pearson-Typ I (Beta-Verteilung 1. Art) für K < 0
- Zweiter Haupttyp: Pearson-Typ IV für 0 < K < 1
- Dritter Haupttyp: Pearson-Typ VI (F-Verteilung) für K > 1

Welcher Pearson-Haupttyp konkret vorliegt, ist von dem Koeffizienten K abhängig.

Der Koeffizient K ist wiederum abhängig von der Schiefe γ_1 und dem Exzess γ_2 der Verteilung. Der Koeffizient K kann mithilfe der nachfolgenden Gl. (10.21) berechnet werden [8].

$$K = \frac{\gamma_1^2 \cdot (\gamma_2 + 6)^2}{4 \cdot \left(4 \cdot \gamma_2 - 3 \cdot \gamma_1^2 + 12\right) \cdot \left(2 \cdot \gamma_2^2 - 3 \cdot \gamma_1^2\right)} \tag{10.21}$$

U. a. sind die benannten drei Haupttypen der Pearson-Verteilungsfamilie mit Pearson I, Pearson IV und Pearson VI in dem Programmsystem 3DCS Variation Analyst Suite mathematisch hinterlegt. Laut der Programmhilfe[6] nutzt 3DCS neben der Normalverteilung sieben weitere verschiedene alternative Verteilungsfunktionen zur Approximation der Schließmaßverteilung. Diese sind: Pearson I, III, IV, V oder VI sowie eine konstante Verteilung und Min–Max. [6]

Die spätere Zuordnung, welche Verteilung die Berechnungsbasis bildet, wird in dem 3DCS-Report ausgewiesen, dort „Est. Type" genannt, siehe Abb. 10.13.

Dementsprechend berechnet das Programmsystem 3DCS Variation Analyst Suite aus den Tausenden von simulierten Schließmaßen, im Programmsystem auch „Runs" genannt, zunächst die vier zentralen Momente für diese Ist-Schließmaße. Anschließend wird anhand der Istmaße ein Test auf Normalverteilung durchgeführt. Sollte die Zufallsgröße normalverteilt sein, wird nach der Normalverteilung ausgewertet. Ansonsten wird über mathematische Entscheidungskriterien anhand von Mittelwert, Standardabweichung,

---

[6] Anm.: https://community.3dcs.com/help_manual/simulationoutput.htm

Runs =	10000	Anzahl der simulierten Zusammenbauvorgänge
Nominal =	208,0357(mm)	Nominalmaß des Q-Merkmals (Schließmaß)
Mean =	208,0312(mm)	Mittelwert basierend auf der Monte-Carlo-Simulation
8-Sigma =	3,3355(mm)	8 x Standardabweichung
Pp =	0,7995	Pp-Wert (bzw. Cp-Wert) des Q-Merkmals bezogen auf Spezifikationsgrenze
Ppk =	0,7959	Ppk-Wert (bzw. Cpk-Wert) des Q-Merkmals bezogen auf Spezifikationsgrenze
Min =	206,6166(mm)	Minimalwert der Monte-Carlo-Simulation
Max =	209,4365(mm)	Maximalwert der Monte-Carlo-Simulation
Range =	2,8198(mm)	Differenz der Min- und Max-Werte
LSL =	207,0357(mm)	Untere Spezifikationsgrenze
USL =	209,0357(mm)	Obere Spezifikationsgrenze
L-OUT% =	0,7600%	Unterschreitungsanteil gegenüber unterer Spezifikationsgrenze
H-OUT% =	0,6400%	Überschreitungsanteil gegenüber oberer Spezifikationsgrenze
Tot-OUT% =	1,4000%	Summe Über- und Unterschreitungsanteil
Est.Type =	Pearson I	Resultierende Wahrscheinlichkeitsdichtefunktion
Est.Low =	206,5590(mm)	Statistischer Minimalwert
Est.High =	209,5123(mm)	Statistischer Maximalwert
Est.Range =	2,9533(mm)	Differenz der statistischen Min- und Max-Werte
Est.L-OUT% =	0,6841%	Statistischer Unterschreitungsanteil gegenüber unterer Spezifikationsgrenze
Est.H-OUT% =	0,6548%	Statistischer Überschreitungsanteil gegenüber oberer Spezifikationsgrenze
Est.Tot-OUT% =	1,3389%	Summe statistischer Über- und Unterschreitungsanteil

Abb. 10.13 Legende (rechts) der 3DCS-Berechnungsergebnisse (links) am Beispiel des X-Abstandes des Schraubpunktes SP_a an der Antriebseinheit in der Außenstellung (110-1) für die Version 7.7.1.1

Schiefe und Exzess eine Zuordnung des Histogramms hin zu einer der sieben weiteren Verteilungsfunktionen erfolgen. Diese Verteilungsfunktion bildet die Basis für die weitere Auswertung und liefert dann u. a. das Ergebnis der statistischen Schließmaßtoleranz.

Das numerische Ergebnis der Monte-Carlo-Simulation zeigt in der linken Hälfte der Abb. 10.13 drei programmspezifische Toleranzanalyse-Ergebnisse für das Schließmaß innerhalb des Programmsystems 3DCS.

Das erste Ergebnis für die statistische Schließmaßtoleranz ist nach dem Momentenverfahren berechnet. Hier wird die aus den Simulationsergebnissen berechnete Standardabweichung mit dem Quantil u multipliziert. Die Quantile werden vom Anwender durch die Abfrage der Annahmewahrscheinlichkeit festgelegt. Im gegebenen Beispiel ist u = ±4, also 8. Das Ergebnis lautet 8σ = 3,335 mm. Dieses Ergebnis setzt in der Schließmaßverteilung jedoch eine Normalverteilung voraus.

Die zweite simulierte statistische Schließmaßtoleranz ist die Differenz aus dem größten (Max) und kleinsten (Min) Simulationsergebnis, hier „Range" = 2,819 mm.

Die dritte berechnete statistische Schließmaßtoleranz geht über die Schätzung der Wahrscheinlichkeitsdichtefunktion für das Schließmaß. Für die hier durchzuführende Bewertung wird die Pearson-Verteilung Typ I mit den aus der Simulation geschätzten (engl. estimated) Werten genutzt. Dementsprechend errechnet das System für eine Annahmewahrscheinlichkeit von P_a = 99,9936 %, hier über 8σ (8 Standardabweichungen) definiert, eine statistische Schließmaßtoleranz (Est. Range) von 2,953 mm.

Damit offeriert das Programmsystem 3DCS Variation Analyst Suite dem Anwender drei verschiedene statistisch berechnete Schließmaße. Empfehlenswert ist, immer das aus der Simulation abgeschätzte Ergebnis für die Beurteilung der Baugruppe heranzuziehen.

Wenn die abgeschätzte Verteilung einer Normalverteilung entspricht, dann ist das Ergebnis für das Momentenverfahren mit dem Abschätzungsergebnis identisch. Dieser Zusammenhang kann für die Berechnungsergebnisse in Anwendung der 3DCS-Version 8.0.0.1 direkt nachvollzogen werden, siehe Anhang.

10.2.4 Geometriefaktorenermittlung in 3DCS

Wie aus Tab. 10.3 ersichtlich ist, ermittelt 3DCS selbstständig die Geometriefaktoren innerhalb einer zu berechnenden Maßkette. Voraussetzung ist hier, dass zunächst ein Toleranzmodell erstellt wurde. Basierend auf diesem Toleranzmodell führt 3DCS automatisiert eine „GeoFactor-Analysis" durch.

Diese GeoFactor-Analysis ist vom Prinzip her das Gleiche, wie das in Abschn. 5.3 vorgestellte „geometrische Verfahren". In 3DCS werden die Änderungen der Variablen allerdings automatisiert mittels eines programmierten Algorithmus umgesetzt.

Die Geometriefaktoren in 3DCS werden nicht zur Ermittlung der statistischen Schließmaßtoleranz benötigt. Die GeoFactor-Analysis dient ausschließlich zur Beurteilung der Sensitivität der Beitragsleister.

Die Geometriefaktoren für die beiden Positionsabweichungen in der Grundplatte BGP001 und BGP003 sind in der 3DCS-Analyse auf Basis von Zirkulartoleranzen berechnet worden, siehe Abschn. 5.5.1. Die Auswertungen der beiden Positionsabweichungen in dem geometrischen Verfahren sind in Abschn. 5.5 beschrieben worden.

In den Tabellen sind die ermittelten Geometriefaktoren nach dem geometrischen Verfahren (Spalte CAD) und dem der GeoFactor-Analysis (Spalte 3DCS) gegenübergestellt (Tab. 10.4 und 10.5).

Tab. 10.3 Gegenüberstellung der Geometriefaktoren aus den beiden verschiedenen Verfahren für den X-Abstand des Schraubpunktes SP_a (110-1)

Variable	Kurzzeichen	CAD	3DCS
Grundplatte (Position Festlager A; Kurbel)	BGP001	−1,866	−1,866
Grundplatte (Position Festlager B; Schwinge)	BGP003	2,821	2,821
Kurbel a	BKUR001	1,866	1,866
Koppelstange b	BKOP001	−1,866	−1,866
Schwinge c	BSCHW001	−1,044	−1,042
Schwingenarm e	BSCHW002	0,822	0,821

Tab. 10.4 Gegenüberstellung der Geometriefaktoren aus den beiden verschiedenen Verfahren für den Y-Abstand des Schraubpunktes SP_a (120-1)

Variable	Kurzzeichen	CAD	3DCS
Grundplatte (Position Festlager A; Kurbel)	BGP001	**2,691**	**2,687**
Grundplatte (Position Festlager B; Schwinge)	BGP003	**−3,194**	**−3,189**
Kurbel a	BKUR001	**−2,691**	**−2,687**
Koppelstange b	BKOP001	**2,691**	**2,688**
Schwinge c	BSCHW001	**1,507**	**1,501**
Schwingenarm e	BSCHW002	**0,571**	**0,570**

Tab. 10.5 Gegenüberstellung der Geometriefaktoren aus den beiden verschiedenen Verfahren für den Schwingenwinkel ψ_i (130-1)

Variable	Kurzzeichen	CAD	3DCS
Grundplatte (Position Festlager A; Kurbel)	BGP001	**1,976**	**1,973**
Grundplatte (Position Festlager B; Schwinge)	BGP003	**−1,976**	**−1,973**
Kurbel a	BKUR001	**−1,976**	**−1,973**
Koppelstange b	BKOP001	**1,976**	**1,973**
Schwinge c	BSCHW001	**1,105**	**1,102**

Die Gegenüberstellung der Geometriefaktoren aus den beiden verschiedenen Verfahren zeigt deutlich auf, wie vergleichbar die ermittelten Geometriefaktoren sind. Dies ist auch verständlich, da in beiden Verfahren die gleichen Arbeitsschritte vollzogen werden. Mit dem Unterschied, dass bei 3DCS die Geometriefaktorenermittlung automatisiert stattfindet. Vorausgesetzt das Toleranzmodell weist die richtigen Verknüpfungen auf.

10.2.5 3DCS-Toleranzanalyseergebnisse für die drei Qualitätsanforderungen

Nachfolgend sind Teile der Toleranzanalyseergebnisse für die drei Qualitätsanforderungen an der Antriebseinheit in der Außenstellung aufgeführt (Abb. 10.14, 10.15 und 10.16). Die komplette Ergebnisdokumentation für die 3DCS-Analyse befindet sich im Anhang. Sämtliche 3DCS-Berechnungen wurden mit einer Simulationsanzahl (Runs) von 10.000 durchgeführt.

Auch 3DCS bietet die Möglichkeit, den Maßkettengliedern einen Bezeichnungsschlüssel zuzuweisen, wie z. B. BSCHW001. Des Weiteren können auch die Maßketten mit einem Bezeichnungsschlüssel versehen werden. Die Nummerierung ist ebenso wie bei

simTOL® anwenderabhängig. Hier sind dieselben Bezeichnungen für die drei Qualitätsanforderungen an der Antriebseinheit für die Außenstellung mit 110-1, 120-1 und 130-1
gewählt worden.

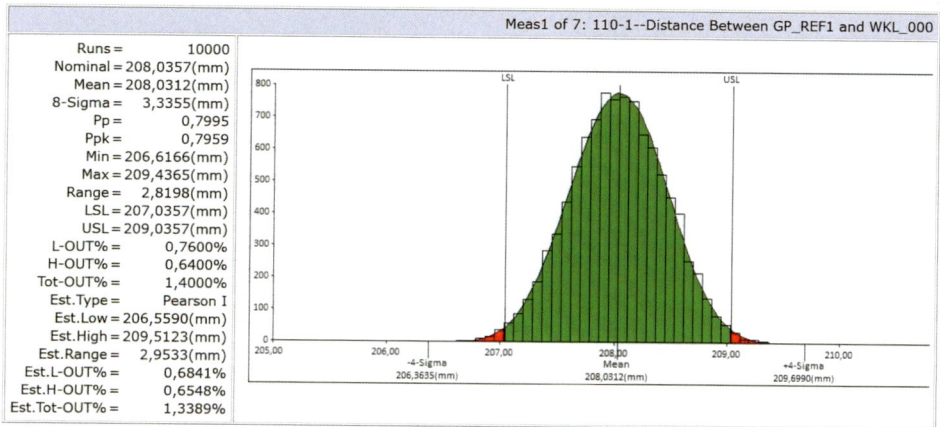

Abb. 10.14 Toleranzanalyse Programmsystem 3DCS (Version 7.7.1.1): Ergebnis für den X-
Abstand des Schraubpunktes SP$_a$ in der Außenstellung (110-1), siehe Anhang

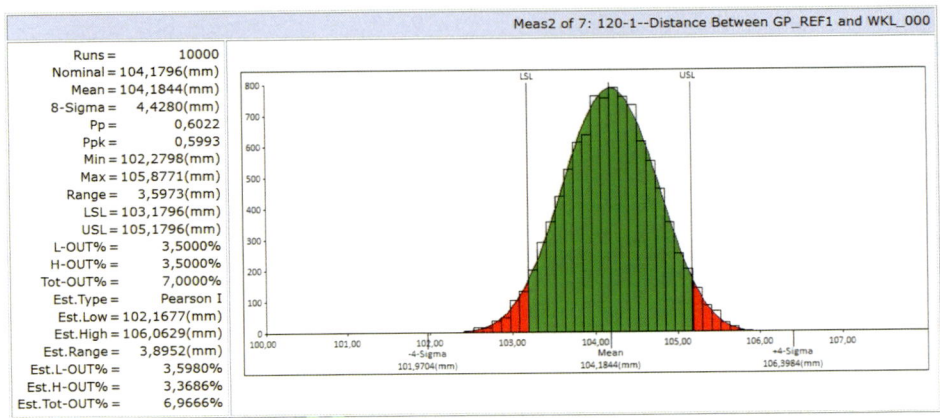

Abb. 10.15 Toleranzanalyse Programmsystem 3DCS (Version 7.7.1.1): Ergebnis für den Y-Abstand des Schraubpunktes SP_a in der Außenstellung (120-1), siehe Anhang

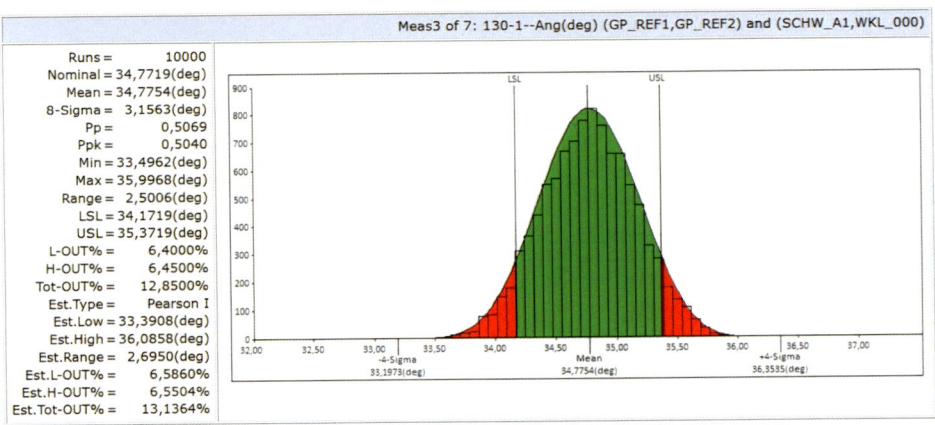

Abb. 10.16 Toleranzanalyse Programmsystem 3DCS (Version 7.7.1.1): Ergebnis für den Schwingenwinkel ψ_i in der Außenstellung (130–1), siehe Anhang

10.3 Gegenüberstellung der Toleranzanalyseergebnisse aus den verschiedenen Analyse-Verfahren für die Außenstellung

Die Gegenüberstellung der Toleranzanalyseergebnisse in den nachfolgenden Tabellen ist für die Ergebnisse der analytischen Berechnung sowie aus den beiden Programmsystemen simTOL® und 3DCS. Die Ergebnisse der beiden Programmsysteme sind Überträge aus den Ergebnisdokumentationen, welche sich im Anhang befinden. Die 3DCS-Ergebnisse beziehen sich auf die vom Programm abgeschätzten (Est.) Werte.

Innerhalb der 3DCS Variation Analyst Suite wurde im Rahmen von Updates mit der Version 7.7.1.1 hin zu Version 8.0.0.1 u. a. folgende Änderung eingebracht: Die programminternen Entscheidungskriterien zur Festlegung der abzuschätzenden Wahrscheinlichkeitsdichtefunktion (Est. Type) für das Schließmaß wurden modifiziert. Die Modifizierung hat zur Folge, dass die drei Toleranzanalysen an der Antriebseinheit mit der Version 8.0.0.1 in der Abschätzung zu jeweils einer Normalverteilung[7] führen und bei der älteren Version 7.7.1.1 jeweils zu einer Pearson I. Dabei sind alle Eingangsgrößen unverändert geblieben.

Diese Änderung in der auszuwertenden Wahrscheinlichkeitsdichtefunktion (Est. Type) führt dann zwangsläufig auch zu anderen Berechnungsergebnissen. Deutlich wird dies in den Ergebniszeilen von $P_{u\,sta}$, $P_{o\,sta}$ und T_s, siehe die drei nachfolgenden Tab. 10.6, 10.7 und 10.8.

In den Tab. 10.6, 10.7 und 10.8 sind die analytisch berechneten statistischen Ergebnisse von der Berechnungsmethode der „modifizierten quadratischen Toleranzanalyse" dargestellt. Dies betrifft $P_{u\,sta}$, $P_{o\,sta}$ und $T_{q\,mod}$.

Welche Erkenntnisse werden aus den Berechnungen durch die Anwendung der verschiedenen Verfahren und Programmsysteme erlangt?

Die Ergebnisse zeigen, dass auch ohne den Einsatz einer Softwarelösung zur statistischen Toleranzanalyse richtige und belastbare Berechnungsergebnisse generiert werden können. Dabei ist die Frage zulässig: Welche der berechneten statistischen Schließmaßtoleranzen ist überhaupt die exakte oder liegen alle Ergebnisse daneben?

Aus Ingenieurssicht, mit Blick auf den jeweiligen Berechnungsweg, sind alle Ergebnisse belastbar. Dementsprechend ist der X-Abstand des Schraubpunktes SP_a in der Außenstellung mit einer Wahrscheinlichkeit von 99,9936 % zwischen 2,953 und 3,335 mm.

Für den analytischen Berechnungsweg bleibt festzuhalten, dass die Ermittlung der Geometriefaktoren sowie die Anwendung diverser Formeln und Tabellen recht aufwendig ist. Dafür sind die Ergebnisse vergleichbar mit denen der Programmsysteme.

Für die Analyse mithilfe des Programmsystems simTOL® bleibt die aufwendige Ermittlung der Geometriefaktoren. Dafür wird die Berechnung und die Dokumentation automatisiert von der Software erbracht.

Die Analyse mithilfe des Programmsystems 3DCS übernimmt die Aufgaben der Geometriefaktorenermittlung, die Berechnung und die Dokumentation. Jedoch ist der funktionale Zusammenhang der Baugruppe über die Beschreibung des Toleranzmodells

---

[7] Anm.: Gemäß dem zentralen Grenzwertsatz der Statistik liegt erst bei der Überlagerung von $k = \infty$ vielen beliebigen Wahrscheinlichkeitsdichtefunktionen eine Normalverteilung vor. Bei einer Anzahl von $k \geq 5$ Maßkettengliedern liegt nur eine hinreichend genaue Normalverteilung vor. Daher ist auch bei der „modifizierten quadratischen Toleranzanalysemethode" der Korrekturfaktor g eingeführt worden. Siehe hierzu auch Abschn. 8.5.1.

Tab. 10.6 Gegenüberstellung der Toleranzanalyseergebnisse aus den verschiedenen Verfahren für den X-Abstand des Schraubpunktes SP_a (110-1)

Außenstellung: X-Abstand des Schraubpunktes SP_a (110-1) Vorgabe: $208{,}036 \pm 1$ mm $P_a = 99{,}9936\,\%$				
	Analytisch	simTOL®	3DCS Version 7.7.1.1	3DCS Version 8.0.0.1
N_0	208,036 mm	208,036 mm	208,035 mm	208,035 mm
P_u	205,699 mm	205,699 mm	–	–
P_o	210,372 mm	210,373 mm	–	–
T_a	4,673 mm	4,674 mm	–	–
σ_0	0,458 mm	–	0,416 mm	0,416 mm
Ber.-Modell	mod. Normal	–	Pearson I	Normal
$P_{u\,sta}$	206,410 mm	206,419 mm	206,559 mm	206,363 mm
$P_{o\,sta}$	209,661 mm	209,653 mm	209,512 mm	209,699 mm
T_s ($T_{q\,mod}$)	3,251 mm	3,234 mm	2,953 mm	3,335 mm
DL	97,21 %	97,40 %	98,67 %	98,36 %
C_p (P_p)	0,76	0,77	0,79	0,79
C_{pk} (P_{pk})	0,76	0,77	0,79	0,79
Statistische Beitragsleister				
BGP001	7,77 %	7,8 %	5,36 %	8,43 %
BGP003	31,57 %	31,6 %	21,79 %	34,27 %
BKUR001	13,81 %	13,8 %	16,60 %	13,05 %
BKOP001	31,08 %	31,1 %	37,35 %	29,37 %
BSCHW001	9,73 %	9,7 %	11,65 %	9,16 %
BSCHW002	6,03 %	6,0 %	7,23 %	5,69 %

mit all seinen Bedingungen vom Anwender zu erbringen. Diese Modellerstellung erfordert fachspezifische Kenntnisse, Zeit und Übung.

Zum Verständnis, warum sich das Ranking in der Beitragsleisteranalyse bei den beiden 3DCS-Versionen unterscheidet: Ab der 3DCS-Version 7.9.0.2 wird für die Zirkulartoleranz die tatsächliche vom Anwender individuell festgelegte Verteilungsfunktion zugrunde gelegt, z. B. eine Trapezverteilung. Konkret geht es dabei um die Zufallsgröße für den Radius (0 bis t_{pos}/2). Dieser Sachverhalt trifft auch für die hier genutzte Programmversion 8.0.0.1 zu. Siehe hierzu Abschn. 5.5.1.

Vor der 3DCS-Version 7.9.0.2 wurde programmintern eine Betragsverteilung 2. Art (right skewed distribution) bzw. in Schnittlage eine „zweidimensionale Normalverteilung" defaultmäßig festgelegt. Ungeachtet der Tatsache, welche Verteilung der Anwender für die

Tab. 10.7 Gegenüberstellung der Toleranzanalyseergebnisse aus den verschiedenen Verfahren für den Y-Abstand des Schraubpunktes SP$_a$ (120-1)

Außenstellung: Y-Abstand des Schraubpunktes SP$_a$ (120-1) Vorgabe: 104,18 ± 1 mm P$_a$ = 99,9936 %				
	Analytisch	simTOL®	3DCS Version 7.7.1.1	3DCS Version 8.0.0.1
N$_0$	104,180 mm	104,180 mm	104,179 mm	104,179 mm
P$_u$	101,168 mm	101,169 mm	–	–
P$_o$	107,191 mm	107,191 mm	–	–
T$_a$	6,022 mm	6,023 mm	–	–
σ$_0$	0,603 mm	–	0,553 mm	0,553 mm
Ber.-Modell	Mod. Normal	–	Pearson I	Normal
P$_{u\,sta}$	102,040 mm	102,058 mm	102,167 mm	101,970 mm
P$_{o\,sta}$	106,319 mm	106,302 mm	106,062 mm	106,398 mm
T$_s$ (T$_{q\,mod}$)	4,278 mm	4,245 mm	3,895 mm	4,428 mm
DL	90,10 %	89,91 %	93,04 %	92,92 %
C$_p$ (P$_p$)	0,58	0,58	0,60	0,60
C$_{pk}$ (P$_{pk}$)	0,58	0,58	0,59	0,59
Statistische Beitragsleister				
BGP001	9,33 %	9,3 %	6,22 %	10,22 %
BGP003	23,37 %	23,4 %	15,59 %	25,60 %
BKUR001	16,59 %	16,6 %	19,28 %	15,82 %
BKOP001	37,32 %	37,3 %	43,39 %	35,62 %
BSCHW001	11,71 %	11,7 %	13,53 %	11,11 %
BSCHW002	1,68 %	1,7 %	1,95 %	1,60 %

Zirkulartoleranz ausgewählt hat. Diese vom System festgelegte Default-Verteilung wird anschließend mit einem potenziellen Prozessleistungsindex von P$_p$ = 0,33 simuliert.

Im gegebenen Beispiel der Antriebseinheit ist für die beiden Zirkulartoleranzen vom Anwender jeweils eine Trapezverteilung definiert worden. Dies ist auch für die Maßkettenglieder BGP001 und BGP003 in der 3DCS-Ergebnisdokumentation für beide Programmversionen ersichtlich. In der Programmversion 8.0.0.1 wird mit der anwenderseitigen Verteilung auch simuliert. Jedoch sind die Verteilungen für Zirkulartoleranzen in der Programmversion 7.7.1.1, wie beschrieben, programmintern angepasst worden. Durch diese unterschiedlichen Verteilungen bei den Zirkulartoleranzen in beiden Programmversionen ändert sich auch das Ranking in der Beitragsleisteranalyse, siehe Anhang.

Tab. 10.8 Gegenüberstellung der Toleranzanalyseergebnisse aus den verschiedenen Verfahren für den Schwingenwinkel ψ_i (130-1)

Außenstellung: Schwingenwinkel ψ_i (130-1) Vorgabe: $34{,}772° \pm 0{,}6°$ $P_a = 99{,}9936\,\%$				
	Analytisch	simTOL®	3DCS Version 7.7.1.1	3DCS Version 8.0.0.1
N_0	34,772°	34,772°	34,771°	34,771°
P_u	32,760°	32,761°	–	–
P_o	36,783°	36,783°	–	–
T_a	4,022°	4,022°	–	–
σ_0	0,423°	–	0,394°	0,394°
Ber.-Modell	Mod. Normal	–	Pearson I	Normal
$P_{u\,sta}$	33,307°	33,293°	33,390°	33,197°
$P_{o\,sta}$	36,236°	36,251°	36,085°	36,353°
T_s ($T_{q\,mod}$)	2,929°	2,959°	2,695°	3,156°
DL	83,84 %	83,39 %	86,87 %	87,17 %
C_p (P_p)	0,50	0,50	0,50	0,50
C_{pk} (P_{pk})	0,50	0,49	0,50	0,50
Statistische Beitragsleister				
BGP001	10,20 %	10,2 %	6,66 %	11,24 %
BGP003	18,13 %	18,1 %	11,84 %	19,98 %
BKUR001	18,13 %	18,1 %	20,62 %	17,40 %
BKOP001	40,79 %	40,8 %	46,40 %	39,15 %
BSCHW001	12,76 %	12,8 %	14,47 %	12,21 %

Quellen und weiterführende Literatur

1. simTOL® Handbuch: Handbuch – simTOL® Programmsystem zur arithmetischen und statistischen Toleranzanalyse, casim Ingenieurleistungen GmbH & Co. KG, Kassel, 2024
2. Bronstein, I. N.; Semendjajew, K. A.; Musiol, G.; Mühlig, H. (Hrsg.): Taschenbuch der Mathematik, Europa-Lehrmittel, Nourney, Vollmer GmbH & Co. KG, Edition Harri Deutsch, Haan-Gruiten, 10. Auflage, 2016
3. Weyerhäuser, K.: Seminar Digitale Signalverarbeitung – Faltung und Korrelation kontinuierlicher Signale, Universität Koblenz, Institut für integrierte Naturwissenschaften, Abteilung Physik, 2005
4. Papula, L.: Mathematische Formelsammlung, Friedrich Vieweg & Sohn Verlagsgesellschaft, Braunschweig/Wiesbaden, 8. Auflage, 2003

5. Blaier, K.: Erstellung eines Rechenprogramms zur statistischen Tolerierung von Maßketten, Diplomarbeit, Universität Stuttgart, 1990
6. 3DCS Tutorial: 3DCS Variation Analyst, Programmhilfe-Datei, 2021
7. Germer, C.: Interdisziplinäres Toleranzmanagement, Dissertation, Logos Verlag, Berlin, 2005
8. Rasch, D.: Mathematische Statistik, Johann Ambrosius Barth Verlag, Heidelberg/Leipzig, 1995

Toleranzanalyse der Antriebseinheit in der Innenstellung

11

Inhaltsverzeichnis

11.1   Eingangsgrößen für die Toleranzanalyse an der Antriebseinheit in der Innenstellung ... 204
11.2   Toleranzanalyse für den X-Abstand des Schraubpunktes SP_i an der Antriebseinheit in der Innenstellung (210-1) 205
11.3   Toleranzanalyse für den Y-Abstand des Schraubpunktes SP_i an der Antriebseinheit in der Innenstellung (220-1) 206
11.4   Toleranzanalyse für den Schwingenwinkel ψ_a an der Antriebseinheit in der Innenstellung (230-1) 207
Quellen und weiterführende Literatur 208

Nachdem die Toleranzanalyse an der Antriebseinheit für die drei Qualitätsanforderungen in der Außenstellung abgeschlossen ist, folgt jetzt die arithmetische sowie die statistische Toleranzanalyse für die Innenstellung des Schwingenarms.

Die Vorgehensweise zur Durchführung der Toleranzanalysen ist analog zur bereits detailliert durchgeführten Analyse der Schwingen-Außenstellung. Von daher wird die Dokumentation der Toleranzanalysen für die Innenstellung ausschließlich auf die Ergebniszusammenstellungen beschränkt. Die Berechnungen sind gleichermaßen analytisch sowie mithilfe der beiden Programmsysteme simTOL® und 3DCS durchgeführt worden.

Grundsätzlich ist in dem Beispiel der Antriebseinheit eine Analogie der Maßkettenstrukturen für die Außen- und Innenstellung gegeben. So sind die beiden Maßketten für die X-Koordinate von den Maßkettengliedern her vollkommen identisch, jedoch unterscheiden sich die Geometriefaktoren voneinander. Dasselbe gilt für die Y-Koordinate und den Schwingenwinkel.

Zunächst wird der Schwingenwinkel ψ_a für die innere Totlagenstellung des Schwingenarms, basierend auf dem Gelenkpunkt C_a, benötigt. Dieser wurde bereits in Kap. 3 mit $\psi_a = 127{,}383°$ berechnet.

Basierend auf dem Schwingenwinkel ψ_a kann jetzt der horizontale Abstand des Schraubpunktes SP_i zu dem Tertiärbezug C gemäß der nachfolgenden Gl. (11.1) berechnet werden.

$$
\begin{aligned}
x_{SP_i} &= B_x - e \cdot \cos(180° - \psi_a) \\
x_{SP_i} &= 130 - 95 \cdot \cos(180° - 127{,}383°) \\
x_{SP_i} &= 72{,}321 \, \text{mm}
\end{aligned}
\tag{11.1}
$$

Der vertikale Abstand des Schraubpunktes SP_i zu dem Sekundärbezug B berechnet sich gemäß der nachfolgenden Gl. (11.2) zu:

$$
\begin{aligned}
y_{SP_i} &= B_y + e \cdot \sin(180° - \psi_a) \\
y_{SP_i} &= 50 + 95 \cdot \sin(180° - 127{,}383°) \\
y_{SP_i} &= 125{,}486 \, \text{mm}
\end{aligned}
\tag{11.2}
$$

Die hier berechneten Nominalmaße und -winkel entsprechen den jeweils theoretisch exakten Maßen (TED) der Konstruktion. Diese TED-Maße sind neben den beiden Qualitätsanforderungen und dem Bezugssystem in der nachfolgenden Abb. 11.1 eingetragen.

Auch für die Innenstellung des Schwingenarms müssen die Geometriefaktoren für die drei zu berechnenden Maßketten bestimmt werden. Für den Lösungsansatz der Linearisierung der jeweiligen Maßkettengleichung ist es notwendig, dass die Gleichungen auch sämtliche Variablen enthalten. Dementsprechend ergeben sich die folgenden drei Maßkettengleichungen:

Beginnend mit dem Winkel ψ_a des Schwingenarms in der inneren Totlage.

$$
\psi_a = \arccos\left(\frac{c^2 + (B_x - A_x)^2 - (b + a)^2}{2 \cdot c \cdot (B_x - A_x)} \right)
\tag{11.3}
$$

In dieser Gl. (11.3) sind die betreffenden fünf Variablen A_x, B_x, a, b und c enthalten. Als weitere Maßkettengleichung wird der X-Abstand des Schraubpunktes SP_i benötigt.

$$
x_{SP_i} = B_x - e \cdot \cos(180° - \psi_a)
\tag{11.4}
$$

Um diese Gl. (11.4) zu vereinfachen, wird zunächst das Additionstheorem der trigonometrischen Funktion der Differenz zweier Winkel nach [1] mit Gl. (11.5) angewendet.

$$
\begin{aligned}
\cos(\alpha - \beta) &= \cos\alpha \cdot \cos\beta + \sin\alpha \cdot \sin\beta \\
\cos(180° - \beta) &= \cos 180° \cdot \cos\beta + \sin 180° \cdot \sin\beta \\
\cos(180° - \beta) &= -1 \cdot \cos\beta + 0 \cdot \sin\beta
\end{aligned}
$$

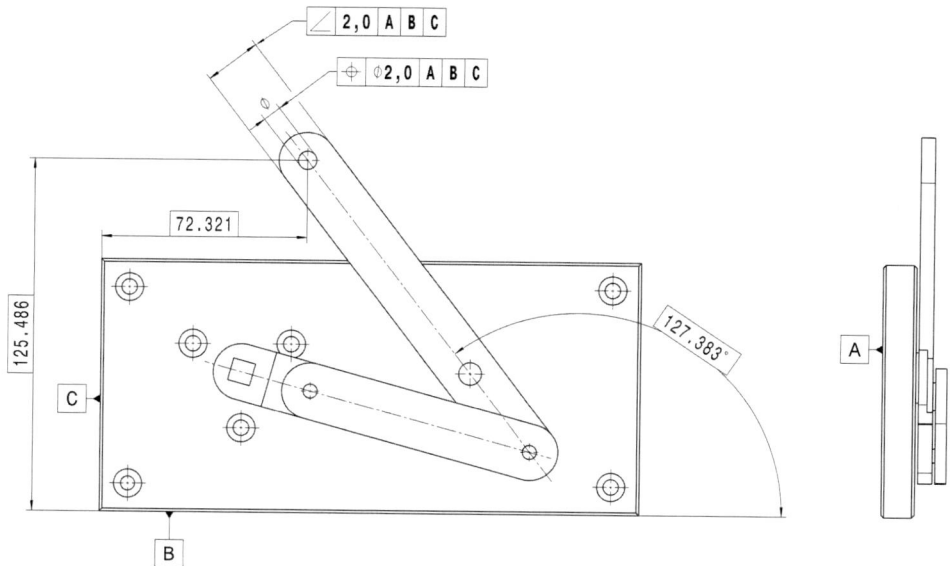

Abb. 11.1 Qualitätsanforderungen der Position des Schraubpunktes SP$_i$ und der Neigungswinkel des Schwingenarms an der Antriebseinheit für die Innenstellung des Schwingenarms

$$\cos(180° - \beta) = -1 \cdot \cos\beta \qquad (11.5)$$

Dieses gekürzte Additionstheorem wird jetzt wieder in die Gl. (11.4) eingesetzt. Daraus folgt mit Gl. (11.6) die Maßkettengleichung für den X-Abstand des Schraubpunktes SP$_i$ unter Berücksichtigung sämtlicher Variablen.

$$x_{SP_i} = B_x - e \cdot (-1) \cdot \cos\psi_a \qquad (11.6)$$

$$x_{SP_i} = B_x + e \cdot \cos\psi_a \qquad (11.7)$$

Nach dem Einsetzen der Gl. (11.3) resultiert hieraus Gl. (11.8) zu:

$$x_{SP_i} = B_x + e \cdot \left(\frac{c^2 + (B_x - A_x)^2 - (b + a)^2}{2 \cdot c \cdot (B_x - A_x)} \right) \qquad (11.8)$$

Damit liegt auch die Maßkettengleichung für den X-Abstand des Schraubpunktes SP$_i$ vor.

Für den Y-Abstand des Schraubpunktes SP$_i$ ist die Vorgehensweise identisch. Zunächst liegt die folgende Gl. (11.9) vor.

$$y_{SP_i} = B_y + e \cdot \sin(180° - \psi_a) \qquad (11.9)$$

Auch hier wird die Gl. (11.9) zunächst durch die Anwendung des Additionstheorems der trigonometrischen Funktion nach [1] gemäß Gl. (11.10) vereinfacht.

$$\sin(\alpha - \beta) = \sin\alpha \cdot \cos\beta - \cos\alpha \cdot \sin\beta$$
$$\sin(180° - \beta) = \sin 180° \cdot \cos\beta - \cos 180° \cdot \sin\beta$$
$$\sin(180° - \beta) = 0 \cdot \cos\beta - (-1) \cdot \sin\beta$$
$$\sin(180° - \beta) = \sin\beta \tag{11.10}$$

Mit diesem gekürzten Additionstheorem und der Gl. (11.3) ergibt sich mittels der Gl. (11.11) die Maßkettengleichung für den Y-Abstand des Schraubpunktes SP_i unter Berücksichtigung sämtlicher Variablen.

$$y_{SP_i} = B_y + e \cdot \sin\psi_a \tag{11.11}$$

$$y_{SP_i} = B_y + e \cdot \sin\left(\arccos\left(\frac{c^2 + (B_x - A_x)^2 - (b + a)^2}{2 \cdot c \cdot (B_x - A_x)}\right)\right) \tag{11.12}$$

Wie schon bei der Außenstellung des Schwingenarms, muss durch die Verkettung mit Sinus und Cosinus zunächst die Elementarfunktion sin(arccos(-x)) umgeformt werden. An dieser Stelle ist jedoch x negativ. Somit ergibt sich nach [2]:

$$\sin(\arccos(-x)) = \sin(\pi - \arcsin(\sqrt{(1 - x^2)})) \text{ für } (\pi - 1 \leq x \leq 0) \tag{11.13}$$

$$\sin\left(\pi - \arcsin\left(\sqrt{(1 - x^2)}\right)\right) = \sqrt{(1 - x^2)} = \sqrt{(1 - x) \cdot (1 + x)} \tag{11.14}$$

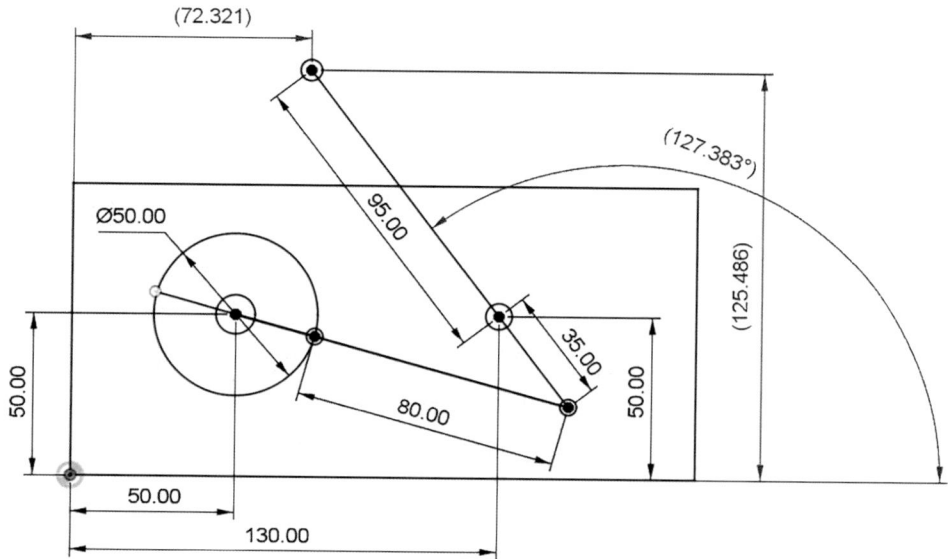

Abb. 11.2 Innenstellung: 2D-Konstruktion der Antriebseinheit (Kurbelschwinge) in Nominallage

Dementsprechend lautet die Gleichung:

$$y_{SP_i} = B_y + e \cdot \left[\left(1 - \left(\frac{c^2 + (B_x - A_x)^2 - (b+a)^2}{2 \cdot c \cdot (B_x - A_x)} \right) \right) \right.$$

$$\left. \cdot \left(1 + \left(\frac{c^2 + (B_x - A_x)^2 - (b+a)^2}{2 \cdot c \cdot (B_x - A_x)} \right) \right) \right]^{\frac{1}{2}} \qquad (11.15)$$

Anschließend werden wieder für die drei Gl. (11.3), (11.8) und (11.15) die partiellen Differenzialquotienten für die Variablen A_x, B_x, a, b, c und e gebildet. Abgeleitet wird dabei wieder an der Nominalstruktur der CAD-Konstruktion, wie in Kap. 5 beschrieben.

Für die Ermittlung der Geometriefaktoren, basierend auf dem geometrischen Verfahren, wird wieder auf der 2D-Konstruktion der Antriebseinheit, wie Abb. 11.2 zeigt, aufgesetzt.

Die ermittelten Geometriefaktoren für die Q-Merkmale 210-1, 220-1 und 230-1 sind in der nachfolgenden Tab. 11.1 zu finden.

Wie bereits angemerkt, werden aufgrund der analogen Vorgehensweise ausschließlich die Ergebnisse für die Innenstellung des Schwingenarms und nicht die Lösungswege dokumentiert.

11.1 Eingangsgrößen für die Toleranzanalyse an der Antriebseinheit in der Innenstellung

Die Eingangsgrößen für die Toleranzanalyse sind für die Bauteiltoleranzen sowie die Fertigungsverteilungen identisch wie für die Außenstellung.

In der Tab. 11.1 sind die Eingangsgrößen der sechs bzw. fünf Variablen der Toleranzanalyse zusammengefasst.

Mit den in Tab. 11.1 zusammengestellten Eingangsgrößen sind die nachfolgenden Toleranzanalysen durchgeführt worden. Die Berechnungsbasis für die statistische Toleranzanalyse bilden wieder die trapezverteilten (Trapez I) Einzeltoleranzen. Die Annahmewahrscheinlichkeit ist $P_a = 99,9936\,\%$ und der geforderte Prozessfähigkeitsindex $C_p > 1,33$.

In den drei nachfolgenden Tabellen sind die analytisch berechneten statistischen Ergebnisse von der Berechnungsmethode der modifizierten quadratischen Toleranzanalyse dargestellt. Dies betrifft $P_{u\,sta}$, $P_{o\,sta}$ und $T_{q\,mod}$.

Die Gegenüberstellung der Toleranzanalyseergebnisse in den nachfolgenden Tabellen ist für die Ergebnisse der analytischen Berechnung sowie aus den beiden Programmsystemen simTOL® und 3DCS. Die Ergebnisse der beiden Programmsysteme sind Überträge aus den Ergebnisdokumentationen, welche sich im Anhang befinden. Die 3DCS-Ergebnisse beziehen sich auf die vom Programm abgeschätzten (Est.) Werte. In den nachfolgenden Tab. 11.2, 11.3 und 11.4 sind die Ergebnisse der Toleranzanalyse an der Antriebseinheit für die Innenstellung des Schwingenarms in einer Gegenüberstellung der verschiedenen Berechnungsansätze zu sehen. Abschließend ist in Tab. 11.5 eine Zusammenstellung der Ergebnisse aufgeführt.

Tab. 11.1 Eingangsgrößen der Toleranzanalyse für die Innenstellung; Geometriefaktoren mittels geometrischem Verfahren ermittelt

Kurzzeichen	Bauteil	Nennmaß	Toleranz	Geometriefaktor		
				210-1	220-1	230-1
BGP001	Festlager A	0	±0,15	–3,563	–2,728	2,708
BGP003	Festlager B	0	±0,2	4,535	2,646	–2,708
BKUR001	Kurbel a	25	±0,2	–3,563	–2,728	2,708
BKOP001	Koppelstange b	80	±0,3	–3,563	–2,728	2,708
BSCHW001	Schwinge c	35	±0,3	2,838	2,175	–2,157
BSCHW002	Schwingenarm e	95	±0,3	–0,608	0,795	–

11.2 Toleranzanalyse für den X-Abstand des Schraubpunktes SP$_i$ an der Antriebseinheit in der Innenstellung (210-1)

Tab. 11.2 Gegenüberstellung der Toleranzanalyseergebnisse aus den verschiedenen Verfahren für den X-Abstand des Schraubpunktes SP$_i$ (210-1)

Innenstellung: X-Abstand des Schraubpunktes SP$_i$ (210-1)
Vorgabe: 72,321 ± 1 mm
P_a = 99,9936 %

	Analytisch	simTOL®	3DCS Version 7.7.1.1	3DCS Version 8.0.0.1
N_0	72,321 mm	72,321 mm	72,321 mm	72,321 mm
P_u	68,064 mm	68,064 mm	–	–
P_o	76,577 mm	76,578 mm	–	–
T_a	8,513 mm	8,514 mm	–	–
σ_0	0,855 mm	–	0,792 mm	0,792 mm
Ber.-Modell	mod. Normal	–	Pearson I	Normal
$P_{u\,sta}$	69,284 mm	69,313 mm	69,554 mm	69,151 mm
$P_{o\,sta}$	75,357 mm	75,329 mm	75,027 mm	75,488 mm
T_s ($T_{q\,mod}$)	6,072 mm	6,017 mm	5,473 mm	6,337 mm
DL	74,98 %	74,75 %	78,58 %	79,32 %
C_p (P_p)	0,41	0,41	0,42	0,42
C_{pk} (P_{pk})	0,41	0,41	0,42	0,42
Statistische Beitragsleister				
BGP001	8,12 %	8,1 %	5,38 %	8,91 %
BGP003	23,39 %	23,4 %	15,52 %	25,67 %
BKUR001	14,44 %	14,4 %	16,68 %	13,79 %
BKOP001	32,49 %	32,5 %	37,53 %	31,04 %
BSCHW001	20,61 %	20,6 %	23,78 %	19,66 %
BSCHW002	0,95 %	0,9 %	1,09 %	0,90 %

11.3 Toleranzanalyse für den Y-Abstand des Schraubpunktes SP_i an der Antriebseinheit in der Innenstellung (220-1)

Tab. 11.3 Gegenüberstellung der Toleranzanalyseergebnisse aus den verschiedenen Verfahren für den Y-Abstand des Schraubpunktes SP_i (220-1)

Innenstellung: Y-Abstand des Schraubpunktes SP_i (220-1)
Vorgabe: $125,486 \pm 1$ mm
$P_a = 99,9936\ \%$

	Analytisch	simTOL®	3DCS Version 7.7.1.1	3DCS Version 8.0.0.1
N_0	125,486 mm	125,486 mm	125,486 mm	125,486 mm
P_u	122,292 mm	122,293 mm	–	–
P_o	128,679 mm	128,679 mm	–	–
T_a	6,386 mm	6,387 mm	–	–
σ_0	0,628 mm	–	0,593 mm	0,593 mm
Ber.-Modell	mod. Normal	–	Pearson I	Normal
$P_{u\ sta}$	123,255 mm	123,262 mm	123,354 mm	123,106 mm
$P_{o\ sta}$	127,716 mm	127,710 mm	127,386 mm	127,855 mm
$T_s\ (T_{q\ mod})$	4,460 mm	4,447 mm	4,031 mm	4,749 mm
DL	89,04 %	88,38 %	90,80 %	90,80 %
$C_p\ (P_p)$	0,56	0,56	0,56	0,56
$C_{pk}\ (P_{pk})$	0,56	0,55	0,55	0,55
Statistische Beitragsleister				
BGP001	8,82 %	8,8 %	5,63 %	9,79 %
BGP003	14,76 %	14,8 %	9,42 %	16,37 %
BKUR001	15,69 %	15,7 %	17,44 %	15,16 %
BKOP001	35,30 %	35,3 %	39,26 %	34,12 %
BSCHW001	22,44 %	22,4 %	24,88 %	21,62 %
BSCHW002	3,00 %	3,0 %	3,34 %	2,90 %

11.4 Toleranzanalyse für den Schwingenwinkel ψ_a an der Antriebseinheit in der Innenstellung (230-1)

Tab. 11.4 Gegenüberstellung der Toleranzanalyseergebnisse aus den verschiedenen Verfahren für den Schwingenwinkel ψ_a (230-1)

Innenstellung: Schwingenwinkel ψ_a (230-1)
Vorgabe: $127{,}383° \pm 0{,}6°$
$P_a = 99{,}9936\,\%$

	Analytisch	simTOL®	3DCS Version 7.7.1.1	3DCS Version 8.0.0.1
N_0	127,383°	127,383°	127,383°	127,383°
P_u	124,434°	124,434°	–	–
P_o	130,331°	130,332°	–	–
T_a	5,897°	5,898°	–	–
σ_0	0,617°	–	0,580°	0,580°
Ber.-Modell	mod. Normal	–	Pearson I	Normal
$P_{u\,sta}$	125,248°	125,213°	125,483°	125,062°
$P_{o\,sta}$	129,517°	129,553°	129,405°	129,709°
T_s ($T_{q\,mod}$)	4,269°	4,341°	3,921°	4,646°
DL	65,78 %	64,93 %	68,58 %	69,84 %
C_p (P_p)	0,34	0,34	0,34	0,34
C_{pk} (P_{pk})	0,34	0,34	0,34	0,34
Statistische Beitragsleister				
BGP001	9,01 %	9,0 %	5,79 %	9,98 %
BGP003	16,03 %	16,0 %	10,30 %	17,74 %
BKUR001	16,03 %	16,0 %	17,94 %	15,45 %
BKOP001	36,06 %	36,1 %	40,37 %	34,77 %
BSCHW001	22,88 %	22,9 %	25,58 %	22,03 %

Die komplette Berechnungsdokumentation, welche mit den beiden Programmsystemen simTOL® und 3DCS durchgeführt wurde, ist im Anhang zusammengefasst.

Tab. 11.5 Zusammenfassung der Ergebnisse für die Toleranzanalysen an der Antriebseinheit für die Innenstellung des Schwingenarms

Anforderung				Ergebnisse		
Q-Merkmal	Eintragung	Maßtoleranz	T_{Vorgabe}	T_a	$T_{q \text{ mod } (Pa \,=\, 99,9936\,\%)}$	DL
Abstand x_{SPi}	$\oplus$ 2,0	±1 mm	**2 mm**	**8,513 mm**	**6,072 mm**	**74,98 %**
Abstand y_{SPi}	$\oplus$ 2,0	±1 mm	**2 mm**	**6,386 mm**	**4,460 mm**	**89,04 %**
Winkel ψ_a	$\angle$ 2,0	±0,6°	**1,2°**	**5,897°**	**4,269°**	**65,78 %**

Quellen und weiterführende Literatur

1. Papula, L.: Mathematische Formelsammlung, Friedrich Vieweg & Sohn Verlagsgesellschaft, Braunschweig/Wiesbaden, 8. Auflage, 2003
2. Bronstein, I. N.; Semendjajew, K. A.; Musiol, G.; Mühlig, H. (Hrsg.): Taschenbuch der Mathematik, Europa-Lehrmittel, Nourney, Vollmer GmbH & Co. KG, Edition Harri Deutsch, Haan-Gruiten, 10. Auflage, 2016

Toleranzanalyse des Schwingbereichswinkels an der Antriebseinheit

12

Inhaltsverzeichnis

12.1 Arithmetische Toleranzanalyse des Schwingbereichswinkels (300-1) 211
    12.1.1 Nennschließmaß.. 211
    12.1.2 Arithmetisches Höchstschließmaß.................................. 211
    12.1.3 Arithmetisches Mindestschließmaß................................. 212
    12.1.4 Arithmetische Schließmaßtoleranz 212
    12.1.5 Statistische Schließmaßtoleranz................................... 212

Jetzt wo die Ergebnisse für die Schwinge in den beiden Totlagen vorliegen, kann die letzte zu berechnende kundenseitige Qualitätsanforderung, nämlich der Schwingbereichswinkel ψ_H berechnet werden. Der gesuchte Schwingbereichswinkel lässt sich, wie bereits in Kap. 3 erörtert, aus der Differenz der beiden Schwingenwinkel $\psi_{a/i}$ berechnen.

$$\psi_H = \psi_a - \psi_i \tag{12.1}$$

$$
\psi_H = \left[\arccos\left(\frac{c^2 + d^2 - (b+a)^2}{2 \cdot c \cdot d} \right) \right]
$$
$$
- \left[\arccos\left(\frac{c^2 + d^2 - (b-a)^2}{2 \cdot c \cdot d} \right) \right] \tag{12.2}
$$

In dieser Gl. (12.2) wird der horizontale Abstand d der beiden Lagerstellen durch die X-Koordinaten der beiden Lagerstellen mit A_x und B_x ersetzt und mit den Nominalwerten der Konstruktion ergänzt. Hieraus resultiert der Schwingbereichswinkel zu:

F. Mannewitz, *Toleranzanalysen an mehrdimensionalen Maßketten*,
https://doi.org/10.1007/978-3-658-49758-3_12

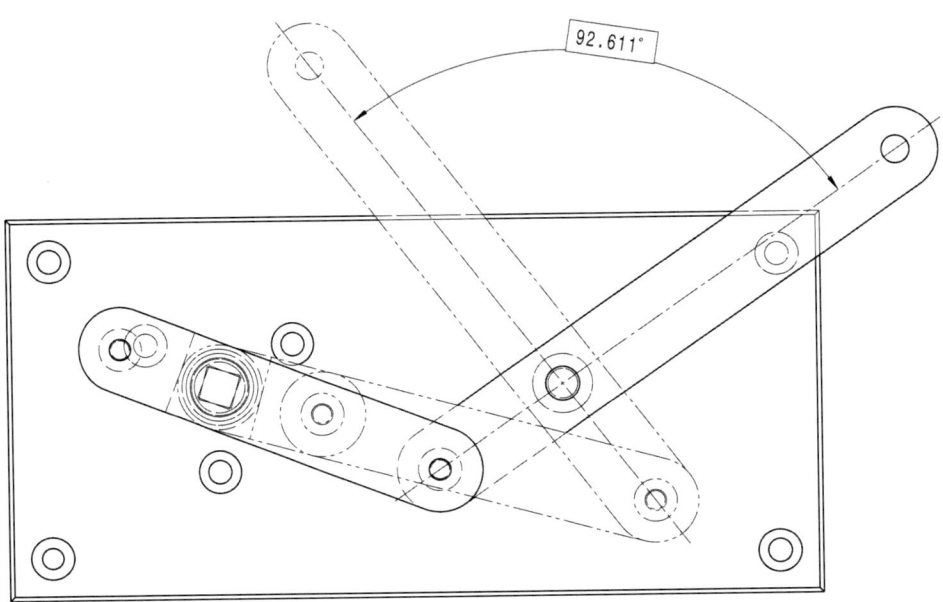

Abb. 12.1 Antriebseinheit in den beiden Totlagenstellungen: Darstellung des Schwingbereichswinkels $\psi_H = 92{,}611°$

$$\psi_H = \left[\arccos\left(\frac{c^2 + (B_x - A_x)^2 - (b + a)^2}{2 \cdot c \cdot (B_x - A_x)} \right) \right]$$
$$- \left[\arccos\left(\frac{c^2 + (B_x - A_x)^2 - (b - a)^2}{2 \cdot c \cdot (B_x - A_x)} \right) \right]$$
$$\psi_H = \left[\arccos\left(\frac{35^2 + (130 - 50)^2 - (80 + 25)^2}{2 \cdot 35 \cdot (130 - 50)} \right) \right]$$
$$- \left[\arccos\left(\frac{35^2 + (130 - 50)^2 - (80 - 25)^2}{2 \cdot 35 \cdot (130 - 50)} \right) \right]$$
$$\psi_H = 127{,}383° - 34{,}772°$$
$$\psi_H = 92{,}612° \tag{12.3}$$

Der berechnete Differenzenwinkel von $92{,}612°$ repräsentiert den Nominal-Schwingbereichswinkel. Diesen Zusammenhang verdeutlicht nochmals die Abb. 12.1.

Die Forderung im Lastenheft, unter Berücksichtigung der Bauteiltoleranzen, liegt bei $\psi_H > 90°$. Hierüber ist der Nachweis rechnerisch zu erbringen.

Für die durchzuführende Toleranzanalyse des Schwingbereichswinkels werden u. a. die Geometriefaktoren der fünf Variablen A_x, B_x, a, b und c benötigt.

Tab. 12.1 Geometriefaktoren für den Schwingbereichswinkel ψ_H (300-1)

Kurzzeichen	Variable	Nennmaß	Faktor
BGP001	Grundplatte (X-Pos. Festlager A, A_X; Kurbel)	50	**0,768**
BGP003	Grundplatte (X-Pos. Festlager B, B_X; Schwinge)	130	**−0,768**
BKUR001	Kurbel a	25	**4,677**
BKOP001	Koppelstange b	80	**0,730**
BSCHW001	Schwinge c	35	**−3,254**

Hierfür wird die Gl. (12.3) mittels der Variation der Variablen (siehe Abschn. 5.2) linearisiert. Aus der Linearisierung ergeben sich die Geometriefaktoren in der Tab. 12.1 für den Schwingbereichswinkel.

Die Schwingenarmlänge e übt keinen Einfluss auf den Schwingbereichswinkel aus und ist somit kein zu berücksichtigendes Maßkettenglied.

12.1 Arithmetische Toleranzanalyse des Schwingbereichswinkels (300-1)

Nachfolgend werden im Rahmen der arithmetischen Toleranzanalyse das Höchstschließmaß und Mindestschließmaß berechnet.

12.1.1 Nennschließmaß

Das Nennschließmaß N_0 entspricht dem berechneten Schwingbereichswinkel von $\psi_H = 92,612°$. Dementsprechend ist

$$N_0 = 92,612°$$

12.1.2 Arithmetisches Höchstschließmaß

Unter Berücksichtigung des Nennschließmaßes, der Geometriefaktoren und der Grenzabmaße kann jetzt das Höchstschließmaß bzw. das obere Passmaß des Schließmaßes gemäß der nachfolgenden Gl. (12.4) berechnet werden.

$$P_o = N_0 + \left[\left(\sum_{i=1}^{n} \alpha_{pos_i} \cdot ES_{pos_i} \right) - \left(\sum_{i=n+1}^{k} |\alpha_{neg_i}| \cdot ei_{neg_i} \right) \right] \tag{12.4}$$

$$P_o = N_0 + \left[\left(\alpha_{A_x} \cdot ES_{A_x} + \alpha_a \cdot ES_a + \alpha_b \cdot ES_b \right) - \left(\left| \alpha_{B_x} \right| \cdot ei_{B_x} + \left| \alpha_c \right| \cdot ei_c \right) \right]$$

$$P_o = 92{,}612 + [(0{,}768 \cdot 0{,}15 + 4{,}677 \cdot 0{,}2 + 0{,}73 \cdot 0{,}3)$$

$$- (|-0{,}768| \cdot (-0{,}2) + |-3{,}254| \cdot (-0{,}3))]$$

$$P_o = 95{,}011° \tag{12.5}$$

Hiernach ist der größte arithmetische Schwingbereichswinkel $\psi_{H\,max} = 95{,}011°$.

12.1.3 Arithmetisches Mindestschließmaß

Das Mindestschließmaß bzw. das untere Passmaß des Schließmaßes berechnet sich gemäß der nachfolgenden Gl. (12.6) zu:

$$P_u = N_0 + \left[\left(\sum_{i=1}^{n} \alpha_{pos_i} \cdot EI_{pos_i} \right) - \left(\sum_{i=n+1}^{k} \left| \alpha_{neg_i} \right| \cdot es_{neg_i} \right) \right] \tag{12.6}$$

$$P_u = N_0 + \left[\left(\alpha_{A_x} \cdot EI_{A_x} + \alpha_a \cdot EI_a + \alpha_b \cdot EI_b \right) - \left(\left| \alpha_{B_x} \right| \cdot es_{B_x} + \left| \alpha_c \right| \cdot es_c \right) \right]$$

$$P_u = 92{,}612 + [(0{,}768 \cdot (-0{,}15) + 4{,}677 \cdot (-0{,}2) + 0{,}73 \cdot (-0{,}3))$$

$$- (|-0{,}768| \cdot 0{,}2 + |-3{,}254| \cdot 0{,}3)]$$

$$P_u = 90{,}212° \tag{12.7}$$

12.1.4 Arithmetische Schließmaßtoleranz

Die arithmetische Schließmaßtoleranz kann jetzt aus der Differenz zwischen dem Höchst- und Mindestschließmaß berechnet werden.

$$T_a = P_o - P_u$$

$$T_a = 95{,}011 - 90{,}212 = 4{,}799° \tag{12.8}$$

Der kleinste arithmetische Schwingbereichswinkel ist $\psi_{H\,min} = 90{,}212°$ und somit größer als der geforderte Mindestwinkel von $\psi_H > 90°$.

12.1.5 Statistische Schließmaßtoleranz

Da der geforderte Mindest-Schwingbereichswinkel bereits im Worst-Case-Szenario erfüllt wird, soll an dieser Stelle auf die analytische Ausführung der statistischen Toleranzanalyse verzichtet werden.

Stattdessen ist dafür das Toleranzanalyseergebnis des Programmsystems simTOL®
stellvertretend in der nachfolgenden Abb. 12.2 angeführt. Die komplette Berechnungsdokumentation für dieses Qualitätsmerkmal befindet sich im Anhang.

Hiernach berechnet sich der kleinste statistische Schwingbereichswinkel für eine
Annahmewahrscheinlichkeit von $P_a = 99{,}9936 \%$ zu $P_{u\,stat} = 90{,}68°$. Des Weiteren ist
aus dem simTOL®-Ergebnis ersichtlich, dass der Schwingbereichswinkel statistisch um
$3{,}864°$ variieren kann.

Als Hinweis an dieser Stelle: Die in der Berechnung angegebene OSG von $95°$ ist vom
Anwender willkürlich festgelegt worden.

Interessant an diesem Ergebnis ist, dass die beiden Maßkettenglieder BSCH001 an
der Schwinge und BKUR001 an der Kurbel zusammen $95{,}5 \%$ des statistischen Einflus-
ses auf den Schwingbereichswinkel ausüben und die drei weiteren Glieder zusammen
nur $4{,}5 \%$, Stichwort: Pareto-Prinzip. In der nachfolgenden Tab. 12.2 sind die Ergebnisse der Toleranzanalyse an der Antriebseinheit für den Schwingbereichswinkel in einer
Gegenüberstellung der verschiedenen Berechnungsansätze zu sehen.

Die Berechnungsdokumentation für den Schwingbereichswinkel, welche mit den
beiden Programmsystemen simTOL® und 3DCS durchgeführt wurde, ist im Anhang
zusammengefasst.

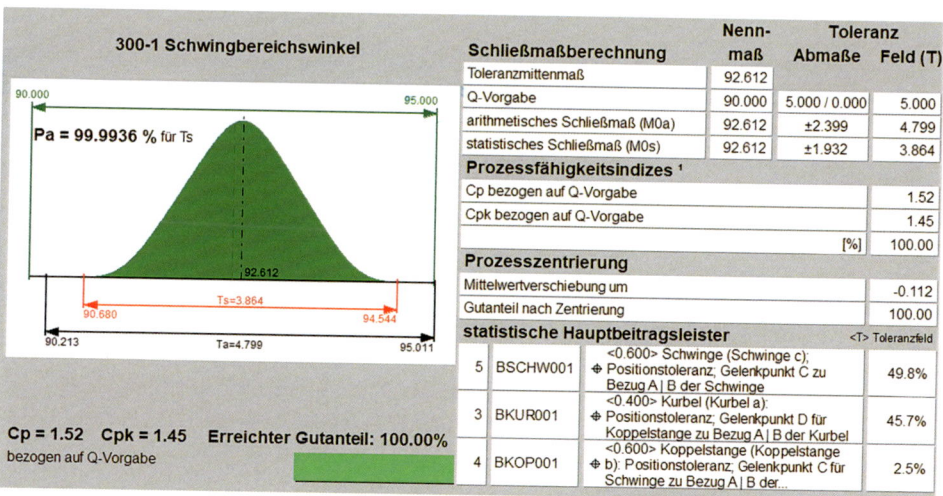

Abb. 12.2 Toleranzanalyse Programmsystem simTOL®: Ergebnis für den Schwingbereichswinkel
ψ_H (300-1), siehe Anhang

Tab. 12.2: Gegenüberstellung der Toleranzanalyseergebnisse aus den verschiedenen Verfahren für den Schwingbereichswinkel ψ_H (300-1)

Außen-/Innenstellung: Schwingbereichswinkel ψ_H (300-1)
Vorgabe: $> 90°$
$P_a = 99,9936\ \%$

	Analytisch	simTOL®	3DCS Version 7.7.1.1	3DCS Version 8.0.0.1
N_0	92,612°	92,612°	92,611°	92,611°
P_u	90,212°	90,213°	–	–
P_o	95,011°	95,011°	–	–
T_a	4,799°	4,799°	–	–
σ_0	–	–	0,632°	0,632°
Ber.-Modell	–	–	Pearson I	Pearson I
$P_{u\,sta}$	–	90,680°	90,713°	90,713°
$P_{o\,sta}$	–	94,544°	94,536°	94,536°
T_s	–	3,864°	3,823°	3,823°

Statistische Beitragsleister

	Analytisch	simTOL®	3DCS Version 7.7.1.1	3DCS Version 8.0.0.1
BGP001	–	0,70 %	0,40 %	0,79 %
BGP003	–	1,20 %	0,71 %	1,41 %
BKUR001	–	45,70 %	46,11 %	45,60 %
BKOP001	–	2,50 %	2,53 %	2,50 %
BSCHW001	–	49,80 %	50,23 %	49,68 %

Optimierungsszenarien im Rahmen der Toleranzanalyse

13

Inhaltsverzeichnis

13.1 Beziehungsmatrix zur Visualisierung der Hauptbeitragsleister 216
13.2 Hauptbeitragsleister reduzieren 217
13.3 Toleranzeinengung sämtlicher Maßkettenglieder 217
13.4 Robustes Design 220
13.5 Optimierung der Antriebseinheit 224
    13.5.1 Statistische Beitragsleister 227
    13.5.2 Direktläuferquote 229
    13.5.3 Prozessfähigkeitskenngrößen 231
13.6 Angepasste Fertigungszeichnungen mit Populationsspezifikationen 233
Quellen und weiterführende Literatur 238

Mit Abschluss der Toleranzanalyse für die sieben Qualitätsmerkmale an der Antriebseinheit in den beiden Totlagen, bietet es sich an, über mögliche Verbesserungspotenziale zu diskutieren.

Durch eine systematische Toleranzoptimierung können die Fertigungskosten durch Ausschuss- und Nacharbeitsreduzierung deutlich gesenkt werden. Dies verbessert die Produktqualität und stärkt die Kundenzufriedenheit.

Basierend auf den durchgeführten Toleranzanalysen bleibt für die Antriebseinheit festzuhalten, dass sechs der sieben Qualitätsmerkmale hinsichtlich der geforderten Spezifikation nicht prozesssicher realisierbar sind. Nur der Schwingbereichswinkel erfüllt die Vorgabe von $\psi_H > 90°$. Alle sechs weiteren Qualitätsmerkmale beinhalten eine gewisse Nacharbeitsquote. Die Nacharbeitsquote kann nur gesenkt werden, wenn die Schließmaßverteilung bei konstanter Lage schlanker wird. Dies kann erreicht werden, wenn entweder

F. Mannewitz, *Toleranzanalysen an mehrdimensionalen Maßketten*,
https://doi.org/10.1007/978-3-658-49758-3_13

die Bauteil- bzw. Einzeltoleranzen eingeengt und/oder die Fertigungsverteilungen prozesssicherer gewählt werden als die angenommene Trapezverteilung. Alternativ hierzu könnte der Kunde auch die Spezifikationen nach oben anpassen. Dieser Schritt wird in der Praxis nur in den seltensten Fällen vollzogen.

Die hier nachfolgend gezeigten Optimierungsszenarien beziehen sich ausschließlich auf die Designziele und Spezifikationen der Baugruppe. Mögliche Kosten-Nutzen-Verhältnisse werden an dieser Stelle nicht diskutiert. Darüber hinaus wird bei den gezeigten Optimierungsszenarien weder hinterfragt, ob die Toleranzanpassungen fertigungstechnologisch realisierbar sind, noch welche finanziellen Aufwendungen mit den Toleranzanpassungen verbunden sind. Die Optimierungsszenarien haben ausschließlich den Fokus auf die Reduzierung der Nacharbeitsquote und die Erfüllung der Prozesssicherheit der betrachteten Qualitätsanforderungen.

13.1 Beziehungsmatrix zur Visualisierung der Hauptbeitragsleister

Zur besseren Übersicht empfiehlt es sich, zu Beginn der Optimierung eine Beziehungsmatrix mit den statistischen Beitragsleistern gemäß der nachfolgenden Tab. 13.1 zu erstellen.

Die in dieser Beziehungsmatrix angegebenen statistischen Beitragsleister beziehen sich auf die analytischen Berechnungen der Maßketten.

Die Beziehungsmatrix gibt zunächst einen guten Überblick über die Wertigkeiten der einzelnen Maßkettenglieder und deren Hauptbeitragsleister, insbesondere, wenn die Konstruktion eine Vielzahl von Qualitätsanforderungen umfasst. Aus dieser Matrix wird transparent, dass die Koppelstange (BKOP001) einen signifikanten Einfluss in sechs der sieben Maßketten ausübt. Hingegen ist der Einfluss der Schwingenarmlänge (BSCHW002) in den vier betreffenden Maßketten eher gering. Diese Art der Darstellung hat sich in der Praxis bewährt, um sich nicht nur auf die Abhängigkeiten innerhalb einer

Tab. 13.1 Beziehungsmatrix – Gegenüberstellung der statistischen Beitragsleister für die sieben Qualitätsmerkmale an der Antriebseinheit

Maß	110-1	120-1	130-1	210-1	220-1	230-1	300-1
BGP001	7,77 %	9,33 %	10,20 %	8,12 %	8,82 %	9,01 %	0,83 %
BGP003	31,57 %	23,37 %	18,13 %	23,39 %	14,76 %	16,03 %	1,47 %
BKUR001	13,81 %	16,59 %	18,13 %	14,44 %	15,69 %	16,03 %	45,57 %
BKOP001	**31,08 %**	**37,32 %**	**40,79 %**	**32,49 %**	**35,30 %**	**36,06 %**	2,50 %
BSCHW001	9,73 %	11,71 %	12,76 %	20,61 %	22,44 %	22,88 %	49,63 %
BSCHW002	6,03 %	1,68 %	–	0,95 %	3,00 %	–	–

Maßkette zu fokussieren, sondern sämtliche Anforderungen, welche an eine Baugruppe bzw. ein Gesamtsystem gestellt werden, im Überblick zu behalten.

Grundsätzlich sollten im Rahmen einer statistischen Toleranzanalyse hohe Beitragsleister, auch „Hauptbeitragsleister" genannt, reduziert und geringe Beitragsleister gesteigert werden. Dieses Vorgehen führt dann zu einem „robusteren Design".

13.2   Hauptbeitragsleister reduzieren

Nachfolgend wird gezielt der Hauptbeitragsleister an der Antriebseinheit reduziert. Der Hauptbeitragsleister, welcher in sämtlichen der sechs Maßketten einen signifikanten Einfluss ausübt, ist wie bereits erwähnt, der Abstand der beiden Gelenkpunkte an der Koppelstange (BKOP001).

Eine Toleranzanpassung bzw. -optimierung an diesem direkten Funktionsmaß heißt in der Regel in der Praxis „Toleranzhalbierung". Wenn das direkte Funktionsmaß (BKOP001) mit einer zeichnungsseitigen Positionstoleranz von 0,6 mm auf 0,3 mm halbiert wird, dann würde sich nach der modifizierten quadratischen Toleranzanalysemethode beispielsweise für das Q-Merkmal 210-1 die Direktläuferquote von $DL = 74,98\ \%$ hin zu $DL = 82,29\ \%$ verbessern. Gleichzeitig würde sich der kleinste Prozessfähigkeitsindex von $C_{pk} = 0,41$ auf $C_{pk} = 0,47$ erhöhen.

Trotz dieser „spürbaren" Verbesserung werden die Qualitätsanforderungen bei Weitem nicht erfüllt. Dieses Vorgehen ist korrekt, jedoch ist die ausschließliche Toleranzanpassung, in diesem Fall die Toleranzhalbierung an dem Hauptbeitragsleister, für dieses Beispiel nicht ausreichend. Ein robustes Design beinhaltet weiterreichende Anpassungen an mehreren Maßkettengliedern der Antriebseinheit.

13.3   Toleranzeinengung sämtlicher Maßkettenglieder

Wie zuvor erörtert, ist die Halbierung des Hauptbeitragsleisters (KOP001) nicht ausreichend, um die geforderten Qualitätsanforderungen zu erfüllen. Von daher werden nachfolgend sämtliche Einzeltoleranzen der Maßkettenglieder in der Größenordnung eines Reduktionsfaktors r angepasst. Der Reduktionsfaktor berechnet sich gemäß der Gl. (13.3) aus dem Verhältnis der geforderten Schließmaßtoleranz $T_{Vorgabe}$ zu dem mathematischen Produkt aus der modifizierten quadratischen Schließmaßtoleranz für $P_a = 99,73002\ \%$ und dem geforderten Prozessfähigkeitsindex C_p.

Zur Anwendung der Gl. (13.3) muss zunächst die modifizierte quadratische Schließmaßtoleranz für das Q-Merkmal 210-1 berechnet werden.

Die Annahmewahrscheinlichkeit für das gesuchte Schließmaß muss hier $P_a = 99,73002\ \%$ betragen. Dementsprechend kann für die Maßkettengliederanzahl $k = 6$ der Korrekturfaktor $g = 1,306$, aus Tab. 15.3 im Anhang, abgelesen werden.

Hiernach berechnet sich die modifizierte quadratische Schließmaßtoleranz für das Q-Merkmal 210-1 zu:

$$T_{q_{mod}} = g \cdot \sqrt{\sum_{i=1}^{k} \alpha_i^2 \cdot t_i^2} \tag{13.1}$$

$$T_{q_{mod}} = g \cdot \sqrt{\alpha_A^2 \cdot t_A^2 + \alpha_B^2 \cdot t_B^2 + \alpha_a^2 \cdot t_a^2 + \alpha_b^2 \cdot t_b^2 + \alpha_c^2 \cdot t_c^2 + \alpha_e^2 \cdot t_e^2}$$

$$T_{q_{mod}(99,73\,\%)} = 1,306 \cdot [(-3,563)^2 \cdot 0,3^2 + 4,535^2 \cdot 0,4^2 + (-3,563)^2 \cdot 0,4^2$$

$$+(-3,563)^2 \cdot 0,6^2 + 2,838^2 \cdot 0,6^2 + (-0,608)^2 \cdot 0,6^2]^{\frac{1}{2}}$$

$$T_{q_{mod}(99,73\,\%)} = 1,306 \cdot 3,7506 = 4,8983\,\text{mm} \tag{13.2}$$

Jetzt kann der Reduktionsfaktor r nach Gl. (13.3) für die geforderte Schließmaßtoleranz T_{Vorgabe} von 2 mm und der geforderten Prozessfähigkeit $C_p > 1,33$ berechnet werden.

$$r = \frac{T_{Vorgabe}}{T_{q_{mod}(99,73\,\%)} \cdot C_p}$$

$$r = \frac{2}{4,8983 \cdot 1,33} = 0{,}30701 \tag{13.3}$$

Hiernach dürfen die sechs direkten Funktionsmaße der Maßkette 210-1 nur 30,7 % ihrer ursprünglichen zeichnungsseitigen Bauteiltoleranz aufweisen. Unter Anwendung des Reduktionsfaktors berechnen sich die maximalen Einzeltoleranzen nach Gl. (13.4) zu:

$$t_{i_{max}} = t_i \cdot r \tag{13.4}$$

$$t_{A_{max}} = t_A \cdot r = 0,3 \cdot 0,30701 = 0,092\,\text{mm} \tag{13.5}$$

$$t_{B_{max}} = t_B \cdot r = 0,4 \cdot 0,30701 = 0,122\,\text{mm} \tag{13.6}$$

$$t_{a_{max}} = t_a \cdot r = 0,4 \cdot 0,30701 = 0,122\,\text{mm} \tag{13.7}$$

$$t_{b_{max}} = t_b \cdot r = 0,6 \cdot 0,30701 = 0,184\,\text{mm} \tag{13.8}$$

$$t_{c_{max}} = t_c \cdot r = 0,6 \cdot 0,30701 = 0,184\,\text{mm} \tag{13.9}$$

$$t_{e_{max}} = t_e \cdot r = 0,6 \cdot 0,30701 = 0,184\,\text{mm} \tag{13.10}$$

Die Summe der neu berechneten maximalen Einzeltoleranzen, welche an dieser Stelle als Referenzgröße und nicht als Funktionsgröße herangezogen wird, ergibt sich nach

Gl. (13.11) zu:

$$t_{ges_{max}} = \sum_{i=1}^{k} t_i = t_{A_{max}} + t_{B_{max}} + t_{a_{max}} + t_{b_{max}} + t_{c_{max}} + t_{e_{max}}$$

$$t_{ges_{max}} = 0,092 + 0,122 + 0,122 + 0,184 + 0,184 + 0,184 = 0,888 \, \text{mm} \qquad (13.11)$$

Basierend auf diesen maximalen Einzeltoleranzen ergibt sich dann für das Q-Merkmal 210-1 ein Prozessfähigkeitsindex von $C_p = 1,33$.

Die Summe (Referenzgröße) der ursprünglichen zeichnungsseitigen Einzeltoleranzen ist nach Gl. (13.12):

$$t_{ges} = \sum_{i=1}^{k} t_i = t_A + t_B + t_a + t_b + t_c + t_e$$

$$t_{ges} = 0,3 + 0,4 + 0,4 + 0,6 + 0,6 + 0,6 = 2,9 \, \text{mm} \qquad (13.12)$$

Somit müssten, um die Qualitätsanforderung hinsichtlich des Prozessfähigkeitsindex zu erfüllen, sämtliche Einzeltoleranzen der direkten Funktionsmaße um den Faktor 3,26 eingeengt werden. Dementsprechend haben die Funktionsmaße weniger als ein Drittel ihrer ursprünglichen Toleranzbreite. Da die Fertigungstoleranz exponentiell mit den Fertigungskosten kausal verknüpft ist, werden sich hierdurch die Herstellungskosten der Bauteile deutlich erhöhen.

In dem folgenden Unterkapitel werden die Einzeltoleranzen der direkten Funktionsmaße nicht linear eingeengt, sondern in Abhängigkeit der jeweiligen Geometriefaktoren. Dies soll im Ergebnis zu einem wirtschaftlicheren Lösungsansatz führen. In der nachfolgenden Tab. 13.2 sind die ursprünglichen und die eingeengten (optimierten) Bauteiltoleranzen gegenübergestellt.

Tab. 13.2 Eingeengte Bauteiltoleranzen für den X-Abstand des Schraubpunktes SP_i in der Innenstellung (210-1)

Kurzzeichen	Bauteil	Faktor α_i	Toleranz (Ausgang)	optimierte Toleranz
BGP001	Festlager A	−3,563	0,3	0,092
BGP003	Festlager B	4,535	0,4	0,122
BKUR001	Kurbel a	−3,563	0,4	0,122
BKOP001	Koppelstange b	−3,563	0,6	0,184
BSCHW001	Schwinge c	2,838	0,6	0,184
BSCHW002	Schwingenarm e	−0,608	0,6	0,184
Summe der Bauteiltoleranzen			2,90	0,888

13.4 Robustes Design

Ein robustes Design bedeutet die Robustheit von Produkten gegenüber zufälligen Streuungen über den gesamten Produktlebenszyklus [1].

Ziel muss es daher sein, dass sämtliche Maßkettenglieder innerhalb einer Maßkette denselben Beitrag leisten. Sobald die Beiträge unterschiedlich groß sind, wird die Maßkettenstruktur und somit die Baugruppe sensibel gegenüber einzelnen Istmaß-Veränderungen. Diese Veränderungen können sich auf die Bauteil- bzw. Einzeltoleranzen und/oder die Prozessleistung bzw. -fähigkeit der Glieder beziehen.

Häufig sind in der Praxis Maßketten zu finden, wo sich deren Beitragsleister nach dem Pareto-Prinzip verhalten. Das Pareto-Prinzip, auch 80/20-Regel genannt, besagt in diesem Zusammenhang, dass 20 % der Maßkettenglieder 80 % des Ergebnisses beeinflussen. Beispielsweise würde das für eine fünfgliedrige Maßkette bedeuten, dass ein Maßkettenglied zu 80 % darüber entscheidet, ob das Schließmaß (Qualitätsanforderung) prozesssicher eingehalten werden kann oder auch nicht.

Von daher soll die große Bedeutung der Robustheit innerhalb einer Maßkettenstruktur nachfolgend an einem Beispiel nochmals verdeutlicht werden. Für dieses Beispiel ist eine lineare Maßkette mit ausschließlich positiven Gliedern gewählt worden. Sämtliche Maßkettenglieder sollen normalverteilt mit C_p und $C_{pk} = 1$ (Normal I) sein. Auf dieser Basis kann das Beispiel nach der quadratischen Toleranzanalyse berechnet werden.

Die Beispielrechnung wird für zwei verschiedene 10-gliedrige lineare Maßketten durchgeführt. Eine Maßkette hat ein „sensibles" und die andere ein „robustes" Design. In der ersten Maßkette wird zunächst das sensible Design diskutiert. Hier sind die Einzeltoleranzen über einen Stufensprung von 0,1 mm aufgeteilt. Die kleinste Einzeltoleranz innerhalb der Maßkette ist $t_1 = 0,1$ mm, die zweitkleinste $t_2 = 0,2$ mm und so weiter bis $t_{10} = 1$ mm. In diesem Beispiel ist durch den flachen Stufensprung das Pareto-Prinzip bei Weitem nicht ausgeschöpft. Denn hier üben 20 % der statistischen Hauptbeitragsleister gerade mal 47 % Einfluss auf das Ergebnis aus, siehe Abb. 13.1, Maßkettenglieder 9 und 10.

Zunächst wird die arithmetische Schließmaßtoleranz dieser ersten Maßkette berechnet.

$$T_a = \sum_{i=1}^{k} |\alpha_i| \cdot t_i \tag{13.13}$$

$$T_{a_1} = |\alpha_1| \cdot t_1 + |\alpha_2| \cdot t_2 + |\alpha_3| \cdot t_3 + |\alpha_4| \cdot t_4 + |\alpha_5| \cdot t_5 + |\alpha_6| \cdot t_6$$
$$+ |\alpha_7| \cdot t_7 + |\alpha_8| \cdot t_8 + |\alpha_9| \cdot t_9 + |\alpha_{10}| \cdot t_{10}$$
$$T_{a_1} = 1 \cdot 0,1 + 1 \cdot 0,2 + 1 \cdot 0,3 + 1 \cdot 0,4 + 1 \cdot 0,5 + 1 \cdot 0,6$$
$$+ 1 \cdot 0,7 + 1 \cdot 0,8 + 1 \cdot 0,9 + 1 \cdot 1$$
$$T_{a_1} = 5,5 \, \text{mm} \tag{13.14}$$

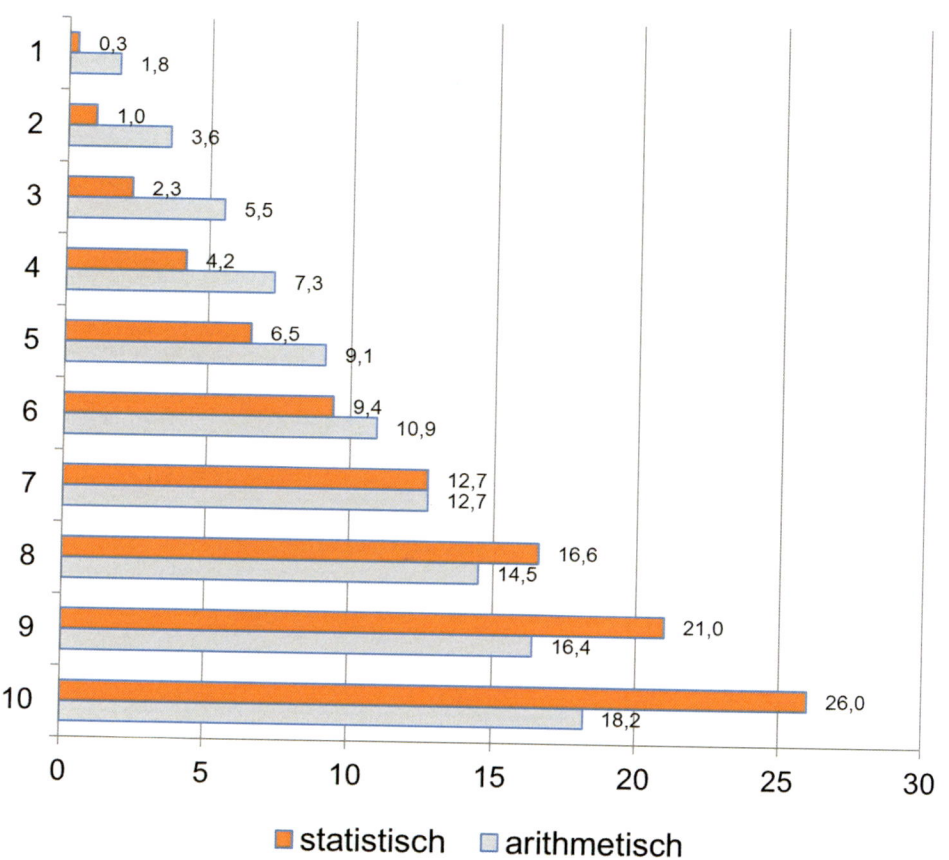

Abb. 13.1 Darstellung der arithmetischen und statistischen Beitragsleisteranalyse für die Modellrechnung mit 10 Maßkettengliedern bei ungleich großen Einzeltoleranzen

Anschließend wird die (statistische) quadratische Schließmaßtoleranz dieser Maßkette berechnet.

$$T_q = \sqrt{\sum_{i=1}^{k} \alpha_i^2 \cdot t_i^2} \tag{13.15}$$

$$T_{q_1} = [\alpha_1^2 \cdot t_1^2 + \alpha_2^2 \cdot t_2^2 + \alpha_3^2 \cdot t_3^2 + \alpha_4^2 \cdot t_4^2 + \alpha_5^2 \cdot t_5^2 + \alpha_6^2 \cdot t_6^2$$
$$+ \alpha_7^2 \cdot t_7^2 + \alpha_8^2 \cdot t_8^2 + \alpha_9^2 \cdot t_9^2 + \alpha_{10}^2 \cdot t_{10}^2]^{\frac{1}{2}}$$
$$T_{q_1} = [1^2 \cdot 0, 1^2 + 1^2 \cdot 0, 2^2 + 1^2 \cdot 0, 3^2 + 1^2 \cdot 0, 4^2 + 1^2 \cdot 0, 5^2 + 1^2 \cdot 0, 6^2$$

$$+1^2 \cdot 0,7^2 + 1^2 \cdot 0,8^2 + 1^2 \cdot 0,9^2 + 1^2 \cdot 1^2]^{\frac{1}{2}}$$

$$T_{q_1} = 1,9621 \, \text{mm} \tag{13.16}$$

Diese beiden Toleranzanalyseergebnisse werden nachfolgend mit den Ergebnissen der zweiten Maßkettenberechnung verglichen. In der zweiten linearen Maßkette ist die arithmetische Schließmaßtoleranz ebenfalls $T_a = 5,5$ mm und auf die 10 Maßkettenglieder mit gleichen Beitragsleistern aufgeteilt. Dies führt zu Einzeltoleranzen von je $t_i = 0,55$ mm. Somit repräsentiert dieser Zusammenhang der Maßkettenstruktur ein „robustes" Design. Den Zusammenhang zeigt die arithmetische und statistische Beitragsleisteranalyse in der nachfolgenden Abb. 13.2.

Zunächst wird wieder die arithmetische Schließmaßtoleranz für diese Maßkette berechnet.

$$T_{a_2} = |\alpha_1| \cdot t_1 + |\alpha_2| \cdot t_2 + |\alpha_3| \cdot t_3 + |\alpha_4| \cdot t_4 + |\alpha_5| \cdot t_5 + |\alpha_6| \cdot t_6$$
$$+ |\alpha_7| \cdot t_7 + |\alpha_8| \cdot t_8 + |\alpha_9| \cdot t_9 + |\alpha_{10}| \cdot t_{10}$$

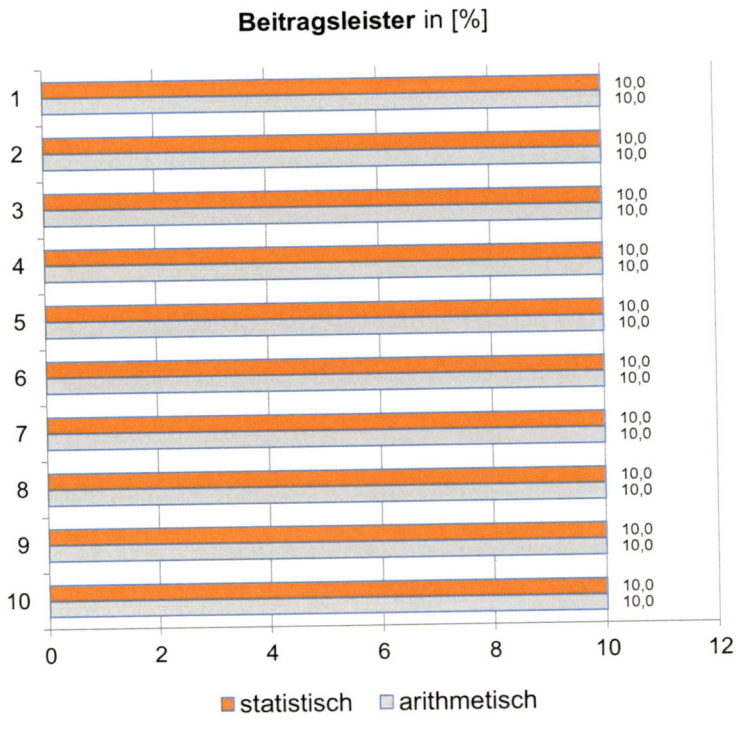

Abb. 13.2 Darstellung der arithmetischen und statistischen Beitragsleisteranalyse für die Modellrechnung mit 10 Maßkettengliedern bei gleich großen Einzeltoleranzen

$$T_{a2} = 1 \cdot 0{,}55 + 1 \cdot 0{,}55 + 1 \cdot 0{,}55 + 1 \cdot 0{,}55 + 1 \cdot 0{,}55 + 1 \cdot 0{,}55 + 1 \cdot 0{,}55$$
$$+ 1 \cdot 0{,}55 + 1 \cdot 0{,}55 + 1 \cdot 0{,}55$$
$$T_{a2} = 5{,}5 \, \text{mm} \tag{13.17}$$

Das Ergebnis gibt dieselbe Größenordnung wieder, wie in der ersten Berechnung. Anschließend wird die quadratische Schließmaßtoleranz für diese Maßkette berechnet.

$$T_{q2} = [\alpha_1^2 \cdot t_1^2 + \alpha_2^2 \cdot t_2^2 + \alpha_3^2 \cdot t_3^2 + \alpha_4^2 \cdot t_4^2 + \alpha_5^2 \cdot t_5^2 + \alpha_6^2 \cdot t_6^2$$
$$+ \alpha_7^2 \cdot t_7^2 + \alpha_8^2 \cdot t_8^2 + \alpha_9^2 \cdot t_9^2 + \alpha_{10}^2 \cdot t_{10}^2]^{\frac{1}{2}}$$
$$T_{q2} = [1^2 \cdot 0{,}55^2 + 1^2 \cdot 0{,}55^2 + 1^2 \cdot 0{,}55^2 + 1^2 \cdot 0{,}55^2 + 1^2 \cdot 0{,}55^2 + 1^2 \cdot 0{,}55^2$$
$$+ 1^2 \cdot 0{,}55^2 + 1^2 \cdot 0{,}55^2 + 1^2 \cdot 0{,}55^2 + 1^2 \cdot 0{,}55^2]^{\frac{1}{2}}$$
$$T_{q2} = 1{,}7392 \, \text{mm} \tag{13.18}$$

Das Ergebnis für die quadratische Schließmaßtoleranz T_{q2} ist kleiner als in der ersten Toleranzberechnung mit $T_{q1} = 1{,}9621$ mm, obwohl die arithmetischen Schließmaßtoleranzen in beiden Maßketten identisch groß sind. Den Unterschied spiegeln auch die beiden Standardabweichungen der Schließmaße wider. So ist die Standardabweichung für das sensible Design $\sigma_{01} = 0{,}24526771$ mm und für das robuste Design $\sigma_{02} = 0{,}21740658$ mm, also kleiner als bei dem sensiblen Design. Diesen Zusammenhang gibt die Abb. 13.3 nochmals graphisch wieder.

Das Beispiel zeigt deutlich auf, wenn die Maßkettenglieder innerhalb einer Maßkette (nahezu) denselben statistischen Beitrag leisten, wird die statistische Schließmaßtoleranz gegen ein Minimum konvergieren, ohne dabei die arithmetische Schließmaßtoleranz zu verkleinern. Ein Optimum ist dann erreicht, wenn alle statistischen Beitragsleister innerhalb einer Maßkette gleich groß sind. Egal, ob es sich dabei um eine lineare oder nichtlineare Maßkettenstruktur handelt. Dieser Zusammenhang repräsentiert dann

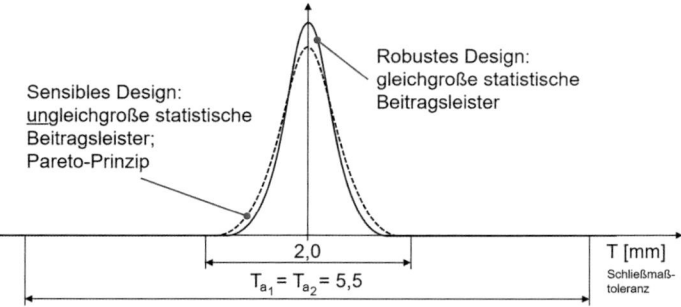

Abb. 13.3 Darstellung der statistischen Schließmaßverteilung für die Modellrechnung mit 10 Maßkettengliedern bei gleich großen und ungleich großen Beitragsleistern

aus geometrischer Sicht ein robustes Design. Denn wenn sich innerhalb eines robusten Designs, aus welchen Gründen auch immer, ein Maßkettenglied mit seinen Parametern verändert, wird der Einfluss und somit die Auswirkung auf das Schließmaß nicht signifikant sein. Diese geometrische Robustheit ist ein wichtiger Aspekt im Rahmen der heutigen globalen Serienfertigung. Insbesondere, weil der Zukaufanteil an fremdgefertigten technischen Produkten weiter stetig zunimmt.

13.5 Optimierung der Antriebseinheit

Wie bereits erwähnt, ist die Qualitätsanforderung für den Schwingenarmwinkel, in Form der Neigungstoleranz, redundant zu der geforderten Positionstoleranz des Schraubpunktes SP. Von daher wird die Optimierung primär für die Positionstoleranz durchgeführt. Die Positionstoleranz ist in der Antriebseinheit in die X- und Y-Komponente aufgespalten. Das Ergebnis (210-1) der X-Komponente für die Innenstellung des Schwingenarms weist dabei die geringste Direktläuferquote von DL = 74,98 % der vier betreffenden Q-Merkmale auf. Von daher wird das harmonisierte Beitragsleisterniveau nachfolgend für den X-Abstand des Schraubpunktes SP_i an der Antriebseinheit in der Innenstellung umgesetzt werden. Denn wenn für dieses Q-Merkmal die Prozesssicherheit nachgewiesen wird, sind auch die übrigen drei Q-Merkmale prozesssicher realisierbar.

Ein Ziel der Konstruktion ist, dass, basierend auf den erstellten Bauteilzeichnungsunterlagen, die kundenseitigen Qualitätsanforderungen an die Baugruppe innerhalb der Produktion prozesssicher realisiert werden können. In dem hier erörterten Beispiel der Antriebseinheit erfüllen die angegebenen Einzeltoleranzen in den Einzelteilzeichnungen nicht die geforderten Qualitätsanforderungen, mit Ausnahme des Schwingbereichswinkels. Mit Blick auf ein robustes Design wird nachfolgend die Gl. (13.19) eingeführt, um zunächst die maximalen Einzeltoleranzen zu berechnen, unter denen die geforderte Spezifikation von 2 mm der X-Komponente der Positionsabweichung prozesssicher erfüllt werden kann. Die Berechnungsbasis bilden wieder die trapezverteilten (Trapez I) Einzeltoleranzen, die Annahmewahrscheinlichkeit ist P_a = 99,9936 % und der geforderte Prozessfähigkeitsindex C_p > 1,33. Mit g(P_a) ist in der Gl. (13.19) der Korrekturfaktor der modifizierten Toleranzanalysemethode in Abhängigkeit der Annahmewahrscheinlichkeit P_a = 99,73002 % und der Maßkettengliederanzahl k nach Tab. 15.3 im Anhang anzugeben. Mit $T_{Vorgabe}$ ist die geforderte Schließmaßtoleranz, hier 2 mm, zu berücksichtigen.

$$t_{i_{opt}} = \frac{T_{Vorgabe}}{g_{(P_a=99,73\,\%)} \cdot |\alpha_i| \cdot \sqrt{k} \cdot C_p} \tag{13.19}$$

Nach Gl. (13.19) ergeben sich die folgenden optimalen Einzeltoleranzen der direkten Funktionsmaße für das Q-Merkmal 210-1 an der Antriebseinheit für einen geforderten Prozessfähigkeitsindex von C_p > 1,33.

$$t_{A_{opt}} = \frac{T_{Vorgabe}}{g_{(P_a=99,73\,\%)} \cdot |\alpha_A| \cdot \sqrt{k} \cdot C_p}$$

$$t_{A_{opt}} = \frac{2}{1,306 \cdot |-3,563| \cdot \sqrt{6} \cdot 1,33} = 0,131\,\text{mm} \tag{13.20}$$

$$t_{B_{opt}} = \frac{T_{Vorgabe}}{g_{(P_a=99,73\,\%)} \cdot |\alpha_B| \cdot \sqrt{k} \cdot C_p}$$

$$t_{B_{opt}} = \frac{2}{1,306 \cdot 4,535 \cdot \sqrt{6} \cdot 1,33} = 0,103\,\text{mm} \tag{13.21}$$

$$t_{a_{opt}} = \frac{T_{Vorgabe}}{g_{(P_a=99,73\,\%)} \cdot |\alpha_a| \cdot \sqrt{k} \cdot C_p}$$

$$t_{a_{opt}} = \frac{2}{1,306 \cdot |-3,563| \cdot \sqrt{6} \cdot 1,33} = 0,131\,\text{mm} \tag{13.22}$$

$$t_{b_{opt}} = \frac{T_{Vorgabe}}{g_{(P_a=99,73\,\%)} \cdot |\alpha_b| \cdot \sqrt{k} \cdot C_p}$$

$$t_{b_{opt}} = \frac{2}{1,306 \cdot |-3,563| \cdot \sqrt{6} \cdot 1,33} = 0,131\,\text{mm} \tag{13.23}$$

$$t_{c_{opt}} = \frac{T_{Vorgabe}}{g_{(P_a=99,73\,\%)} \cdot |\alpha_c| \cdot \sqrt{k} \cdot C_p}$$

$$t_{c_{opt}} = \frac{2}{1,306 \cdot 2,838 \cdot \sqrt{6} \cdot 1,33} = 0,165\,\text{mm} \tag{13.24}$$

$$t_{e_{opt}} = \frac{T_{Vorgabe}}{g_{(P_a=99,73\,\%)} \cdot |\alpha_e| \cdot \sqrt{k} \cdot C_p}$$

$$t_{e_{opt}} = \frac{2}{1,306 \cdot |-0,608| \cdot \sqrt{6} \cdot 1,33} = 0,773\,\text{mm} \tag{13.25}$$

Die hier ermittelten maximalen Einzeltoleranzen für den X-Abstand des Schraub-punktes SP$_i$ sollten dann die geforderte Spezifikation von 2 mm an dem Q-Merkmal 210-1 prozesssicher einhalten. Die berechneten Bauteiltoleranzen werden nachfolgend in Tab. 13.3 (Spalte: optimierte Toleranz) auf Hundertstelmillimeter-Toleranzen abgerundet.

Die Summe (Referenzgröße) der neu berechneten optimalen Einzeltoleranzen ergibt sich nach Gl. (13.26) zu:

$$t_{ges_{opt}} = \sum_{i=1}^{k} t_i = t_{A_{opt}} + t_{B_{opt}} + t_{a_{opt}} + t_{b_{opt}} + t_{c_{opt}} + t_{e_{opt}}$$

$$t_{ges_{opt}} = 0,12 + 0,1 + 0,12 + 0,12 + 0,16 + 0,76 = 1,38\,\text{mm} \tag{13.26}$$

Tab. 13.3 Anpassung (Optimierung) der Bauteiltoleranzen für den X-Abstand des Schraubpunktes SP$_i$ in der Innenstellung (210-1)

Kurzzeichen	Bauteil	Faktor α$_i$	Toleranz (Ausgang)	optimierte Toleranz
BGP001	Festlager A	–3,563	±0,15	±0,06
BGP003	Festlager B	4,535	±0,20	±0,05
BKUR001	Kurbel a	–3,563	±0,20	±0,06
BKOP001	Koppelstange b	–3,563	±0,30	±0,06
BSCHW001	Schwinge c	2,838	±0,30	±0,08
BSCHW002	Schwingenarm e	–0,608	±0,30	±0,38
Summe der Bauteiltoleranzen			2,90	1,38

Die Einengung der Einzeltoleranzen gegenüber der ursprünglichen Zeichnungseintragung ist mit Ausnahme von BSCHW002 ebenfalls beträchtlich. Jedoch ist die Summentoleranz mit 1,38 mm gegenüber der Ausgangssumme von 2,9 mm nur um den Faktor 2,1 kleiner. Im Gegensatz zur globalen Einengung, wie in Abschn. 13.3 berechnet, von Faktor 3,26. Die mit der Einengung verbundene Fertigungskostensteigerung zur Herstellung der Einzelteile würde somit signifikant geringer ausfallen.

Mit den hier ermittelten optimalen Einzeltoleranzen und dem damit verbundenen harmonisierten Beitragsleisterniveau soll nachfolgend eine Kontrollrechnung für den X-Abstand des Schraubpunktes SP$_i$ an der Antriebseinheit in der Innenstellung (Q-Merkmal 210-1) ausgeführt werden. Ob diese ermittelten optimalen Einzeltoleranzen wirtschaftlich realisierbar sind, muss in Absprache mit der Fertigungsplanung abgestimmt werden.

Zunächst wird die quadratische Schließmaßtoleranz berechnet.

$$T_q = \sqrt{\sum_{i=1}^{k} \alpha_i^2 \cdot t_i^2} \tag{13.27}$$

$$T_q = \sqrt{\alpha_A^2 \cdot t_A^2 + \alpha_B^2 \cdot t_B^2 + \alpha_a^2 \cdot t_a^2 + \alpha_b^2 \cdot t_b^2 + \alpha_c^2 \cdot t_c^2 + \alpha_e^2 \cdot t_e^2}$$

$$T_q = [(-3{,}563)^2 \cdot 0{,}12^2 + 4{,}535^2 \cdot 0{,}1^2 + (-3{,}563)^2 \cdot 0{,}12^2$$
$$+ (-3{,}563)^2 \cdot 0{,}12^2 + 2{,}838^2 \cdot 0{,}16^2 + (-0{,}608)^2 \cdot 0{,}76^2]^{\frac{1}{2}}$$

$$T_q = 1{,}083\,\text{mm} \tag{13.28}$$

Und anschließend berechnet sich die modifizierte quadratische Schließmaßtoleranz zu:

$$T_{q_{mod}} = g \cdot \sqrt{\sum_{i=1}^{k} \alpha_i^2 \cdot t_i^2} = 1{,}619 \cdot 1{,}083 = 1{,}754\,\text{mm} \tag{13.29}$$

Die mit 1,754 mm berechnete statistische Schließmaßtoleranz ist damit kleiner als die geforderte Toleranz von 2,0 mm. Diese deutlich kleinere Schließmaßtoleranz wird jedoch benötigt, um auch die Prozessfähigkeit für dieses Q-Merkmal zu erfüllen.

Des Weiteren wird im Rahmen der Kontrollrechnung die Standardabweichung σ_0 für das Schließmaß nach Gl. (13.30) benötigt.

$$\sigma_0 = \sqrt{\sum_{i=1}^{k} \alpha_i^2 \cdot \sigma_i^2} \tag{13.30}$$

$$\sigma_0 = \sqrt{\alpha_A^2 \cdot \sigma_A^2 + \alpha_B^2 \cdot \sigma_B^2 + \alpha_a^2 \cdot \sigma_a^2 + \alpha_b^2 \cdot \sigma_b^2 + \alpha_c^2 \cdot \sigma_c^2 + \alpha_e^2 \cdot \sigma_e^2}$$

$$\sigma_0 = [(-3{,}563)^2 \cdot \frac{10}{192} \cdot 0{,}12^2 + 4{,}535^2 \cdot \frac{10}{192} \cdot 0{,}1^2 + (-3{,}563)^2 \cdot \frac{10}{192} \cdot 0{,}12^2$$

$$+(-3{,}563)^2 \cdot \frac{10}{192} \cdot 0{,}12^2 + 2{,}838^2 \cdot \frac{10}{192} \cdot 0{,}16^2 + (-0{,}608)^2 \cdot \frac{10}{192} \cdot 0{,}76^2]^{\frac{1}{2}}$$

$$\sigma_0 = 0{,}247254\,\text{mm} \tag{13.31}$$

Zunächst soll nachfolgend das harmonisierte Beitragsleisterniveau der optimierten Einzeltoleranzen aufgezeigt werden.

13.5.1 Statistische Beitragsleister

Zur Ermittlung der jeweiligen prozentualen statistischen Beitragsleister B_i wird die Gl. (13.32) angewandt.

$$B_{i_{stat}} = \frac{\alpha_i^2 \cdot \sigma_i^2}{\sum_{i=1}^{k} \alpha_i^2 \cdot \sigma_i^2} \cdot 100\,\% \tag{13.32}$$

Statistischer prozentualer Beitrag von Festlager A (BGP001):

$$B_{A_{stat}} = \frac{\alpha_A^2 \cdot \sigma_A^2}{\alpha_A^2 \cdot \sigma_A^2 + \alpha_B^2 \cdot \sigma_B^2 + \alpha_a^2 \cdot \sigma_a^2 + \alpha_b^2 \cdot \sigma_b^2 + \alpha_c^2 \cdot \sigma_c^2 + \alpha_e^2 \cdot \sigma_e^2} \cdot 100\,\%$$

$$B_{A_{stat}} = \left((-3{,}563)^2 \cdot \frac{10}{192} \cdot 0{,}12^2\right)$$

$$\cdot \left((-3{,}563)^2 \cdot \frac{10}{192} \cdot 0{,}12^2 + 4{,}535^2 \cdot \frac{10}{192} \cdot 0{,}1^2 + (-3{,}563)^2\right.$$

$$\cdot \frac{10}{192} \cdot 0{,}12^2 + (-3{,}563)^2 \cdot \frac{10}{192} \cdot 0{,}12^2 + 2{,}838^2 \cdot \frac{10}{192} \cdot 0{,}16^2$$

$$\left.+(-0{,}608)^2 \cdot \frac{10}{192} \cdot 0{,}76^2\right)^{-1} \cdot 100\,\%$$

$$B_{A_{stat}} = 15{,}57\,\% \tag{13.33}$$

Statistischer prozentualer Beitrag von Festlager B (BGP003):

$$B_{B_{stat}} = \frac{\alpha_B^2 \cdot \sigma_B^2}{\alpha_A^2 \cdot \sigma_A^2 + \alpha_B^2 \cdot \sigma_B^2 + \alpha_a^2 \cdot \sigma_a^2 + \alpha_b^2 \cdot \sigma_b^2 + \alpha_c^2 \cdot \sigma_c^2 + \alpha_e^2 \cdot \sigma_e^2} \cdot 100\,\%$$

$$B_{B_{stat}} = \left(4{,}535^2 \cdot \frac{10}{192} \cdot 0{,}1^2\right)$$

$$\cdot \left((-3{,}563)^2 \cdot \frac{10}{192} \cdot 0{,}12^2 + 4{,}535^2 \cdot \frac{10}{192} \cdot 0{,}1^2 + (-3{,}563)^2\right.$$

$$\left. \cdot \frac{10}{192} \cdot 0{,}12^2 + (-3{,}563)^2 \cdot \frac{10}{192} \cdot 0{,}12^2 + 2{,}838^2 \cdot \frac{10}{192} \cdot 0{,}16^2\right.$$

$$\left. + (-0{,}608)^2 \cdot \frac{10}{192} \cdot 0{,}76^2\right)^{-1} \cdot 100\,\%$$

$$B_{B_{stat}} = 17{,}52\,\% \tag{13.34}$$

Statistischer prozentualer Beitrag von Kurbel a (BKUR001):

$$B_{a_{stat}} = \frac{\alpha_a^2 \cdot \sigma_a^2}{\alpha_A^2 \cdot \sigma_A^2 + \alpha_B^2 \cdot \sigma_B^2 + \alpha_a^2 \cdot \sigma_a^2 + \alpha_b^2 \cdot \sigma_b^2 + \alpha_c^2 \cdot \sigma_c^2 + \alpha_e^2 \cdot \sigma_e^2} \cdot 100\,\%$$

$$B_{a_{stat}} = \left((-3{,}563)^2 \cdot \frac{10}{192} \cdot 0{,}12^2\right)$$

$$\cdot \left((-3{,}563)^2 \cdot \frac{10}{192} \cdot 0{,}12^2 + 4{,}535^2 \cdot \frac{10}{192} \cdot 0{,}1^2 + (-3{,}563)^2\right.$$

$$\left. \cdot \frac{10}{192} \cdot 0{,}12^2 + (-3{,}563)^2 \cdot \frac{10}{192} \cdot 0{,}12^2 + 2{,}838^2 \cdot \frac{10}{192} \cdot 0{,}16^2\right.$$

$$\left. + (-0{,}608)^2 \cdot \frac{10}{192} \cdot 0{,}76^2\right)^{-1} \cdot 100\,\%$$

$$B_{a_{stat}} = 15{,}57\,\% \tag{13.35}$$

Statistischer prozentualer Beitrag von Koppelstange b (BKOP001):

$$B_{b_{stat}} = \frac{\alpha_b^2 \cdot \sigma_b^2}{\alpha_A^2 \cdot \sigma_A^2 + \alpha_B^2 \cdot \sigma_B^2 + \alpha_a^2 \cdot \sigma_a^2 + \alpha_b^2 \cdot \sigma_b^2 + \alpha_c^2 \cdot \sigma_c^2 + \alpha_e^2 \cdot \sigma_e^2} \cdot 100\,\%$$

$$B_{b_{stat}} = \left((-3{,}563)^2 \cdot \frac{10}{192} \cdot 0{,}12^2\right)$$

$$\cdot \left((-3{,}563)^2 \cdot \frac{10}{192} \cdot 0{,}12^2 + 4{,}535^2 \cdot \frac{10}{192} \cdot 0{,}1^2 + (-3{,}563)^2\right.$$

$$\left. \cdot \frac{10}{192} \cdot 0{,}12^2 + (-3{,}563)^2 \cdot \frac{10}{192} \cdot 0{,}12^2 + 2{,}838^2 \cdot \frac{10}{192} \cdot 0{,}16^2\right.$$

$$\left. + (-0{,}608)^2 \cdot \frac{10}{192} \cdot 0{,}76^2\right)^{-1} \cdot 100\,\%$$

$$B_{b_{stat}} = 15{,}57\,\% \tag{13.36}$$

Statistischer prozentualer Beitrag von Schwinge c (BSCHW001):

$$B_{C_{stat}} = \frac{\alpha_c^2 \cdot \sigma_c^2}{\alpha_A^2 \cdot \sigma_A^2 + \alpha_B^2 \cdot \sigma_B^2 + \alpha_a^2 \cdot \sigma_a^2 + \alpha_b^2 \cdot \sigma_b^2 + \alpha_c^2 \cdot \sigma_c^2 + \alpha_e^2 \cdot \sigma_e^2} \cdot 100\,\%$$

$$B_{C_{stat}} = \left(2{,}838^2 \cdot \frac{10}{192} \cdot 0{,}16^2 \right)$$

$$\cdot \left((-3{,}563)^2 \cdot \frac{10}{192} \cdot 0{,}12^2 + 4{,}535^2 \cdot \frac{10}{192} \cdot 0{,}1^2 + (-3{,}563)^2 \right.$$

$$\cdot \frac{10}{192} \cdot 0{,}12^2 + (-3{,}563)^2 \cdot \frac{10}{192} \cdot 0{,}12^2 + 2{,}838^2 \cdot \frac{10}{192} \cdot 0{,}16^2$$

$$\left. + (-0{,}608)^2 \cdot \frac{10}{192} \cdot 0{,}76^2 \right)^{-1} \cdot 100\,\%$$

$$B_{C_{stat}} = 17{,}57\,\% \tag{13.37}$$

Statistischer prozentualer Beitrag von Schwingenarm e (BSCHW002):

$$B_{e_{stat}} = \frac{\alpha_e^2 \cdot \sigma_e^2}{\alpha_A^2 \cdot \sigma_A^2 + \alpha_B^2 \cdot \sigma_B^2 + \alpha_a^2 \cdot \sigma_a^2 + \alpha_b^2 \cdot \sigma_b^2 + \alpha_c^2 \cdot \sigma_c^2 + \alpha_e^2 \cdot \sigma_e^2} \cdot 100\,\%$$

$$B_{e_{stat}} = \left((-0{,}608)^2 \cdot \frac{10}{192} \cdot 0{,}76^2 \right)$$

$$\cdot \left((-3{,}563)^2 \cdot \frac{10}{192} \cdot 0{,}12^2 + 4{,}535^2 \cdot \frac{10}{192} \cdot 0{,}1^2 + (-3{,}563)^2 \right.$$

$$\cdot \frac{10}{192} \cdot 0{,}12^2 + (-3{,}563)^2 \cdot \frac{10}{192} \cdot 0{,}12^2 + 2{,}838^2 \cdot \frac{10}{192} \cdot 0{,}16^2$$

$$\left. + (-0{,}608)^2 \cdot \frac{10}{192} \cdot 0{,}76^2 \right)^{-1} \cdot 100\,\%$$

$$B_{e_{stat}} = 18{,}19\,\% \tag{13.38}$$

Die berechneten statistischen prozentualen Beitragsleister sind nochmals in der nachfolgenden Abb. 13.4 graphisch dargestellt.

Die geringfügigen Schwankungen der einzelnen statistischen Beitragsleister für den optimierten Zustand sind in der Abrundung der Einzeltoleranzen zu sehen.

13.5.2 Direktläuferquote

Zur Berechnung der Direktläuferquote für das Q-Merkmal 210-1 wird zunächst das untere Quantil für die untere Qualitätsgrenze (USG = 71,321 mm) sowie das obere Quantil für die obere Qualitätsgrenze (OSG = 73,321 mm) der Spezifikation berechnet.

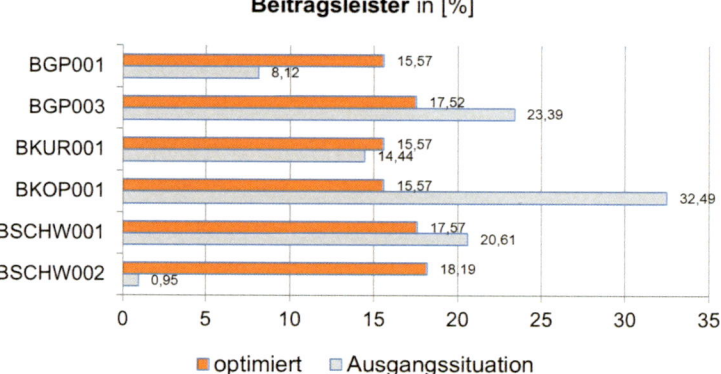

Abb. 13.4 Darstellung der statistischen Beitragsleisteranalyse für die Ausgangs- und optimierte Situation für den X-Abstand des Schraubpunktes SP_i in der Innenstellung (210-1)

Für das untere Quantil gilt:

$$u_u = \frac{x_u - \mu_0}{\sigma_0} \tag{13.39}$$

$$u_u = \frac{USG - C_0}{\sigma_0} = \frac{71{,}321 - 72{,}321}{0{,}247254} = -4{,}044 \tag{13.40}$$

Aus der Verteilungsfunktion der standardisierten Normalverteilung nach Tab. 15.2 im Anhang resultiert $\Phi(u)$ zu:

$$\Phi(u_u = -4{,}05) = 0{,}000026$$

Für das obere Quantil gilt dementsprechend:

$$u_o = \frac{x_o - \mu_0}{\sigma_0} \tag{13.41}$$

$$u_o = \frac{OSG - C_0}{\sigma_0} = \frac{73{,}321 - 72{,}321}{0{,}247254} = 4{,}044 \tag{13.42}$$

Aus der Verteilungsfunktion der standardisierten Normalverteilung resultiert $\Phi(u)$ zu:

$$\Phi(u_o = 4{,}05) = 0{,}999974$$

Für die Berechnung der Direktläuferquote wird die Differenz dieser Zwischenergebnisse gebildet.

$$DL = \Phi(u_o) - \Phi(u_u)$$

$$DL = \Phi(u_o = 4{,}05) - \Phi(u_u = -4{,}05) = 0{,}999974 - 0{,}000026 = 0{,}999948 \quad (13.43)$$

Dies führt unter der Berücksichtigung der beiden Spezifikationsgrenzen USG = 71,321 mm und OSG = 73,321 mm für den X-Abstand zu einer Direktläuferquote von 99,99 %. Somit liegen nur noch 0,0052 % der montierten Baugruppen außerhalb der Spezifikation.

13.5.3 Prozessfähigkeitskenngrößen

Zunächst wird die modifizierte quadratische Schließmaßtoleranz in Abhängigkeit der Annahmewahrscheinlichkeit P_a = 99,73002 % und der Maßkettengliederanzahl k = 6 berechnet

$$T_{q\mathrm{mod}(99{,}73\,\%)} = g \cdot T_q = 1{,}306 \cdot T_q = 1{,}306 \cdot 1{,}083 = 1{,}4149 \text{ mm} \quad (13.44)$$

Aus diesem Ergebnis können jetzt die beiden statistischen Höchst- und Mindestschließmaße berechnet werden. Zunächst das Höchstschließmaß:

$$P_{o_{stat(99{,}73\,\%)}} = C_0 + \frac{T_{q_{mod}(99{,}73\,\%)}}{2}$$

$$P_{o_{stat(99{,}73\,\%)}} = 72{,}321 + \frac{1{,}4149}{2} = 73{,}0284 \text{ mm} \quad (13.45)$$

Und anschließend das Mindestschließmaß:

$$P_{u_{stat(99{,}73\,\%)}} = C_0 - \frac{T_{q_{mod}(99{,}73\,\%)}}{2}$$

$$P_{u_{stat(99{,}73\,\%)}} = 72{,}321 - \frac{1{,}4149}{2} = 71{,}6135 \text{ mm} \quad (13.46)$$

Mit diesen Eingangsgrößen kann zunächst der Prozessfähigkeitsindex berechnet werden.

$$C_p = \frac{OSG - USG}{X_{99{,}865\,\%} - X_{0{,}135\,\%}} \quad (13.47)$$

$$C_p = \frac{OSG - USG}{P_{o_{stat(99{,}73\,\%)}} - P_{u_{stat(99{,}73\,\%)}}} = \frac{73{,}321 - 71{,}321}{73{,}0284 - 71{,}6135} = 1{,}41 \quad (13.48)$$

Anschließend wird der untere und obere Prozessfähigkeitsindex berechnet. Hierfür wird das 50-%-Verteilungsquantil benötigt. Da in diesem Beispiel das Mittenmaß des Schließmaßes dem 50-%-Verteilungsquantil entspricht, ist

$$X_{50\,\%} = C_0 = 72{,}321 \text{ mm}$$

Jetzt kann der untere Prozessfähigkeitsindex berechnet werden.

$$C_{pk_u} = \frac{X_{50\%} - USG}{X_{50\%} - X_{0,135\%}} \tag{13.49}$$

$$C_{pk_u} = \frac{C_0 - USG}{C_0 - P_{u_{stat(99,73\%)}}} = \frac{72{,}321 - 71{,}321}{72{,}321 - 71{,}6135} = 1{,}41 \tag{13.50}$$

Aufgrund der symmetrischen Lage des Schließmaßmittelwertes gegenüber der Spezifikation ist die Berechnung des oberen Prozessfähigkeitsindex nicht mehr notwendig, da bei mittiger Lage, $C_{pku} = C_{pko}$ ist.

Damit ist der gesuchte kleinste Prozessfähigkeitsindex

$$C_{pk} = 1{,}41$$

Die Anforderungen an die Prozessfähigkeitsindizes C_p und C_{pk} sind jeweils $> 1{,}33$. Damit zeigt das Ergebnis der Prozessfähigkeitsanalyse, dass das Schließmaß des X-Abstandes des Schraubpunktes SP_i an der Antriebseinheit in der Innenstellung mit den optimierten Einzeltoleranzen prozessfähig ist und auch beherrscht wird! In der nachfolgenden Tab. 13.4 sind Ergebnisse der Toleranzanalyse für die Ausgangssituation und für das robuste Design (Optimierung) gegenübergestellt.

Das Ergebnis mit den optimierten Einzeltoleranzen aus Tab. 13.3 führt zur Erfüllung der Qualitätsanforderung für das Q-Merkmal 210-1. Da dieses Q-Merkmal in der Ausgangssituation das schlechteste Ergebnis aufwies, werden jetzt mit Erfüllung der Qualitätsanforderung auch alle übrigen Qualitätsanforderungen an der Antriebseinheit prozesssicher erfüllt sein.

Wie bereits erwähnt, ob diese ermittelten optimierten Einzeltoleranzen wirtschaftlich realisierbar sind, muss in Absprache mit der Fertigungsplanung und Fertigung abgestimmt werden.

Die Ergebnisse der hier durchgeführten Toleranzanalyse sind wichtige Informationen für die Produktentwicklung, um zu einem möglichst frühen Zeitpunkt im Produktentstehungsprozess die Konstruktion gleichwertig zu gestalten bzw. „robust" auslegen zu können.

Die Berechnungsdokumentation aller Q-Merkmale für den optimierten Zustand, durchgeführt mit dem Programmsystem simTOL®, befindet sich im Anhang.

Tab. 13.4 Gegenüberstellung der Toleranzanalyseergebnisse für die Ausgangssituation und die optimierte Version für den X-Abstand des Schraubpunktes SP_i in der Innenstellung (210-1)

	Ausgangssituation	Optimierung
N_0	72,321 mm	72,321 mm
P_u	68,064 mm	70,994 mm
P_o	76,577 mm	73,647 mm
T_a	8,513 mm	2,652 mm
σ_0	0,855 mm	0,247 mm
Ber.-Modell	mod. Normal	mod. Normal
$P_{u\,sta}$	69,284 mm	71,443 mm
$P_{o\,sta}$	75,357 mm	73,198 mm
T_s ($T_{q\,mod}$)	6,072 mm	1,754 mm
DL	74,98 %	99,99 %
C_p	0,41	1,41
C_{pk}	0,41	1,41
Statistische Beitragsleister		
BGP001	8,12 %	15,57 %
BGP003	23,39 %	17,52 %
BKUR001	14,44 %	15,57 %
BKOP001	32,49 %	15,57 %
BSCHW001	20,61 %	17,57 %
BSCHW002	0,95 %	18,19 %

13.6 Angepasste Fertigungszeichnungen mit Populationsspezifikationen

Nach Abschluss der Toleranzanalysen und deren Optimierung sind die Bauteilzeichnungen der betreffenden Einzelteile hinsichtlich der Toleranzfelder anzupassen, da ansonsten die geforderten Qualitätsanforderungen an die Antriebseinheit nicht prozesssicher erfüllt werden können. Dies betrifft an der Antriebseinheit die folgenden direkten Funktionsmaße:

BGP001: Positionstoleranz der Lagerstelle A an der Grundplatte
BGP003: Positionstoleranz der Lagerstelle B an der Grundplatte
BKUR001: Positionstoleranz für Gelenkpunkt D an der Kurbel
BKOP001: Positionstoleranz für Gelenkpunkt C an der Koppelstange
BSCHW001: Positionstoleranz für Gelenkpunkt C an der Schwinge
BSCHW002: Positionstoleranz für Schraubpunkt SP an der Schwinge

Diese genannten direkten Funktionsmaße sind im eigentlichen Sinne sogenannte „besondere Merkmale".

Die offizielle Definition von besonderen Merkmalen aus Abschn. 3 der IATF 16949 [2] (Qualitätsstandard für Zulieferer der Automobilindustrie) lautet: „Produktmerkmale oder Produktionsprozessparameter, die Auswirkungen auf die Sicherheit oder Einhaltung behördlicher Vorschriften, die Passform, die Funktion, die Leistung oder die weitere Verarbeitung des Produktes haben können."

Für besondere Merkmale gelten in der Fertigung gezielte Anforderungen an die Qualitätsfähigkeit. D. h., im Prozessmanagement werden Forderungen hinsichtlich Leistung und Fähigkeit an diese Merkmale gestellt.

Solche Merkmale werden in der Praxis auch gern als „Prüfmaße" oder „SPC-Maße" bezeichnet und durch eine ovale Kartusche (Blase, Zeppelin) auf der Zeichnung gekennzeichnet.

Zur eindeutigen Spezifikation der Anforderungen an besondere Merkmale in den Fertigungsunterlagen existiert im Rahmen der Geometrischen Produktspezifikation (GPS) seit 2017 die Norm DIN EN ISO 18391 „Populationsspezifikation" [3].

Die Populationsspezifikation stellt Anforderungen an ein geometrisches Merkmal. Dieses ist ein individuelles globales Merkmal und berechnet aus einer Menge von Werten, die als Population, Charge oder Los bezeichnet wird. Die betreffenden sechs geometrischen Merkmale an der Antriebseinheit entsprechen im Sinne der DIN EN ISO 18391 [3] individuellen Merkmalen. Damit kann bei allen sechs geometrischen Merkmalen die Festlegung von Populationsspezifikationen erfolgen.

Mit der Angabe von Populationsspezifikationen in den Fertigungszeichnungen besteht nun für den Konstrukteur die Möglichkeit, diese Forderungen an den besonderen Merkmalen in der Zeichnung anzugeben und zu spezifizieren.

Eine Populationsspezifikation ist eine komplementäre Anforderung einer einzelnen GPS-Spezifikation. Im betrachteten Beispiel der Antriebseinheit sind es Positionsabweichungen. Hierbei gilt, die individuelle Spezifikation und jede Populationsspezifikation müssen unabhängig voneinander erfüllt werden.

Die Anforderungen beziehen sich dabei auf die Prozessleistung bzw. auf die Prozessfähigkeit, die mit einem einzuhaltenden Grenzwert, z. B. dem kleinsten potenziellen Prozessleistungsindex P_{pk}, verknüpft werden kann.

Für die Bezeichnung einer Populationsspezifikation wird der Modifikator <ST>, auch als Flagge bezeichnet, herangezogen. Dieser folgt auf den Toleranzwert der individuellen GPS-Spezifikation.

Der Zielwert der Populationsspezifikation entspricht bei einer zweiseitigen Spezifikation von Maßen dem mittleren Wert der Toleranzgrenzen. Und „Null" für die einseitige Spezifikation von Maßen, wie beispielsweise die Form, die Richtung, der Lauf oder der Ort.

Die Berechnung der Populationsspezifikation soll nachfolgend an dem Bauteilbeispiel der Kurbel dargestellt werden. Das direkte Funktionsmaß (hier ein besonderes Merkmal) an der Kurbel ist das Maß „BKUR001: Positionstoleranz für Gelenkpunkt D".

Wie bereits in Kap. 9 erläutert, wird sämtlichen Maßkettengliedern als Fertigungsverteilung eine Trapezverteilung (Typ I) mit dem Seitenverhältnis von 0,5t zugeordnet. Das Toleranzfeld der Positionstoleranz an der Kurbel beträgt nach der Optimierung $t_{Pos} = 0{,}12$ mm. Innerhalb dieser Positionstoleranz soll eine zeitabhängige Mittelwertverschiebung der Normalverteilung (Typ II) aufgrund von systematischen und/oder zufallsbedingten Einflussgrößen mit $\pm 4\sigma$-Einheiten zulässig sein. An dieser Stelle werden entgegen der Zeichnungsangabe die Spezifikationsgrenzen auf $\pm 0{,}06$ mm bezogen auf den Nennwert (Zielwert) von 0,0 mm gelegt.

In Abhängigkeit der gewählten Fertigungsverteilung in Form der Trapezverteilung (Typ I) und der zulässigen Mittelwertverschiebung der Normalverteilung (Typ II) füllt die Normalverteilung mit ihren 8σ-Einheiten nur die halbe Positionstoleranz von 0,12 mm aus. Somit berechnet sich die maximale Standardabweichung der Normalverteilung σ_{NVII} zu:

$$\sigma_{NVII} = \sqrt{\frac{t_{NVII}^2}{64}} = \sqrt{\frac{0{,}06^2}{64}} = 0{,}0075\,\text{mm} \tag{13.51}$$

Hiernach ergibt sich der graphische Zusammenhang in der Abb. 13.5.

Bei der Positionstoleranz handelt es sich um ein einseitig nach oben toleriertes Merkmal mit dem natürlichen unteren Grenzwert Null. Dementsprechend existiert hier nur ein oberer Grenzwert. Laut DIN ISO 22514–2 [4] wird für einseitig tolerierte Merkmale ausschließlich der kleinste potenzielle Prozessleistungsindex bzw. der kleinste Prozessfähigkeitsindex berechnet.

Da in dem gegebenen Beispiel der Antriebseinheit weiterhin von „nachgewiesenermaßen" stabilen Prozessen ausgegangen wird, wird der kleinste Prozessfähigkeitsindex

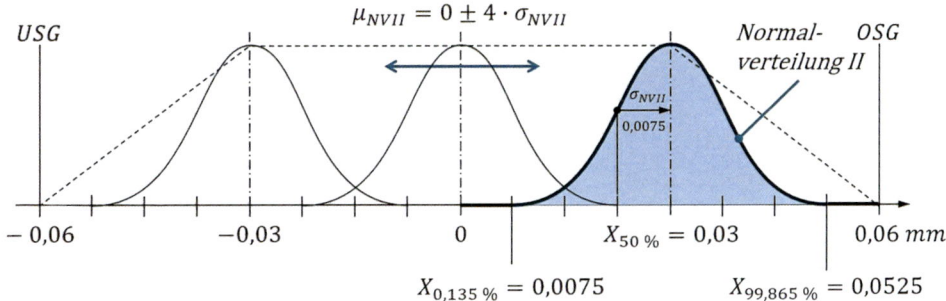

Abb. 13.5 Zulässige Mittelwertverschiebung der Normalverteilung (Typ II) am Beispiel der Kurbel für Gelenkpunkt D innerhalb der Positionstoleranz von $t_{Pos} = 0{,}12$ mm

C_{pk} nach der Gl. (13.52) berechnet. Dieser entspricht für ein einseitig nach oben toleriertes Merkmal $C_{pk} = C_{pk_o}$ [4].

In Anwendung des Berechnungsverfahrens $M_{2,1}$ nach DIN ISO 22514-2 [4] berechnet sich der obere Prozessfähigkeitsindex C_{pk_o} für die schattierte (rechte) Normalverteilung in Abb. 13.5 gemäß Gl. (13.52) zu:

$$C_{pk_o} = \frac{OSG - X_{50\%}}{X_{99,865\%} - X_{50\%}}$$

$$C_{pk_o} = C_{pk} = \frac{0,06 - 0,03}{0,0525 - 0,03} = 1,33 \qquad (13.52)$$

Das Ergebnis mit der Größenordnung 1,33 sagt aus, dass der Prozess beherrscht wird. Unter der Voraussetzung, dass die Vorgabe $C_{pk} > 1,33$ ist. Des Weiteren zeigt das Ergebnis für den kleinsten Prozessfähigkeitsindex, dass bei einer maximalen Standardabweichung von 0,0075 mmdie Verteilung ausgehend vom Nennwert (Zielwert) 0 mm eine maximale Mittelwertverschiebung von $\pm 0,03$ mm erfahren darf, ohne dabei die Spezifikation von $C_{pk} > 1,33$ zu verletzen. Diese beiden Parameter der Standardabweichung und der Mittelwertverschiebung werden anschließend in der Zeichnung als Populationsspezifikationen übernommen. Würde die Mittelwertverschiebung geringer ausfallen, dann würde hierdurch automatisch auch ein höherer C_{pk}-Wert resultieren.

Wenn der Mittelwert in der Fertigung über einen langen Zeitraum stationär bei 0,0 mm gehalten werden könnte, dann könnte die Standardabweichung auf maximal 0,0273 mm anwachsen. Dies würde der Trapezverteilung vom Typ I entsprechen, siehe Abb. 13.5. Jedoch wäre dann der kleinste Prozessfähigkeitsindex nur $C_{pk} = 1,04$ groß und damit wäre der Prozess nicht beherrscht.

Unter dieser Kenntnis können jetzt die konkreten Anforderungen an den Mittelwert und die Standardabweichung der Positionstoleranz von „BKUR001" mittels der Populationsspezifikationen formuliert werden.

Da es sich bei dem Maß „BKUR001" um eine Positionstoleranz handelt, ist der Zielwert der Populationsspezifikation „Null" für diese einseitige Spezifikation. Somit kann für das Beispiel der Kurbel für dieses Maß „BKUR001: Positionstoleranz für Gelenkpunkt D" die ergänzende Zeichnungseintragung wie folgt aussehen:

<ST1> = μ 0,0/ ±0,03
<ST2> = σ 0,0075
<ST3> = <ST1> ; <ST2>

Diese Eintragungen stehen in der Zeichnung zusammenhängend in Schriftfeldnähe, siehe Abb. 13.6. Die Bedeutungen dieser individuellen Eintragungen sind:

Das Merkmal mit dem Modifikator <ST3>, welches an der Positionsangabe in der Zeichnung steht, hat die folgenden Spezifikationen zu erfüllen: Der Zielwert (Mittelwert) ist μ = 0,0 mm und darf maximal $\pm 0,03$ mm gegenüber dem Zielwert variieren. Des

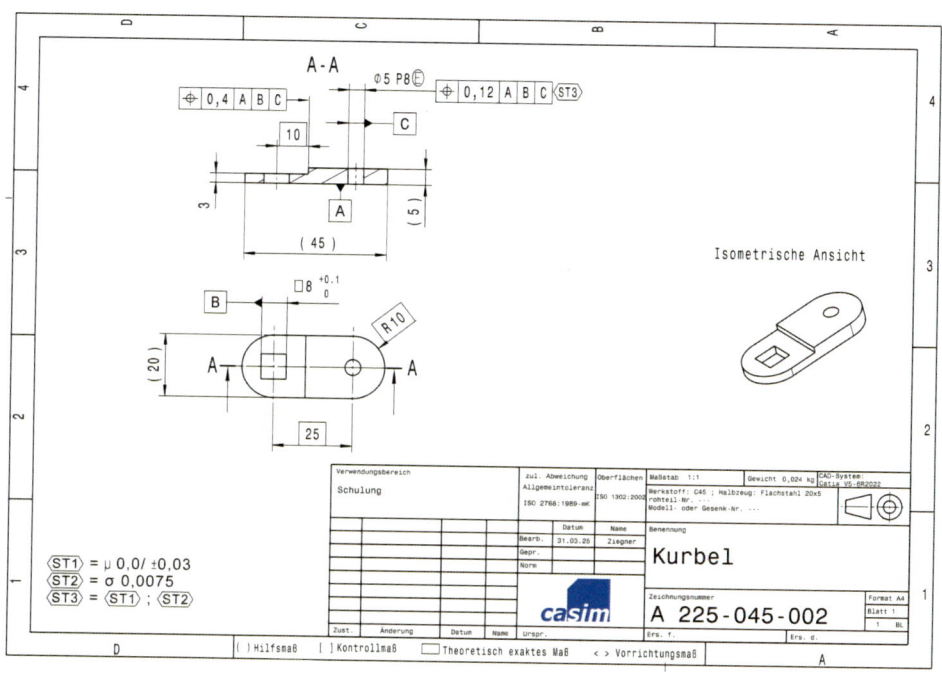

Abb. 13.6 Zeichnung Kurbel (A 225-045-002) mit ergänzender Eintragung der Populationsspezifikation

Weiteren ist die maximale Standardabweichung der auszuwertenden Charge (Population) $\sigma = 0{,}0075$ mm. Die Grenzwertangaben von <ST1> und <ST2> sind im gegebenen Fall ohne die Angabe von „L" (Lower = untere Spezifikationsgrenze). Ist nur eine Spezifikationsgrenze festgelegt, ist es defaultmäßig eine obere Spezifikationsgrenze und das „U" (Upper = obere Spezifikationsgrenze) kann weggelassen werden [3].

Des Weiteren ist zu beachten, dass jede Populationsspezifikation für sich allein gilt.

Die angepassten und ergänzten Fertigungszeichnungen mit Angabe der Populationsspezifikationen befinden sich im Anhang. Hierzu ist abschließend eine kurze Erläuterung notwendig.

Die beiden angepassten Zusammenbauzeichnungen der Antriebseinheit für die äußere (B 225-045-025) und innere Totlagenstellung (C 225-045-025) des Schwingenarms beziehen sich ausschließlich auf die Positionstoleranzen der Schraubpunkt-Mittelachsen. Grund hierfür ist, dass die Neigungsanforderung (Winkelstellung) des Schwingenarms, wie bereits erwähnt, nur eine redundante Anforderung an die Antriebseinheit stellt.

Die Qualitätsanforderung an die Positionstoleranz für den Schraubpunkt SP gegenüber dem Bezugssystem A | B | C ist hier mit einer direkten Populationsspezifikationseintragung an die Positionstoleranz angegeben, siehe Anhang (B 225-045-025) und (C 225-045-025). Die jeweilige Populationsspezifikation sieht dabei wie folgt aus:

<ST> LP$_{pk}$ 1,33

Diese Eintragung hat die folgende Bedeutung:

Die individuelle Spezifikation der Positionstoleranz von t$_{Pos}$ = Ø2,0 mm muss mindestens mit einem „kleinsten potenziellen Prozessleistungsindex P$_{pk}$" von 1,33 erfüllt werden. Dass es sich hierbei um eine Mindestanforderung handelt, wird durch die Angabe der unteren Grenze L (Lower) kenntlich gemacht. Dementsprechend müssen bei einem ausgewerteten Los (Population) von komplettierten Antriebseinheiten mehr als 99,9936 % der Schraubpunkt-Mittelachsen (in einer Totlagenstellung) innerhalb von einem Zylinder mit dem Durchmesser Ø2,0 mm gegenüber dem Bezugssystem A | B | C liegen.

Quellen und weiterführende Literatur

1. Wartzack, S.; Walter, M.; Schleich, B.: Toleranzmanagement und Robust Design, www.dynardo. de/library, 2012
2. IATF 16949: Anforderungen an Qualitätsmanagementsysteme für die Serien- und Ersatzteilproduktion in der Automobilindustrie, 1. Ausgabe, Oktober 2016
3. DIN EN ISO 18391: Geometrische Produktspezifikation (GPS) – Populationsspezifikation, Beuth-Verlag, Berlin, 2017
4. DIN ISO 22514-2: Statistische Verfahren im Prozessmanagement – Fähigkeit und Leistung – Teil 2: Prozessleistungs- und Prozessfähigkeitskenngrößen von zeitabhängigen Prozessmodellen, Beuth-Verlag, Berlin, 2015

Toleranzanalysen an technischen Teil- oder Gesamtsystemen sind in ihrer Durchführung nicht trivial. Insbesondere, wenn auf die Arithmetik die Statistik folgt. Dennoch hat das hier erörterte und analytisch berechnete Modellbeispiel der ebenen Kurbelschwinge gezeigt, dass dies auch ohne modernste CAx-Systeme möglich ist. Dies ist jedoch keine Aufgabe, welche mal eben nebenbei erledigt werden kann.

Wer im Rahmen der Entwicklung und Konstruktion einer neuen Baugruppe vor der Durchführung einer Toleranzanalyse steht und über kein unterstützendes Werkzeug (Software) verfügt, kann anhand der zusammengefassten Arbeitsschritte, siehe Anhang, Abschn. 15.3, die Aufgabeninhalte systematisch durchlaufen und erhält im Ergebnis eine belastbare Aussage über die sich einstellende Prozessleistung bzw. -fähigkeit der analysierten Teil- oder Gesamtkonstruktion.

Die Toleranzanalyse an der Antriebseinheit Kurbelschwinge hat gezeigt, dass der analytische Lösungsweg über die modifizierte quadratische Toleranzanalyse alle Anforderungen erfüllt, um sehr früh im Produktentstehungsprozess eine fundierte und belastbare Aussage über die Qualitätskennzahlen treffen zu können.

Eine zentrale Aufgabe im Rahmen der Toleranzanalyse kommt der Ermittlung der Geometriefaktoren zu. In dieser Teilaufgabe liegen auch gewisse Fehlerpotenziale. Sollten in der Praxis hier alternative Lösungswege zur Bestimmung der Geometriefaktoren zur Verfügung stehen, empfiehlt es sich, über einen zweiten Lösungsweg, in Form einer Stichprobenbetrachtung, eine Kontrolle der Geometriefaktoren herbeizuführen. Grundsätzlich empfiehlt es sich, die Geometriefaktoren über das geometrische Verfahren zu bestimmen. Auch, weil die CAD-Daten keinen hohen Reifegrad aufweisen müssen.

Vorteilhaft bei der beschriebenen analytischen Vorgehensweise der Toleranzanalyse ist, dass sich mit der Durchführung zwangsläufig ein deutlich besseres Verständnis, insbesondere was die Sensitivität betrifft, für die funktionalen Zusammenhänge der Teil- oder Gesamtkonstruktion einstellt. Dies hilft vor allem bei der Festlegung von Funktions- und Prüfmaßen auf den Fertigungszeichnungen.

F. Mannewitz, *Toleranzanalysen an mehrdimensionalen Maßketten*,
https://doi.org/10.1007/978-3-658-49758-3_14

Besteht für den Entwickler bzw. Konstrukteur die Notwendigkeit, häufiger solche Toleranzanalysen durchführen zu müssen, dann empfiehlt es sich, die Arbeitsschritte in Teilen zu automatisieren, beispielsweise durch ein Excel-Template.

Oder die Entscheidung fällt für ein kommerziell am Markt verfügbares Toleranzanalyse-Programmsystem aus. Vorteilhaft bei einer solchen Investition ist, dass ein validiertes Hilfsmittel vorliegt. Des Weiteren liegt mit Abschluss der Toleranzanalyse, auch auf Knopfdruck, eine standardisierte Dokumentation der Ergebnisse vor. Die kommerziellen Programmsysteme erlauben darüber hinaus die individuelle Zuordnung von asymmetrischen Verteilungstypen für die Maßkettenglieder, wie beispielsweise die Betragsverteilung 2. Art (Rayleigh-Verteilung) für die Koaxialitätsabweichung eines Wellensegmentes. Nachteilig erweist sich jedoch, dass die Anwendung der CAD-integrierten Programmsysteme einen Spezialisten erfordert, der sowohl Erfahrung in der Konstruktionstechnik als auch in der Wahrscheinlichkeitsrechnung mitbringt.

Gleichgültig welcher Lösungsansatz vom Entwickler bzw. Konstrukteur beschritten wird, die Fertigungszeichnungen, welche den ISO GPS Standard (Geometrische Tolerierung) erfüllen, müssen bezüglich der direkten Funktionsmaße als vektorielle Größe interpretiert werden. Diese Interpretation bzw. Überführung einer Toleranzzone in ein toleriertes Maß übernimmt leider kein gegenwärtig am Markt erhältliches Toleranzanalyse-Programmsystem selbstständig bzw. automatisch.

Aber auch ohne ein Toleranzanalyse-Programm hat die Modellrechnung an der Kurbelschwinge gezeigt, dass mithilfe des analytischen Lösungsansatzes technische Fragestellungen mit einem zeitlich und wirtschaftlich vertretbaren Aufwand abgearbeitet werden können. So eignet sich eine ganzheitlich durchgeführte Toleranzanalyse hervorragend zur Validierung von Konzeptalternativen, bei der im ersten Schritt die Erfahrungswerte der Fertigung in Form der Bauteiltoleranzen mit einfließen können. Des Weiteren werden solche Analysen auch herangezogen, um eine Entscheidung für Sonderfreigaben zu treffen.

Das gezeigte Modellbeispiel der Kurbelschwinge bildet eine gute und nachvollziehbare Grundlage, um sich in das Gebiet der Toleranzanalyse an mehrdimensionalen Maßketten einzuarbeiten, um so eine tragfähige wirtschaftliche und qualitätsorientierte Lösung zu erzielen.

Anhang

15

Inhaltsverzeichnis

15.1   Tabellen 243
15.2   Durchführung einer Toleranzanalyse 252
15.3   Arbeitsschritte 254
15.4   Bauteilzeichnungen nach ISO-GPS-Standard 254
      15.4.1   Bauteilzeichnungen nach ISO-GPS-Standard mit optimierten Einzelteiltoleranzen und Populationsspezifikationen 266
15.5   Ergebnisdokumentation der Toleranzanalyse an der Antriebseinheit 273
      15.5.1   Ergebniszusammenfassung der analytischen Toleranzanalyse 274
      15.5.2   Ergebnisdokumentation für das Programmsystem simTOL® 274
      15.5.3   Ergebnisdokumentation für das Programmsystem 3DCS Variation Analyst Suite 310
      15.5.4   Ergebnisdokumentation für das Programmsystem 3DCS Variation Analyst Suite 318
      15.5.5   Ergebnisdokumentation mit optimierten Einzelteiltoleranzen 326
Quellen und weiterführende Literatur 348

15.1   Tabellen

(Siehe Tab. 15.1, 15.2 und 15.3)

© Der/die Autor(en), exklusiv lizenziert an Springer Fachmedien Wiesbaden GmbH, ein Teil von Springer Nature 2026
F. Mannewitz, *Toleranzanalysen an mehrdimensionalen Maßketten*,
https://doi.org/10.1007/978-3-658-49758-3_15

Tab. 15.1 Standardisierte Verteilungsarten [1]

Verteilungstyp des Maßkettengliedes	Annahmewahrscheinlichkeit P_a [%]	Varianz σ^2	Prozessfähigkeitsindex C_p	Quantil u wenn Verteilung symmetrisch $u_o = -u_u = u$
Rechteck $C_p = 1{,}0027$	100	$\frac{t^2}{12}$	1,00(27)	1,7320508
Trapez I [mit 1/2 t] $C_p = 1{,}047$	100	$\frac{10}{192} \cdot t^2$	1,04(71)	2,1908902
Trapez II [mit 1/3 t] $C_p = 1{,}051$	100	$\frac{5}{108} \cdot t^2$	1,05(15)	2,3237900

(Fortsetzung)

Tab. 15.1 (Fortsetzung)

Verteilungstyp des Maßkettengliedes	Annahmewahrscheinlichkeit P_a [%]	Varianz σ^2	Prozessfähigkeitsindex C_P	Quantil u wenn Verteilung symmetrisch $u_o = -u_u = u$
Trapez III [mit 1/5 t] $C_P = 1{,}053$	100	$\frac{13}{300} \cdot t^2$	1,05(36)	2,4019223
Dreieck $C_P = 1{,}0548$	100	$\frac{t^2}{24}$	1,05(48)	2,4494897

(Fortsetzung)

Tab. 15.1 (Fortsetzung)

Verteilungstyp des Maßkettengliedes	Annahmewahrscheinlichkeit P_a [%]	Varianz σ^2	Prozessfähigkeitsindex C_p	Quantil u wenn Verteilung symmetrisch $u_o = -u_u = u$
Normal I [$C_p = 1{,}0$]	99,73002	$\frac{t^2}{36}$	1,00	3,0
Normal II [$C_p = 1{,}33$]	99,993668	$\frac{t^2}{64}$	1,33	4,0

Tab. 15.2 Verteilungsfunktion der Standardnormalverteilung [1]
Verteilungsfunktion Φ(u) der Standardnormalverteilung ($\mu = 0$ und $\sigma = 1$) mit einseitiger Abgrenzung nach oben

$$\Phi(u) = \frac{1}{\sqrt{2\cdot\pi}} \cdot \int_{-\infty}^{u} e^{-\frac{1}{2}t^2}\, dt$$

$$\Phi(u) = 1 - \Phi(-u)$$

p: Wahrscheinlichkeit ($0 < p < 1$)
u: Quantil der standardnormalverteilten Zufallsvariablen U (obere Abgrenzung)

u	Φ(u)	u	Φ(u)	u	Φ(u)	u	Φ(u)
−4,50	0,000003	−2,25	0,012224	0,00	0,500000	2,25	0,987776
−4,45	0,000004	−2,20	0,013903	0,05	0,519939	2,30	0,989276
−4,40	0,000005	−2,15	0,015778	0,10	0,539828	2,35	0,990613
−4,35	0,000007	−2,10	0,017864	0,15	0,559618	2,40	0,991802
−4,30	0,000009	−2,05	0,020182	0,20	0,579260	2,45	0,992857
−4,25	0,000011	−2,00	0,022750	0,25	0,598706	2,50	0,993790
−4,20	0,000013	−1,95	0,025588	0,30	0,617911	2,55	0,994614
−4,15	0,000017	−1,90	0,028716	0,35	0,636831	2,60	0,995339
−4,10	0,000021	−1,85	0,032157	0,40	0,655422	2,65	0,995975
−4,05	0,000026	−1,80	0,035930	0,45	0,673645	2,70	0,996533
−4,00	0,000032	−1,75	0,040059	0,50	0,691462	2,75	0,997020
−3,95	0,000039	−1,70	0,044565	0,55	0,708840	2,80	0,997445
−3,90	0,000048	−1,65	0,049471	0,60	0,725747	2,85	0,997814
−3,85	0,000059	−1,60	0,054799	0,65	0,742154	2,90	0,998134

(Fortsetzung)

Tab. 15.2 (Fortsetzung)

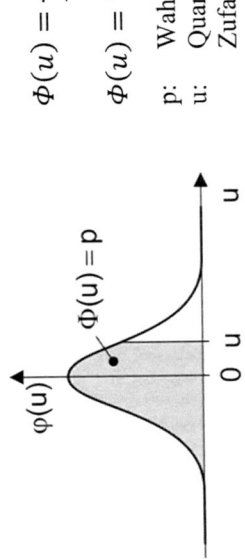

$$\Phi(u) = \frac{1}{\sqrt{2 \cdot \pi}} \cdot \int_{-\infty}^{u} e^{-\frac{1}{2}t^2}\, dt$$

$$\Phi(u) = 1 - \Phi(-u)$$

p: Wahrscheinlichkeit (0 < p < 1)
u: Quantil der standardnormalverteilten
     Zufallsvariablen U (obere Abgrenzung)

u	Φ(u)	u	Φ(u)	u	Φ(u)	u	Φ(u)
−3,80	0,000072	−1,55	0,060571	0,70	0,758036	2,95	0,998411
−3,75	0,000088	−1,50	0,066807	0,75	0,773373	3,00	0,998650
−3,70	0,000108	−1,45	0,073529	0,80	0,788145	3,05	0,998856
−3,65	0,000131	−1,40	0,080757	0,85	0,802338	3,10	0,999032
−3,60	0,000159	−1,35	0,088508	0,90	0,815940	3,15	0,999184
−3,55	0,000193	−1,30	0,096801	0,95	0,828944	3,20	0,999313
−3,50	0,000233	−1,25	0,105650	1,00	0,841345	3,25	0,999423
−3,45	0,000280	−1,20	0,115070	1,05	0,853141	3,30	0,999517
−3,40	0,000337	−1,15	0,125072	1,10	0,864334	3,35	0,999596
−3,35	0,000404	−1,10	0,135666	1,15	0,874928	3,40	0,999663
−3,30	0,000483	−1,05	0,146859	1,20	0,884930	3,45	0,999720
−3,25	0,000577	−1,00	0,158655	1,25	0,894350	3,50	0,999767
−3,20	0,000687	−0,95	0,171056	1,30	0,903199	3,55	0,999807

(Fortsetzung)

Tab. 15.2 (Fortsetzung)

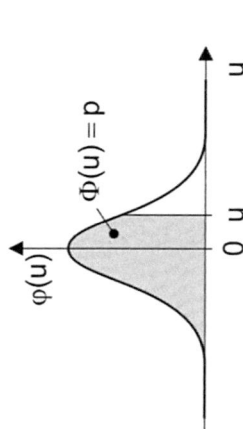

$$\Phi(u) = \frac{1}{\sqrt{2 \cdot \pi}} \cdot \int_{-\infty}^{u} e^{-\frac{1}{2}t^2} \, dt$$

$$\Phi(u) = 1 - \Phi(-u)$$

p: Wahrscheinlichkeit ($0 < p < 1$)
u: Quantil der standardnormalverteilten
     Zufallsvariablen U (obere Abgrenzung)

u	Φ(u)	u	Φ (u)	u	Φ(u)	u	Φ(u)
−3,15	0,000816	−0,90	0,184060	1,35	0,911492	3,60	0,999841
−3,10	0,000968	−0,85	0,197662	1,40	0,919243	3,65	0,999869
−3,05	0,001144	−0,80	0,211855	1,45	0,926471	3,70	0,999892
−3,00	0,001350	−0,75	0,226627	1,50	0,933193	3,75	0,999912
−2,95	0,001589	−0,70	0,241964	1,55	0,939429	3,80	0,999928
−2,90	0,001866	−0,65	0,257846	1,60	0,945201	3,85	0,999941
−2,85	0,002186	−0,60	0,274253	1,65	0,950529	3,90	0,999952
−2,80	0,002555	−0,55	0,291160	1,70	0,955435	3,95	0,999961
−2,75	0,002980	−0,50	0,308538	1,75	0,959941	4,00	0,999968
−2,70	0,003467	−0,45	0,326355	1,80	0,964070	4,05	0,999974
−2,65	0,004025	−0,40	0,344578	1,85	0,967843	4,10	0,999979
−2,60	0,004661	−0,35	0,363169	1,90	0,971284	4,15	0,999983
−2,55	0,005386	−0,30	0,382089	1,95	0,974412	4,20	0,999987

(Fortsetzung)

Tab. 15.2 (Fortsetzung)

$$\Phi(u) = \frac{1}{\sqrt{2 \cdot \pi}} \cdot \int_{-\infty}^{u} e^{-\frac{1}{2}t^2} dt$$

$$\Phi(u) = 1 - \Phi(-u)$$

p: Wahrscheinlichkeit (0 < p < 1)
u: Quantil der standardnormalverteilten Zufallsvariablen U (obere Abgrenzung)

u	Φ(u)	u	Φ(u)	u	Φ(u)	u	Φ(u)
−2,50	0,006210	−0,25	0,401294	2,00	0,977250	4,25	0,999989
−2,45	0,007143	−0,20	0,420740	2,05	0,979818	4,30	0,999991
−2,40	0,008198	−0,15	0,440382	2,10	0,982136	4,35	0,999993
−2,35	0,009387	−0,10	0,460172	2,15	0,984222	4,40	0,999995
−2,30	0,010724	−0,05	0,480061	2,20	0,986097	4,45	0,999996

Beispiel: Φ(0,75) = 0,773373

Tab. 15.3 Korrekturfaktoren g für die modifizierte Toleranzanalysemethode $T_{q\,mod}$ bei Vorliegen von trapezverteilten Einzeltoleranzen (Trapez I) in Abhängigkeit der Maßkettengliederanzahl k und der Annahmewahrscheinlichkeit P_a

Gliederanzahl k	2	3	4	5	6	7	8
$P_a = 99{,}73002\ \%$	1,143	1,216	1,260	1,287	1,306	1,316	1,321
$P_a = 99{,}9936\ \%$	1,296	1,436	1,522	1,578	1,619	1,646	1,661
Gliederanzahl k	9	10	11	12	13	14	15
$P_a = 99{,}73002\ \%$	1,324	1,332	1,335	1,338	1,341	1,343	1,345
$P_a = 99{,}9936\ \%$	1,675	1,692	1,703	1,713	1,721	1,728	1,736

15.2   Durchführung einer Toleranzanalyse

Teil 1

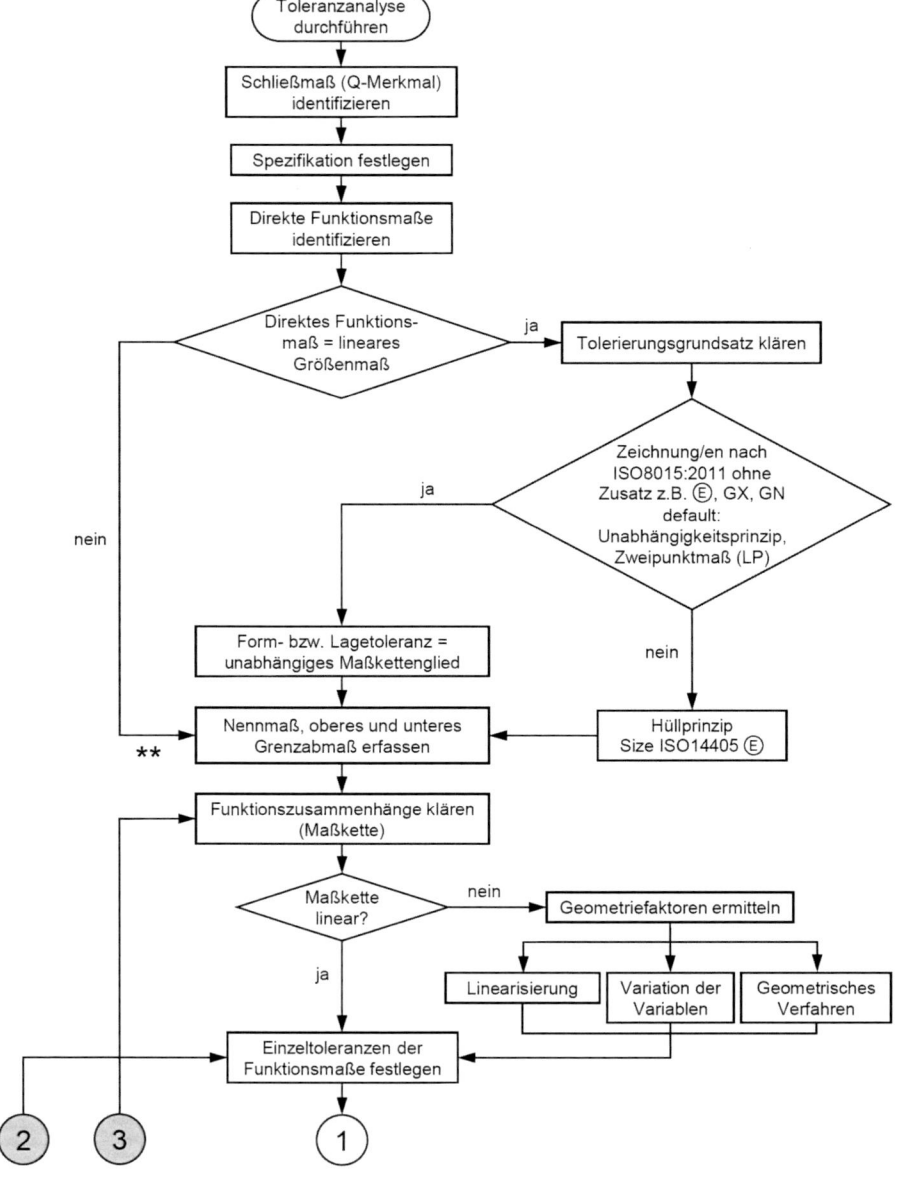

** Abstände von „abgeleiteten" Geometrieelementen, siehe hierzu Kapitel 6.1

Durchführung einer Toleranzanalyse
Teil 2

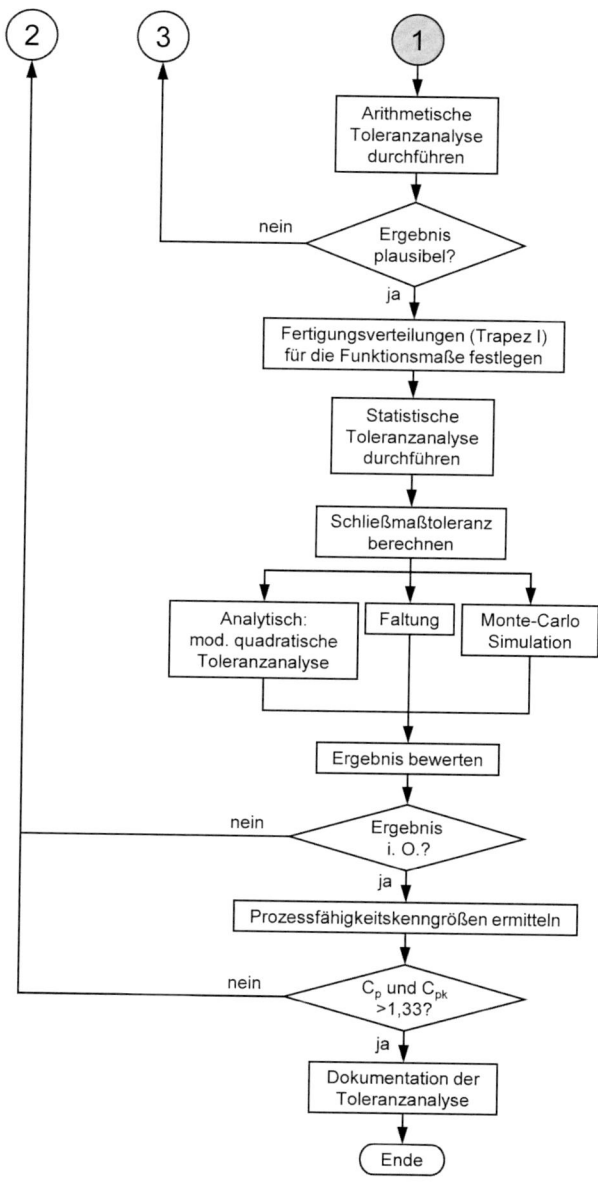

15.3   Arbeitsschritte

(Siehe Tab. 15.4)

15.4   Bauteilzeichnungen nach ISO-GPS-Standard

A 225-044-025: Zusammenbau (ZSB) Antriebseinheit

A 225-044-001: Grundplatte

A 225-044-002: Kurbel

A 225-044-003: Koppelstange

A 225-044-004: Schwinge

A 225-044-020: Befestigungsblech

B 225-044-025: ZSB Antriebseinheit, Schwingenarm in äußerer Totlagenstellung

C 225-044-025: ZSB Antriebseinheit, Schwingenarm in innerer Totlagenstellung

Tab. 15.4 Systematische Vorgehensweise zur Durchführung einer analytischen Toleranzanalyse

Nr.	Inhalt	Formel	Kapitel
0	Schließmaß berechnen	Optische, funktionale oder montagerelevante Anforderung an der Baugruppe berechnen	1
1	Spezifikation vorhanden	Spezifikation in Form von Grenzwerten (OSG, USG) liegt laut Lastenheft (Forderungskatalog) vor	3.1
2	Bauteilzeichnungen vorhanden	Fertigungs- und ggf. Betriebsmittelzeichnungen sichten	6.2
3	Funktionsmaße identifizieren	Nennmaße bzw. TED-Maße und Toleranzen identifizieren; Tolerierungsgrundsatz beachten; Form-, Richtungs-, Orts- und/oder Lauftoleranzen als toleriertes Maß in Koordinaten (x, y) interpretieren	6.2
4	Richtungskoeffizienten bzw. Geometriefaktoren bestimmen	Lineare Maßkette: Richtungskoeffizienten festlegen; Mehrdimensionale Maßkette: Geometriefaktoren mittels Linearisierung, Variation der Variablen oder durch geometrisches Verfahren ermitteln	4, 5
5	Maßkette aufstellen	Aufbau/Verknüpfung der direkten Funktionsmaße in Form einer Maßkette oder optional mittels Maßkettengleichung darstellen	4
6	Nennschließmaß bestimmen	Nennschließmaß N_0 aus dem CAD-Modell oder aus der Maßkettengleichung ermitteln	7.2.1
7	Arithmetisches Höchstschließmaß berechnen	$P_o = N_0 + \left[\left(\sum_{i=1}^{n} \alpha_{pos_i} \cdot ES_{pos_i}\right) - \left(\sum_{i=n+1}^{k} \left|\alpha_{neg_i}\right| \cdot ei_{neg_i}\right)\right]$	7.2.2
8	Arithmetisches Mindestschließmaß berechnen	$P_u = N_0 + \left[\left(\sum_{i=1}^{n} \alpha_{pos_i} \cdot EI_{pos_i}\right) - \left(\sum_{i=n+1}^{k} \left|\alpha_{neg_i}\right| \cdot es_{neg_i}\right)\right]$	7.2.3
9	Mittenmaß des arithmetischen Schließmaßes berechnen	$C_0 = \frac{P_o + P_u}{2}$	7.2.4
10	Arithmetische Schließmaßtoleranz berechnen	$T_a = P_o - P_u$ oder $T_a = \sum_{i=1}^{k} \left|\alpha_i\right| \cdot t_i$	7.2.5

(Fortsetzung)

Tab. 15.4 (Fortsetzung)

Nr.	Inhalt	Formel	Kapitel
11	Arithmetische Beitragsleister berechnen	$B_{iarith} = |\alpha_i| \cdot \left(\frac{t_i}{T_a}\right) \cdot 100\%$	7.2.6
12	Fertigungsverteilungen festlegen; siehe Tabelle 15.1 im Anhang	Trapez I; $\sigma_i^2 = \frac{10}{192} \cdot t_i^2$	8.3
13	Standardabweichung des Schließmaßes berechnen	$\sigma_0 = \sqrt{\sum_{i=1}^k \alpha_i^2 \cdot \sigma_i^2}$	8.5
14	Annahmewahrscheinlichkeit für das Schließmaß definieren	$P_a = 99{,}73002\,\%$; $C_p = 1$ $P_a = 99{,}99366\,\%$; $C_p = 1{,}33$ $P_a = 99{,}99994\,\%$; $C_p = 1{,}67$ $P_a = 99{,}99999\,\%$; $C_p = 2$	8
15	Faktor g ablesen	Faktor g für geforderte P_a und k aus Tab. 15.3 entnehmen, siehe Anhang	8.7
16	(Modifizierte) quadratische Schließmaßtoleranz berechnen	$T_{q_{mod}(P_a)} = g \cdot \sqrt{\sum_{i=1}^k \alpha_i^2 \cdot t_i^2}$	8.7
17	Statistische Beitragsleister berechnen	$B_{istat} = \frac{\alpha_i^2 \cdot \sigma_i^2}{\sum_{i=1}^k \alpha_i^2 \cdot \sigma_i^2} \cdot 100\%$	8.8.2
18	Oberes Quantil des Schließmaßes berechnen	$u_o = \frac{OSG - C_0}{\sigma_0}$	8.8.3
19	Unteres Quantil des Schließmaßes berechnen	$u_u = \frac{USG - C_0}{\sigma_0}$	8.8.3
20	Anteile ablesen	Anteile der Verteilungsfunktion $\Phi(u)$ der Standardnormalverteilung für das obere und untere Quantil aus Tabelle 15.2 entnehmen, siehe Anhang	8.8.3
21	Direktläuferquote berechnen	$DL = \Phi(u_o) - \Phi(u_u)$	8.8.3
22	Faktor g ablesen	Faktor g für $P_a = 99{,}73002\,\%$ und k aus Tab. 15.3 entnehmen, siehe Anhang	8.7

(Fortsetzung)

Tab. 15.4 (Fortsetzung)

Nr.	Inhalt	Formel	Kapitel
23	(Modifizierte) quadratische Schließmaßtoleranz für P_a = 99,73002 % berechnen	$T_{q_{mod}(99,73\%)} = g \cdot \sqrt{\sum_{i=1}^{k} \alpha_i^2 \cdot t_i^2}$	8.7
24	Statistisches Höchstschließmaß für P_a = 99,73002 % berechnen	$P_{o_{stat}(99,73\%)} = C_0 + \dfrac{T_{q_{mod}(99,73\%)}}{2}$	9.1
25	Statistisches Mindestschließmaß für P_a = 99,73002 % berechnen	$P_{u_{stat}(99,73\%)} = C_0 - \dfrac{T_{q_{mod}(99,73\%)}}{2}$	9.1
26	Prozessfähigkeitsindex berechnen	$C_p = \dfrac{OSG - USG}{P_{o_{stat}(99,73\%)} - P_{u_{stat}(99,73\%)}}$	9.1
27	Kleinsten Prozessfähigkeitsindex berechnen	$C_{pk} = min\left(C_{pk_u}, C_{pk_o}\right)$ $C_{pk_u} = \dfrac{X_{50\%} - USG}{X_{50\%} - X_{0,135\%}} = \dfrac{C_0 - USG}{C_0 - P_{u_{stat}(99,73\%)}}$ $C_{pk_o} = \dfrac{OSG - X_{50\%}}{X_{99,865\%} - X_{50\%}} = \dfrac{OSG - C_0}{P_{o_{stat}(99,73\%)} - C_0}$	9.1
28	Ergebnisse bewerten und ggf. Maßnahmen ableiten	Ziel: Spezifikation in der Serienfertigung erfüllen, i.d.R. $C_p > 1,33$; $C_{pk} > 1,33$; Ergebnisse dokumentieren	8.2

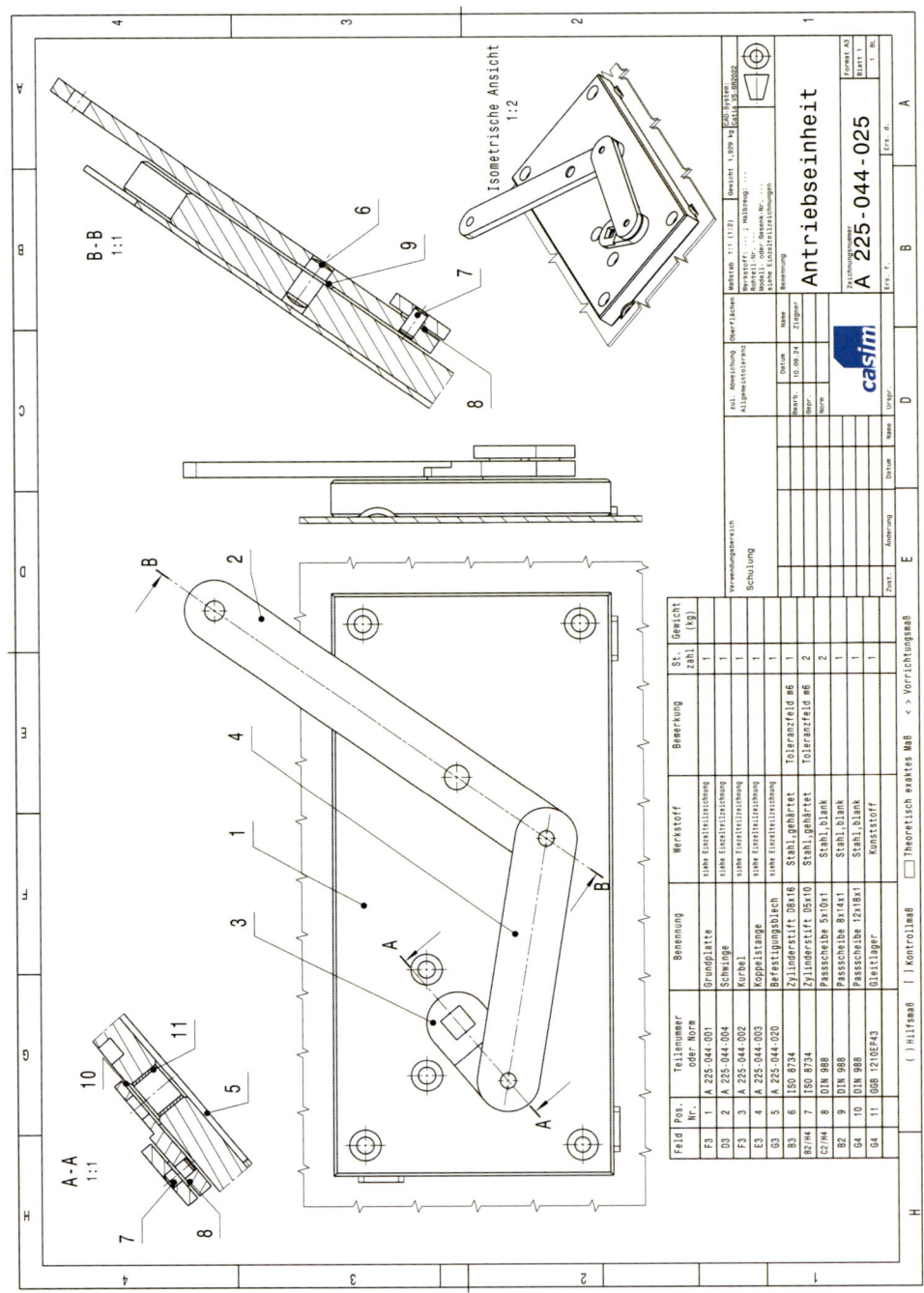

Isometrische Ansicht
1:2

B - B
1:1

A - A
1:1

Antriebseinheit

A 225-044-025

casim

Feld	Pos. Nr.	Teilenummer oder Norm	Benennung	Werkstoff	Bemerkung	St. zahl	Gewicht (kg)
F3	1	A 225-044-001	Grundplatte	siehe Einzelteilzeichnung		1	
D3	2	A 225-044-004	Schwinge	siehe Einzelteilzeichnung		1	
F3	3	A 225-044-002	Kurbel	siehe Einzelteilzeichnung		1	
E3	4	A 225-044-003	Koppelstange	siehe Einzelteilzeichnung		1	
G3	5	A 225-044-020	Befestigungsblech	siehe Einzelteilzeichnung		1	
B3	6	ISO 8734	Zylinderstift D8x16	Stahl,gehärtet	Toleranzfeld m6	1	
B2/H4	7	ISO 8734	Zylinderstift D5x10	Stahl,gehärtet	Toleranzfeld m6	2	
C2/H4	8	DIN 988	Passscheibe 5x10x1	Stahl,blank		2	
B2	9	DIN 988	Passscheibe 8x14x1	Stahl,blank		1	
G4	10	DIN 988	Passscheibe 12x18x1	Stahl,blank		1	
G4	11	GGB 1210EF43	Gleitlager	Kunststoff		1	

( )Hilfsmaß   [ ]Kontrollmaß   ☐ Theoretisch exaktes Maß   < >Vorrichtungsmaß

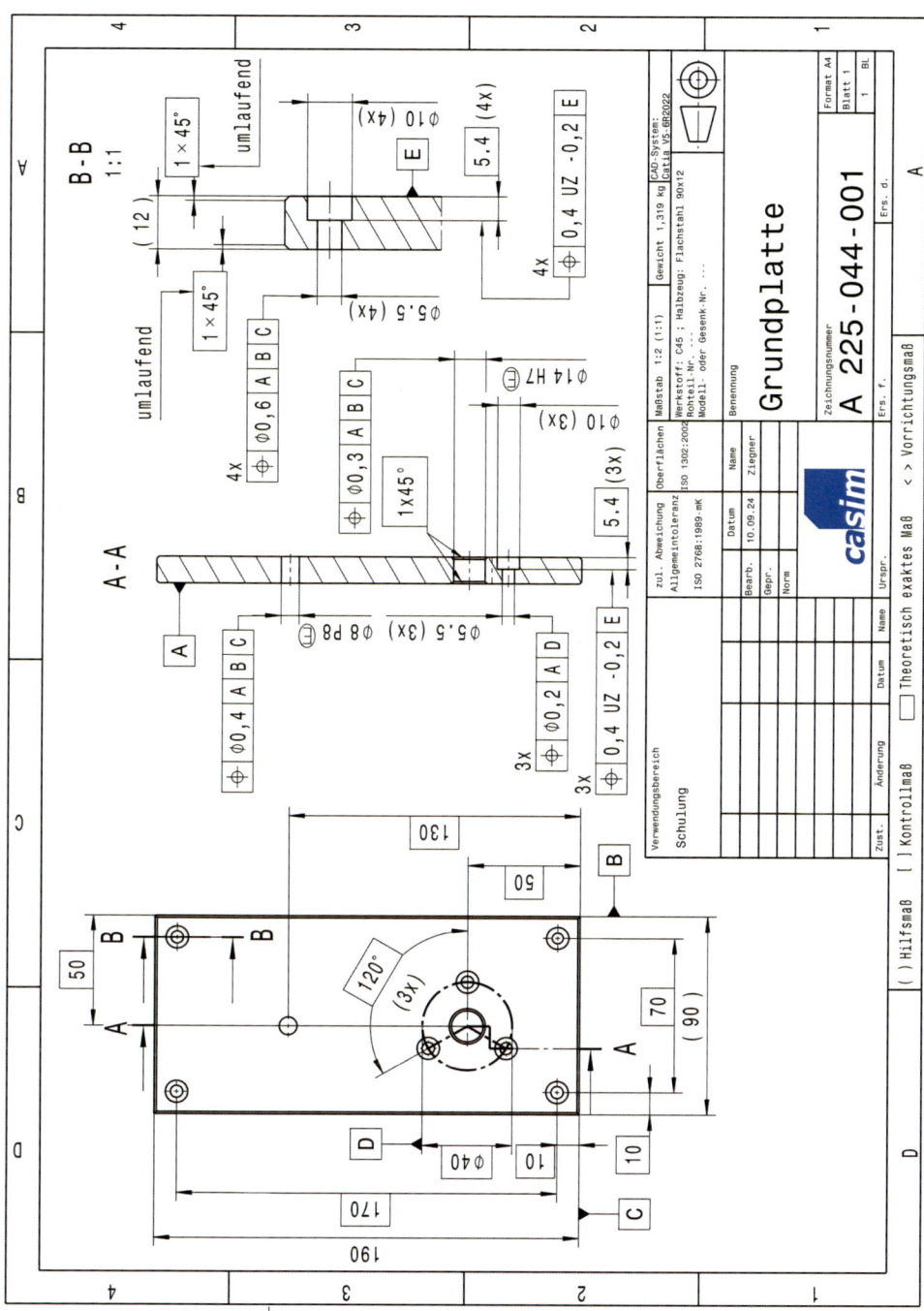

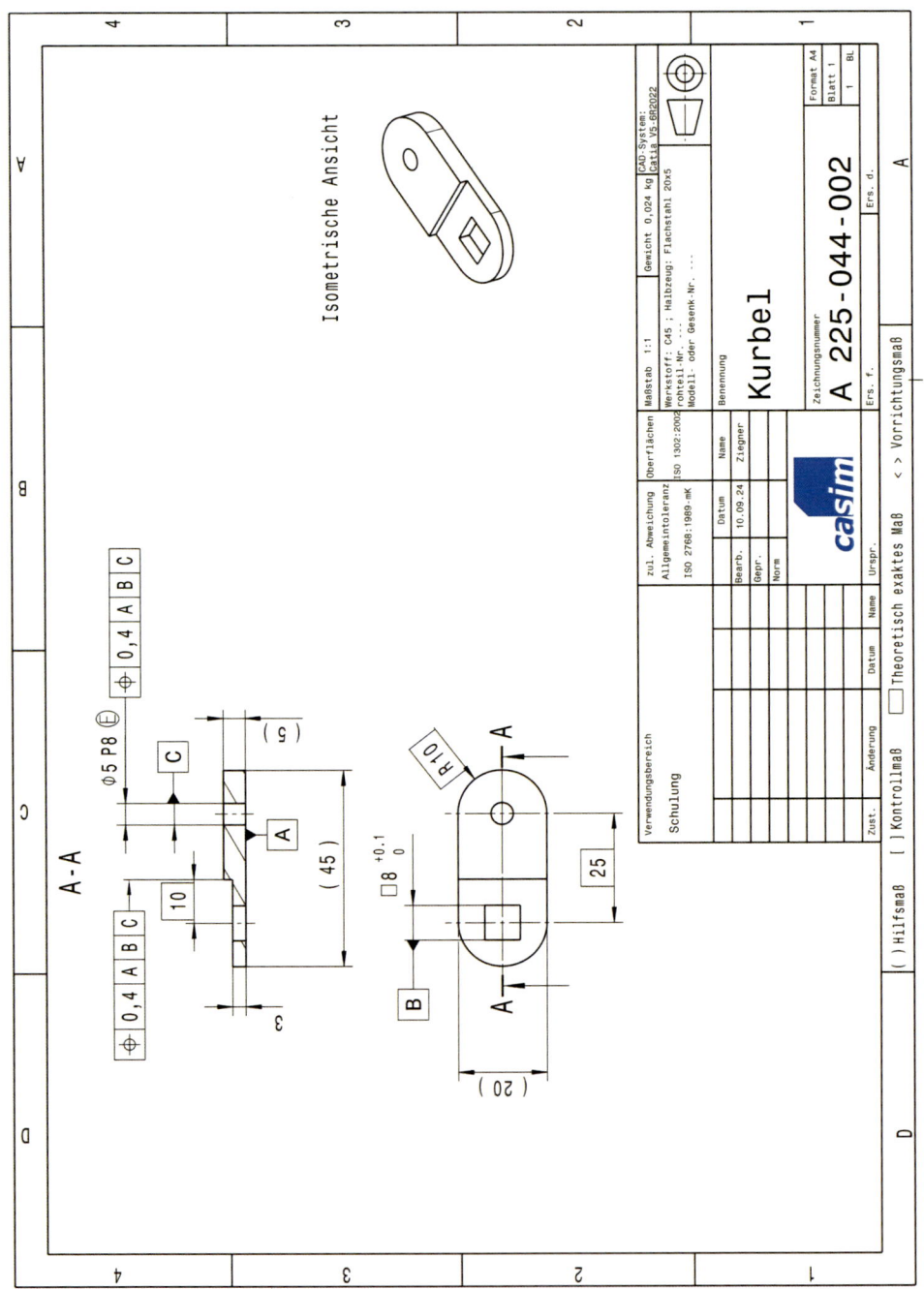

Isometrische Ansicht

Kurbel

A 225-044-002

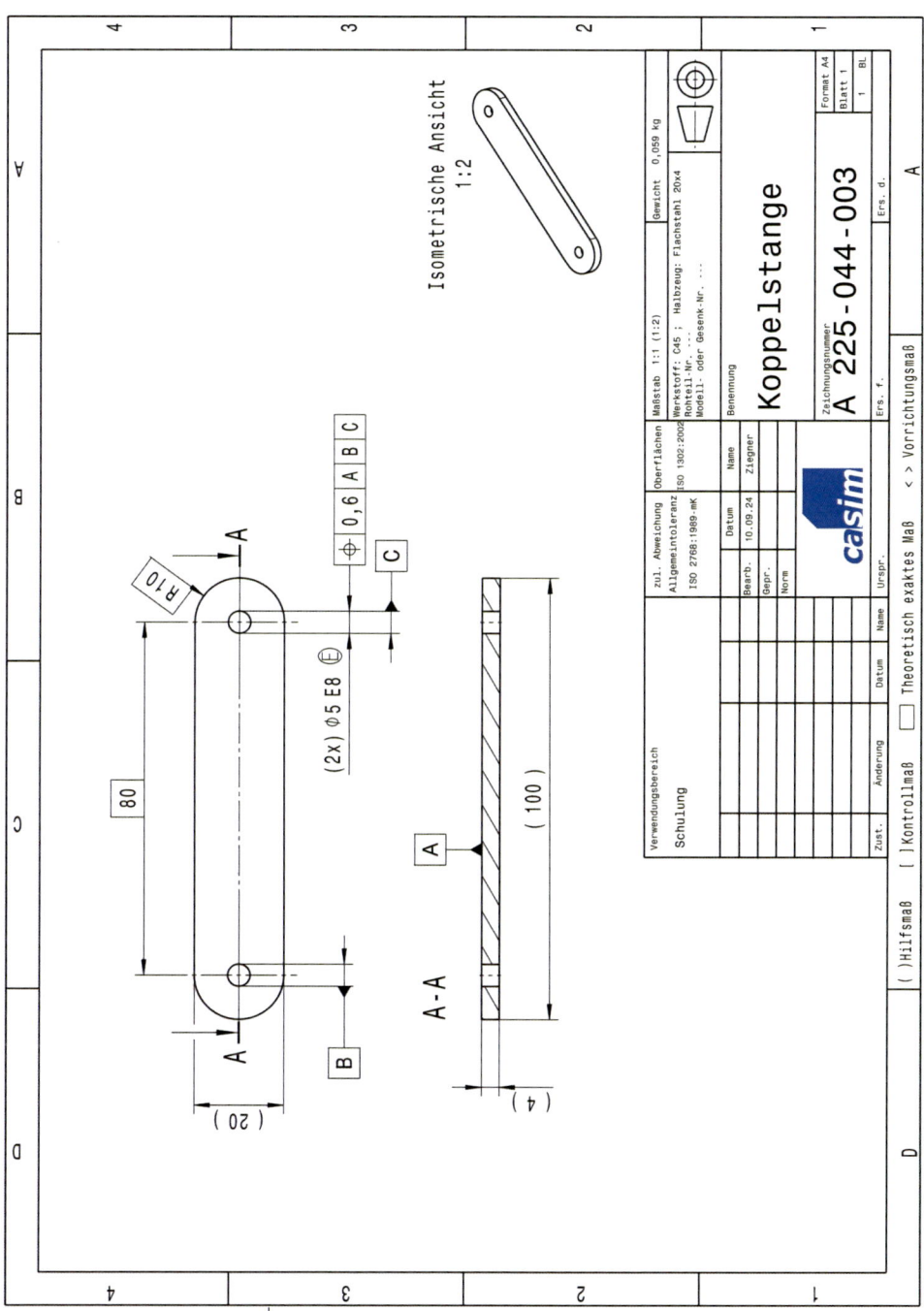

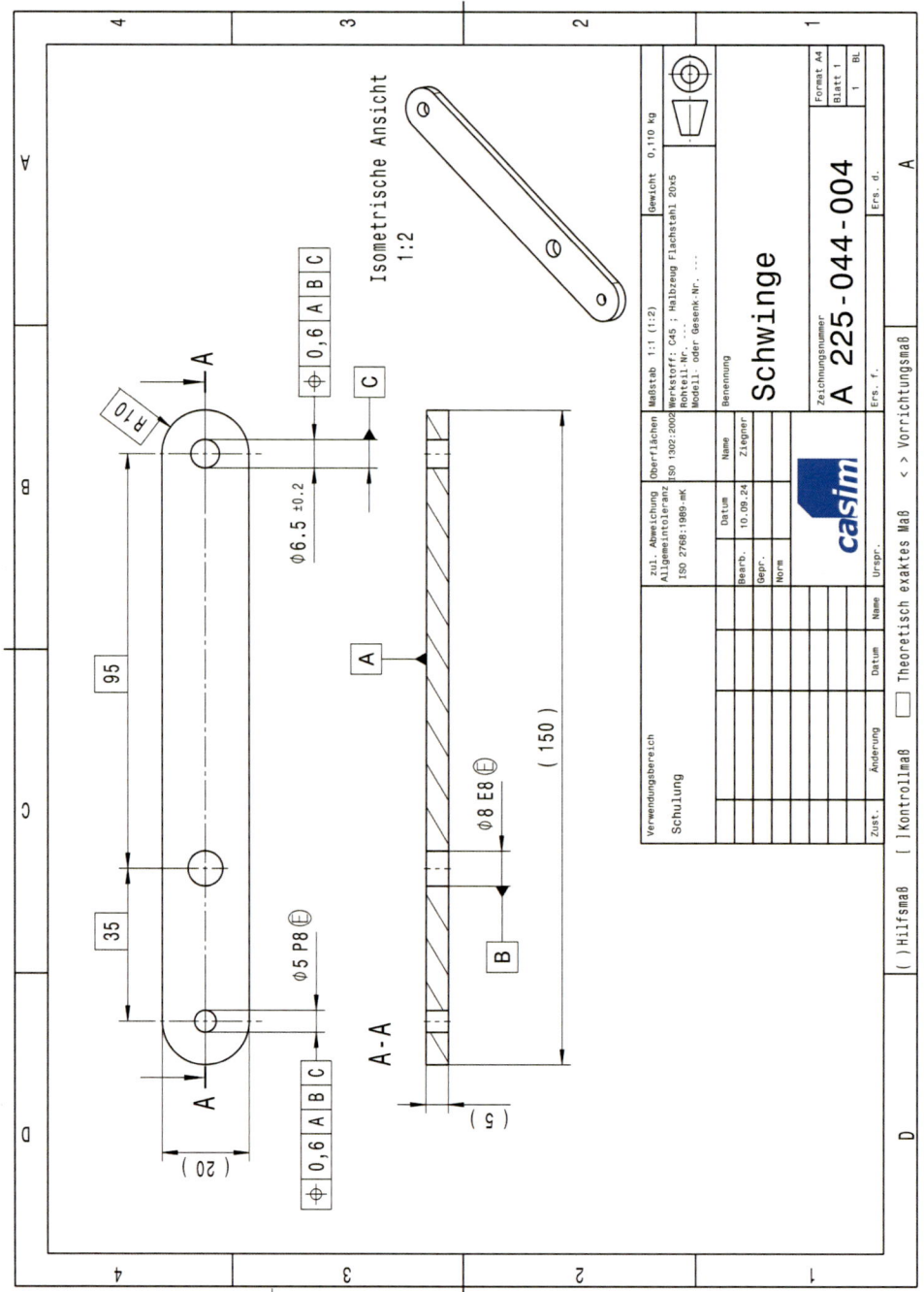

Isometrische Ansicht
1:2

Schwinge

Zeichnungsnummer
A 225-044-004

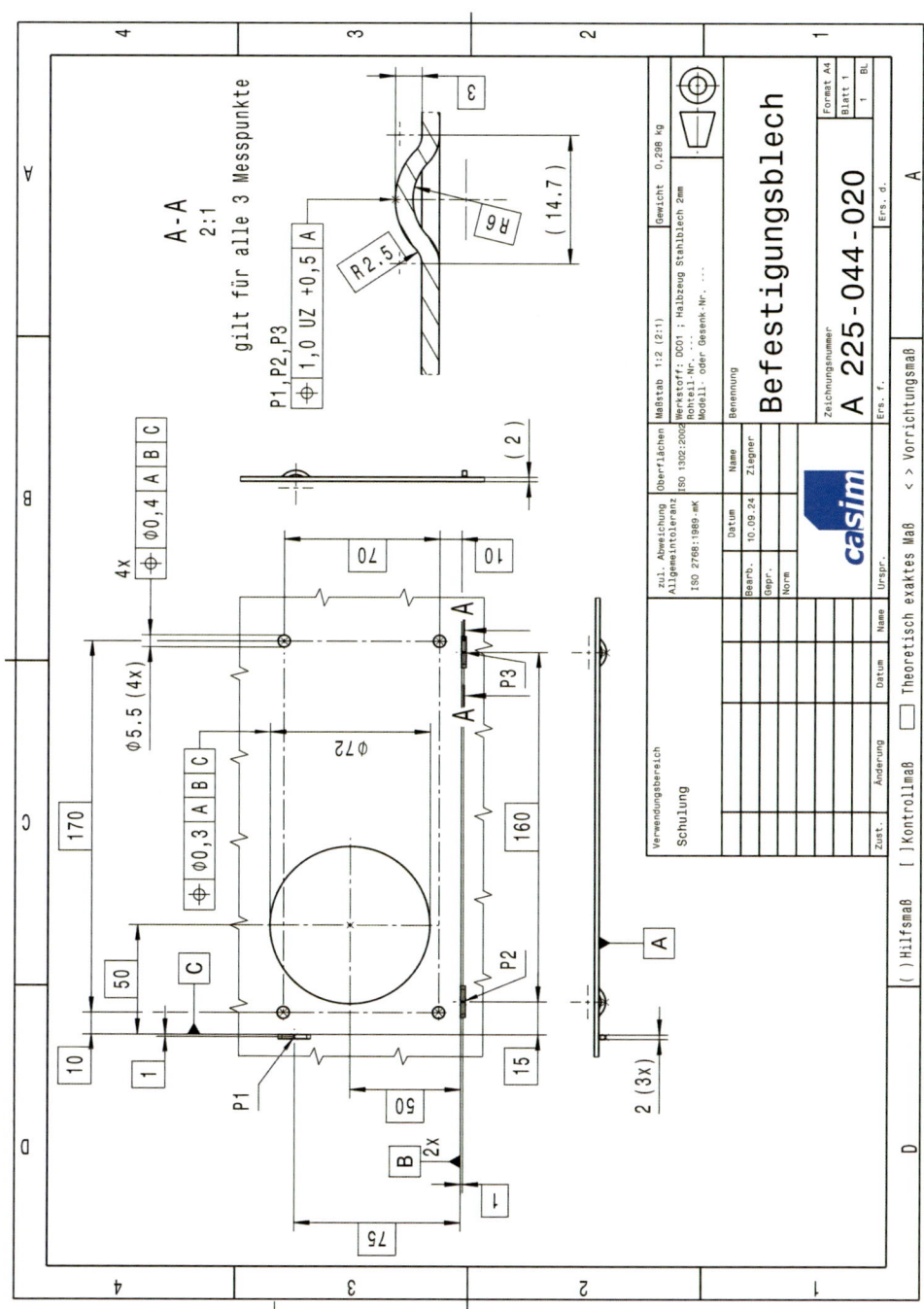

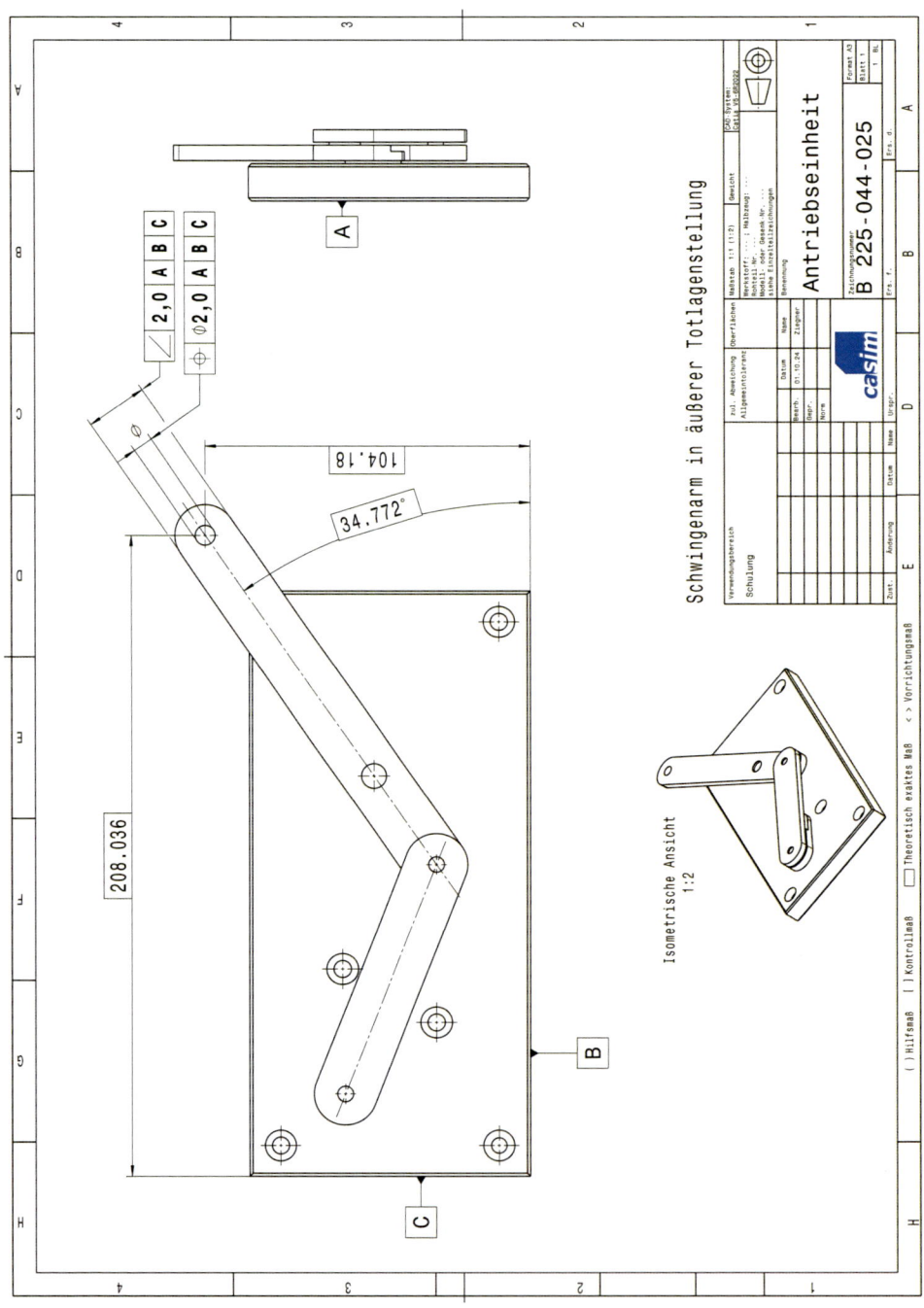

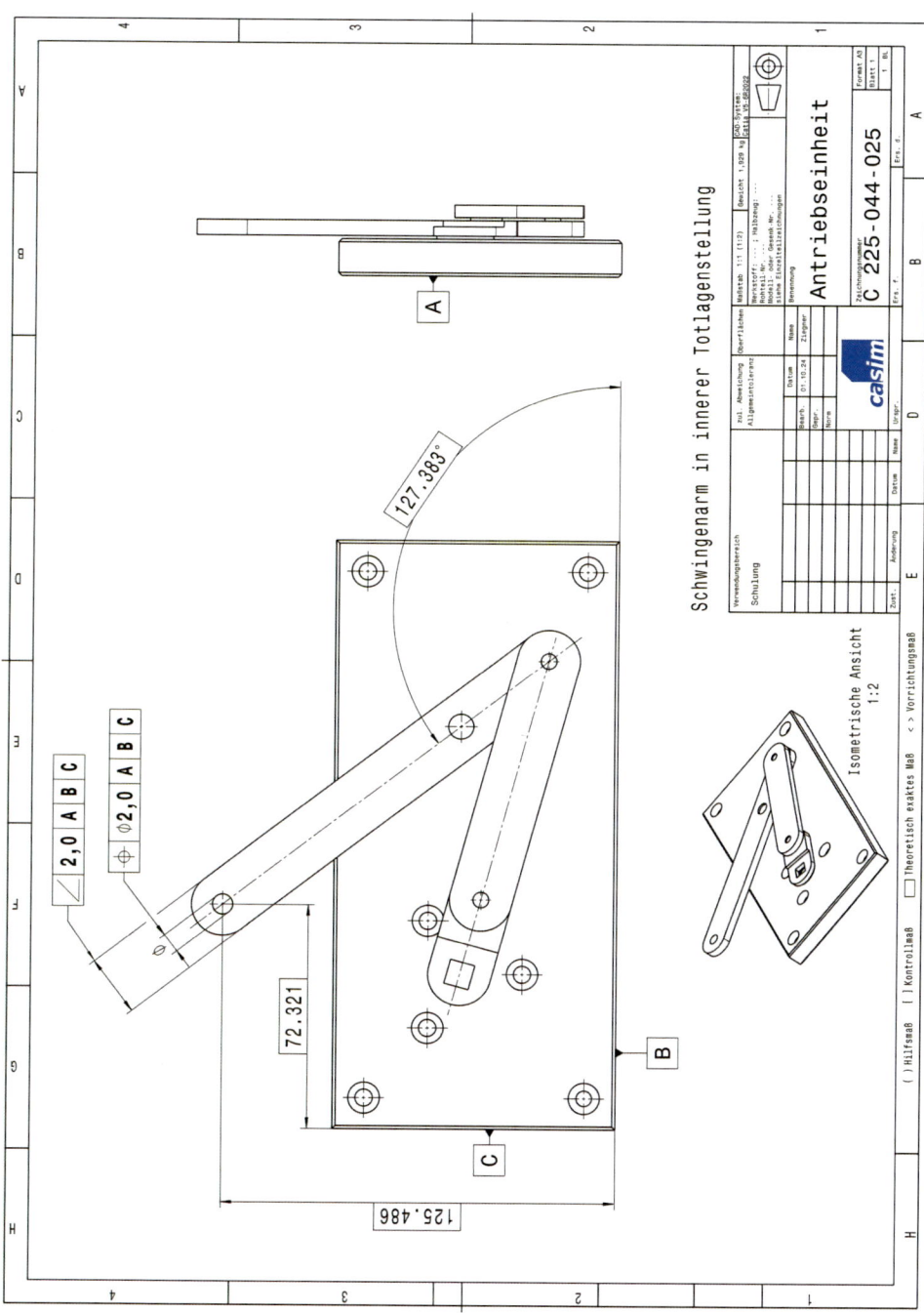

Schwingenarm in innerer Totlagenstellung

127.383°

72.321

125.486

2,0 A B C

⌀2,0 A B C

Isometrische Ansicht
1:2

( ) Hilfsmaß   [ ] Kontrollmaß   ☐ Theoretisch exaktes Maß   < > Vorrichtungsmaß

Antriebseinheit

C 225-044-025

casim

Schulung

Ziegner

15.4.1 Bauteilzeichnungen nach ISO-GPS-Standard mit optimierten Einzelteiltoleranzen und Populationsspezifikationen

A 225-045-001: Grundplatte

A 225-045-002: Kurbel

A 225-045-003: Koppelstange

A 225-045-004: Schwinge

B 225-045-025: ZSB Antriebseinheit, Schwingenarm in äußerer Totlagenstellung

C 225-045-025: ZSB Antriebseinheit, Schwingenarm in innerer Totlagenstellung

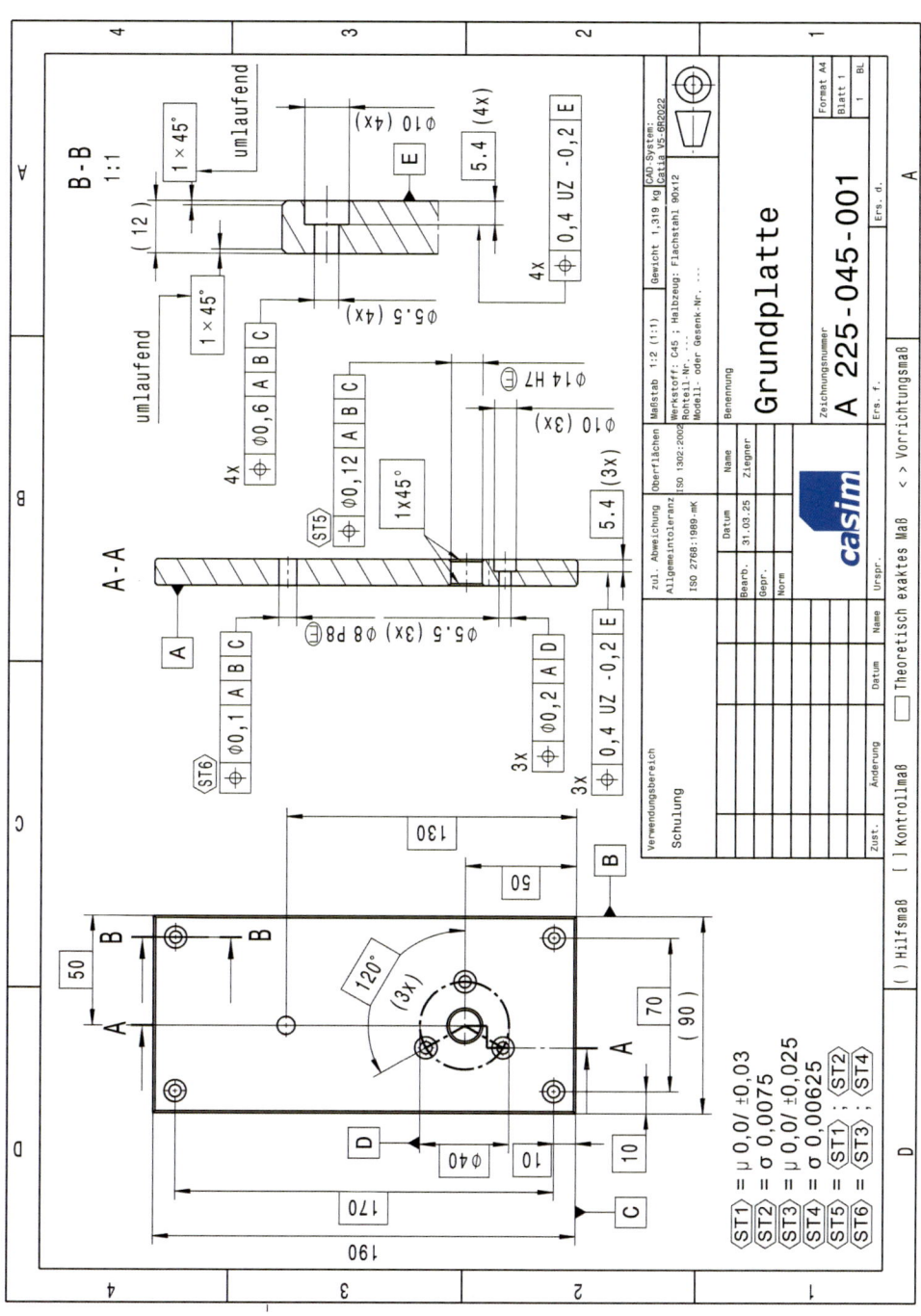

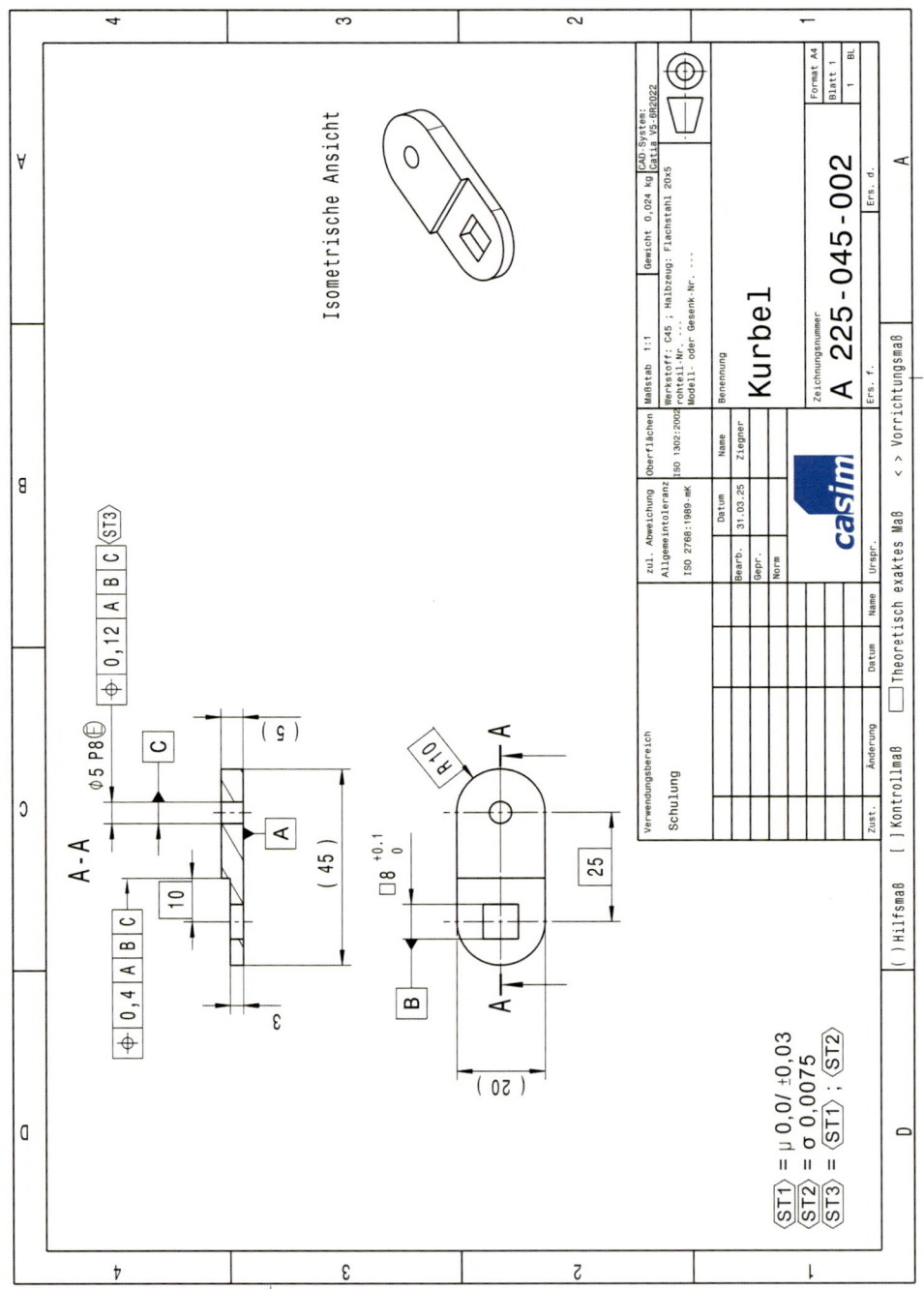

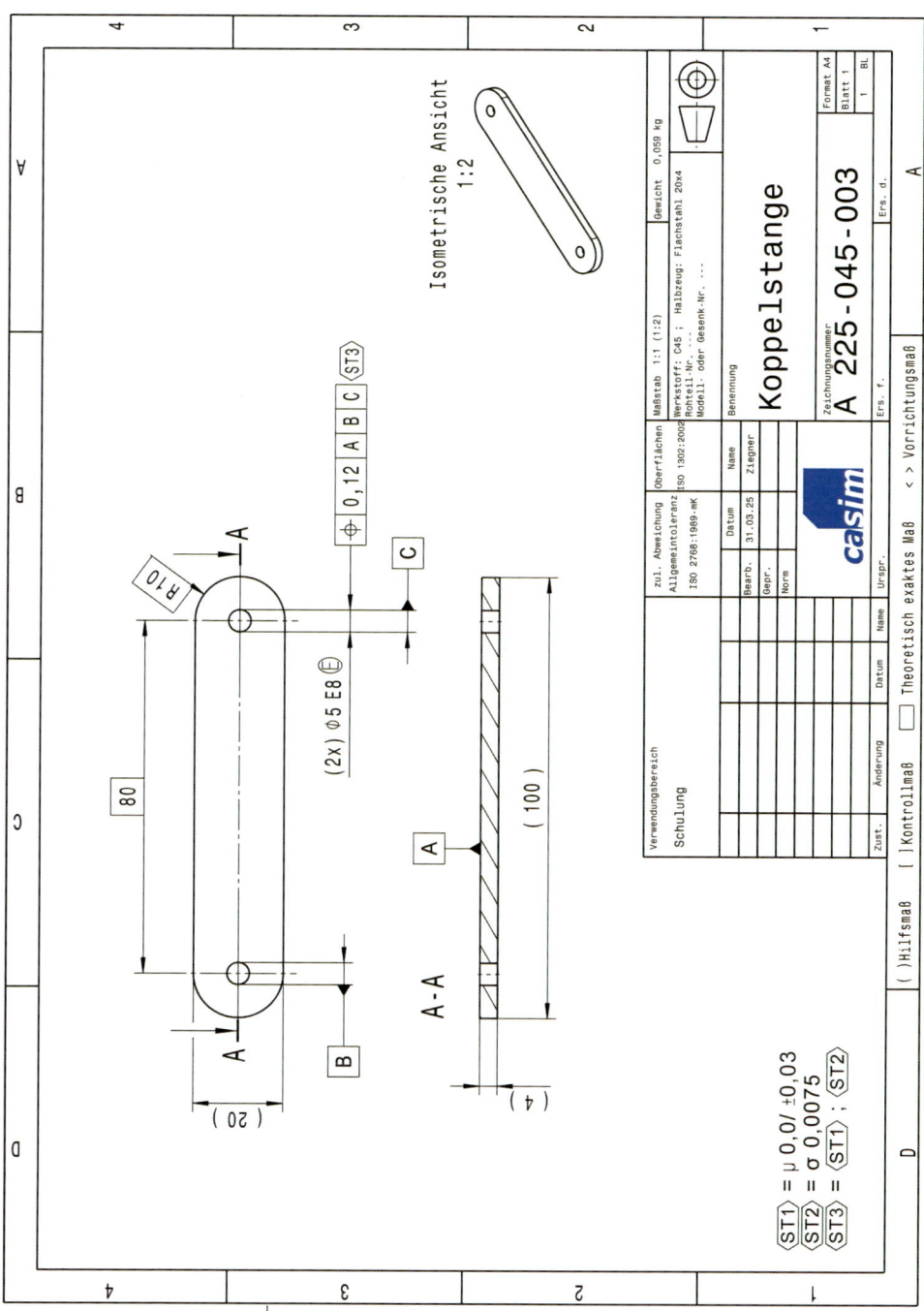

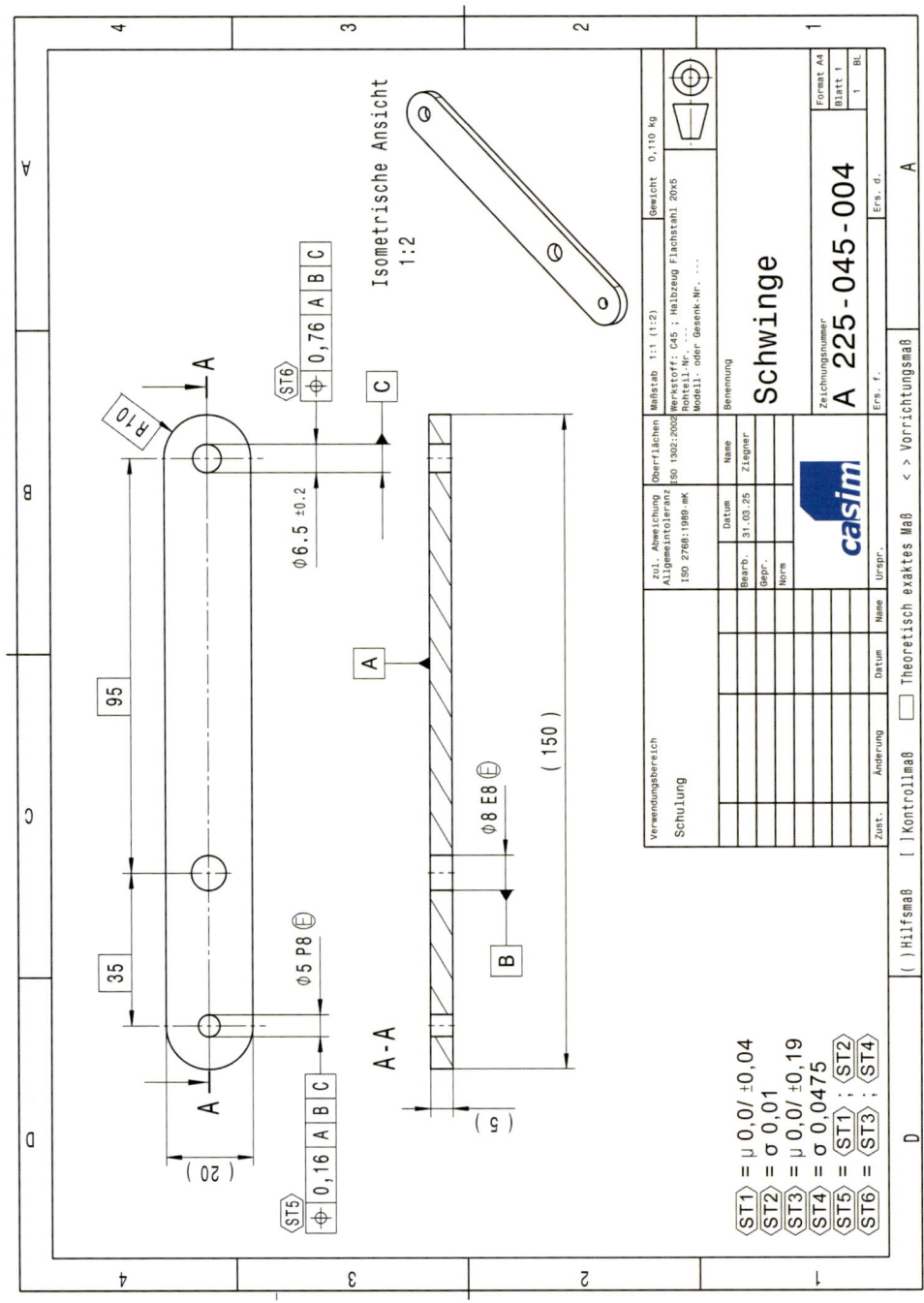

Schwinge

A 225 - 045 - 004

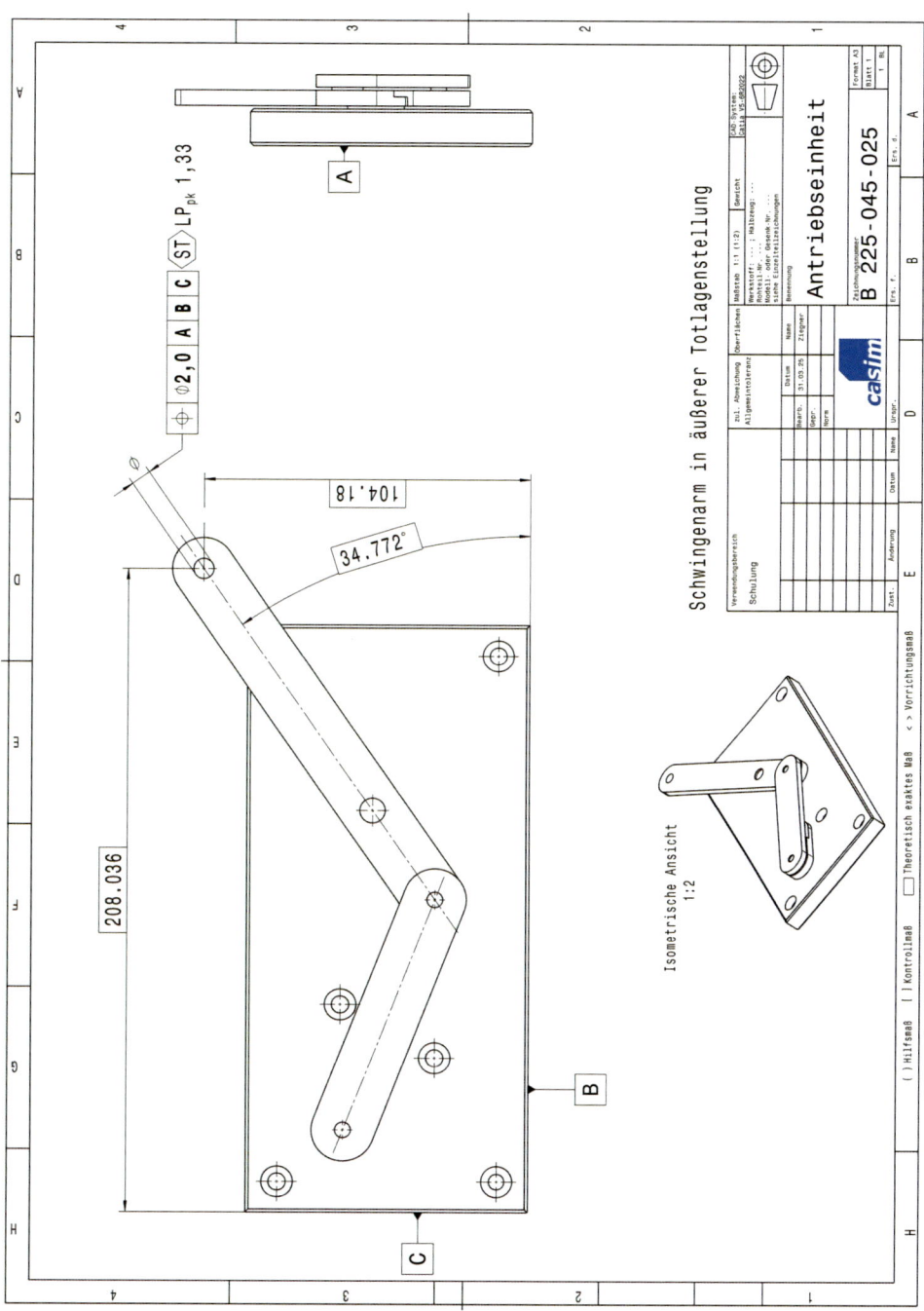

Schwingenarm in äußerer Totlagenstellung

Isometrische Ansicht
1:2

⌀2,0 A B C ⟨ST⟩ LP$_{pk}$ 1,33

104,18

34,772°

208,036

Antriebseinheit

B 225-045-025

casim

( )Hilfsmaß   [ ]Kontrollmaß   ☐Theoretisch exaktes Maß   < >Vorrichtungsmaß

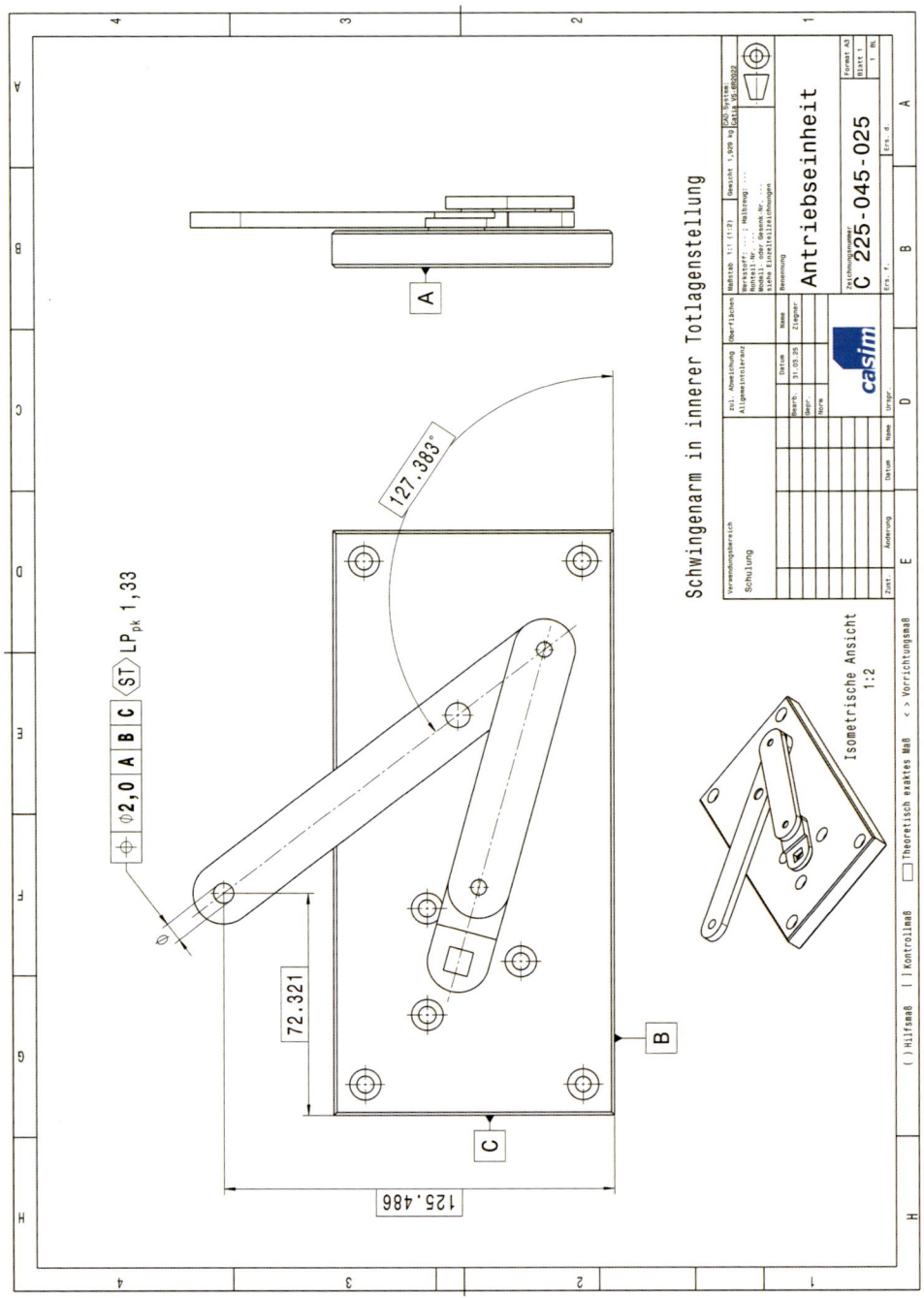

Schwingenarm in innerer Totlagenstellung

Antriebseinheit

C 225-045-025

15.5   Ergebnisdokumentation der Toleranzanalyse an der Antriebseinheit

(Siehe Abb. 15.1)

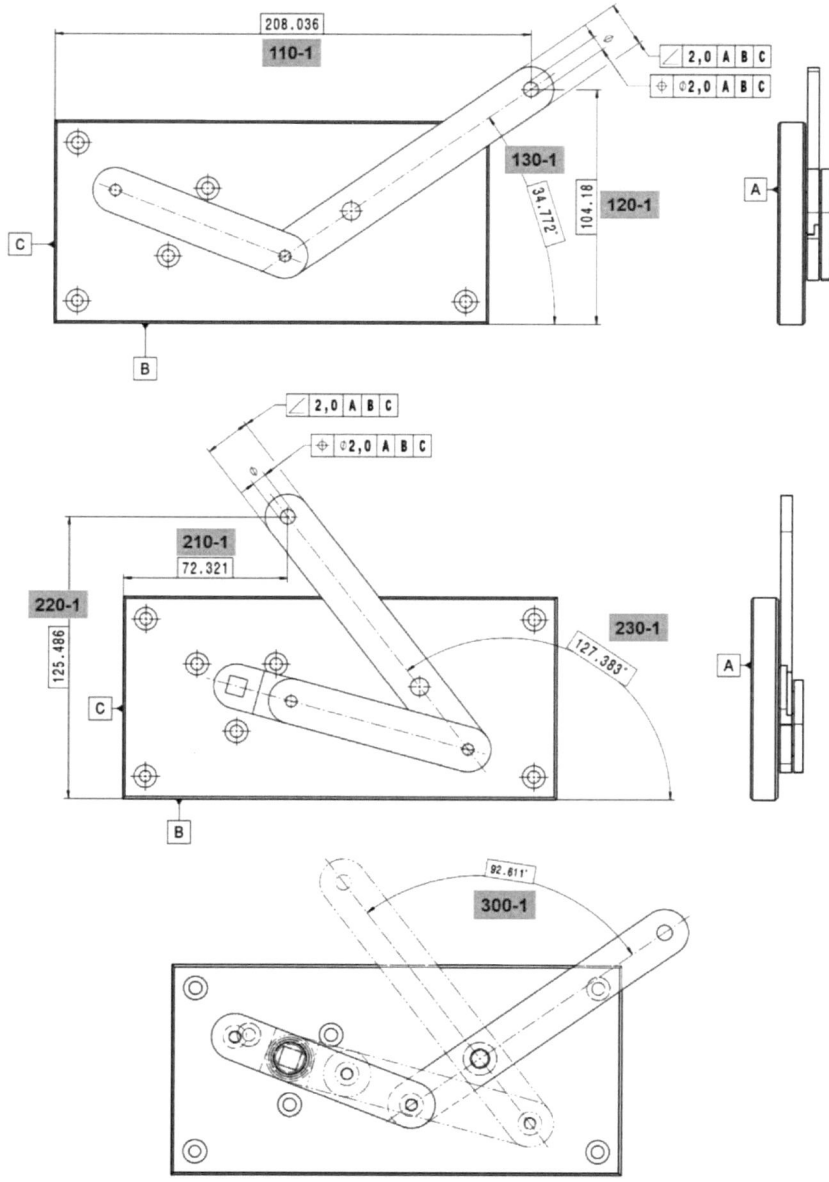

Abb. 15.1   Darstellung der berechneten Qualitätsmerkmale an der Antriebseinheit

15.5.1 Ergebniszusammenfassung der analytischen Toleranzanalyse

(Siehe Tab. 15.5)

15.5.2 Ergebnisdokumentation für das Programmsystem simTOL®

110-1: X-Abstand des Schraubpunktes SP_a in der Außenstellung
120-1: Y-Abstand des Schraubpunktes SP_a in der Außenstellung
130-1: Schwingenwinkel ψ_i in der Außenstellung
210-1: X-Abstand des Schraubpunktes SP_i in der Innenstellung
220-1: Y-Abstand des Schraubpunktes SP_i in der Innenstellung
230-1: Schwingenwinkel ψ_a in der Innenstellung
300-1: Schwingbereichswinkel ψ_H

Tab. 15.5 Zusammenfassung der Ergebnisse für die statistische Toleranzanalyse an der Antriebseinheit (Berechnungsmethode: Modifizierte quadratische Toleranzanalyse)

Q-Merkmal		Vorgabe		Berechnung	
Nr.	Beschreibung	Nominal	Toleranz	Statistisches Ergebnis (P_a = 99,9936 %)	Direktläufer
110-1	X-Abstand des Schraubpunktes SP_a in der Außenstellung	208,036 mm	2 mm	3,251 mm	97,21 %
120-1	Y-Abstand des Schraubpunktes SP_a in der Außenstellung	104,180 mm	2 mm	4,278 mm	90,1 %
130-1	Schwingenwinkel ψ_i in der Außenstellung	34,772°	2°	2,929°	83,84 %
210-1	X-Abstand des Schraubpunktes SP_i in der Innenstellung	72,321 mm	2 mm	6,072 mm	74,98 %
220-1	Y-Abstand des Schraubpunktes SP_i in der Innenstellung	125,486 mm	2 mm	4,460 mm	89,04 %
230-1	Schwingenwinkel ψ_a in der Innenstellung	127,383°	2°	4,269°	65,78 %
300-1	Schwingbereichswinkel ψ_H	92,612°	> 90°	90,680°	100 %

110 Lage Schraubpunkt SP - Totpunktlage Außenstellung
110-1 Schraubpunkt zu Tertiärbezug C (X-Richtung) der Grundplatte
Grafikprotokoll

110-1

208.036

104.18

34.772°

A

B

C

| | 2,0 | A | B | C |

| ⌀2,0 | A | B | C |

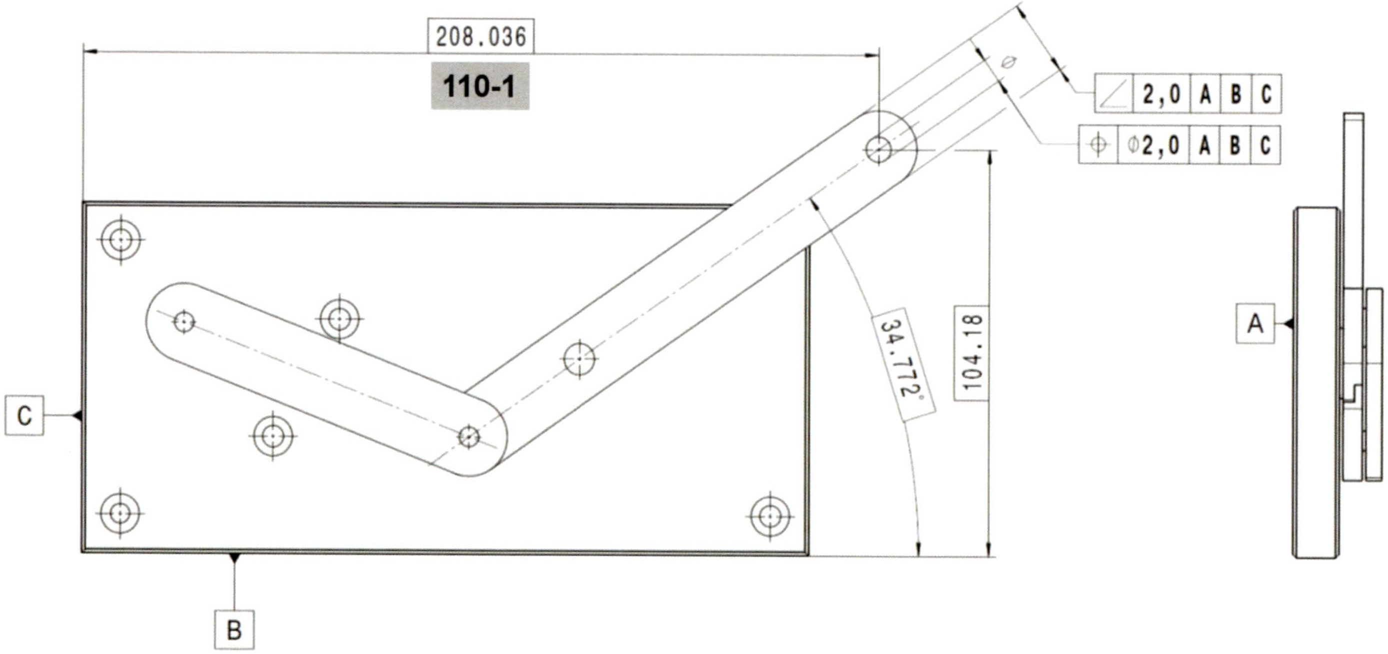

110 Lage Schraubpunkt SP - Totpunktlage Außenstellung
110-1 Schraubpunkt zu Tertiärbezug C (X-Richtung) der Grundplatte
Praxiswerte

Funktionsmaßgruppe:	110 Lage Schraubpunkt SP - Totpunktlage Außens....	Berechnungsmodus:	Vorgabe Q-Merkmal:
Qualitätsmerkmal:	110-1 Schraubpunkt zu Tertiärbezug C (X-Richtun...	statistische Analyse	
Bearbeiter / Abteilung:		Nennmaß = 208.036	
Bemerkung:		Oberes Abmaß = 1.000	
Titel:	Schraubpunkt zu Tertiärbezug C (X-Richtung)	Unteres Abmaß = -1.000	

				Erstellung:	02.05.2024
				Letzte Änderung:	15.04.2025
				Druckdatum:	15.04.2025
				Praxiswerte	1/1 (2/35)

Nr.	Kurzzeichen	Funktionsmerkmal	Koeff.	Nennmaß	Abmaß ES/es	Abmaß EI/ei	VT	Para1	Para2	x,y,z	Status	Bemerkung
1	BGP001	Grundplatte: Positionstoleranz; Festlager A für Kurbel zu Bezug A | B | C der Grundplatte	-1.866	0.000	0.150	-0.150	TV	0.250	0.750	XY	Bestätigt	Verschiebung zirkular
2	BGP003	Grundplatte: Positionstoleranz; Festlager B für Schwinge zu Bezug A | B | C der Grundplatte	+2.821	0.000	0.200	-0.200	TV	0.250	0.750	XY	Bestätigt	Verschiebung zirkular
3	BKUR001	Kurbel (Kurbel a): Positionstoleranz; Gelenkpunkt D für Koppelstange zu Bezug A | B | C der Kurbel	+1.866	0.000	0.200	-0.200	TV	0.250	0.750	XY	Bestätigt	TED = 25 mm
4	BKOP001	Koppelstange (Koppelstange b): Positionstoleranz; Gelenkpunkt C für Schwinge zu Bezug A | B | C der Koppelstange	-1.866	0.000	0.300	-0.300	TV	0.250	0.750	XY	Bestätigt	TED = 80 mm
5	BSCHW001	Schwinge (Schwinge c): Positionstoleranz; Gelenkpunkt C zu Bezug A | B | C der Schwinge	-1.044	0.000	0.300	-0.300	TV	0.250	0.750	XY	Bestätigt	TED = 35 mm
6	BSCHW002	Schwinge (Schwingenarm e): Positionstoleranz; Schraubpunkt SP zu Bezug A | B | C der Schwinge	+0.822	0.000	0.300	-0.300	TV	0.250	0.750	XY	Bestätigt	TED = 95 mm
7	BSCHW003	Schwinge, Abstandsmaß, Nominalabstand Schraubpunkt SP zu Tertiärbezug C der Grundplatte in der Außenstellung	+1.000	208.036	---	---	---	---	---	XY	Bestätigt	Nominalabstand [mm] gemessen aus CAD

	ES/es	EI/ei
arithmetisches Schließmaß (Qualitätsmerkmal) für M0a = 208.036	2.337	-2.337
statistisches Schließmaß (Qualitätsmerkmal) für M0s = 208.036	1.617	-1.617
Vorgabe Qualitätsmerkmal	1.000	-1.000

V5605 R2410014 Berechnungsparameter Faltung / SKIP 0.50 / Stürzst. 498

Spezifikation

Geforderter Gutanteil: 99.9936 %

Erreichter Gutanteil 97.40 %

Mittelwertversatz zur Q-Vorgabe = 0

Zuständigkeit	Termin
Maßnahmen/Bemerkungen	

Gesamtdichtefunktion

205.699
206.419
207.036
208.036   Ts=3.234
209.036
209.653
210.373   Ta=4.674

casim Ingenieurleistungen

110 Lage Schraubpunkt SP - Totpunktlage Außenstellung
110-1 Schraubpunkt zu Tertiärbezug C (X-Richtung) der Grundplatte
Ergebnissituation

Funktionsmaßgruppe:	110 Lage Schraubpunkt SP - Totpunktlage Außens...	
Qualitätsmerkmal:	110-1 Schraubpunkt zu Tertiärbezug C (X-Richtun...	
Bearbeiter / Abteilung:		
Bemerkung:		
Titel:	Schraubpunkt zu Tertiärbezug C (X-Richtung)	

Berechnungsmodus: Vorgabe Q-Merkmal

statistische Analyse
Nennmaß = 208.036
Oberes Abmaß = 1.000
Unteres Abmaß = -1.000

Erstellung: 02.05.2024
Letzte Änderung: 15.04.2025
Druckdatum: 15.04.2025
Ergebnissituation: 1/1 (3/35)

Schließmaßberechnung

	Nenn-maß	Toleranz Abmaße	Feld (T)
Toleranzmittenmaß	208.036		
Q-Vorgabe	208.036	±1.000	2.000
arithmetisches Schließmaß (M0a)	208.036	±2.337	4.674
statistisches Schließmaß (M0s)	208.036	±1.617	3.234

Prozessfähigkeitsindizes [1]

Cp bezogen auf Q-Vorgabe	0.77
Cpk bezogen auf Q-Vorgabe	0.77
[%]	97.40

Prozesszentrierung

Mittelwertverschiebung um	-/-
Gutanteil nach Zentrierung	-/-

statistische Hauptbeitragsleister
<T> Toleranzfeld

2	BGP003	<0.400> Grundplatte: Positionstoleranz; ⊕ Festlager B für Schwinge zu Bezug A|B|C der Grundplatte	31.6%
4	BKOP001	<0.600> Koppelstange (Koppelstange b); ⊕ Positionstoleranz; Gelenkpunkt C für Schwinge zu Bezug A|B|C der...	31.1%
3	BKUR001	<0.400> Kurbel (Kurbel a); ⊕ Positionstoleranz; Gelenkpunkt D für Koppelstange zu Bezug A|B|C der...	13.8%

1) geometrisches Berechnungsverfahren nach DIN ISO 22514-2 Quantilmethode $M_{2,1}$

110-1 Schraubpunkt zu Tertiärbezug C (X-Richtung) der Grundplatte

Pa = 99.9936 % für Ts

209.036
207.036
208.036
209.653
206.419
210.373
205.699
Ts=3.234
Ta=4.674

Cp = 0.77   Cpk = 0.77
bezogen auf Q-Vorgabe

Erreichter Gutanteil: 97.40%

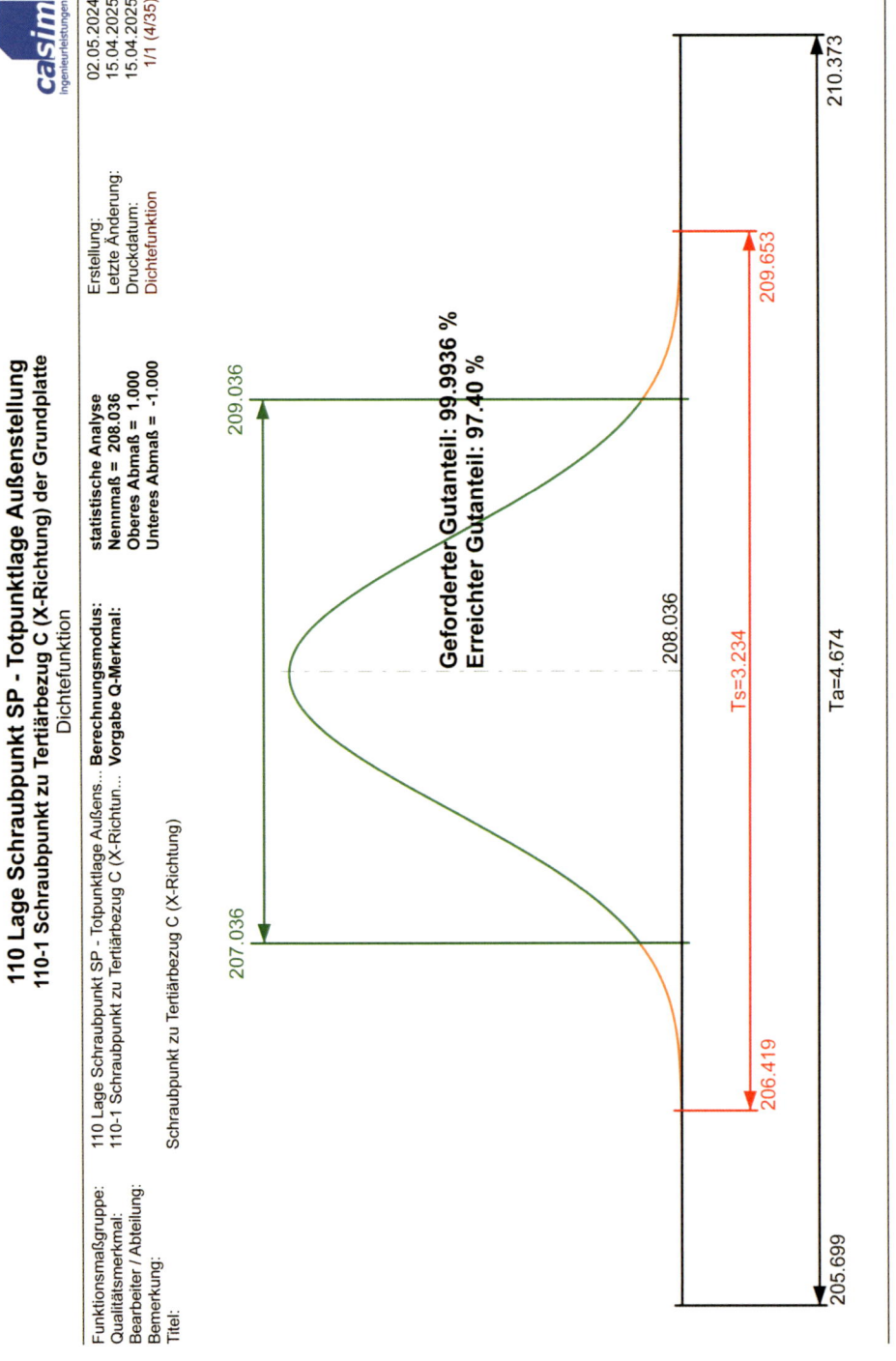

110 Lage Schraubpunkt SP - Totpunktlage Außenstellung
110-1 Schraubpunkt zu Tertiärbezug C (X-Richtung) der Grundplatte
Dichtefunktion

Funktionsmaßgruppe: 110 Lage Schraubpunkt SP - Totpunktlage Außens....   Berechnungsmodus: statistische Analyse   Erstellung: 02.05.2024
Qualitätsmerkmal: 110-1 Schraubpunkt zu Tertiärbezug C (X-Richtun....   Vorgabe Q-Merkmal: Nennmaß = 208.036   Letzte Änderung: 15.04.2025
Bearbeiter / Abteilung: Oberes Abmaß = 1.000   Druckdatum: 15.04.2025
Bemerkung: Unteres Abmaß = -1.000   Dichtefunktion: 1/1 (4/35)
Titel: Schraubpunkt zu Tertiärbezug C (X-Richtung)

Geforderter Gutanteil: 99.9936 %
Erreichter Gutanteil: 97.40 %

209.036
207.036
209.653
206.419
208.036
Ts=3.234
Ta=4.674
210.373
205.699

110 Lage Schraubpunkt SP - Totpunktlage Außenstellung
110-1 Schraubpunkt zu Tertiärbezug C (X-Richtung) der Grundplatte
Pareto-Analyse

casim Ingenieurleistungen

Funktionsmaßgruppe:	110 Lage Schraubpunkt SP - Totpunktlage Außens...	
Qualitätsmerkmal:	110-1 Schraubpunkt zu Tertiärbezug C (X-Richtun...	
Bearbeiter / Abteilung:		
Bemerkung:		
Titel:	Schraubpunkt zu Tertiärbezug C (X-Richtung)	

Berechnungsmodus: Vorgabe Q-Merkmal	**statistische Analyse** Nennmaß = 208.036 Oberes Abmaß = 1.000 Unteres Abmaß = -1.000
Erstellung: 02.05.2024	Letzte Änderung: 15.04.2025
Druckdatum: 15.04.2025	Pareto-Analyse 1/1 (5/35)

Beitrag [in %] zum Schließmaß — ■ arithmetisch   ■ statistisch

Nr.	arithmetisch	statistisch
1	12.0%	7.8%
2	24.1%	31.6%
3	16.0%	13.8%
4	24.0%	31.1%
5	13.4%	9.7%
6	10.6%	6.0%
7	0.0%	0.0%

Nr.	Kurzzeichen		Funktionsmerkmal							
	Koeff.	Toleranz	ES/es	EI/ei	VT	Para1	Para2	Name	Abteilung	Status
1	BGP001	-1.866	0.300	⊕ 0.150	-0.150	TV	0.250	0.750	Grundplatte: Positionstoleranz; Festlager A für Kurbel zu Bezug A | B | C der Grundplatte		Bestätigt
2	BGP003	+2.821	0.400	⊕ 0.200	-0.200	TV	0.250	0.750	Grundplatte: Positionstoleranz; Festlager B für Schwinge zu Bezug A | B | C der Grundplatte		Bestätigt
3	BKUR001	+1.866	0.400	⊕ 0.200	-0.200	TV	0.250	0.750	Kurbel (Kurbel a): Positionstoleranz; Gelenkpunkt D für Koppelstange zu Bezug A | B | C der Kurbel		Bestätigt
4	BKOP001	-1.866	0.600	⊕ 0.300	-0.300	TV	0.250	0.750	Koppelstange (Koppelstange b): Positionstoleranz; Gelenkpunkt C für Schwinge zu Bezug A | B | C der Koppelstange		Bestätigt
5	BSCHW001	-1.044	0.600	⊕ 0.300	-0.300	TV	0.250	0.750	Schwinge (Schwinge c): Positionstoleranz; Gelenkpunkt C zu Bezug A | B | C der Schwinge		Bestätigt
6	BSCHW002	+0.822	0.600	⊕ 0.300	-0.300	TV	0.250	0.750	Schwinge (Schwingenarm e): Positionstoleranz; Schraubpunkt SP zu Bezug A | B | C der Schwinge		Bestätigt
7	BSCHW003	+1.000	---	[1] ---	---	---	---	---	Schwinge: Abstandsmaß; Nominalabstand Schraubpunkt SP zu Tertiärbezug C der Grundplatte in der Außenstellung		Bestätigt

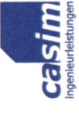

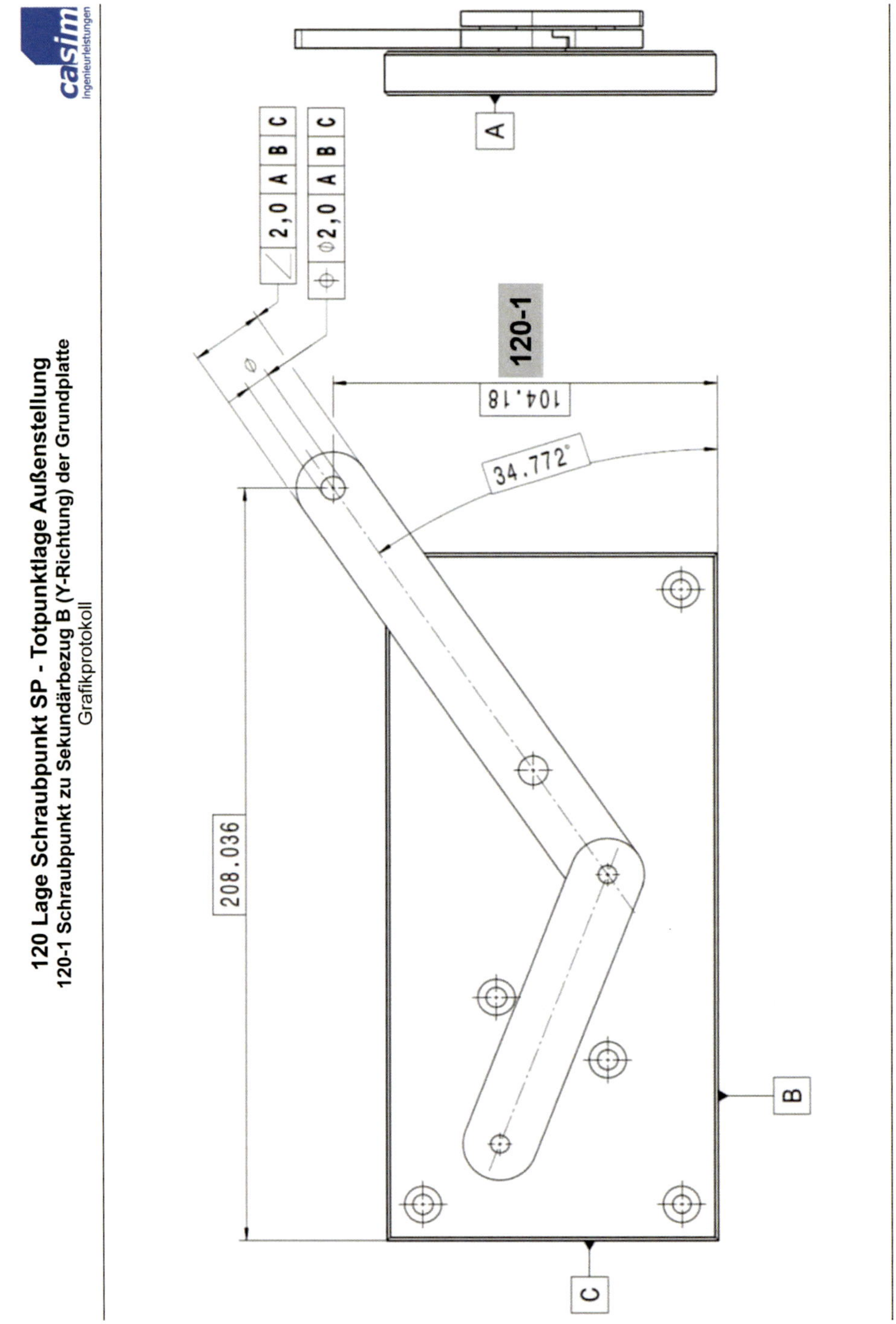
casim
Ingenieurleistungen
120 Lage Schraubpunkt SP - Totpunktlage Außenstellung
120-1 Schraubpunkt zu Sekundärbezug B (Y-Richtung) der Grundplatte
Grafikprotokoll
120-1
2,0 A B C
⌀2,0 A B C
A
B
C
104.18
34.772°
208.036

120 Lage Schraubpunkt SP - Totpunktlage Außenstellung
120-1 Schraubpunkt zu Sekundärbezug B (Y-Richtung) der Grundplatte
Praxiswerte

Funktionsmaßgruppe:	120 Lage Schraubpunkt SP - Totpunktlage Außens...	Berechnungsmodus:	
Qualitätsmerkmal:	120-1 Schraubpunkt zu Sekundärbezug B (Y-Richt...	Vorgabe Q-Merkmal	
Bearbeiter / Abteilung:			
Bemerkung:			
Titel:	Schraubpunkt zu Sekundärbezug B (Y-Richtung)		

statistische Analyse
Nennmaß = 104.180
Oberes Abmaß = 1.000
Unteres Abmaß = -1.000

Erstellung: 22.05.2024
Letzte Änderung: 15.04.2025
Druckdatum: 15.04.2025
Praxiswerte 1/1 (7/35)

casim Ingenieurleistungen

Nr.	Kurzzeichen	Funktionsmerkmal	Koeff.	Nennmaß	Abmaß ES/es	Abmaß EI/ei	VT	Para1	Para2	x,y,z	Status	Bemerkung
1	BGP001	Grundplatte: Positionstoleranz; Festlager A für Kurbel zu Bezug A | B | C der Grundplatte	+2.691	0.000	0.150	-0.150	TV	0.250	0.750	XY	Bestätigt	Verschiebung zirkular
2	BGP003	Grundplatte: Positionstoleranz; Festlager B für Schwinge zu Bezug A | B | C der Grundplatte	-3.194	0.000	0.200	-0.200	TV	0.250	0.750	XY	Bestätigt	Verschiebung zirkular
3	BKUR001	Kurbel (Kurbel a): Positionstoleranz; Gelenkpunkt D für Koppelstange zu Bezug A | B | C der Kurbel	-2.691	0.000	0.200	-0.200	TV	0.250	0.750	XY	Bestätigt	TED = 25 mm
4	BKOP001	Koppelstange (Koppelstange b): Positionstoleranz; Gelenkpunkt C für Schwinge zu Bezug A | B | C der Koppelstange	+2.691	0.000	0.300	-0.300	TV	0.250	0.750	XY	Bestätigt	TED = 80 mm
5	BSCHW001	Schwinge (Schwinge c): Positionstoleranz; Gelenkpunkt C zu Bezug A | B | C der Schwinge	+1.507	0.000	0.300	-0.300	TV	0.250	0.750	XY	Bestätigt	TED = 35 mm
6	BSCHW002	Schwinge (Schwingenarm e): Positionstoleranz; Schraubpunkt SP zu Bezug A | B | C der Schwinge	+0.571	0.000	0.300	-0.300	TV	0.250	0.750	XY	Bestätigt	TED = 95 mm
7	BSCHW004	Schwinge, Abstandsmaß, Nominalabstand Schraubpunkt SP zu Sekundärbezug B der Grundplatte in der Außenstellung	+1.000	104.180	---	---	---	---	---	---	Bestätigt	Nominalabstand [mm] gemessen aus CAD

	ES/es	EI/ei
arithmetisches Schließmaß (Qualitätsmerkmal) für M0a = 104.180	3.011	-3.011
statistisches Schließmaß (Qualitätsmerkmal) für M0s = 104.180	2.122	-2.122
Vorgabe Qualitätsmerkmal	1.000	-1.000

V5605 R241014 Berechnungsparameter- Faltung / SKIP / 0.50 / Stützst: 696

Spezifikation
Geforderter Gutanteil: 99.9936 %
Erreichter Gutanteil: 89.91 %
Mittelwertversatz zur Q-Vorgabe = 0

Zuständigkeit	Termin

Maßnahmen/Bemerkungen

Gesamtdichtefunktion

101.169   102.058   103.180   104.180   105.180   106.302   107.191
Ts=4.245   Ta=6.023

casim
Ingenieurleistungen

120 Lage Schraubpunkt SP - Totpunktlage Außenstellung
120-1 Schraubpunkt zu Sekundärbezug B (Y-Richtung) der Grundplatte
Ergebnissituation

Funktionsmaßgruppe:	120 Lage Schraubpunkt SP - Totpunktlage Außens...	**Berechnungsmodus:**
Qualitätsmerkmal:	120-1 Schraubpunkt zu Sekundärbezug B (Y-Richt...	**Vorgabe Q-Merkmal:**
Bearbeiter / Abteilung:		
Bemerkung:		
Titel:	Schraubpunkt zu Sekundärbezug B (Y-Richtung)	

statistische Analyse
Nennmaß = 104.180
Oberes Abmaß = 1.000
Unteres Abmaß = -1.000

Erstellung: 22.05.2024
Letzte Änderung: 15.04.2025
Druckdatum: 15.04.2025
Ergebnissituation   1/1 (8/35)

Schließmaßberechnung	Nenn-maß	Abmaße	Feld (T)
		Toleranz	
Toleranzmittenmaß	104.180		
Q-Vorgabe	104.180	±1.000	2.000
arithmetisches Schließmaß (M0a)	104.180	±3.011	6.023
statistisches Schließmaß (M0s)	104.180	±2.122	4.245
Prozessfähigkeitsindizes [1]			
Cp bezogen auf Q-Vorgabe			0.58
Cpk bezogen auf Q-Vorgabe			0.58
		[%]	89.91
Prozesszentrierung			
Mittelwertverschiebung um			- / -
Gutanteil nach Zentrierung			- / -

statistische Hauptbeitragsleister   <T> Toleranzfeld

4	BKOP001	<0.600> Koppelstange (Koppelstange b): ⊕ Positionstoleranz; Gelenkpunkt C für Schwinge zu Bezug A|B|C der…	37.3%
2	BGP003	<0.400> Grundplatte: Positionstoleranz; ⊕ Festlager B für Schwinge zu Bezug A|B|C der Grundplatte	23.4%
3	BKUR001	<0.400> Kurbel (Kurbel a): ⊕ Positionstoleranz; Gelenkpunkt D für Koppelstange zu Bezug A|B|C der…	16.6%

1) geometrisches Berechnungsverfahren nach DIN ISO 22514-2 Quantilmethode $M_{2,1}$

120-1 Schraubpunkt zu Sekundärbezug B (Y-Richtung) der Grundplatte

Pa = 99.9936 % für Ts

107.191

106.302

105.180

104.180

103.180

102.058

101.169

Ts=4.245

Ta=6.023

Cp = 0.58   Cpk = 0.58
bezogen auf Q-Vorgabe

Erreichter Gutanteil: 89.91%

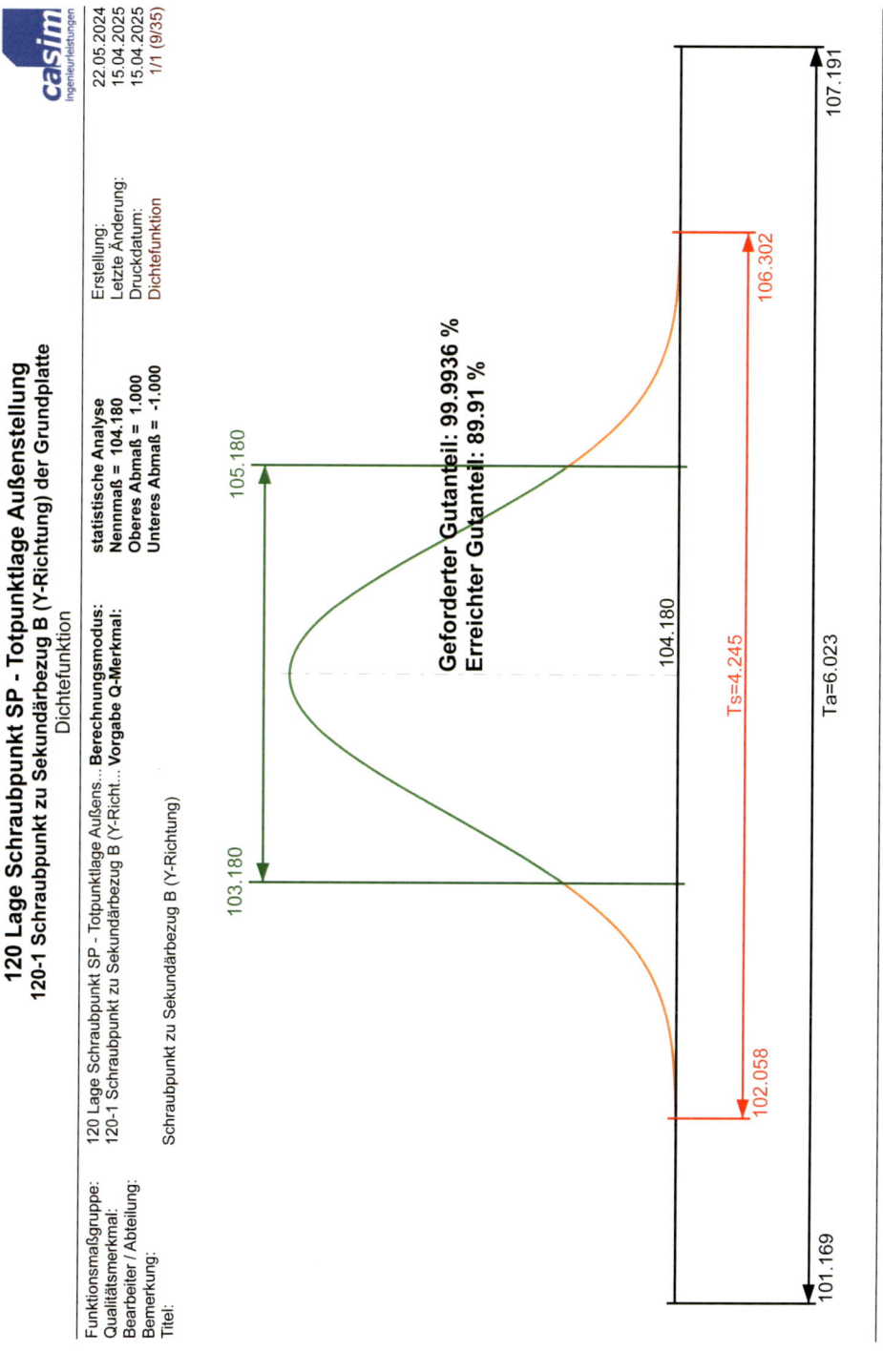

120 Lage Schraubpunkt SP - Totpunktlage Außenstellung
120-1 Schraubpunkt zu Sekundärbezug B (Y-Richtung) der Grundplatte
Pareto-Analyse

casim ingenieurleistungen

Funktionsmaßgruppe:	120 Lage Schraubpunkt SP - Totpunktlage Außens...	**Berechnungsmodus:** Vorgabe Q-Merkmal
Qualitätsmerkmal:	120-1 Schraubpunkt zu Sekundärbezug B (Y-Richt...	
Bearbeiter / Abteilung:		
Bemerkung:		
Titel:	Schraubpunkt zu Sekundärbezug B (Y-Richtung)	

statistische Analyse
Nennmaß = 104.180
Oberes Abmaß = 1.000
Unteres Abmaß = -1.000

Erstellung:	22.05.2024
Letzte Änderung:	15.04.2025
Druckdatum:	15.04.2025
Pareto-Analyse	1/1 (10/35)

Nr.	Kurzzeichen Koeff.	Toleranz		ES/es	EI/ei	VT	Para1	Para2	Funktionsmerkmal Name	Abteilung	Status
1	BGP001 +2.691	0.300	⊕	0.150	-0.150	TV	0.250	0.750	Grundplatte: Positionstoleranz; Festlager A für Kurbel zu Bezug A|B|C der Grundplatte		Bestätigt
2	BGP003 -3.194	0.400	⊕	0.200	-0.200	TV	0.250	0.750	Grundplatte: Positionstoleranz; Festlager B für Schwinge zu Bezug A|B|C der Grundplatte		Bestätigt
3	BKUR001 -2.691	0.400	⊕	0.200	-0.200	TV	0.250	0.750	Kurbel (Kurbel a): Positionstoleranz; Gelenkpunkt D für Koppelstange zu Bezug A|B|C der Kurbel		Bestätigt
4	BKOP001 +2.691	0.600	⊕	0.300	-0.300	TV	0.250	0.750	Koppelstange (Koppelstange b): Positionstoleranz; Gelenkpunkt C für Schwinge zu Bezug A|B|C der Koppelstange		Bestätigt
5	BSCHW001 +1.507	0.600	⊕	0.300	-0.300	TV	0.250	0.750	Schwinge (Schwinge c): Positionstoleranz; Gelenkpunkt C zu Bezug A|B|C der Schwinge		Bestätigt
6	BSCHW002 +0.571	0.600	⊕	0.300	-0.300	TV	0.250	0.750	Schwinge (Schwingenarm e): Positionstoleranz; Schraubpunkt SP zu Bezug A|B|C der Schwinge		Bestätigt
7	BSCHW004 +1.000	---	[1]	---	---	---	---	---	Schwinge; Abstandsmaß; Nominalabstand Schraubpunkt SP zu Sekundärbezug B der Grundplatte in der Außenstellung		Bestätigt

Beitrag [in %] zum Schließmaß — ■ arithmetisch ■ statistisch

Nr.	arithmetisch	statistisch
1	13.4%	9.3%
2	21.2%	23.4%
3	17.9%	16.6%
4	26.8%	37.3%
5	15.0%	11.7%
6	5.7%	1.7%
7	0.0%	0.0%

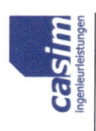

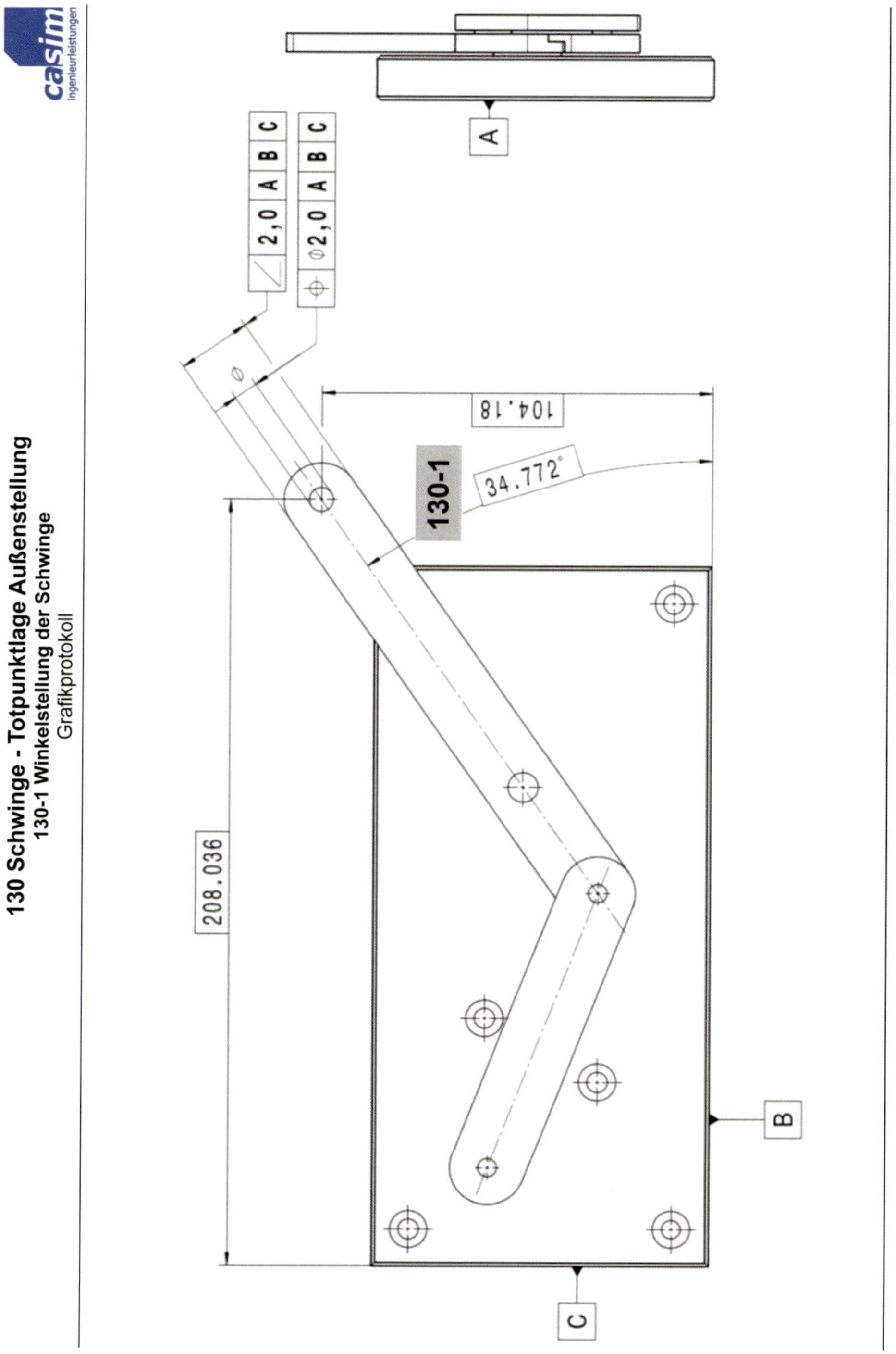
casim
Ingenieurleistungen
130 Schwinge - Totpunktlage Außenstellung
130-1 Winkelstellung der Schwinge
Grafikprotokoll
2,0 A B C
⌀2,0 A B C
A
104.18
34.772°
130-1
208.036
B
C

casim Ingenieurleistungen

130 Schwinge - Totpunktlage Außenstellung
130-1 Winkelstellung der Schwinge
Praxiswerte

Funktionsmaßgruppe:	130 Schwinge - Totpunktlage Außenstellung	Berechnungsmodus:	statistische Analyse	Erstellung:	22.05.2024
Qualitätsmerkmal:	130-1 Winkelstellung der Schwinge	Vorgabe Q-Merkmal:	Nennmaß = 34.772	Letzte Änderung:	15.04.2025
Bearbeiter / Abteilung:			Oberes Abmaß = 0.600	Druckdatum:	15.04.2025
Bemerkung:			Unteres Abmaß = -0.600	Praxiswerte	1/1 (12/35)
Titel:	Winkelstellung der Schwinge				

Nr.	Kurzzeichen	Funktionsmerkmal	Koeff.	Nennmaß	Abmaß ES/es	Abmaß EI/ei	VT	Para1	Para2	x,y,z	Status	Bemerkung
1	BGP001	⊕ Grundplatte. Positionstoleranz; Festlager A für Kurbel zu Bezug A | B | C der Grundplatte	+1.976	0.000	0.150	-0.150	TV	0.250	0.750	XY	Bestätigt	Verschiebung zirkular
2	BGP003	⊕ Grundplatte. Positionstoleranz; Festlager B für Schwinge zu Bezug A | B | C der Grundplatte	-1.976	0.000	0.200	-0.200	TV	0.250	0.750	XY	Bestätigt	Verschiebung zirkular
3	BKUR001	⊕ Kurbel (Kurbel a): Positionstoleranz; Gelenkpunkt D für Koppelstange zu Bezug A | B | C der Kurbel	-1.976	0.000	0.200	-0.200	TV	0.250	0.750	XY	Bestätigt	TED = 25 mm
4	BKOP001	⊕ Koppelstange (Koppelstange b): Positionstoleranz; Gelenkpunkt C für Schwinge zu Bezug A | B | C der Koppelstange	+1.976	0.000	0.300	-0.300	TV	0.250	0.750	XY	Bestätigt	TED = 80 mm
5	BSCHW001	⊕ Schwinge (Schwinge c); Positionstoleranz; Gelenkpunkt C zu Bezug A | B | C der Schwinge	+1.105	0.000	0.300	-0.300	TV	0.250	0.750	XY	Bestätigt	TED = 35 mm
6	BSCHW006	① Schwinge; TED; Nominalwinkelstellung (Winkel PSI (innen)) des Schwingenarms in der Außenstellung	+1.000	34.772	---	---	---	---	---	XY	Bestätigt	Nominalwinkel [Grad] gemessen aus CAD

arithmetisches Schließmaß (Qualitätsmerkmal) für M0a = 34.772					2.011	-2.011						
statistisches Schließmaß (Qualitätsmerkmal) für M0s = 34.772					1.479	-1.479						
Vorgabe Qualitätsmerkmal					0.600	-0.600						

V5605_R241014 Berechnungsparameter: Faltung / SKIP 0.50 / Stützst. 496

Spezifikation	
Geforderter Gutanteil: 99.9936 %	
Erreichter Gutanteil 83.39 %	
Mittelwertversatz zur Q-Vorgabe = 0	

Zuständigkeit	Termin

Maßnahmen/Bemerkungen

Q-Vorgabe und Ergebnis in [Grad]

Gesamtdichtefunktion

Ts=2.959 Ta=4.022

33.293 34.772 36.251

32.761 35.372 36.783

34.772

casim
ingenieurleistungen

22.05.2024
15.04.2025
15.04.2025
1/1 (13/35)

130 Schwinge - Totpunktlage Außenstellung
130-1 Winkelstellung der Schwinge
Ergebnissituation

Funktionsmaßgruppe:	130 Schwinge - Totpunktlage Außenstellung	Berechnungsmodus:	statistische Analyse	Erstellung:	22.05.2024
Qualitätsmerkmal:	130-1 Winkelstellung der Schwinge	Vorgabe Q-Merkmal:	Nennmaß = 34.772	Letzte Änderung:	15.04.2025
Bearbeiter / Abteilung:			Oberes Abmaß = 0.600	Druckdatum:	15.04.2025
Bemerkung:			Unteres Abmaß = -0.600	Ergebnissituation	1/1 (13/35)
Titel:	Winkelstellung der Schwinge				

130-1 Winkelstellung der Schwinge

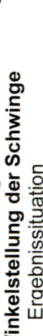

Pa = 99.9936 % für Ts

34.172   35.372
33.293   36.251
32.761   36.783
34.772
Ts=2.959
Ta=4.022

Erreichter Gutanteil: 83.39%

Cp = 0.50   Cpk = 0.49
bezogen auf Q-Vorgabe

		Nenn-maß	Toleranz Abmaße	Feld (T)
Schließmaßberechnung				
Toleranzmittenmaß		34.772		
Q-Vorgabe		34.772	±0.600	1.200
arithmetisches Schließmaß (MOa)		34.772	±2.011	4.022
statistisches Schließmaß (MOs)		34.772	±1.479	2.959
Prozessfähigkeitsindizes [1]				
Cp bezogen auf Q-Vorgabe				0.50
Cpk bezogen auf Q-Vorgabe				0.49
			[%]	83.39
Prozesszentrierung				
Mittelwertverschiebung um				- / -
Gutanteil nach Zentrierung				- / -

statistische Hauptbeitragsleister

			<T> Toleranzfeld
4	BKOP001	<0.600> Koppelstange (Koppelstange b): ⊕ Positionstoleranz; Gelenkpunkt C für Schwinge zu Bezug A|B|C der...	40.8%
2	BGP003	<0.400> Grundplatte: Positionstoleranz; ⊕ Festlager B für Schwinge zu Bezug A|B|C der Grundplatte	18.1%
3	BKUR001	<0.400> Kurbel (Kurbel a): ⊕ Positionstoleranz; Gelenkpunkt D für Koppelstange zu Bezug A|B|C der...	18.1%

1) geometrisches Berechnungsverfahren nach DIN ISO 22514-2 Quantilmethode $M_{2,1}$

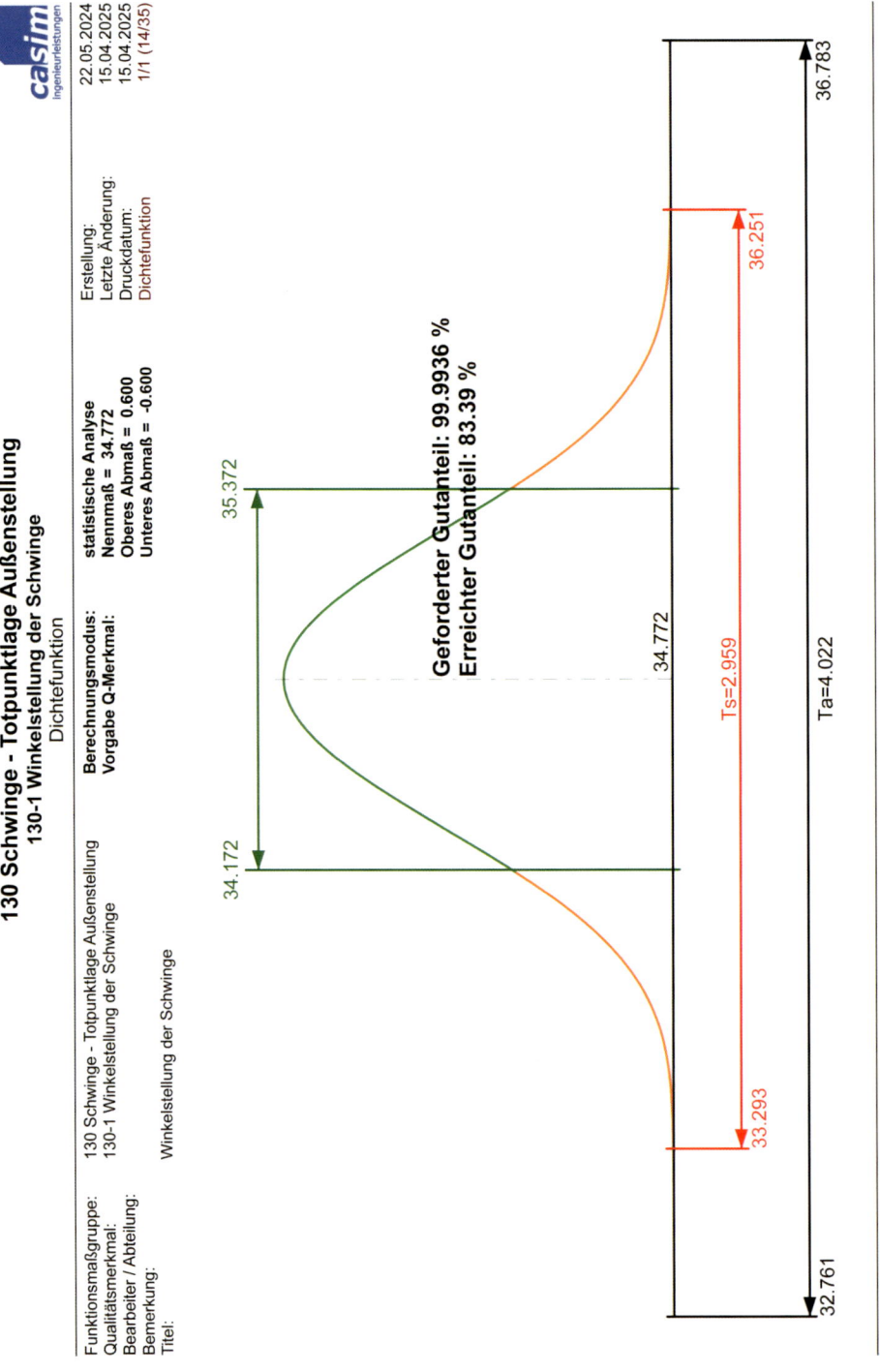

130 Schwinge - Totpunktlage Außenstellung
130-1 Winkelstellung der Schwinge
Dichtefunktion

Funktionsmaßgruppe: 130 Schwinge - Totpunktlage Außenstellung
Qualitätsmerkmal: 130-1 Winkelstellung der Schwinge
Bearbeiter / Abteilung:
Bemerkung:
Titel: Winkelstellung der Schwinge

Berechnungsmodus: Vorgabe Q-Merkmal:

statistische Analyse
Nennmaß = 34.772
Oberes Abmaß = 0.600
Unteres Abmaß = -0.600

Erstellung: 22.05.2024
Letzte Änderung: 15.04.2025
Druckdatum: 15.04.2025
Dichtefunktion   1/1 (14/35)

Geforderter Gutanteil: 99.9936 %
Erreichter Gutanteil: 83.39 %

35.372
34.172
34.772
36.251
36.783
33.293
32.761
Ts=2.959
Ta=4.022

130 Schwinge - Totpunktlage Außenstellung
130-1 Winkelstellung der Schwinge
Pareto-Analyse

casim ingenieurleistungen

22.05.2024
15.04.2025
15.04.2025
1/1 (15/35)

Funktionsmaßgruppe:	130 Schwinge - Totpunktlage Außenstellung	
Qualitätsmerkmal:	130-1 Winkelstellung der Schwinge	
Bearbeiter / Abteilung:		
Bemerkung:		
Titel:	Winkelstellung der Schwinge	

Berechnungsmodus:
Vorgabe Q-Merkmal:

statistische Analyse
Nennmaß = 34.772
Oberes Abmaß = 0.600
Unteres Abmaß = -0.600

Erstellung:
Letzte Änderung:
Druckdatum:
Pareto-Analyse

Beitrag [in %] zum Schließmaß — ■ arithmetisch ■ statistisch

Nr.	arithmetisch	statistisch
1	14.7%	10.2%
2	19.7%	18.1%
3	19.7%	18.1%
4	29.5%	40.8%
5	16.5%	12.8%
6	0.0%	0.0%

Nr.	Kurzzeichen Koeff.	Toleranz	ES/es	EI/ei	VT	Para1	Para2	Funktionsmerkmal Name	Abteilung	Status
1	BGP001 +1.976	0.300	0.150	-0.150	TV	0.250	0.750	⊕ Grundplatte: Positionstoleranz; Festlager A für Kurbel zu Bezug A | B | C der Grundplatte		Bestätigt
2	BGP003 -1.976	0.400	0.200	-0.200	TV	0.250	0.750	⊕ Grundplatte: Positionstoleranz; Festlager B für Schwinge zu Bezug A | B | C der Grundplatte		Bestätigt
3	BKUR001 -1.976	0.400	0.200	-0.200	TV	0.250	0.750	⊕ Kurbel (Kurbel a): Positionstoleranz; Gelenkpunkt D für Koppelstange zu Bezug A | B | C der Kurbel		Bestätigt
4	BKOP001 +1.976	0.600	0.300	-0.300	TV	0.250	0.750	⊕ Koppelstange (Koppelstange b): Positionstoleranz; Gelenkpunkt C für Schwinge zu Bezug A | B | C der Koppelstange		Bestätigt
5	BSCHW001 +1.105	0.600	0.300	-0.300	TV	0.250	0.750	⊕ Schwinge (Schwinge c); Positionstoleranz; Gelenkpunkt C zu Bezug A | B | C der Schwinge		Bestätigt
6	BSCHW006 +1.000	---	---	---	---	---	---	☐ Schwinge; TED; Nominalwinkelstellung (Winkel PSI (innen)) des Schwingenarms in der Außenstellung		Bestätigt

210 Lage Schraubpunkt SP - Totpunktlage Innenstellung
210-1 Schraubpunkt zu Tertiärbezug C (X-Richtung) der Grundplatte
Grafikprotokoll

210 Lage Schraubpunkt SP - Totpunktlage Innenstellung
210-1 Schraubpunkt zu Tertiärbezug C (X-Richtung) der Grundplatte
Praxiswerte

casim Ingenieurleistungen

Erstellung:	08.01.2025
Letzte Änderung:	15.04.2025
Druckdatum:	15.04.2025
	1/1 (17/35)

Funktionsmaßgruppe:	210 Lage Schraubpunkt SP - Totpunktlage Innenst...
Qualitätsmerkmal:	210-1 Schraubpunkt zu Tertiärbezug C (X-Richtun...
Bearbeiter / Abteilung:	
Bemerkung:	
Titel:	Schraubpunkt zu Tertiärbezug C (X-Richtung)

Berechnungsmodus: Vorgabe Q-Merkmal:

statistische Analyse
Nennmaß = 72.321
Oberes Abmaß = 1.000
Unteres Abmaß = -1.000

Nr.	Kurzzeichen	Funktionsmerkmal	Koeff.	Nennmaß	Abmaß ES/es	Abmaß EI/ei	VT	Para1	Para2	x,y,z	Status	Bemerkung
1	⊕ BGP001	Grundplatte: Positionstoleranz; Festlager A für Kurbel zu Bezug A | B | C der Grundplatte	-3.563	0.000	0.150	-0.150	TV	0.250	0.750	XY	Bestätigt	Verschiebung zirkular
2	⊕ BGP003	Grundplatte: Positionstoleranz; Festlager B für Schwinge zu Bezug A | B | C der Grundplatte	+4.535	0.000	0.200	-0.200	TV	0.250	0.750	XY	Bestätigt	Verschiebung zirkular
3	⊕ BKUR001	Kurbel (Kurbel a): Positionstoleranz; Gelenkpunkt D für Koppelstange zu Bezug A | B | C der Kurbel	-3.563	0.000	0.200	-0.200	TV	0.250	0.750	XY	Bestätigt	TED = 25 mm
4	⊕ BKOP001	Koppelstange (Koppelstange b): Positionstoleranz; Gelenkpunkt C für Schwinge zu Bezug A | B | C der Koppelstange	-3.563	0.000	0.300	-0.300	TV	0.250	0.750	XY	Bestätigt	TED = 80 mm
5	⊕ BSCHW001	Schwinge (Schwinge c): Positionstoleranz; Gelenkpunkt C zu Bezug A | B | C der Schwinge	+2.838	0.000	0.300	-0.300	TV	0.250	0.750	XY	Bestätigt	TED = 35 mm
6	⊕ BSCHW002	Schwinge (Schwingenarm e): Positionstoleranz; Schraubpunkt SP zu Bezug A | B | C der Schwinge	-0.608	0.000	0.300	-0.300	TV	0.250	0.750	XY	Bestätigt	TED = 95 mm
7	⊤ BSCHW011	Schwinge, Abstandsmaß, Nominalabstand Schraubpunkt SP zu Tertiärbezug C der Grundplatte in der Innenstellung	+1.000	72.321	---	---	---	---	---	---	Bestätigt	Nominalabstand [mm] gemessen aus CAD

arithmetisches Schließmaß (Qualitätsmerkmal) für M0a = 72.321	4.257	-4.257					
statistisches Schließmaß (Qualitätsmerkmal) für M0s = 72.321	3.008	-3.008					
Vorgabe Qualitätsmerkmal	1.000	-1.000					

V5605 R241014 Berechnungsparameter: Faltung / SKIP: 0.50 / Stützstelle: 924

Spezifikation
Geforderter Gutanteil: 99.9936 %
Erreichter Gutanteil 74.75 %
Mittelwertversatz zur Q-Vorgabe = 0

Gesamtdichtefunktion

71.321   73.321
Ts=6.017
69.313   75.329
68.064   Ta=8.514   76.578
72.321

Maßnahmen/Bemerkungen

Zuständigkeit | Termin

casim
Ingenieurleistungen

Erstellung: 08.01.2025
Letzte Änderung: 15.04.2025
Druckdatum: 15.04.2025
Ergebnissituation 1/1 (18/35)

210 Lage Schraubpunkt SP - Totpunktlage Innenstellung
210-1 Schraubpunkt zu Tertiärbezug C (X-Richtung) der Grundplatte
Ergebnissituation

Funktionsmaßgruppe:	210 Lage Schraubpunkt SP - Totpunktlage Innenst...	Berechnungsmodus:	**Vorgabe Q-Merkmal:**
Qualitätsmerkmal:	210-1 Schraubpunkt zu Tertiärbezug C (X-Richtun...	statistische Analyse	
Bearbeiter / Abteilung:		**Nennmaß = 72.321**	
Bemerkung:		**Oberes Abmaß = 1.000**	
Titel:	Schraubpunkt zu Tertiärbezug C (X-Richtung)	**Unteres Abmaß = -1.000**	

Schließmaßberechnung

	Nenn-maß	Toleranz Abmaße	Feld (T)
Toleranzmittenmaß	72.321		
Q-Vorgabe	72.321	±1.000	2.000
arithmetisches Schließmaß (M0a)	72.321	±4.257	8.514
statistisches Schließmaß (M0s)	72.321	±3.008	6.017

Prozessfähigkeitsindizes [1]

Cp bezogen auf Q-Vorgabe	0.41
Cpk bezogen auf Q-Vorgabe	0.41
[%]	74.75

Prozesszentrierung

Mittelwertverschiebung um	- / -
Gutanteil nach Zentrierung	- / -

statistische Hauptbeitragsleister

<T> Toleranzfeld

4	BKOP001	<0.600> Koppelstange (Koppelstange b): ⊕ Positionstoleranz; Gelenkpunkt C für Schwinge zu Bezug A | B | C der...	32.5%
2	BGP003	<0.400> Grundplatte: Positionstoleranz; ⊕ Festlager B für Schwinge zu Bezug A | B | C der Grundplatte	23.4%
5	BSCHW001	<0.600> Schwinge (Schwinge c); ⊕ Positionstoleranz; Gelenkpunkt C zu...	20.6%

210-1 Schraubpunkt zu Tertiärbezug C (X-Richtung) der Grundplatte

71.321   73.321
68.064   72.321   76.578
69.313   75.329
Ts=6.017
Ta=8.514

Pa = 99.9936 % für Ts

Erreichter Gutanteil: 74.75%

Cp = 0.41   Cpk = 0.41
bezogen auf Q-Vorgabe

1) geometrisches Berechnungsverfahren nach DIN ISO 22514-2 Quantilmethode $M_{z,1}$

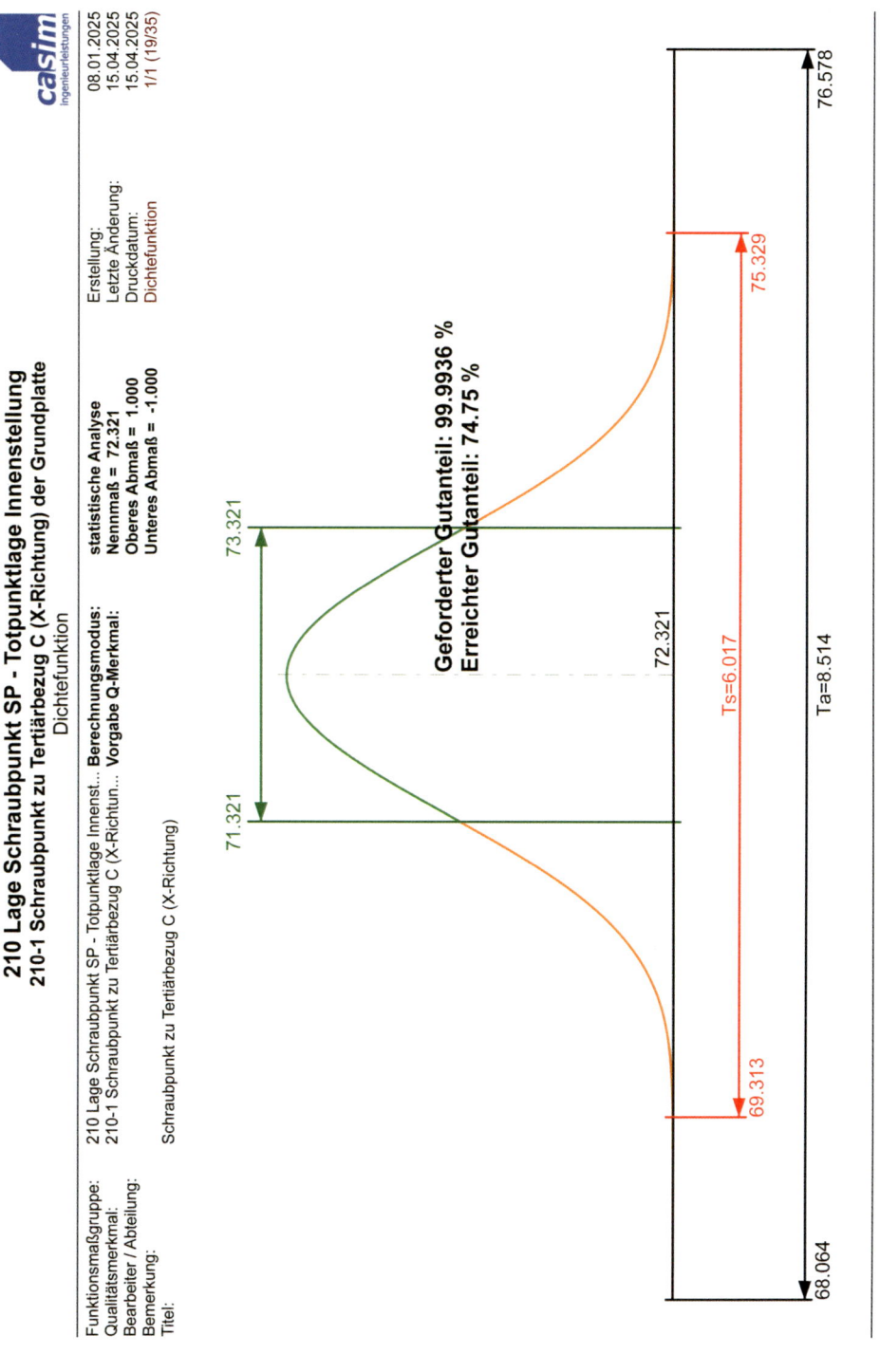

210 Lage Schraubpunkt SP - Totpunktlage Innenstellung
210-1 Schraubpunkt zu Tertiärbezug C (X-Richtung) der Grundplatte
Pareto-Analyse

Funktionsmaßgruppe:	210 Lage Schraubpunkt SP - Totpunktlage Innenst....
Qualitätsmerkmal:	210-1 Schraubpunkt zu Tertiärbezug C (X-Richtun....
Bearbeiter / Abteilung:	
Bemerkung:	
Titel:	Schraubpunkt zu Tertiärbezug C (X-Richtung)

Berechnungsmodus: Vorgabe Q-Merkmal:

statistische Analyse
Nennmaß = 72.321
Oberes Abmaß = 1.000
Unteres Abmaß = -1.000

Erstellung: 08.01.2025
Letzte Änderung: 15.04.2025
Druckdatum: 15.04.2025
Pareto-Analyse
1/1 (20/35)

casim Ingenieurleistungen

Nr.	Kurzzeichen Koeff.	Toleranz	ES/es	EI/ei	VT	Para1	Para2	Funktionsmerkmal Name	Abteilung	Status
1	BGP001		⊕					Grundplatte; Positionstoleranz; Festlager A für Kurbel zu Bezug A | B | C der Grundplatte		
	-3.563	0.300	0.150	-0.150	TV	0.250	0.750			Bestätigt
2	BGP003		⊕					Grundplatte; Positionstoleranz; Festlager B für Schwinge zu Bezug A | B | C der Grundplatte		
	+4.535	0.400	0.200	-0.200	TV	0.250	0.750			Bestätigt
3	BKUR001		⊕					Kurbel (Kurbel a); Positionstoleranz; Gelenkpunkt D für Koppelstange zu Bezug A | B | C der Kurbel		
	-3.563	0.400	0.200	-0.200	TV	0.250	0.750			Bestätigt
4	BKOP001		⊕					Koppelstange (Koppelstange b); Positionstoleranz; Gelenkpunkt C für Schwinge zu Bezug A | B | C der Koppelstange		
	-3.563	0.600	0.300	-0.300	TV	0.250	0.750			Bestätigt
5	BSCHW001		⊕					Schwinge (Schwinge c); Positionstoleranz; Gelenkpunkt C zu Bezug A | B | C der Schwinge		
	+2.838	0.600	0.300	-0.300	TV	0.250	0.750			Bestätigt
6	BSCHW002		⊕					Schwinge (Schwingenarm e); Positionstoleranz; Schraubpunkt SP zu Bezug A | B | C der Schwinge		
	-0.608	0.600	0.300	-0.300	TV	0.250	0.750			Bestätigt
7	BSCHW011		↔					Schwinge; Abstandsmaß; Nominalabstand Schraubpunkt SP zu Tertiärbezug C der Grundplatte in der Innenstellung		
	+1.000	---	---	---	---	---	---			Bestätigt

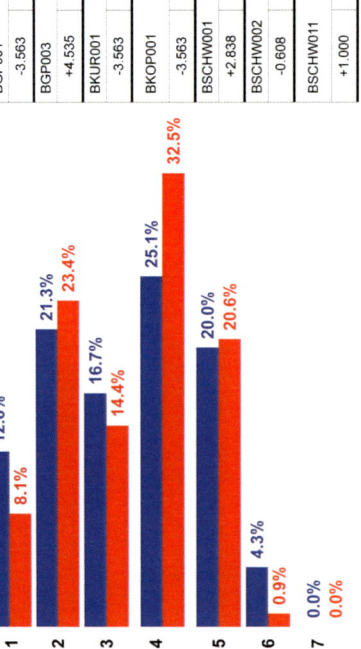

Beitrag [in %] zum Schließmaß
◼ arithmetisch ◼ statistisch

Nr.	arithmetisch	statistisch
1	12.6%	8.1%
2	21.3%	23.4%
3	16.7%	14.4%
4	25.1%	32.5%
5	20.0%	20.6%
6	4.3%	0.9%
7	0.0%	0.0%

220 Lage Schraubpunkt SP - Totpunktlage Innenstellung
220-1 Schraubpunkt zu Sekundärbezug B (Y-Richtung) der Grundplatte
Grafikprotokoll

220 Lage Schraubpunkt SP - Totpunktlage Innenstellung
220-1 Schraubpunkt zu Sekundärbezug B (Y-Richtung) der Grundplatte
Praxiswerte

Funktionsmaß/gruppe:	220 Lage Schraubpunkt SP - Totpunktlage Innenst...	Berechnungsmodus:
Qualitätsmerkmal:	220-1 Schraubpunkt zu Sekundärbezug B (Y-Richt...	Vorgabe Q-Merkmal:
Bearbeiter / Abteilung:		
Bemerkung:		
Titel:	Schraubpunkt zu Sekundärbezug B (Y-Richtung)	

statistische Analyse
Nennmaß = 125.486
Oberes Abmaß = 1.000
Unteres Abmaß = -1.000

Erstellung: 08.01.2025
Letzte Änderung: 15.04.2025
Druckdatum: 15.04.2025
Praxiswerte
1/1 (22/35)

Nr.	Kurzzeichen	Funktionsmerkmal	Koeff.	Nennmaß	Abmaß ES/es	Abmaß EI/ei	VT	Para1	Para2	x,y,z	Status	Bemerkung
1	BGP001	Grundplatte: Positionstoleranz; Festlager A für Kurbel zu Bezug A | B | C der Grundplatte	-2.728	0.000	0.150	-0.150	TV	0.250	0.750	XY	Bestätigt	Verschiebung zirkular
2	BGP003	Grundplatte: Positionstoleranz; Festlager B für Schwinge zu Bezug A | B | C der Grundplatte	+2.646	0.000	0.200	-0.200	TV	0.250	0.750	XY	Bestätigt	Verschiebung zirkular
3	BKUR001	Kurbel (Kurbel a): Positionstoleranz; Gelenkpunkt D für Koppelstange zu Bezug A | B | C der Kurbel	-2.728	0.000	0.200	-0.200	TV	0.250	0.750	XY	Bestätigt	TED = 25 mm
4	BKOP001	Koppelstange (Koppelstange b): Positionstoleranz; Gelenkpunkt C für Schwinge zu Bezug A | B | C der Koppelstange	-2.728	0.000	0.300	-0.300	TV	0.250	0.750	XY	Bestätigt	TED = 80 mm
5	BSCHW001	Schwinge (Schwinge c): Positionstoleranz; Gelenkpunkt C zu Bezug A | B | C der Schwinge	+2.175	0.000	0.300	-0.300	TV	0.250	0.750	XY	Bestätigt	TED = 35 mm
6	BSCHW002	Schwinge (Schwingenarm e): Positionstoleranz; Schraubpunkt SP zu Bezug A | B | C der Schwinge	+0.795	0.000	0.300	-0.300	TV	0.250	0.750	XY	Bestätigt	TED = 95 mm
7	BSCHW012	Schwinge: Abstandsmaß, Nominalabstand Schraubpunkt SP zu Sekundärbezug B der Grundplatte in der Innenstellung	+1.000	125.486	---	---	---	---	---		Bestätigt	Nominalabstand [mm] gemessen aus CAD

arithmetisches Schließmaß (Qualitätsmerkmal) für M0a = 125.486	3.193	-3.193
statistisches Schließmaß (Qualitätsmerkmal) für M0s = 125.486	2.224	-2.224
Vorgabe Qualitätsmerkmal	1.000	-1.000

V5605 R241014 Berechnungsparameter Faltung / SKIP 0.50 / Stützst. 530

Maßnahmen/Bemerkungen

Spezifikation
Geforderter Gutanteil: 99.9936 %
Erreichter Gutanteil 88.38 %
Mittelwertversatz zur Q-Vorgabe = 0

Zuständigkeit	Termin

Gesamtdichtefunktion

124.486   126.486
125.486
123.262   Ts=4.447   127.710
122.293   128.679
Ta=6.387

casim
Ingenieurleistungen

casim
Ingenieurleistungen

220 Lage Schraubpunkt SP - Totpunktlage Innenstellung
220-1 Schraubpunkt zu Sekundärbezug B (Y-Richtung) der Grundplatte
Ergebnissituation

Funktionsmaßgruppe:	220 Lage Schraubpunkt SP - Totpunktlage Innenst...
Qualitätsmerkmal:	220-1 Schraubpunkt zu Sekundärbezug B (Y-Richt...
Bearbeiter / Abteilung:	
Bemerkung:	
Titel:	Schraubpunkt zu Sekundärbezug B (Y-Richtung)

Berechnungsmodus: Vorgabe Q-Merkmal

statistische Analyse
Nennmaß = 125.486
Oberes Abmaß = 1.000
Unteres Abmaß = -1.000

Erstellung:	08.01.2025
Letzte Änderung:	15.04.2025
Druckdatum:	15.04.2025
Ergebnissituation	1/1 (23/35)

220-1 Schraubpunkt zu Sekundärbezug B (Y-Richtung) der Grundplatte

Pa = 99.9936 % für Ts

124.486
126.486
125.486
Ts=4.447
Ta=6.387
123.262
127.710
122.293
128.679

Cp = 0.56   Cpk = 0.55
bezogen auf Q-Vorgabe

Erreichter Gutanteil: 88.38%

Schließmaßberechnung	Nenn-maß	Toleranz Abmaße	Toleranz Feld (T)
Toleranzmittenmaß	125.486		
Q-Vorgabe	125.486	±1.000	2.000
arithmetisches Schließmaß (MOa)	125.486	±3.193	6.387
statistisches Schließmaß (MOs)	125.486	±2.224	4.447
Prozessfähigkeitsindizes [1]			
Cp bezogen auf Q-Vorgabe			0.56
Cpk bezogen auf Q-Vorgabe			0.55
		[%]	88.38
Prozesszentrierung			
Mittelwertverschiebung um			- / -
Gutanteil nach Zentrierung			- / -
statistische Hauptbeitragsleister			<T> Toleranzfeld
4 BKOP001	<0.600> Koppelstange (Koppelstange b); ⊕ Positionstoleranz; Gelenkpunkt C für Schwinge zu Bezug A | B | C der...		35.3%
5 BSCHW001	<0.600> Schwinge (Schwinge c); ⊕ Positionstoleranz; Gelenkpunkt C zu...		22.4%
3 BKUR001	<0.400> Kurbel (Kurbel a); ⊕ Positionstoleranz; Gelenkpunkt D für Koppelstange zu Bezug A | B | C der...		15.7%

1) geometrisches Berechnungsverfahren nach DIN ISO 22514-2 Quantilmethode $M_{2.1}$

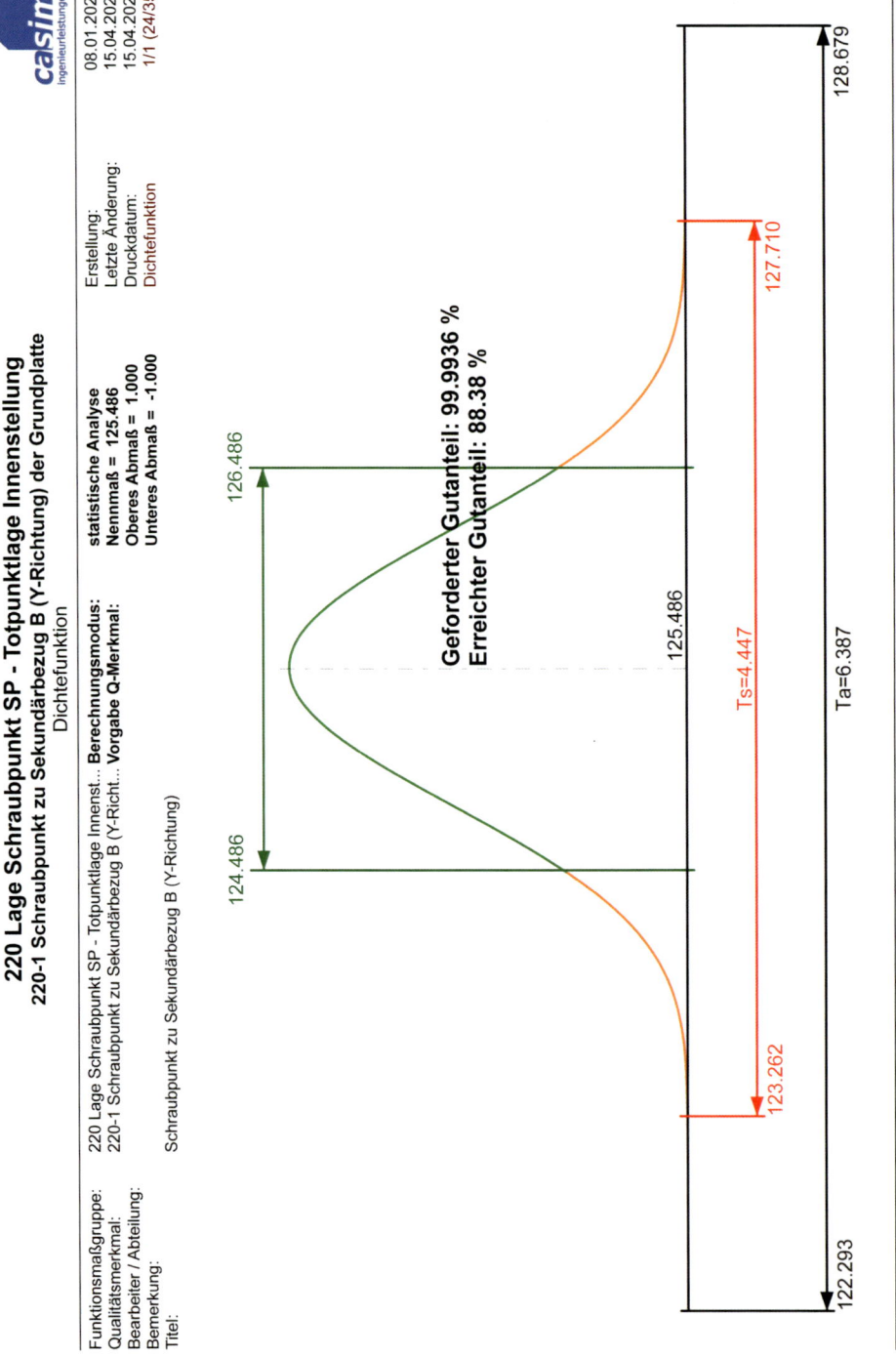

220 Lage Schraubpunkt SP - Totpunktlage Innenstellung
220-1 Schraubpunkt zu Sekundärbezug B (Y-Richtung) der Grundplatte
Pareto-Analyse

casim
Ingenieurleistungen

Funktionsmaßgruppe:	220 Lage Schraubpunkt SP - Totpunktlage Innenst...	**Berechnungsmodus:** Vorgabe Q-Merkmal
Qualitätsmerkmal:	220-1 Schraubpunkt zu Sekundärbezug B (Y-Richt...)	
Bearbeiter / Abteilung:		
Bemerkung:		
Titel:	Schraubpunkt zu Sekundärbezug B (Y-Richtung)	

statistische Analyse	**Erstellung:** 08.01.2025
Nennmaß = 125.486	**Letzte Änderung:** 15.04.2025
Oberes Abmaß = 1.000	**Druckdatum:** 15.04.2025
Unteres Abmaß = -1.000	Pareto-Analyse
	1/1 (25/35)

Beitrag [in %] zum Schließmaß — arithmetisch / statistisch

Nr.	arithmetisch	statistisch
1	12.8%	8.8%
2	16.6%	14.8%
3	17.1%	15.7%
4	25.6%	35.3%
5	20.4%	22.4%
6	7.5%	3.0%
7	0.0%	0.0%

Nr.	Kurzzeichen Koeff.	Toleranz	ES/es	EI/ei	VT	Para1	Para2	Funktionsmerkmal Name	Abteilung	Status
1	BGP001 −2.728	0.300	⊕ 0.150	-0.150	TV	0.250	0.750	Grundplatte: Positionstoleranz; Festlager A für Kurbel zu Bezug A | B | C der Grundplatte		Bestätigt
2	BGP003 +2.646	0.400	⊕ 0.200	-0.200	TV	0.250	0.750	Grundplatte: Positionstoleranz; Festlager B für Schwinge zu Bezug A | B | C der Grundplatte		Bestätigt
3	BKUR001 −2.728	0.400	⊕ 0.200	-0.200	TV	0.250	0.750	Kurbel (Kurbel a): Positionstoleranz; Gelenkpunkt D für Koppelstange zu Bezug A | B | C der Kurbel		Bestätigt
4	BKOP001 −2.728	0.600	⊕ 0.300	-0.300	TV	0.250	0.750	Koppelstange (Koppelstange b): Positionstoleranz; Gelenkpunkt C für Schwinge zu Bezug A | B | C der Koppelstange		Bestätigt
5	BSCHW001 +2.175	0.600	⊕ 0.300	-0.300	TV	0.250	0.750	Schwinge (Schwinge c): Positionstoleranz; Gelenkpunkt C zu Bezug A | B | C der Schwinge		Bestätigt
6	BSCHW002 +0.795	0.600	⊕ 0.300	-0.300	TV	0.250	0.750	Schwinge (Schwingenarm e): Positionstoleranz; Schraubpunkt SP zu Bezug A | B | C der Schwinge		Bestätigt
7	BSCHW012 +1.000	...	▢ ...	...	...	...	...	Schwinge: Abstandsmaß; Nominalabstand Schraubpunkt SP zu Sekundärbezug B der Grundplatte in der Innenstellung		Bestätigt

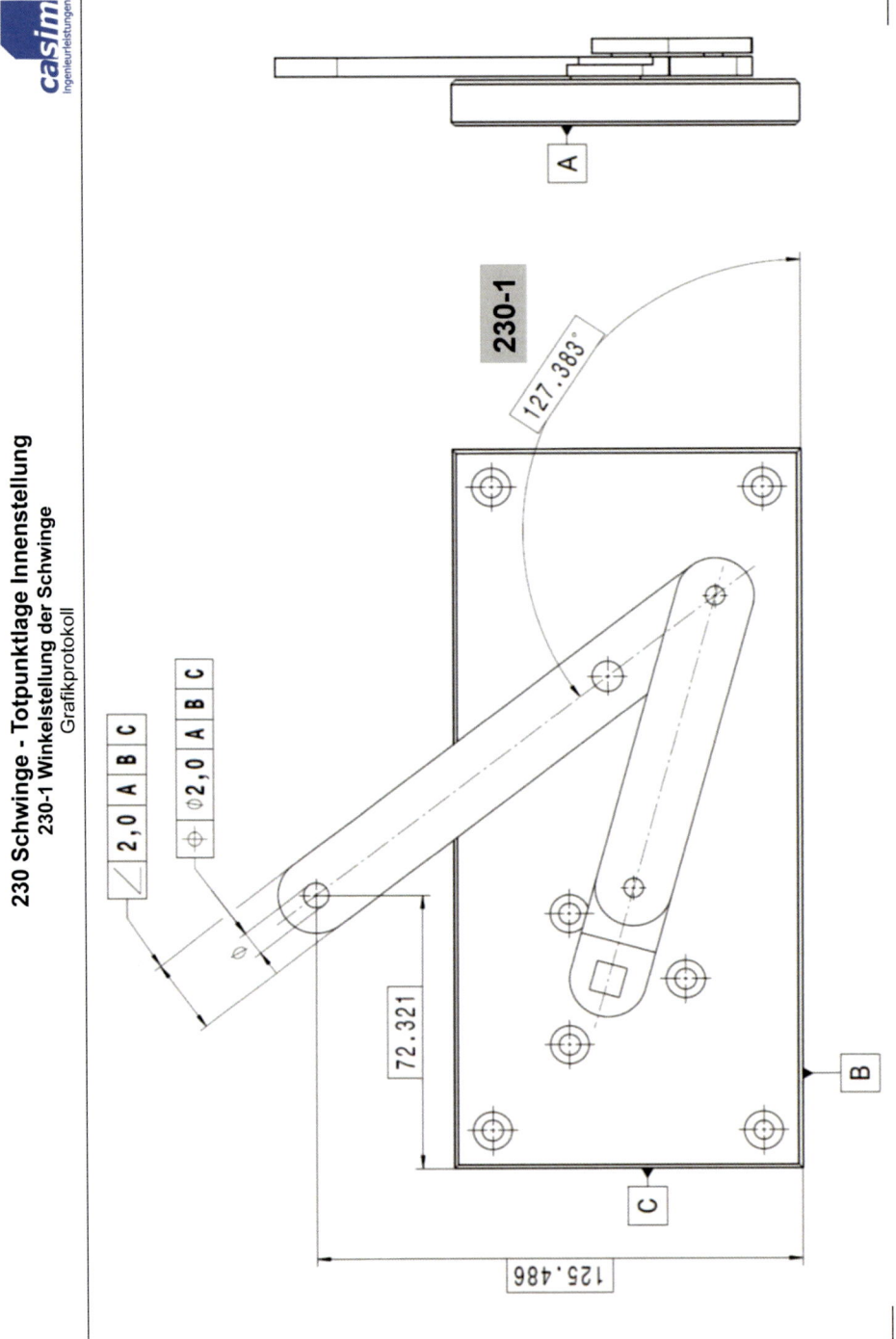

230 Schwinge - Totpunktlage Innenstellung
230-1 Winkelstellung der Schwinge
Grafikprotokoll

230 Schwinge - Totpunktlage Innenstellung
230-1 Winkelstellung der Schwinge
Praxiswerte

Funktionsmaßgruppe:	230 Schwinge - Totpunktlage Innenstellung	Berechnungsmodus:	statistische Analyse	Erstellung:	08.01.2025
Qualitätsmerkmal:	230-1 Winkelstellung der Schwinge	Vorgabe Q-Merkmal:	Nennmaß = 127.383	Letzte Änderung:	15.04.2025
Bearbeiter / Abteilung:			Oberes Abmaß = 0.600	Druckdatum:	15.04.2025
Bemerkung:			Unteres Abmaß = -0.600	Praxiswerte	1/1 (27/35)
Titel:	Winkelstellung der Schwinge				

Nr.	Kurzzeichen	Funktionsmerkmal	Koeff.	Nennmaß	Abmaß ES/es	Abmaß EI/ei	VT	Para1	Para2	x,y,z	Status	Bemerkung
1	⊕ BGP001	Grundplatte: Positionstoleranz; Festlager A für Kurbel zu Bezug A|B|C der Grundplatte	+2.708	0.000	0.150	-0.150	TV	0.250	0.750	XY	Bestätigt	Verschiebung zirkular
2	⊕ BGP003	Grundplatte: Positionstoleranz; Festlager B für Schwinge zu Bezug A|B|C der Grundplatte	-2.708	0.000	0.200	-0.200	TV	0.250	0.750	XY	Bestätigt	Verschiebung zirkular
3	⊕ BKUR001	Kurbel (Kurbel a): Positionstoleranz; Gelenkpunkt D für Koppelstange zu Bezug A|B|C der Kurbel	+2.708	0.000	0.200	-0.200	TV	0.250	0.750	XY	Bestätigt	TED = 25 mm
4	⊕ BKOP001	Koppelstange (Koppelstange b); Positionstoleranz; Gelenkpunkt C für Schwinge zu Bezug A|B|C der Koppelstange	+2.708	0.000	0.300	-0.300	TV	0.250	0.750	XY	Bestätigt	TED = 80 mm
5	⊕ BSCHW001	Schwinge (Schwinge c); Positionstoleranz; Gelenkpunkt C zu Bezug A|B|C der Schwinge	-2.157	0.000	0.300	-0.300	TV	0.250	0.750	XY	Bestätigt	TED = 35 mm
6	BSCHW010	Schwinge: TED: Nominalwinkelstellung (Winkel PSI (außen)) des Schwingenarms in Innenstellung	+1.000	127.383	---	---	---	---	---	---	Bestätigt	

		ES/es	EI/ei
arithmetisches Schließmaß (Qualitätsmerkmal) für M0a = 127.383		2.949	-2.949
statistisches Schließmaß (Qualitätsmerkmal) für M0s = 127.383		2.170	-2.170
Vorgabe Qualitätsmerkmal		0.600	-0.600

V5605 R241014 Berechnungsparameter: Faltung / SKIP: 0.50 / Stützsf: 494

Spezifikation
Geforderter Gutanteil: 99.9936 %
Erreichter Gutanteil 64.93 %
Mittelwertversatz zur Q-Vorgabe = 0

Zuständigkeit	Termin

Maßnahmen/Bemerkungen

Q-Vorgabe und Ergebnis in [Grad]

Gesamtdichtefunktion

126.783 127.983
125.213 127.383 129.553
Ts=4.341
124.434 Ta=5.898 130.332

casim
Ingenieurleistungen

230 Schwinge - Totpunktlage Innenstellung
230-1 Winkelstellung der Schwinge
Ergebnissituation

Funktionsmaßgruppe:	230 Schwinge - Totpunktlage Innenstellung	Berechnungsmodus:	Vorgabe Q-Merkmal:
Qualitätsmerkmal:	230-1 Winkelstellung der Schwinge		
Bearbeiter / Abteilung:			
Bemerkung:			
Titel:	Winkelstellung der Schwinge		

statistische Analyse
Nennmaß = 127.383
Oberes Abmaß = 0.600
Unteres Abmaß = -0.600

Erstellung:	08.01.2025
Letzte Änderung:	15.04.2025
Druckdatum:	15.04.2025
Ergebnissituation	1/1 (28/35)

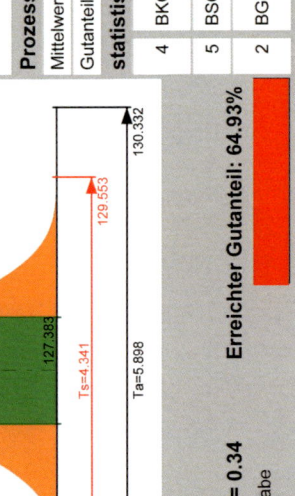

230-1 Winkelstellung der Schwinge

Pa = 99.9936 % für Ts

Cp = 0.34   Cpk = 0.34
bezogen auf Q-Vorgabe

Erreichter Gutteil: 64.93%

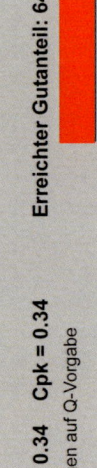

Schließmaßberechnung

	Nenn-maß	Toleranz Abmaße	Feld (T)
Toleranzmittenmaß	127.383		
Q-Vorgabe	127.383	±0.600	1.200
arithmetisches Schließßmaß (M0a)	127.383	±2.949	5.898
statistisches Schließßmaß (M0s)	127.383	±2.170	4.341

Prozessfähigkeitsindizes [1]

Cp bezogen auf Q-Vorgabe		0.34	0.34
Cpk bezogen auf Q-Vorgabe		0.34	0.34
		[%]	64.93

Prozesszentrierung

Mittelwertverschiebung um	- / -
Gutanteil nach Zentrierung	- / -

statistische Hauptbeitragsleister

<T> Toleranzfeld

			<T>
4	BKOP001	<0.600> Koppelstange (Koppelstange b); ⊕ Positionstoleranz; Gelenkpunkt C für Schwinge zu Bezug A | B | C der...	36.1%
5	BSCHW001	<0.600> Schwinge (Schwinge c); ⊕ Positionstoleranz; Gelenkpunkt C zu...	22.9%
2	BGP003	<0.400> Grundplatte: Positionstoleranz; ⊕ Festlager B für Schwinge zu Bezug A | B | C der Grundplatte	16.0%

1) geometrisches Berechnungsverfahren nach DIN ISO 22514-2 Quantilmethode $M_{2,1}$

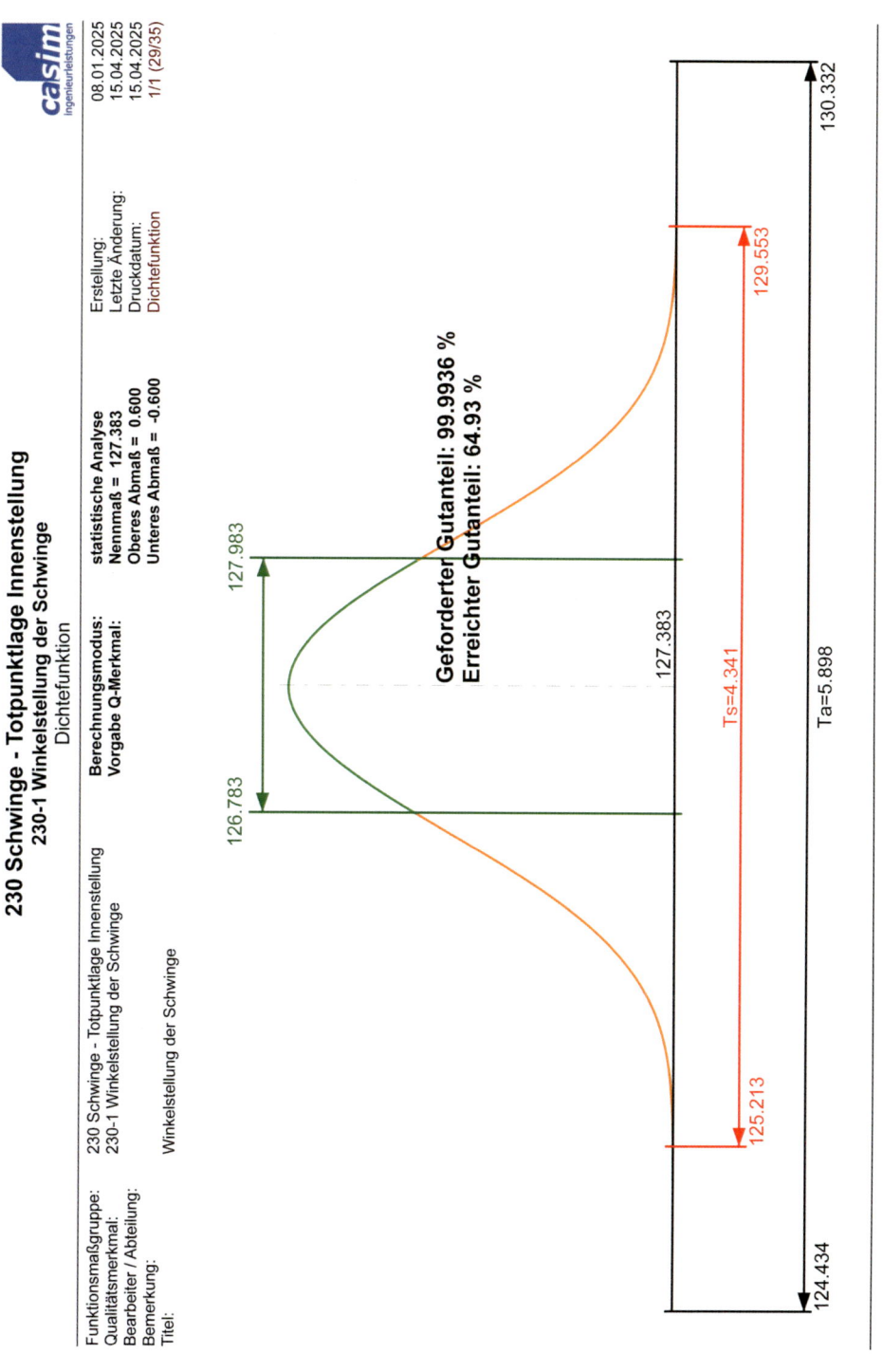

230 Schwinge - Totpunktlage Innenstellung
230-1 Winkelstellung der Schwinge
Pareto-Analyse

casim
Ingenieurleistungen

Funktionsmaßgruppe:	230 Schwinge - Totpunktlage Innenstellung
Qualitätsmerkmal:	230-1 Winkelstellung der Schwinge
Bearbeiter / Abteilung:	
Bemerkung:	
Titel:	Winkelstellung der Schwinge

Berechnungsmodus:	
Vorgabe Q-Merkmal:	

statistische Analyse
Nennmaß = 127.383
Oberes Abmaß = 0.600
Unteres Abmaß = -0.600

Erstellung:	08.01.2025
Letzte Änderung:	15.04.2025
Druckdatum:	15.04.2025
	Pareto-Analyse
	1/1 (30/35)

Beitrag [in %] zum Schließmaß

Nr.	arithmetisch	statistisch
1	13.8%	9.0%
2	18.4%	16.0%
3	18.4%	16.0%
4	27.5%	36.1%
5	21.9%	22.9%
6	0.0%	0.0%

Funktionsmerkmal

Nr.	Kurzzeichen	Koeff.	Toleranz	ES/es	EI/ei	VT	Para1	Para2	Name	Abteilung	Status
1	BGP001	+2.708	0.300	⊕ 0.150	-0.150	TV	0.250	0.750	Grundplatte: Positionstoleranz; Festlager A für Kurbel zu Bezug A | B | C der Grundplatte		Bestätigt
2	BGP003	-2.708	0.400	⊕ 0.200	-0.200	TV	0.250	0.750	Grundplatte: Positionstoleranz; Festlager B für Schwinge zu Bezug A | B | C der Grundplatte		Bestätigt
3	BKUR001	+2.708	0.400	⊕ 0.200	-0.200	TV	0.250	0.750	Kurbel (Kurbel a): Positionstoleranz; Gelenkpunkt D für Koppelstange zu Bezug A | B | C der Kurbel		Bestätigt
4	BKOP001	+2.708	0.600	⊕ 0.300	-0.300	TV	0.250	0.750	Koppelstange (Koppelstange b): Positionstoleranz; Gelenkpunkt C für Schwinge zu Bezug A | B | C der Koppelstange		Bestätigt
5	BSCHW001	-2.157	0.600	⊕ 0.300	-0.300	TV	0.250	0.750	Schwinge (Schwinge c): Positionstoleranz; Gelenkpunkt C zu Bezug A | B | C der Schwinge		Bestätigt
6	BSCHW010	+1.000	---	⊟ ---	---	---	---	---	Schwinge; TED; Nominalwinkelstellung (Winkel PSI (außen)) des Schwingenarms in Innenstellung		Bestätigt

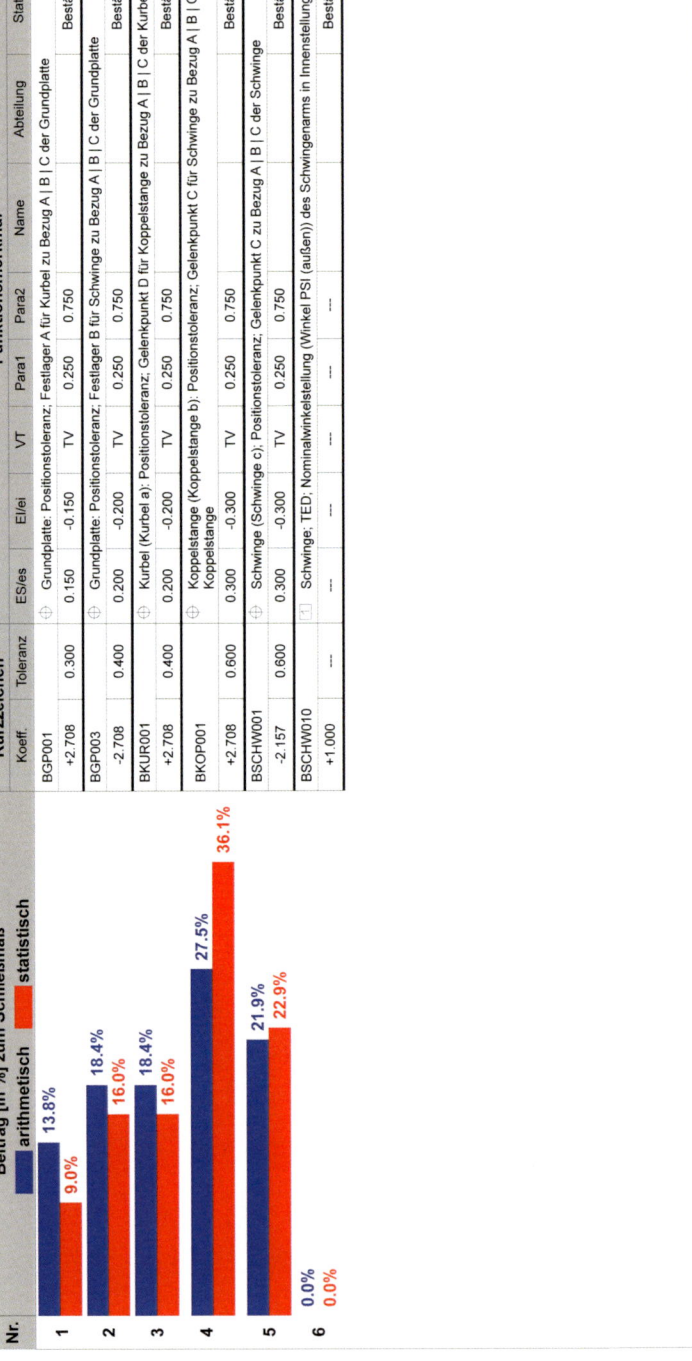

300 Schwingbereichswinkel
300-1 Schwingbereichswinkel
Grafikprotokoll

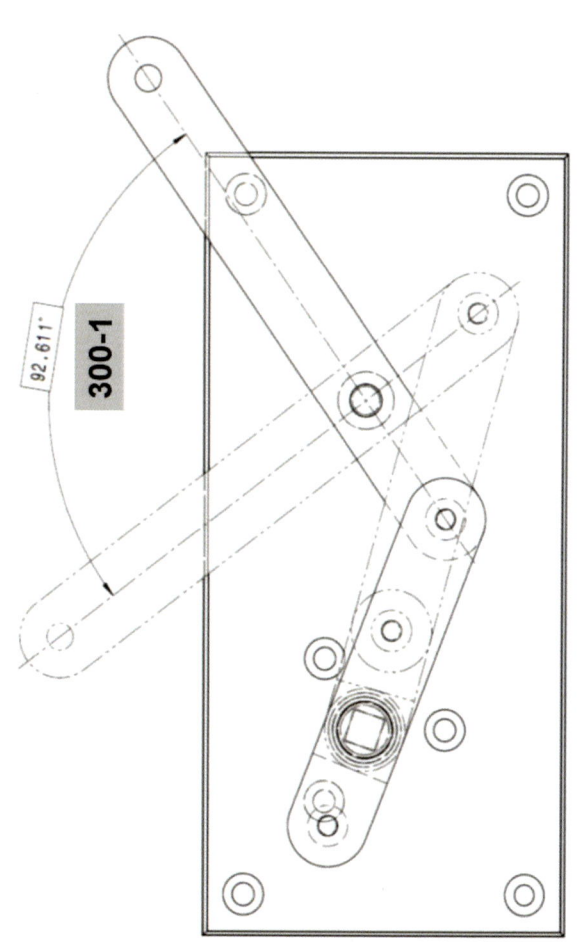

300-1

92.611°

casim ingenieurleistungen

300 Schwingbereichswinkel
300-1 Schwingbereichswinkel
Praxiswerte

Funktionsmaßgruppe:	300 Schwingbereichswinkel
Qualitätsmerkmal:	300-1 Schwingbereichswinkel
Bearbeiter / Abteilung:	
Bemerkung:	
Titel:	Schwingbereichswinkel

Berechnungsmodus:	Vorgabe Q-Merkmal:

statistische Analyse	
Nennmaß =	90.000
Oberes Abmaß =	5.000
Unteres Abmaß =	0.000

Erstellung:	11.01.2025
Letzte Änderung:	15.04.2025
Druckdatum:	15.04.2025
	1/1 (32/35)
	Praxiswerte

Nr.	Kurzzeichen	Funktionsmerkmal	Koeff.	Nennmaß	Abmaß ES/es	Abmaß EI/ei	VT	Para1	Para2	x,y,z	Status	Bemerkung
1	⊕ BGP010	Grundplatte: Positionstoleranz; Festlager A für Kurbel zu Bezug A | B | C der Grundplatte	+0.768	0.000	0.150	-0.150	TV	0.250	0.750	XY	Bestätigt	Verschiebung nur in X-Richtung
2	⊕ BGP011	Grundplatte: Positionstoleranz; Festlager B für Schwinge zu Bezug A | B | C der Grundplatte	-0.768	0.000	0.200	-0.200	TV	0.250	0.750	XY	Bestätigt	Verschiebung nur in X-Richtung
3	⊕ BKUR001	Kurbel (Kurbel a): Positionstoleranz; Gelenkpunkt D für Koppelstange zu Bezug A | B | C der Kurbel	+4.677	0.000	0.200	-0.200	TV	0.250	0.750	XY	Bestätigt	TED = 25 mm
4	⊕ BKOP001	Koppelstange (Koppelstange b): Positionstoleranz; Gelenkpunkt C für Schwinge zu Bezug A | B | C der Koppelstange	+0.730	0.000	0.300	-0.300	TV	0.250	0.750	XY	Bestätigt	TED = 80 mm
5	⊕ BSCHW001	Schwinge (Schwinge c): Positionstoleranz; Gelenkpunkt C zu Bezug A | B | C der Schwinge	-3.254	0.000	0.300	-0.300	TV	0.250	0.750	XY	Bestätigt	TED = 35 mm
6	1 BSCHW013	Schwinge: TED; Nominal-Schwingenbereichswinkel	+1.000	92.612	---	---	---	---	---		Bestätigt	[Grad]

arithmetisches Schließmaß (Qualitätsmerkmal) für M0a = 92.612	2.399	-2.399
statistisches Schließmaß (Qualitätsmerkmal) für M0s = 92.612	1.932	-1.932
Vorgabe Qualitätsmerkmal	5.000	0.000

V5605_R2410114 Berechnungsparameter: Faltung / SKIP 0.50 / Stutzst.: 828

Maßnahmen/Bemerkungen

Spezifikation	
Geforderter Gutanteil:	99.9936 %
Erreichter Gutanteil	100.00 %
Mittelwertversatz zur Q-Vorgabe	0.112

Zuständigkeit	Termin

Q-Vorgabe und Ergebnis in [Grad]

Hinweis:
Maßkettenglied "BGP001" ist ersetzt durch "BGP010" und "BGP003" ist ersetzt durch "BGP011".
Weil bei der Ermittlung der Geometriefaktoren die Einflüsse nicht mehr zirkular sondern ausschließlich in X-Richtung berücksichtigt sind.

Gesamtdichtefunktion

95.000

90.000

92.612

Ts=3.864

94.544

90.680

90.213   Ta=4.799   95.011

casim
ingenieurleistungen

300 Schwingbereichswinkel
300-1 Schwingbereichswinkel
Ergebnissituation

Funktionsmaßgruppe:	300 Schwingbereichswinkel	
Qualitätsmerkmal:	300-1 Schwingbereichswinkel	
Bearbeiter / Abteilung:		
Bemerkung:		
Titel:	Schwingbereichswinkel	

Berechnungsmodus:	statistische Analyse	
Vorgabe Q-Merkmal:	Nennmaß = 90.000	
	Oberes Abmaß = 5.000	
	Unteres Abmaß = 0.000	

Erstellung:	11.01.2025
Letzte Änderung:	15.04.2025
Druckdatum:	15.04.2025
Ergebnissituation	1/1 (33/35)

Schließmaßberechnung

	Nenn-maß	Toleranz Abmaße	Feld (T)
Toleranzmittenmaß	92.612		
Q-Vorgabe	90.000	5.000 / 0.000	5.000
arithmetisches Schließmaß (M0a)	92.612	±2.399	4.799
statistisches Schließmaß (M0s)	92.612	±1.932	3.864

Prozessfähigkeitsindizes [1]

Cp bezogen auf Q-Vorgabe		1.52
Cpk bezogen auf Q-Vorgabe		1.45
	[%]	100.00

Prozesszentrierung

Mittelwertverschiebung um		-0.112
Gutanteil nach Zentrierung		100.00

statistische Hauptbeitragsleister

			<T> Toleranzfeld
5	BSCHW001	⊕ <0.600> Schwinge (Schwinge c); Positionstoleranz; Gelenkpunkt C zu...	49.8%
3	BKUR001	<0.400> Kurbel (Kurbel a); ⊕ Positionstoleranz; Gelenkpunkt D für Koppelstange zu Bezug A | B | C der...	45.7%
4	BKOP001	<0.600> Koppelstange (Koppelstange b); ⊕ Positionstoleranz; Gelenkpunkt C für Schwinge zu Bezug A | B | C der...	2.5%

1) geometrisches Berechnungsverfahren nach DIN ISO 22514-2 Quantilmethode $M_{2,1}$

300-1 Schwingbereichswinkel

Pa = 99.9936 % für Ts

95.000
94.544
Ts=3.864
92.612
90.680
90.000
95.011
Ta=4.799
90.213

Erreichter Gutanteil: 100.00%

Cp = 1.52   Cpk = 1.45
bezogen auf Q-Vorgabe

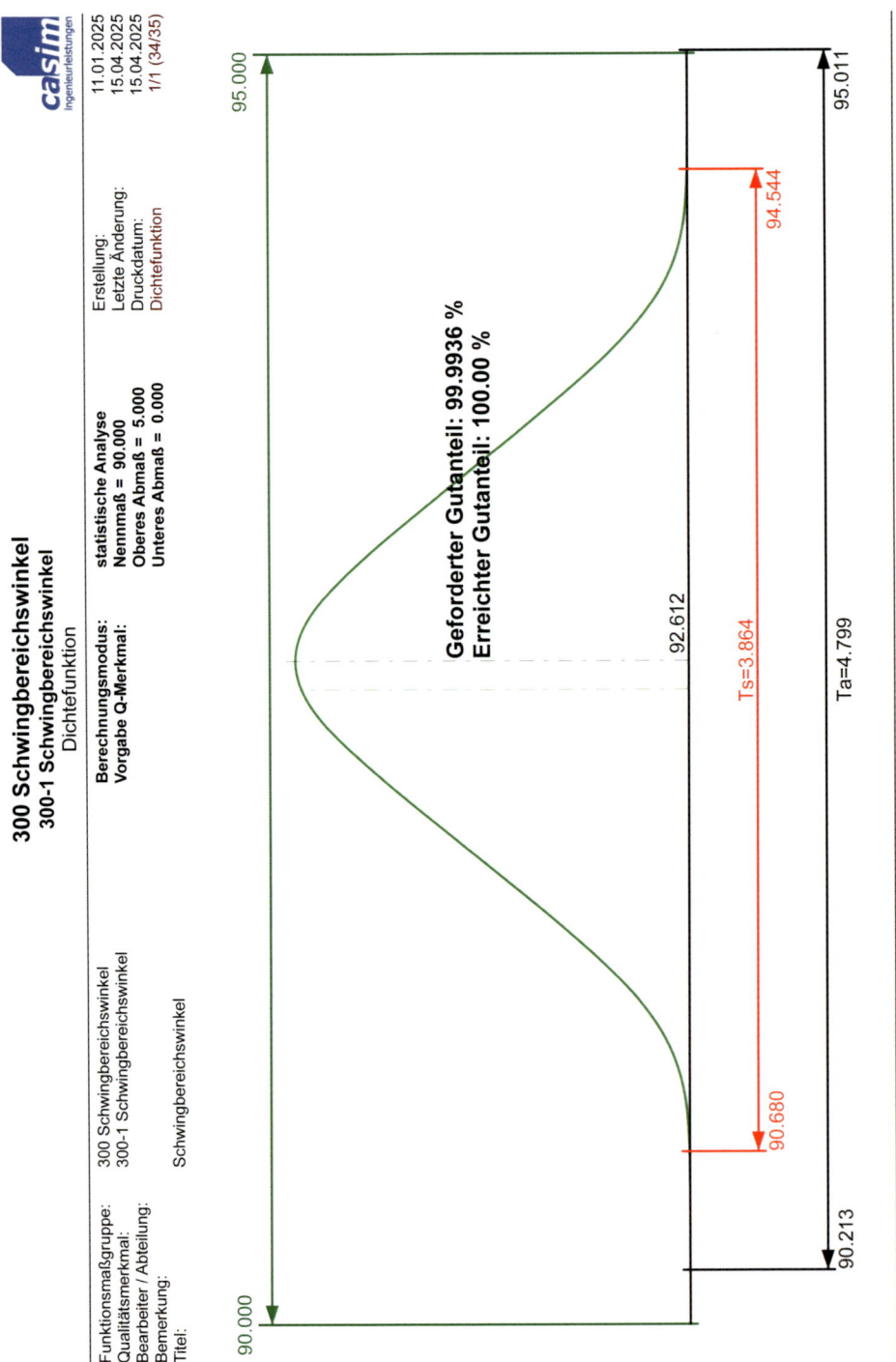

Erstellung: 11.01.2025
Letzte Änderung: 15.04.2025
Druckdatum: 15.04.2025
Dichtefunktion   1/1 (34/35)

300 Schwingbereichswinkel
300-1 Schwingbereichswinkel
Dichtefunktion

Berechnungsmodus: statistische Analyse
Vorgabe Q-Merkmal: Nennmaß = 90.000
                           Oberes Abmaß = 5.000
                           Unteres Abmaß = 0.000

Funktionsmaßgruppe: 300 Schwingbereichswinkel
Qualitätsmerkmal: 300-1 Schwingbereichswinkel
Bearbeiter / Abteilung:
Bemerkung:
Titel: Schwingbereichswinkel

Geforderter Gutanteil: 99.9936 %
Erreichter Gutanteil: 100.00 %

95.000

95.011

94.544

92.612

Ts=3.864

Ta=4.799

90.680

90.213

90.000

300 Schwingbereichswinkel
300-1 Schwingbereichswinkel
Pareto-Analyse

Funktionsmaßgruppe:	300 Schwingbereichswinkel
Qualitätsmerkmal:	300-1 Schwingbereichswinkel
Bearbeiter / Abteilung:	
Bemerkung:	
Titel:	Schwingbereichswinkel

Berechnungsmodus:	statistische Analyse
Vorgabe Q-Merkmal:	Nennmaß = 90.000
	Oberes Abmaß = 5.000
	Unteres Abmaß = 0.000

Erstellung:	11.01.2025
Letzte Änderung:	15.04.2025
Druckdatum:	15.04.2025
	Pareto-Analyse 1/1 (35/35)

casim Ingenieurleistungen

Kurzzeichen			Funktionsmerkmal							Status
	Koeff.	Toleranz		ES/es	EI/ei	VT	Para1	Para2	Name	Abteilung	
BGP010	+0.768	0.300	⊕	0.150	-0.150	TV	0.250	0.750	Grundplatte: Positionstoleranz; Festlager A für Kurbel zu Bezug A	B	C der Grundplatte		Bestätigt
BGP011	-0.768	0.400	⊕	0.200	-0.200	TV	0.250	0.750	Grundplatte: Positionstoleranz; Festlager B für Schwinge zu Bezug A	B	C der Grundplatte		Bestätigt
BKUR001	+4.677	0.400	⊕	0.200	-0.200	TV	0.250	0.750	Kurbel (Kurbel a): Positionstoleranz; Gelenkpunkt D für Koppelstange zu Bezug A	B	C der Kurbel		Bestätigt
BKOP001	+0.730	0.600	⊕	0.300	-0.300	TV	0.250	0.750	Koppelstange (Koppelstange b): Positionstoleranz; Gelenkpunkt C für Schwinge zu Bezug A	B	C der Koppelstange		Bestätigt
BSCHW001	-3.254	0.600	⊕	0.300	-0.300	TV	0.250	0.750	Schwinge (Schwinge c): Positionstoleranz; Gelenkpunkt C zu Bezug A	B	C der Schwinge		Bestätigt
BSCHW013	+1.000	---	⊡	---	---	---	---	---	Schwinge: TED; Nominal-Schwingenbereichswinkel		Bestätigt

Beitrag [in %] zum Schließmaß — ▮ arithmetisch ▮ statistisch

Nr.	arithmetisch	statistisch
1	4.8%	0.7%
2	6.4%	1.2%
3	39.0%	45.7%
4	9.1%	2.5%
5	40.7%	49.8%
6	0.0%	0.0%

15.5.3 Ergebnisdokumentation für das Programmsystem 3DCS Variation Analyst Suite

Version 7.7.1.1

110-1: X-Abstand des Schraubpunktes SP_a in der Außenstellung

120-1: Y-Abstand des Schraubpunktes SP_a in der Außenstellung

130-1: Schwingenwinkel ψ_i in der Außenstellung

210-1: X-Abstand des Schraubpunktes SP_i in der Innenstellung

220-1: Y-Abstand des Schraubpunktes SP_i in der Innenstellung

230-1: Schwingenwinkel ψ_a in der Innenstellung

300-1: Schwingbereichswinkel ψ_H

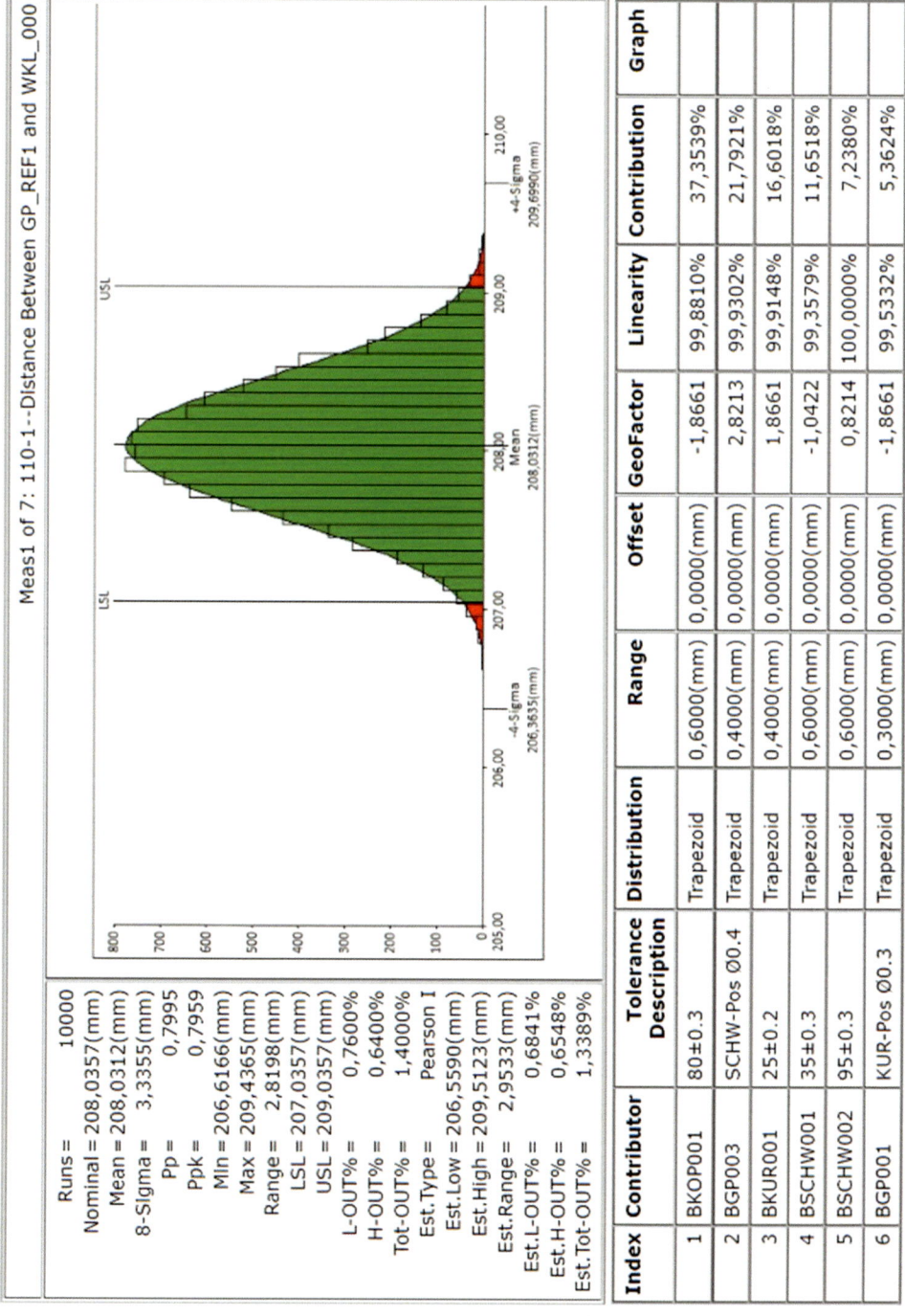

Meas1 of 7: 110-1--Distance Between GP_REF1 and WKL_000

Runs = 10000
Nominal = 208,0357(mm)
Mean = 208,0312(mm)
8-Sigma = 3,3355(mm)
Pp = 0,7995
Ppk = 0,7959
Min = 206,6166(mm)
Max = 209,4365(mm)
Range = 2,8198(mm)
LSL = 207,0357(mm)
USL = 209,0357(mm)
L-OUT% = 0,7600%
H-OUT% = 0,6400%
Tot-OUT% = 1,4000%
Est.Type = Pearson I
Est.Low = 206,5590(mm)
Est.High = 209,5123(mm)
Est.Range = 2,9533(mm)
Est.L-OUT% = 0,6841%
Est.H-OUT% = 0,6548%
Est.Tot-OUT% = 1,3389%

Index	Contributor	Tolerance Description	Distribution	Range	Offset	GeoFactor	Linearity	Contribution	Graph
1	BKOP001	80±0.3	Trapezoid	0,6000(mm)	0,0000(mm)	-1,8661	99,8810%	37,3539%	
2	BGP003	SCHW-Pos Ø0.4	Trapezoid	0,4000(mm)	0,0000(mm)	2,8213	99,9302%	21,7921%	
3	BKUR001	25±0.2	Trapezoid	0,4000(mm)	0,0000(mm)	1,8661	99,9148%	16,6018%	
4	BSCHW001	35±0.3	Trapezoid	0,6000(mm)	0,0000(mm)	-1,0422	99,3579%	11,6518%	
5	BSCHW002	95±0.3	Trapezoid	0,6000(mm)	0,0000(mm)	0,8214	100,0000%	7,2380%	
6	BGP001	KUR-Pos Ø0.3	Trapezoid	0,3000(mm)	0,0000(mm)	-1,8661	99,5332%	5,3624%	

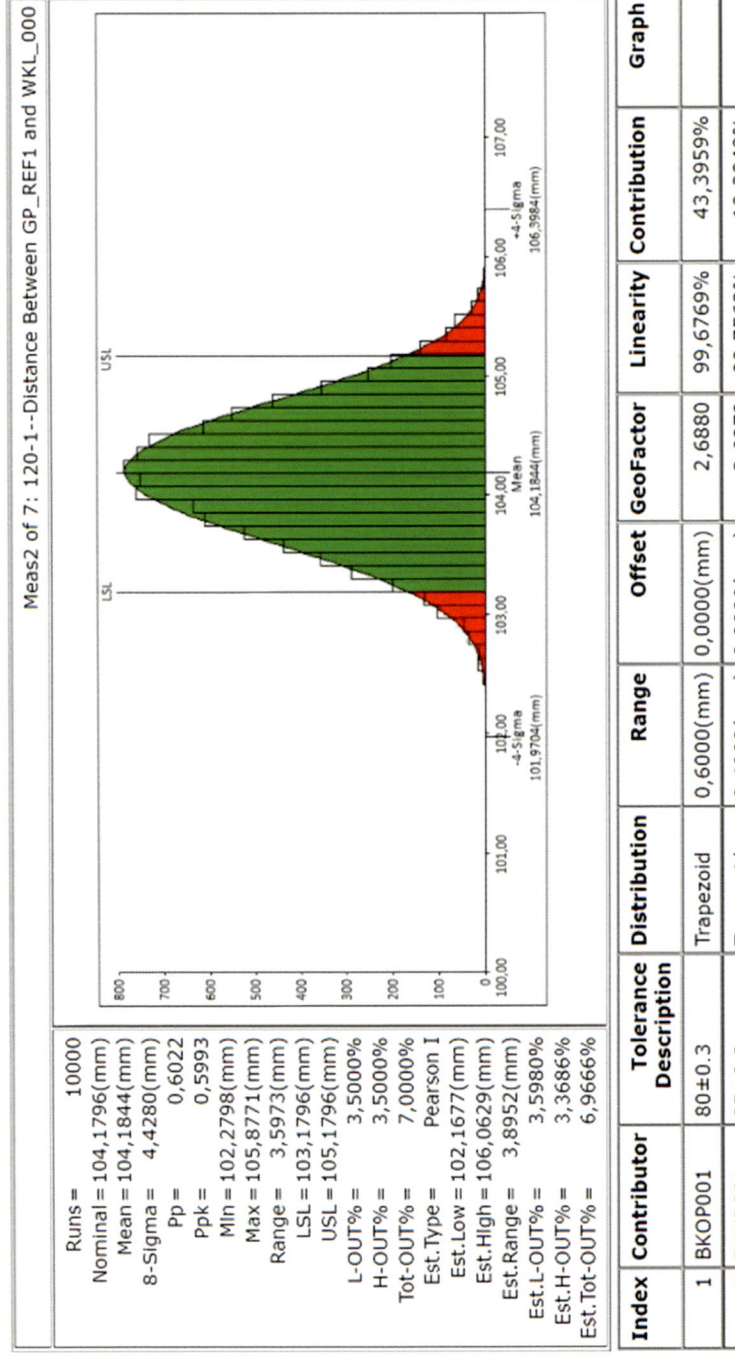

Meas2 of 7: 120-1--Distance Between GP_REF1 and WKL_000

Runs = 10000
Nominal = 104,1796(mm)
Mean = 104,1844(mm)
8-Sigma = 4,4280(mm)
Pp = 0,6022
Ppk = 0,5993
Min = 102,2798(mm)
Max = 105,8771(mm)
Range = 3,5973(mm)
LSL = 103,1796(mm)
USL = 105,1796(mm)
L-OUT% = 3,5000%
H-OUT% = 3,5000%
Tot-OUT% = 7,0000%
Est.Type = Pearson I
Est.Low = 102,1677(mm)
Est.High = 106,0629(mm)
Est.Range = 3,8952(mm)
Est.L-OUT% = 3,5980%
Est.H-OUT% = 3,3686%
Est.Tot-OUT% = 6,9666%

Index	Contributor	Tolerance Description	Distribution	Range	Offset	GeoFactor	Linearity	Contribution	Graph
1	BKOP001	80±0.3	Trapezoid	0,6000(mm)	0,0000(mm)	2,6880	99,6769%	43,3959%	
2	BKUR001	25±0.2	Trapezoid	0,4000(mm)	0,0000(mm)	-2,6879	99,7563%	19,2849%	
3	BGP003	SCHW-Pos Ø0.4	Trapezoid	0,4000(mm)	0,0000(mm)	-3,1899	99,7183%	15,5975%	
4	BSCHW001	35±0.3	Trapezoid	0,6000(mm)	0,0000(mm)	1,5014	99,1059%	13,5395%	
5	BGP001	KUR-Pos Ø0.3	Trapezoid	0,3000(mm)	0,0000(mm)	2,6878	99,6348%	6,2287%	
6	BSCHW002	95±0.3	Trapezoid	0,6000(mm)	0,0000(mm)	0,5703	100,0000%	1,9535%	

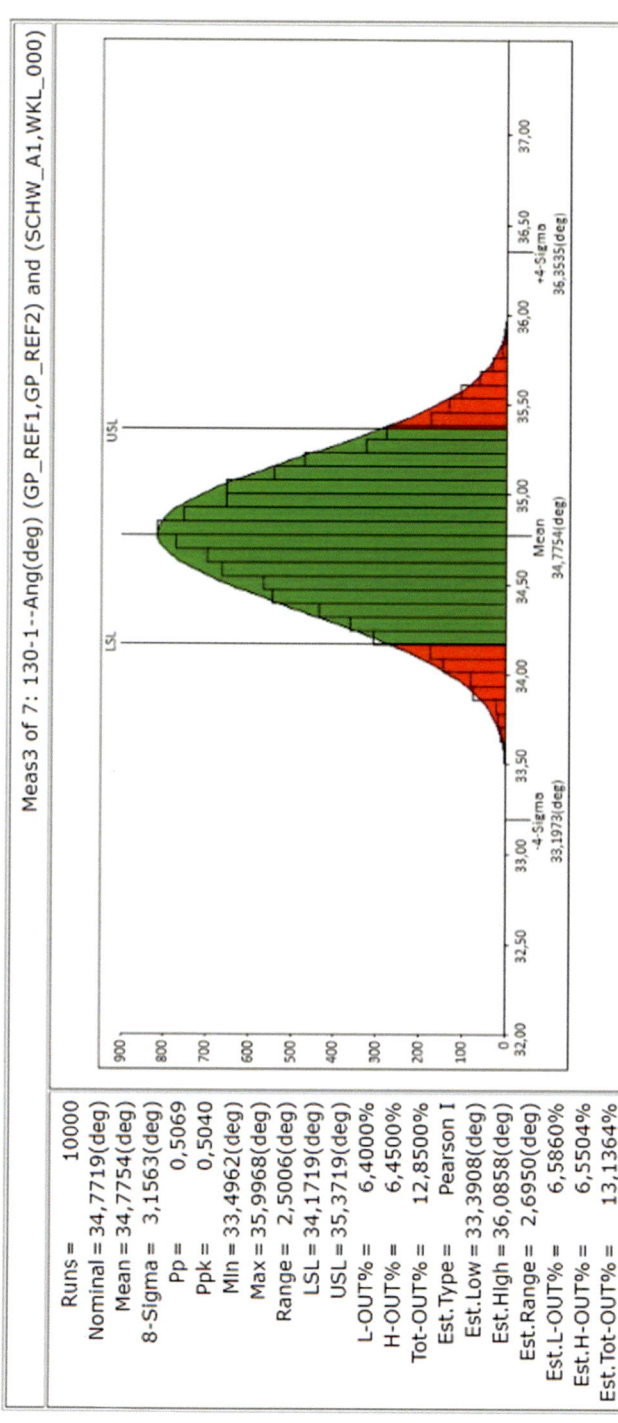

Runs = 10000
Nominal = 34,7719(deg)
Mean = 34,7754(deg)
8-Sigma = 3,1563(deg)
Pp = 0,5069
Ppk = 0,5040
Min = 33,4962(deg)
Max = 35,9968(deg)
Range = 2,5006(deg)
LSL = 34,1719(deg)
USL = 35,3719(deg)
L-OUT% = 6,4000%
H-OUT% = 6,4500%
Tot-OUT% = 12,8500%
Est.Type = Pearson I
Est.Low = 33,3908(deg)
Est.High = 36,0858(deg)
Est.Range = 2,6950(deg)
Est.L-OUT% = 6,5860%
Est.H-OUT% = 6,5504%
Est.Tot-OUT% = 13,1364%

Meas3 of 7: 130-1--Ang(deg) (GP_REF1,GP_REF2) and (SCHW_A1,WKL_000)

Index	Contributor	Tolerance Description	Distribution	Range	Offset	GeoFactor	Linearity	Contribution	Graph
1	BKOP001	80±0.3	Trapezoid	0,6000(mm)	0,0000(mm)	1,9736	99,7971%	46,4016%	
2	BKUR001	25±0.2	Trapezoid	0,4000(mm)	0,0000(mm)	-1,9735	99,8538%	20,6209%	
3	BSCHW001	35±0.3	Trapezoid	0,6000(mm)	0,0000(mm)	1,1023	99,1640%	14,4758%	
4	BGP003	SCHW-Pos Ø0.4	Trapezoid	0,4000(mm)	0,0000(mm)	-1,9735	99,8088%	11,8414%	
5	BGP001	KUR-Pos Ø0.3	Trapezoid	0,3000(mm)	0,0000(mm)	1,9734	99,6006%	6,6603%	

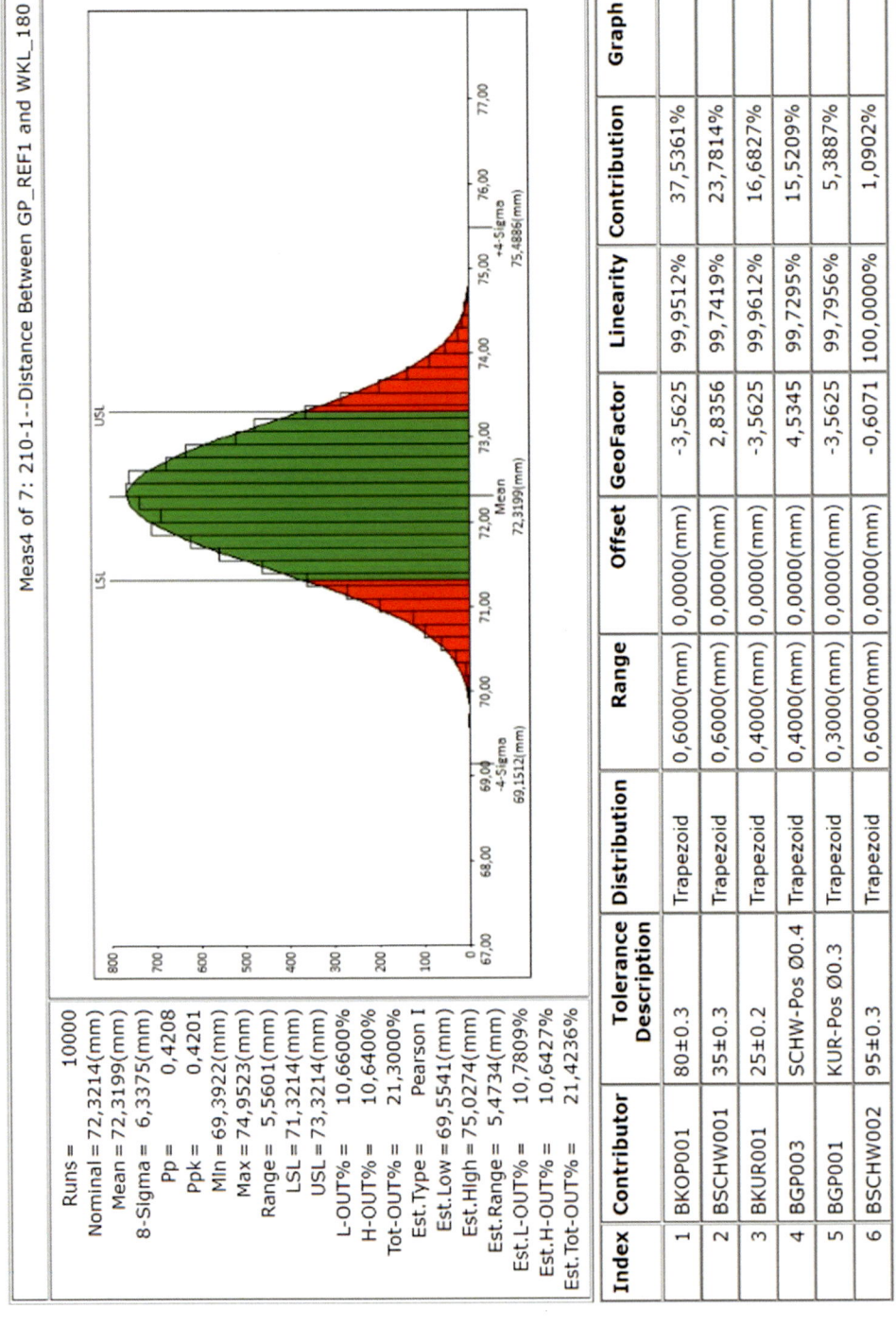

Meas4 of 7: 210-1--Distance Between GP_REF1 and WKL_180

Runs = 10000
Nominal = 72,3214(mm)
Mean = 72,3199(mm)
8-Sigma = 6,3375(mm)
Pp = 0,4208
Ppk = 0,4201
Min = 69,3922(mm)
Max = 74,9523(mm)
Range = 5,5601(mm)
LSL = 71,3214(mm)
USL = 73,3214(mm)
L-OUT% = 10,6600%
H-OUT% = 10,6400%
Tot-OUT% = 21,3000%
Est.Type = Pearson I
Est.Low = 69,5541(mm)
Est.High = 75,0274(mm)
Est.Range = 5,4734(mm)
Est.L-OUT% = 10,7809%
Est.H-OUT% = 10,6427%
Est.Tot-OUT% = 21,4236%

Index	Contributor	Tolerance Description	Distribution	Range	Offset	GeoFactor	Linearity	Contribution	Graph
1	BKOP001	80±0.3	Trapezoid	0,6000(mm)	0,0000(mm)	-3,5625	99,9512%	37,5361%	
2	BSCHW001	35±0.3	Trapezoid	0,6000(mm)	0,0000(mm)	2,8356	99,7419%	23,7814%	
3	BKUR001	25±0.2	Trapezoid	0,4000(mm)	0,0000(mm)	-3,5625	99,9612%	16,6827%	
4	BGP003	SCHW-Pos Ø0.4	Trapezoid	0,4000(mm)	0,0000(mm)	4,5345	99,7295%	15,5209%	
5	BGP001	KUR-Pos Ø0.3	Trapezoid	0,3000(mm)	0,0000(mm)	-3,5625	99,7956%	5,3887%	
6	BSCHW002	95±0.3	Trapezoid	0,6000(mm)	0,0000(mm)	-0,6071	100,0000%	1,0902%	

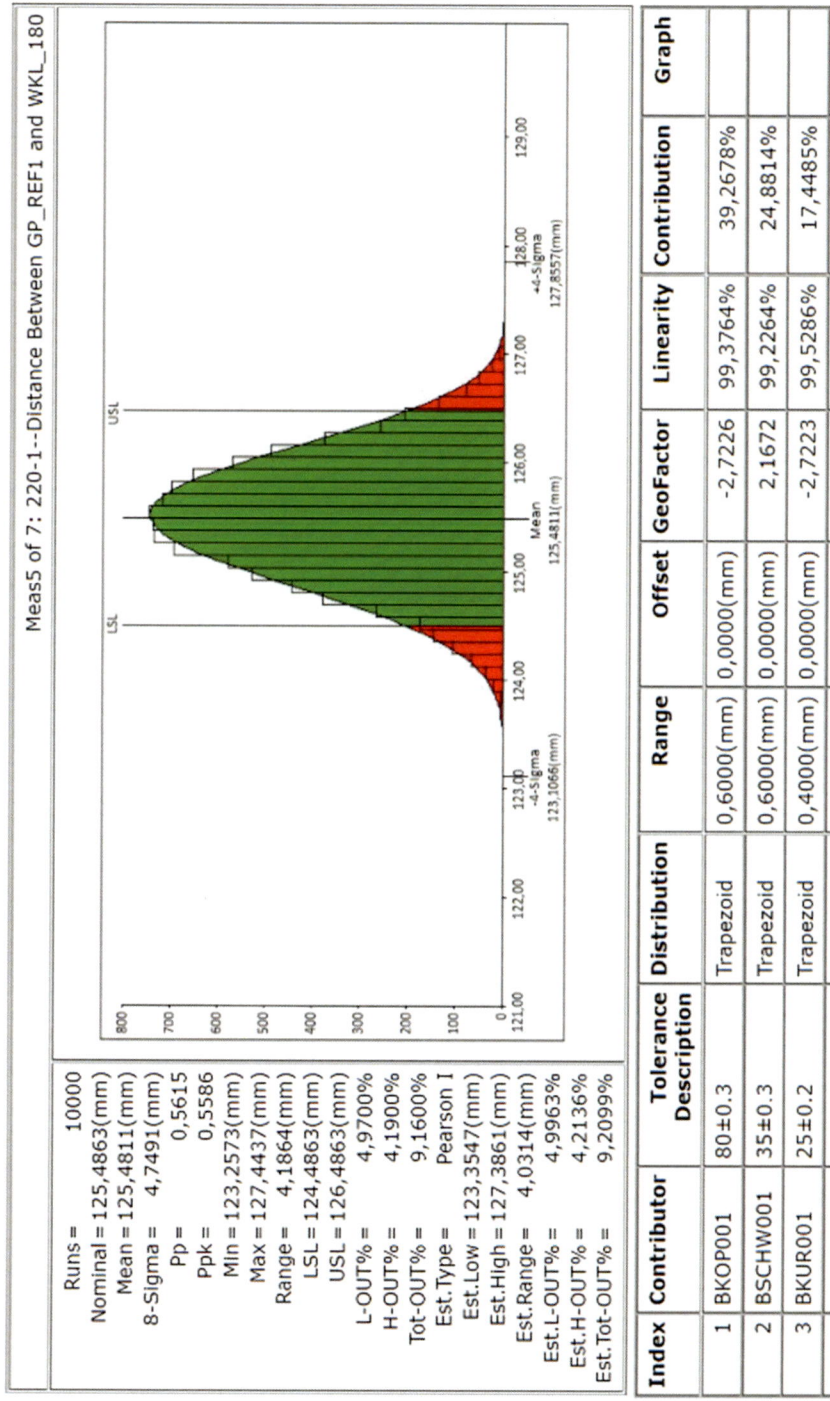

Meas5 of 7: 220-1--Distance Between GP_REF1 and WKL_180

Runs =	10000
Nominal =	125,4863(mm)
Mean =	125,4811(mm)
8-Sigma =	4,7491(mm)
Pp =	0,5615
Ppk =	0,5586
Min =	123,2573(mm)
Max =	127,4437(mm)
Range =	4,1864(mm)
LSL =	124,4863(mm)
USL =	126,4863(mm)
L-OUT% =	4,9700%
H-OUT% =	4,1900%
Tot-OUT% =	9,1600%
Est.Type =	Pearson I
Est.Low =	123,3547(mm)
Est.High =	127,3861(mm)
Est.Range =	4,0314(mm)
Est.L-OUT% =	4,9963%
Est.H-OUT% =	4,2136%
Est.Tot-OUT% =	9,2099%

Index	Contributor	Tolerance Description	Distribution	Range	Offset	GeoFactor	Linearity	Contribution	Graph
1	BKOP001	80±0.3	Trapezoid	0,6000(mm)	0,0000(mm)	-2,7226	99,3764%	39,2678%	
2	BSCHW001	35±0.3	Trapezoid	0,6000(mm)	0,0000(mm)	2,1672	99,2264%	24,8814%	
3	BKUR001	25±0.2	Trapezoid	0,4000(mm)	0,0000(mm)	-2,7223	99,5286%	17,4485%	
4	BGP003	SCHW-Pos Ø0.4	Trapezoid	0,4000(mm)	0,0000(mm)	2,6399	99,5154%	9,4221%	
5	BGP001	KUR-Pos Ø0.3	Trapezoid	0,3000(mm)	0,0000(mm)	-2,7222	99,6181%	5,6356%	
6	BSCHW002	95±0.3	Trapezoid	0,6000(mm)	0,0000(mm)	0,7946	100,0000%	3,3446%	

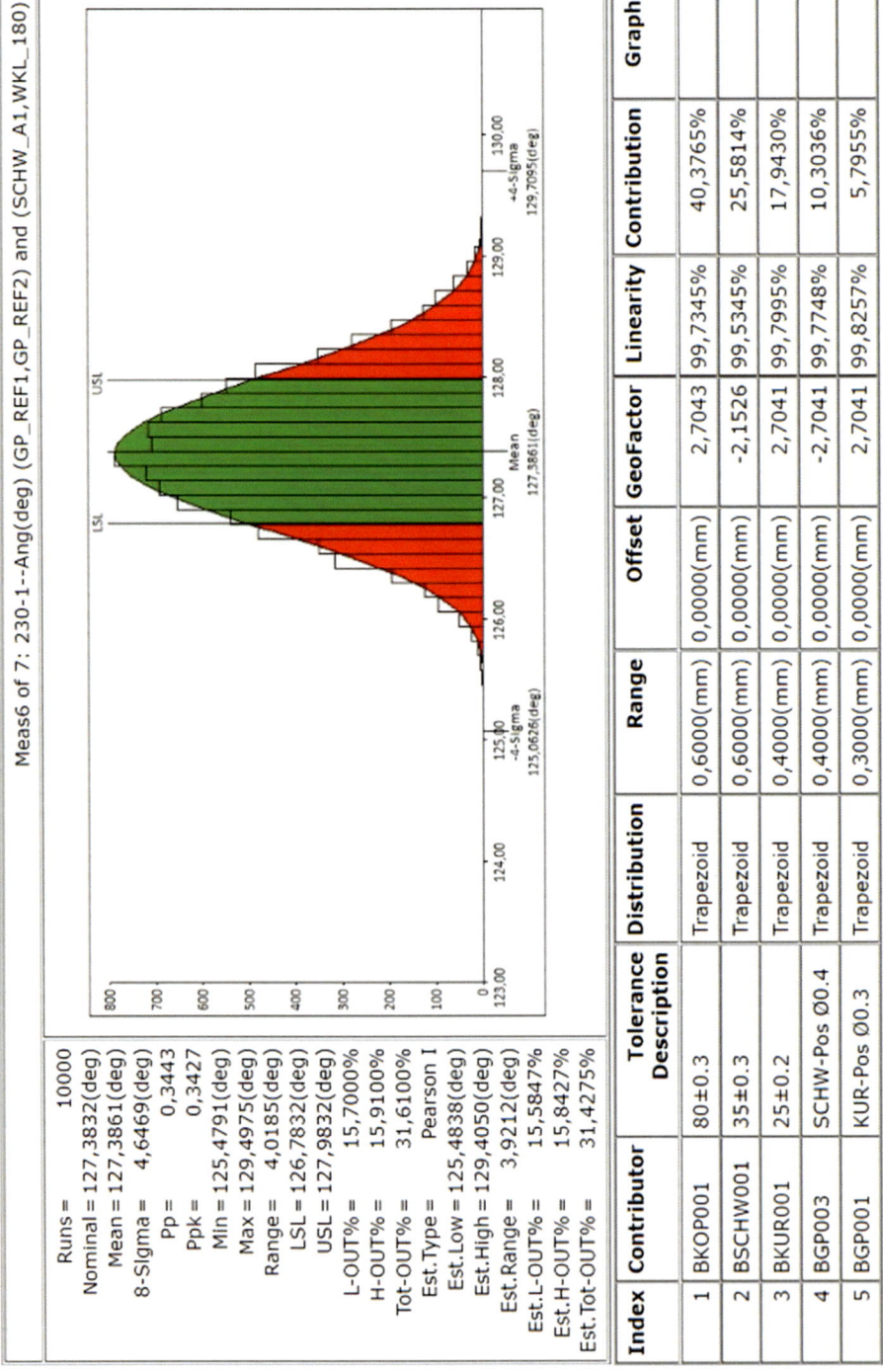

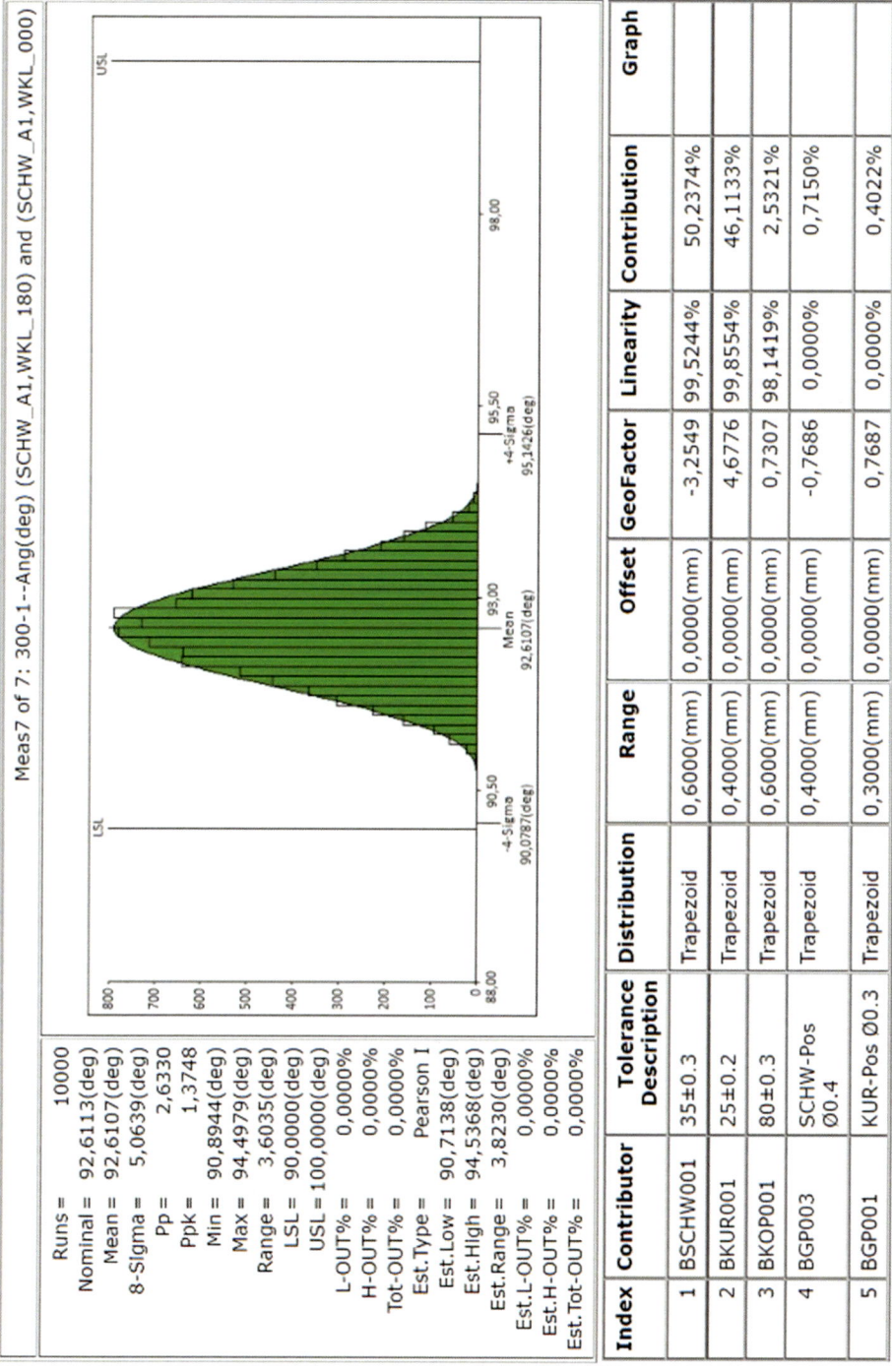

Meas7 of 7: 300-1--Ang(deg) (SCHW_A1,WKL_180) and (SCHW_A1,WKL_000)

Runs =	10000
Nominal =	92,6113(deg)
Mean =	92,6107(deg)
8-Sigma =	5,0639(deg)
Pp =	2,6330
Ppk =	1,3748
Min =	90,8944(deg)
Max =	94,4979(deg)
Range =	3,6035(deg)
LSL =	90,0000(deg)
USL =	100,0000(deg)
L-OUT% =	0,0000%
H-OUT% =	0,0000%
Tot-OUT% =	0,0000%
Est.Type =	Pearson I
Est.Low =	90,7138(deg)
Est.High =	94,5368(deg)
Est.Range =	3,8230(deg)
Est.L-OUT% =	0,0000%
Est.H-OUT% =	0,0000%
Est.Tot-OUT% =	0,0000%

Index	Contributor	Tolerance Description	Distribution	Range	Offset	GeoFactor	Linearity	Contribution	Graph
1	BSCHW001	35±0.3	Trapezoid	0,6000(mm)	0,0000(mm)	-3,2549	99,5244%	50,2374%	
2	BKUR001	25±0.2	Trapezoid	0,4000(mm)	0,0000(mm)	4,6776	99,8554%	46,1133%	
3	BKOP001	80±0.3	Trapezoid	0,6000(mm)	0,0000(mm)	0,7307	98,1419%	2,5321%	
4	BGP003	SCHW-Pos Ø0.4	Trapezoid	0,4000(mm)	0,0000(mm)	-0,7686	0,0000%	0,7150%	
5	BGP001	KUR-Pos Ø0.3	Trapezoid	0,3000(mm)	0,0000(mm)	0,7687	0,0000%	0,4022%	

15.5.4 Ergebnisdokumentation für das Programmsystem 3DCS Variation Analyst Suite

Version 8.0.0.1

110-1: X-Abstand des Schraubpunktes SP_a in der Außenstellung

120-1: Y-Abstand des Schraubpunktes SP_a in der Außenstellung

130-1: Schwingenwinkel ψ_i in der Außenstellung

210-1: X-Abstand des Schraubpunktes SP_i in der Innenstellung

220-1: Y-Abstand des Schraubpunktes SP_i in der Innenstellung

230-1: Schwingenwinkel ψ_a in der Innenstellung

300-1: Schwingbereichswinkel ψ_H

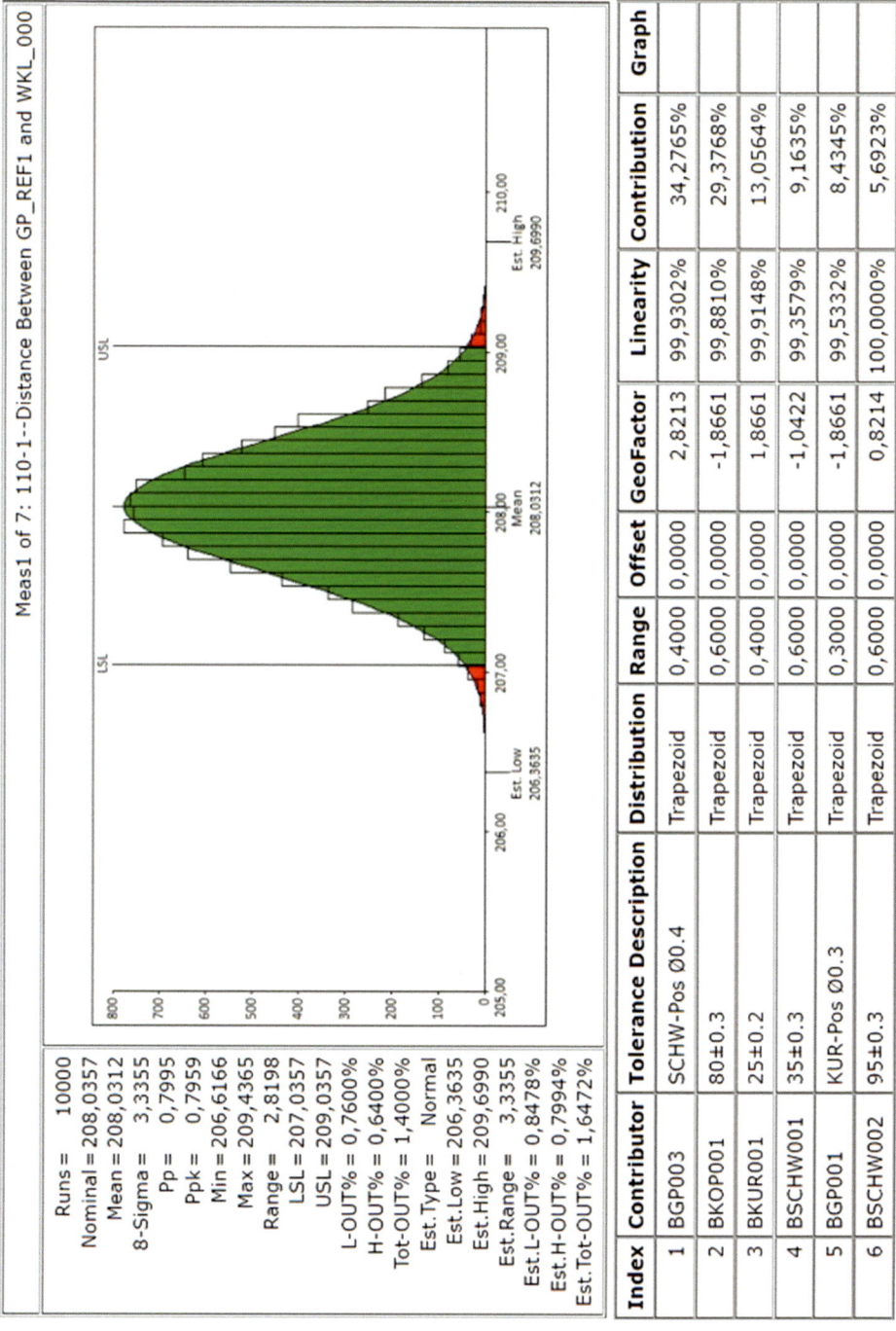

Meas1 of 7: 110-1--Distance Between GP_REF1 and WKL_000

Runs =	10000
Nominal =	208,0357
Mean =	208,0312
8-Sigma =	3,3355
Pp =	0,7995
Ppk =	0,7959
Min =	206,6166
Max =	209,4365
Range =	2,8198
LSL =	207,0357
USL =	209,0357
L-OUT% =	0,7600%
H-OUT% =	0,6400%
Tot-OUT% =	1,4000%
Est.Type =	Normal
Est.Low =	206,3635
Est.High =	209,6990
Est.Range =	3,3355
Est.L-OUT% =	0,8478%
Est.H-OUT% =	0,7994%
Est.Tot-OUT% =	1,6472%

Index	Contributor	Tolerance Description	Distribution	Range	Offset	GeoFactor	Linearity	Contribution	Graph
1	BGP003	SCHW-Pos Ø0.4	Trapezoid	0,4000	0,0000	2,8213	99,9302%	34,2765%	
2	BKOP001	80±0.3	Trapezoid	0,6000	0,0000	-1,8661	99,8810%	29,3768%	
3	BKUR001	25±0.2	Trapezoid	0,4000	0,0000	1,8661	99,9148%	13,0564%	
4	BSCHW001	35±0.3	Trapezoid	0,6000	0,0000	-1,0422	99,3579%	9,1635%	
5	BGP001	KUR-Pos Ø0.3	Trapezoid	0,3000	0,0000	-1,8661	99,5332%	8,4345%	
6	BSCHW002	95±0.3	Trapezoid	0,6000	0,0000	0,8214	100,0000%	5,6923%	

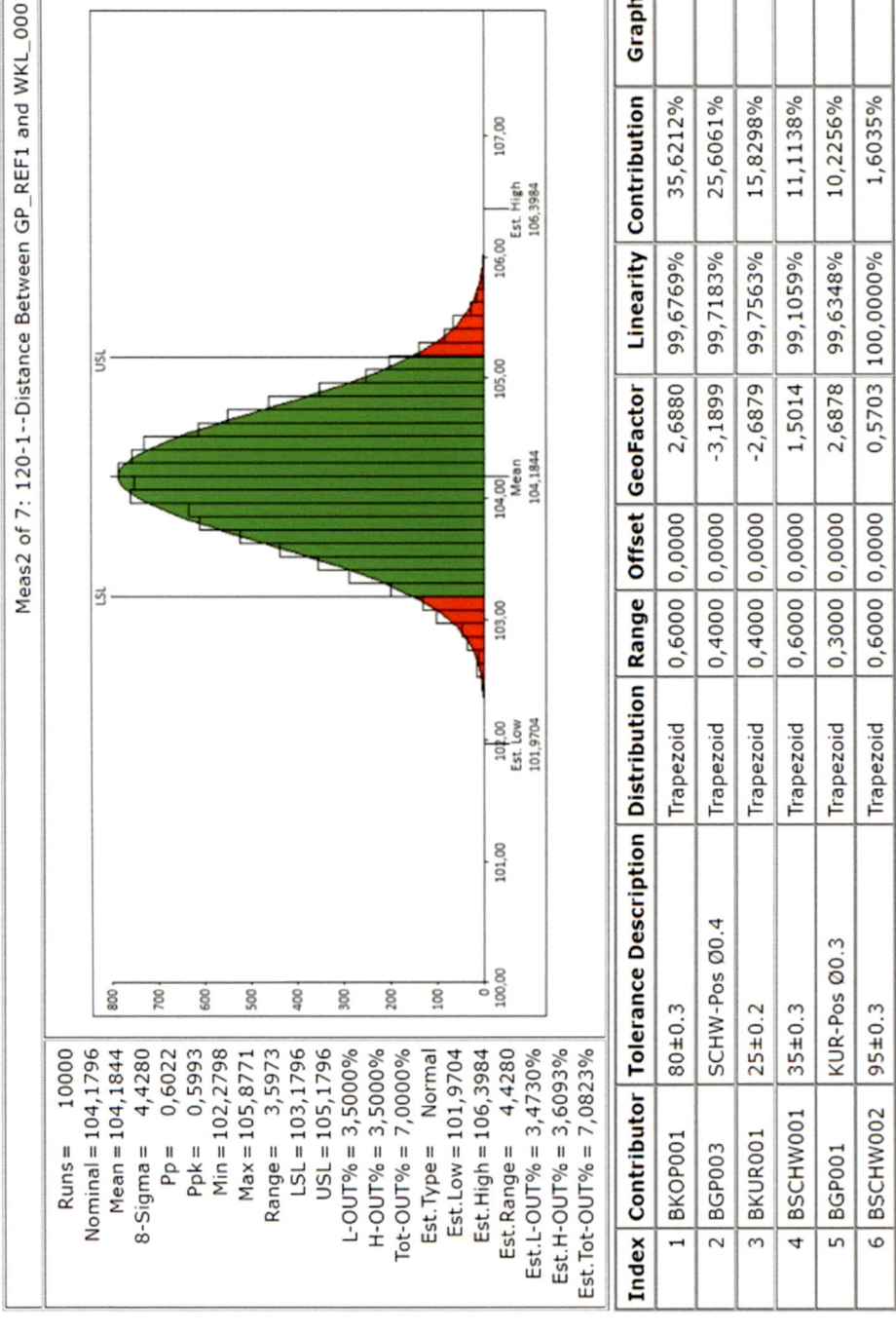

Meas2 of 7: 120-1--Distance Between GP_REF1 and WKL_000

Runs =	10000
Nominal =	104,1796
Mean =	104,1844
8-Sigma =	4,4280
Pp =	0,6022
Ppk =	0,5993
Min =	102,2798
Max =	105,8771
Range =	3,5973
LSL =	103,1796
USL =	105,1796
L-OUT% =	3,5000%
H-OUT% =	3,5000%
Tot-OUT% =	7,0000%
Est.Type =	Normal
Est.Low =	101,9704
Est.High =	106,3984
Est.Range =	4,4280
Est.L-OUT% =	3,4730%
Est.H-OUT% =	3,6093%
Est.Tot-OUT% =	7,0823%

Index	Contributor	Tolerance Description	Distribution	Range	Offset	GeoFactor	Linearity	Contribution	Graph
1	BKOP001	80±0.3	Trapezoid	0,6000	0,0000	2,6880	99,6769%	35,6212%	
2	BGP003	SCHW-Pos Ø0.4	Trapezoid	0,4000	0,0000	-3,1899	99,7183%	25,6061%	
3	BKUR001	25±0.2	Trapezoid	0,4000	0,0000	-2,6879	99,7563%	15,8298%	
4	BSCHW001	35±0.3	Trapezoid	0,6000	0,0000	1,5014	99,1059%	11,1138%	
5	BGP001	KUR-Pos Ø0.3	Trapezoid	0,3000	0,0000	2,6878	99,6348%	10,2256%	
6	BSCHW002	95±0.3	Trapezoid	0,6000	0,0000	0,5703	100,0000%	1,6035%	

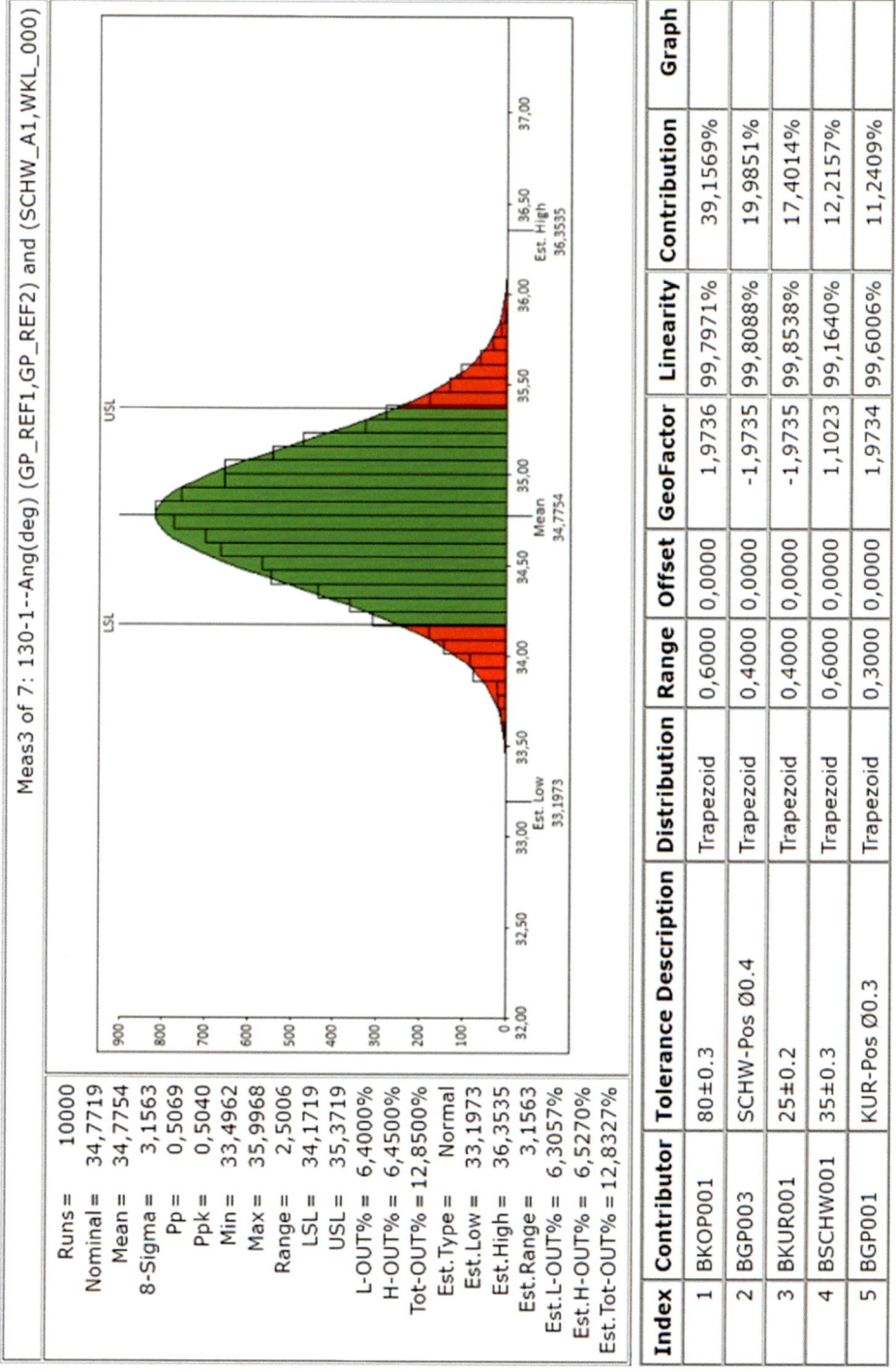

Meas3 of 7: 130-1--Ang(deg) (GP_REF1,GP_REF2) and (SCHW_A1,WKL_000)

Runs =	10000
Nominal =	34,7719
Mean =	34,7754
8-Sigma =	3,1563
Pp =	0,5069
Ppk =	0,5040
Min =	33,4962
Max =	35,9968
Range =	2,5006
LSL =	34,1719
USL =	35,3719
L-OUT% =	6,4000%
H-OUT% =	6,4500%
Tot-OUT% =	12,8500%
Est.Type =	Normal
Est.Low =	33,1973
Est.High =	36,3535
Est.Range =	3,1563
Est.L-OUT% =	6,3057%
Est.H-OUT% =	6,5270%
Est.Tot-OUT% =	12,8327%

Index	Contributor	Tolerance Description	Distribution	Range	Offset	GeoFactor	Linearity	Contribution	Graph
1	BKOP001	80±0.3	Trapezoid	0,6000	0,0000	1,9736	99,7971%	39,1569%	
2	BGP003	SCHW-Pos Ø0.4	Trapezoid	0,4000	0,0000	-1,9735	99,8088%	19,9851%	
3	BKUR001	25±0.2	Trapezoid	0,4000	0,0000	-1,9735	99,8538%	17,4014%	
4	BSCHW001	35±0.3	Trapezoid	0,6000	0,0000	1,1023	99,1640%	12,2157%	
5	BGP001	KUR-Pos Ø0.3	Trapezoid	0,3000	0,0000	1,9734	99,6006%	11,2409%	

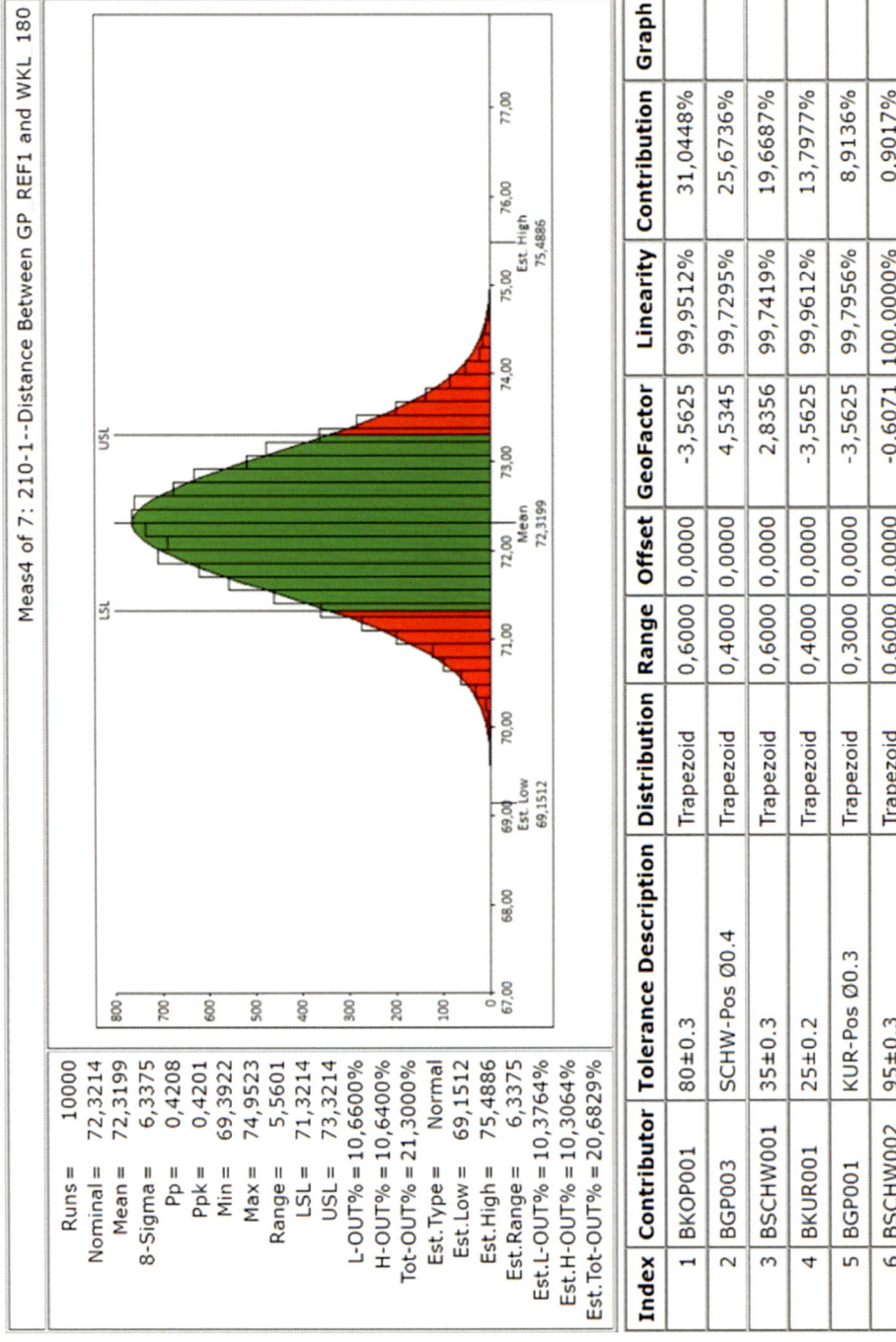

Meas4 of 7: 210-1--Distance Between GP REF1 and WKL 180

Runs = 10000
Nominal = 72,3214
Mean = 72,3199
8-Sigma = 6,3375
Pp = 0,4208
Ppk = 0,4201
Min = 69,3922
Max = 74,9523
Range = 5,5601
LSL = 71,3214
USL = 73,3214
L-OUT% = 10,6600%
H-OUT% = 10,6400%
Tot-OUT% = 21,3000%
Est.Type = Normal
Est.Low = 69,1512
Est.High = 75,4886
Est.Range = 6,3375
Est.L-OUT% = 10,3764%
Est.H-OUT% = 10,3064%
Est.Tot-OUT% = 20,6829%

Index	Contributor	Tolerance Description	Distribution	Range	Offset	GeoFactor	Linearity	Contribution	Graph
1	BKOP001	80±0.3	Trapezoid	0,6000	0,0000	-3,5625	99,9512%	31,0448%	
2	BGP003	SCHW-Pos Ø0.4	Trapezoid	0,4000	0,0000	4,5345	99,7295%	25,6736%	
3	BSCHW001	35±0.3	Trapezoid	0,6000	0,0000	2,8356	99,7419%	19,6687%	
4	BKUR001	25±0.2	Trapezoid	0,4000	0,0000	-3,5625	99,9612%	13,7977%	
5	BGP001	KUR-Pos Ø0.3	Trapezoid	0,3000	0,0000	-3,5625	99,7956%	8,9136%	
6	BSCHW002	95±0.3	Trapezoid	0,6000	0,0000	-0,6071	100,0000%	0,9017%	

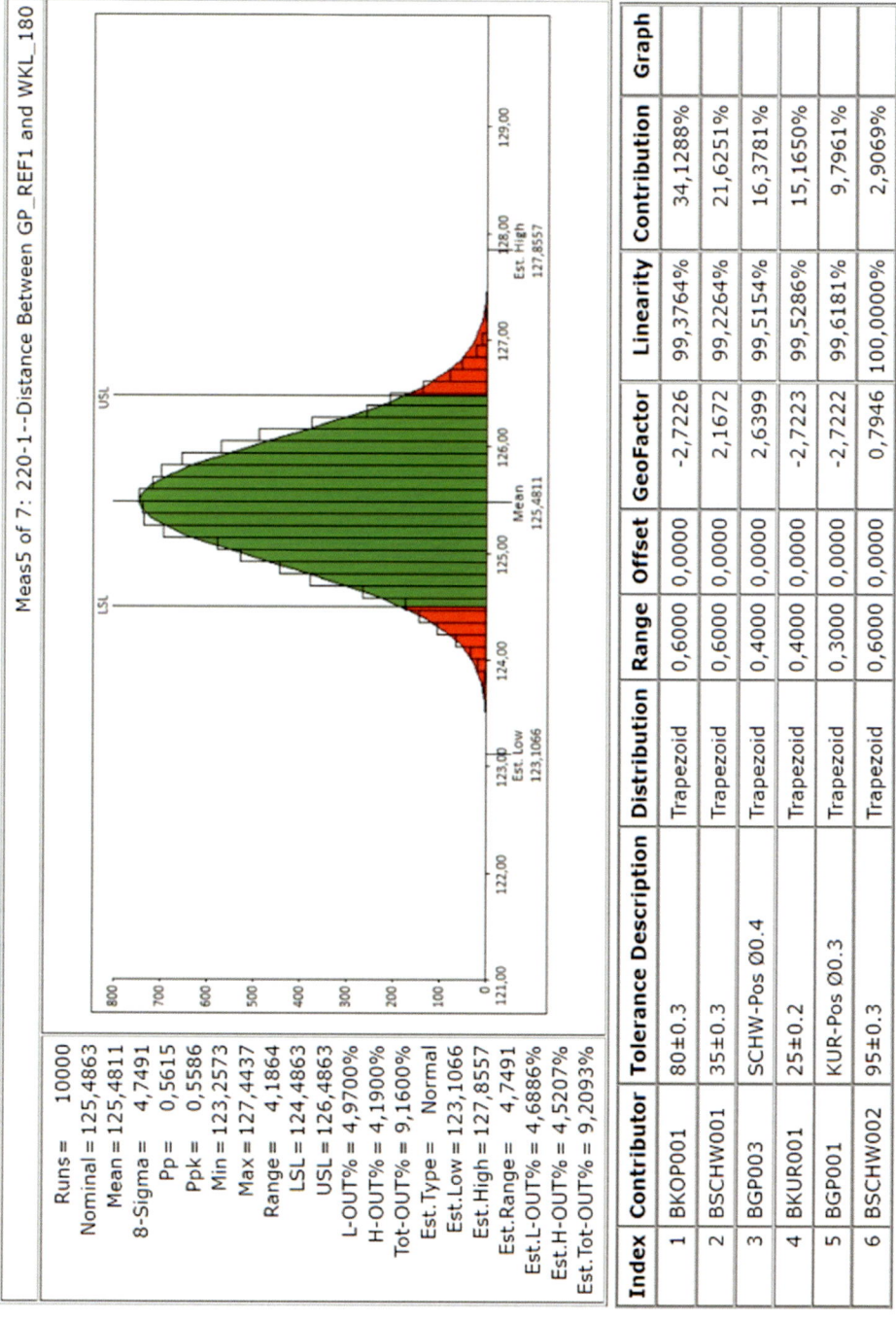

Meas5 of 7: 220-1--Distance Between GP_REF1 and WKL_180

Runs =	10000
Nominal =	125,4863
Mean =	125,4811
8-Sigma =	4,7491
Pp =	0,5615
Ppk =	0,5586
Min =	123,2573
Max =	127,4437
Range =	4,1864
LSL =	124,4863
USL =	126,4863
L-OUT% =	4,9700%
H-OUT% =	4,1900%
Tot-OUT% =	9,1600%
Est.Type =	Normal
Est.Low =	123,1066
Est.High =	127,8557
Est.Range =	4,7491
Est.L-OUT% =	4,6886%
Est.H-OUT% =	4,5207%
Est.Tot-OUT% =	9,2093%

Index	Contributor	Tolerance Description	Distribution	Range	Offset	GeoFactor	Linearity	Contribution	Graph
1	BKOP001	80±0.3	Trapezoid	0,6000	0,0000	-2,7226	99,3764%	34,1288%	
2	BSCHW001	35±0.3	Trapezoid	0,6000	0,0000	2,1672	99,2264%	21,6251%	
3	BGP003	SCHW-Pos Ø0.4	Trapezoid	0,4000	0,0000	2,6399	99,5154%	16,3781%	
4	BKUR001	25±0.2	Trapezoid	0,4000	0,0000	-2,7223	99,5286%	15,1650%	
5	BGP001	KUR-Pos Ø0.3	Trapezoid	0,3000	0,0000	-2,7222	99,6181%	9,7961%	
6	BSCHW002	95±0.3	Trapezoid	0,6000	0,0000	0,7946	100,0000%	2,9069%	

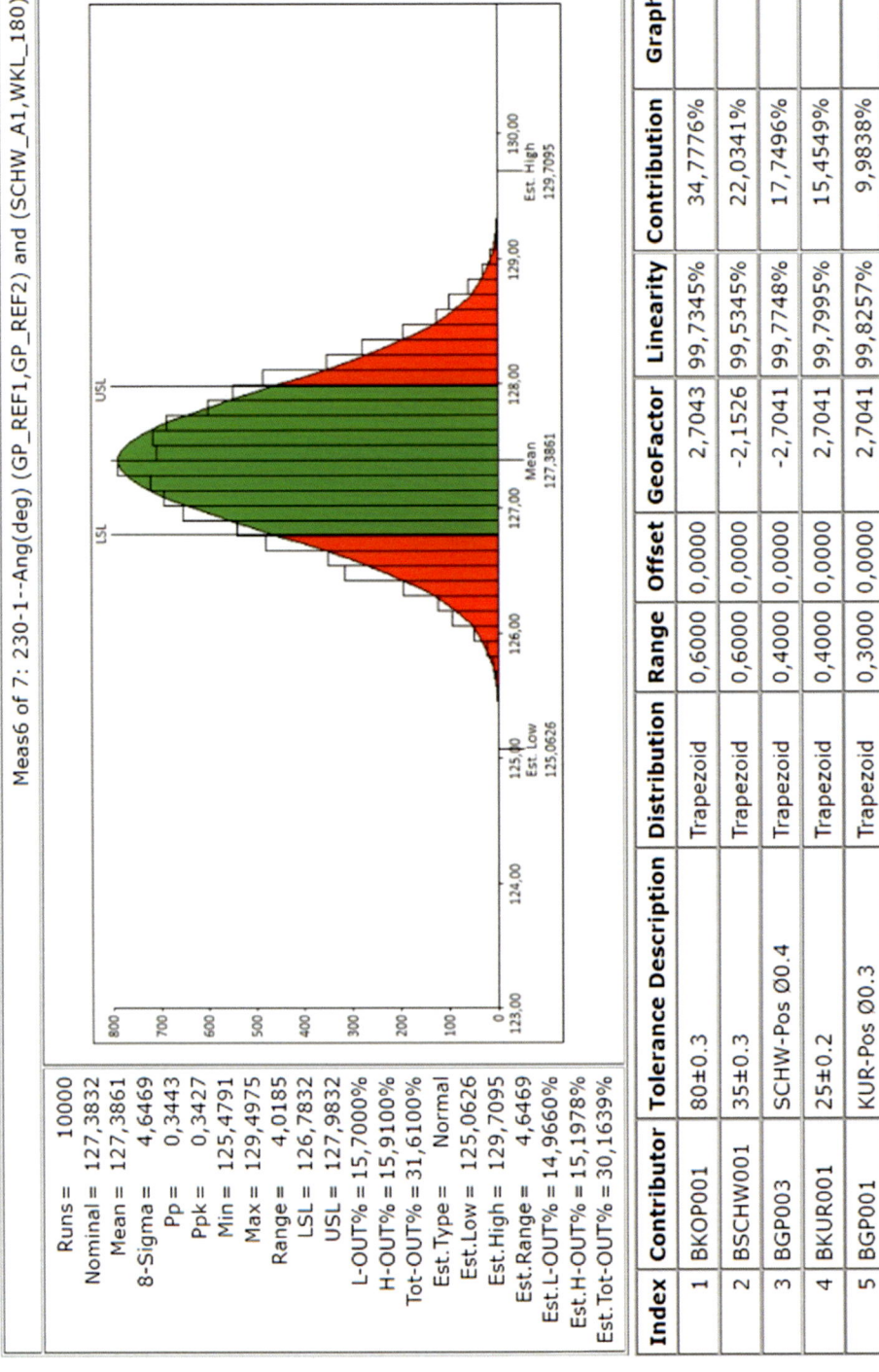

Meas6 of 7: 230-1--Ang(deg) (GP_REF1,GP_REF2) and (SCHW_A1,WKL_180)

Runs = 10000
Nominal = 127,3832
Mean = 127,3861
8-Sigma = 4,6469
Pp = 0,3443
Ppk = 0,3427
Min = 125,4791
Max = 129,4975
Range = 4,0185
LSL = 126,7832
USL = 127,9832
L-OUT% = 15,7000%
H-OUT% = 15,9100%
Tot-OUT% = 31,6100%
Est.Type = Normal
Est.Low = 125,0626
Est.High = 129,7095
Est.Range = 4,6469
Est.L-OUT% = 14,9660%
Est.H-OUT% = 15,1978%
Est.Tot-OUT% = 30,1639%

Index	Contributor	Tolerance	Description	Distribution	Range	Offset	GeoFactor	Linearity	Contribution	Graph
1	BKOP001	80±0.3		Trapezoid	0,6000	0,0000	2,7043	99,7345%	34,7776%	
2	BSCHW001	35±0.3		Trapezoid	0,6000	0,0000	-2,1526	99,5345%	22,0341%	
3	BGP003	SCHW-Pos Ø0.4		Trapezoid	0,4000	0,0000	-2,7041	99,7748%	17,7496%	
4	BKUR001	25±0.2		Trapezoid	0,4000	0,0000	2,7041	99,7995%	15,4549%	
5	BGP001	KUR-Pos Ø0.3		Trapezoid	0,3000	0,0000	2,7041	99,8257%	9,9838%	

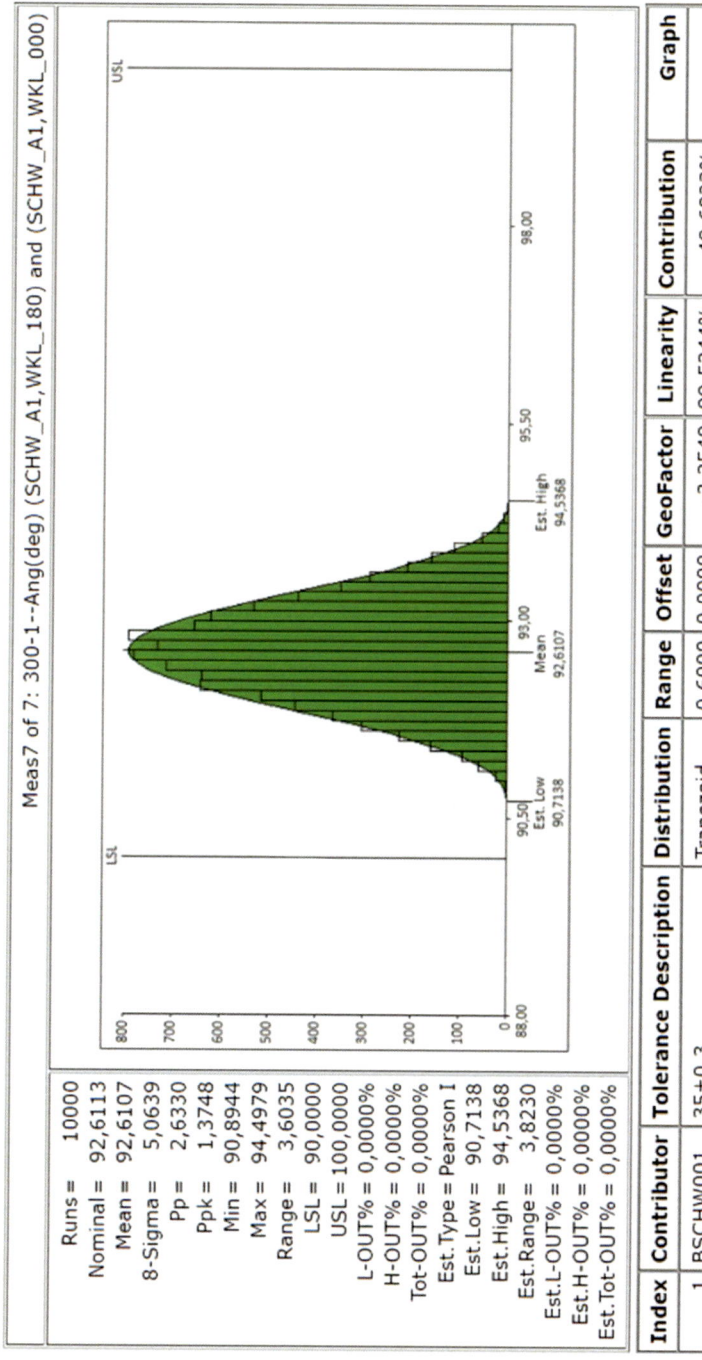

Meas7 of 7: 300-1--Ang(deg) (SCHW_A1,WKL_180) and (SCHW_A1,WKL_000)

Runs =	10000	
Nominal =	92,6113	
Mean =	92,6107	
8-Sigma =	5,0639	
Pp =	2,6330	
Ppk =	1,3748	
Min =	90,8944	
Max =	94,4979	
Range =	3,6035	
LSL =	90,0000	
USL =	100,0000	
L-OUT% =	0,0000%	
H-OUT% =	0,0000%	
Tot-OUT% =	0,0000%	
Est. Type =	Pearson I	
Est.Low =	90,7138	
Est.High =	94,5368	
Est.Range =	3,8230	
Est.L-OUT% =	0,0000%	
Est.H-OUT% =	0,0000%	
Est.Tot-OUT% =	0,0000%	

Index	Contributor	Tolerance Description	Distribution	Range	Offset	GeoFactor	Linearity	Contribution	Graph
1	BSCHW001	35±0.3	Trapezoid	0,6000	0,0000	-3,2549	99,5244%	49,6823%	
2	BKUR001	25±0.2	Trapezoid	0,4000	0,0000	4,6776	99,8554%	45,6038%	
3	BKOP001	80±0.3	Trapezoid	0,6000	0,0000	0,7307	98,1419%	2,5041%	
4	BGP003	SCHW-Pos Ø0.4	Trapezoid	0,4000	0,0000	-0,7686	0,0000%	1,4143%	
5	BGP001	KUR-Pos Ø0.3	Trapezoid	0,3000	0,0000	0,7687	0,0000%	0,7955%	

15.5.5 Ergebnisdokumentation mit optimierten Einzelteiltoleranzen

Berechnung durchgeführt mit dem Programmsystem simTOL$^{®}$

110-1: X-Abstand des Schraubpunktes SP_a in der Außenstellung

120-1: Y-Abstand des Schraubpunktes SP_a in der Außenstellung

130-1: Schwingenwinkel ψ_i in der Außenstellung

210-1: X-Abstand des Schraubpunktes SP_i in der Innenstellung

220-1: Y-Abstand des Schraubpunktes SP_i in der Innenstellung

230-1: Schwingenwinkel ψ_a in der Innenstellung

300-1: Schwingbereichswinkel ψ_H

casim
ingenieurleistungen

110 Lage Schraubpunkt SP - Totpunktlage Außenstellung
110-1 Schraubpunkt zu Tertiärbezug C (X-Richtung) der Grundplatte
Praxiswerte

Funktionsmaßgruppe:	110 Lage Schraubpunkt SP - Totpunktlage Außens....
Qualitätsmerkmal:	110-1 Schraubpunkt zu Tertiärbezug C (X-Richtun....
Bearbeiter / Abteilung:	
Bemerkung:	
Titel:	Schraubpunkt zu Tertiärbezug C (X-Richtung)

Berechnungsmodus: Vorgabe Q-Merkmal:

statistische Analyse
Nennmaß = 208.036
Oberes Abmaß = 1.000
Unteres Abmaß = -1.000

Erstellung: 02.05.2024
Letzte Änderung: 15.04.2025
Druckdatum: 15.04.2025
Praxiswerte   1/1 (1/21)

Nr.	Kurzzeichen	Funktionsmerkmal	Koeff.	Nennmaß	Abmaß ES/es	Abmaß EI/ei	VT	Para1	Para2	x,y,z	Status	Bemerkung
1	BGP001 ⊕	Grundplatte: Positionstoleranz; Festlager A für Kurbel zu Bezug A	B	C der Grundplatte	-1.866	0.000	0.060	-0.060	TV	0.250	0.750	XY	Bestätigt	Verschiebung zirkular
2	BGP003 ⊕	Grundplatte: Positionstoleranz; Festlager B für Schwinge zu Bezug A	B	C der Grundplatte	+2.821	0.000	0.050	-0.050	TV	0.250	0.750	XY	Bestätigt	Verschiebung zirkular
3	BKUR001 ⊕	Kurbel (Kurbel a): Positionstoleranz; Gelenkpunkt D für Koppelstange zu Bezug A	B	C der Kurbel	+1.866	0.000	0.060	-0.060	TV	0.250	0.750	XY	Bestätigt	TED = 25 mm
4	BKOP001 ⊕	Koppelstange (Koppelstange b): Positionstoleranz; Gelenkpunkt C für Schwinge zu Bezug A	B	C der Koppelstange	-1.866	0.000	0.060	-0.060	TV	0.250	0.750	XY	Bestätigt	TED = 80 mm
5	BSCHW001 ⊕	Schwinge (Schwinge c): Positionstoleranz; Gelenkpunkt C zu Bezug A	B	C der Schwinge	-1.044	0.000	0.080	-0.080	TV	0.250	0.750	XY	Bestätigt	TED = 35 mm
6	BSCHW002 ⊕	Schwinge (Schwingenarm e): Positionstoleranz; Schraubpunkt SP zu Bezug A	B	C der Schwinge	+0.822	0.000	0.380	-0.380	TV	0.250	0.750	XY	Bestätigt	TED = 95 mm
7	BSCHW003	Schwinge: Abstandsmaß, Nominalabstand Schraubpunkt SP zu Tertiärbezug C der Grundplatte in der Außenstellung	+1.000	208.036	---	---	---	---	---	---	Bestätigt	Nominalabstand [mm] gemessen aus CAD

arithmetisches Schließmaß (Qualitätsmerkmal) für M0a = 208.036 : 0.873 / -0.873

statistisches Schließmaß (Qualitätsmerkmal) für M0s = 208.036 : 0.621 / -0.621

Vorgabe Qualitätsmerkmal : 1.000 / -1.000

V5605 R2410114 Berechnungsparameter: Faltung / SKIP: 0.50 / Stutzst: 496

Spezifikation
Geforderter Gutanteil: 99.9936 %
Erreichter Gutanteil 100.00 %
Mittelwertversatz zur Q-Vorgabe = 0

Zuständigkeit / **Termin**

Maßnahmen/Bemerkungen

Gesamtdichtefunktion

207.036 — 209.036
207.163
207.415 — Ts=1.241
207.036
208.036
208.657 — Ta=1.746
208.909

casim Ingenieurleistungen

02.05.2024
15.04.2025
15.04.2025
1/1 (2/21)

110 Lage Schraubpunkt SP - Totpunktlage Außenstellung
110-1 Schraubpunkt zu Tertiärbezug C (X-Richtung) der Grundplatte
Ergebnissituation

Funktionsmaßgruppe:	110 Lage Schraubpunkt SP - Totpunktlage Außens...	Berechnungsmodus:	statistische Analyse	Erstellung:	02.05.2024
Qualitätsmerkmal:	110-1 Schraubpunkt zu Tertiärbezug C (X-Richtun...	Vorgabe Q-Merkmal:	Nennmaß = 208.036	Letzte Änderung:	15.04.2025
Bearbeiter / Abteilung:			Oberes Abmaß = 1.000	Druckdatum:	15.04.2025
Bemerkung:			Unteres Abmaß = -1.000	Ergebnissituation	1/1 (2/21)
Titel:	Schraubpunkt zu Tertiärbezug C (X-Richtung)				

110-1 Schraubpunkt zu Tertiärbezug C (X-Richtung) der Grundplatte

Pa = 99.9936 % für Ts

Cp = 1.98   Cpk = 1.98   Erreichter Gutanteil: 100.00%
bezogen auf Q-Vorgabe

Schließmaßberechnung	Nenn-maß	Toleranz Abmaße	Toleranz Feld (T)
Toleranzmittenmaß	208.036		
Q-Vorgabe	208.036	±1.000	2.000
arithmetisches Schließmaß (M0a)	208.036	±0.873	1.746
statistisches Schließmaß (M0s)	208.036	±0.621	1.241

Prozessfähigkeitsindizes [1]			
Cp bezogen auf Q-Vorgabe			1.98
Cpk bezogen auf Q-Vorgabe			1.98
		[%]	100.00

Prozesszentrierung			
Mittelwertverschiebung um			- / -
Gutanteil nach Zentrierung			- / -

statistische Hauptbeitragsleister			<T> Toleranzfeld
6	BSCHW002	⊕ <0.760> Schwinge (Schwingenarm e); Positionstoleranz; Schraubpunkt SP zu Bezug A | B | C der Schwinge	60.2%
2	BGP003	⊕ <0.100> Grundplatte: Positionstoleranz; Festlager B für Schwinge zu Bezug A | B | C der Grundplatte	12.3%
1	BGP001	⊕ <0.120> Grundplatte: Positionstoleranz; Festlager A für Kurbel zu Bezug A | B | C...	7.7%

1) geometrisches Berechnungsverfahren nach DIN ISO 22514-2 Quantilmethode $M_{2,1}$

110 Lage Schraubpunkt SP - Totpunktlage Außenstellung
110-1 Schraubpunkt zu Tertiärbezug C (X-Richtung) der Grundplatte
Pareto-Analyse

Funktionsmaßgruppe:	110 Lage Schraubpunkt SP - Totpunktlage Außens....	**Berechnungsmodus:**
Qualitätsmerkmal:	110-1 Schraubpunkt zu Tertiärbezug C (X-Richtun...	Vorgabe Q-Merkmal
Bearbeiter / Abteilung:		
Bemerkung:		
Titel:	Schraubpunkt zu Tertiärbezug C (X-Richtung)	

statistische Analyse
Nennmaß = 208.036
Oberes Abmaß = 1.000
Unteres Abmaß = -1.000

Erstellung: 02.05.2024
Letzte Änderung: 15.04.2025
Druckdatum: 15.04.2025
Pareto-Analyse   1/1 (3/21)

casim Ingenieurleistungen

Nr.	Kurzzeichen Koeff.	Toleranz	ES/es	EI/ei	VT	Para1	Para2	Funktionsmerkmal Name	Abteilung	Status
1	BGP001 -1.866	0.120	0.060	-0.060	TV	0.250	0.750	⊕ Grundplatte: Positionstoleranz; Festlager A für Kurbel zu Bezug A | B | C der Grundplatte		Bestätigt
2	BGP003 +2.821	0.100	0.050	-0.050	TV	0.250	0.750	⊕ Grundplatte: Positionstoleranz; Festlager B für Schwinge zu Bezug A | B | C der Grundplatte		Bestätigt
3	BKUR001 +1.866	0.120	0.060	-0.060	TV	0.250	0.750	⊕ Kurbel (Kurbel a): Positionstoleranz; Gelenkpunkt D für Koppelstange zu Bezug A | B | C der Kurbel		Bestätigt
4	BKOP001 -1.866	0.120	0.060	-0.060	TV	0.250	0.750	⊕ Koppelstange (Koppelstange b): Positionstoleranz; Gelenkpunkt C für Schwinge zu Bezug A | B | C der Koppelstange		Bestätigt
5	BSCHW001 -1.044	0.160	0.080	-0.080	TV	0.250	0.750	⊕ Schwinge (Schwinge c): Positionstoleranz; Gelenkpunkt C zu Bezug A | B | C der Schwinge		Bestätigt
6	BSCHW002 +0.822	0.760	0.380	-0.380	TV	0.250	0.750	⊕ Schwinge (Schwingenarm e): Positionstoleranz; Schraubpunkt SP zu Bezug A | B | C der Schwinge		Bestätigt
7	BSCHW003 +1.000	---	---	---	---	---	---	☐ Schwinge: Abstandsmaß, Nominalabstand Schraubpunkt SP zu Tertiärbezug C der Grundplatte in der Außenstellung		Bestätigt

Beitrag [in %] zum Schließmaß — ■ arithmetisch ■ statistisch

Nr.	arithmetisch	statistisch
1	12.8%	7.7%
2	16.2%	12.3%
3	12.8%	7.7%
4	12.8%	7.7%
5	9.6%	4.3%
6	35.8%	60.2%
7	0.0%	0.0%

casim Ingenieurleistungen

120 Lage Schraubpunkt SP - Totpunktlage Außenstellung
120-1 Schraubpunkt zu Sekundärbezug B (Y-Richtung) der Grundplatte
Praxiswerte

Funktionsmaßgruppe:	120 Lage Schraubpunkt SP - Totpunktlage Außens...	
Qualitätsmerkmal:	120-1 Schraubpunkt zu Sekundärbezug B (Y-Richt...	
Bearbeiter / Abteilung:		
Bemerkung:		
Titel:	Schraubpunkt zu Sekundärbezug B (Y-Richtung)	

Berechnungsmodus.... Vorgabe Q-Merkmal:

statistische Analyse
Nennmaß = 104.180
Oberes Abmaß = 1.000
Unteres Abmaß = -1.000

Erstellung: 22.05.2024
Letzte Änderung: 15.04.2025
Druckdatum: 15.04.2025
Praxiswerte
1/1 (4/21)

Nr.	Kurzzeichen	Funktionsmerkmal	Koeff.	Nennmaß	Abmaß ES/es	El/ei	VT	Para1	Para2	x,y,z	Status	Bemerkung
1	⊕ BGP001	Grundplatte. Positionstoleranz; Festlager A für Kurbel zu Bezug A | B | C der Grundplatte	+2.691	0.000	0.060	-0.060	TV	0.250	0.750	XY	Bestätigt	Verschiebung zirkular
2	⊕ BGP003	Grundplatte. Positionstoleranz; Festlager B für Schwinge zu Bezug A | B | C der Grundplatte	-3.194	0.000	0.050	-0.050	TV	0.250	0.750	XY	Bestätigt	Verschiebung zirkular
3	⊕ BKUR001	Kurbel (Kurbel a); Positionstoleranz; Gelenkpunkt D für Koppelstange zu Bezug A | B | C der Kurbel	-2.691	0.000	0.060	-0.060	TV	0.250	0.750	XY	Bestätigt	TED = 25 mm
4	⊕ BKOP001	Koppelstange (Koppelstange b); Positionstoleranz; Gelenkpunkt C für Schwinge zu Bezug A | B | C der Koppelstange	+2.691	0.000	0.060	-0.060	TV	0.250	0.750	XY	Bestätigt	TED = 80 mm
5	⊕ BSCHW001	Schwinge (Schwinge c); Positionstoleranz; Gelenkpunkt C zu Bezug A | B | C der Schwinge	+1.507	0.000	0.080	-0.080	TV	0.250	0.750	XY	Bestätigt	TED = 35 mm
6	⊕ BSCHW002	Schwinge (Schwingenarm e); Positionstoleranz; Schraubpunkt SP zu Bezug A | B | C der Schwinge	+0.571	0.000	0.380	-0.380	TV	0.250	0.750	XY	Bestätigt	TED = 95 mm
7	⊡ BSCHW004	Schwinge; Abstandsmaß, Nominalabstand Schraubpunkt SP zu Sekundärbezug B der Grundplatte in der Außenstellung	+1.000	104.180	---	---	---	---	---	XY	Bestätigt	Nominalabstand [mm] gemessen aus CAD
	arithmetisches Schließmaß (Qualitätsmerkmal) für M0a = 104.180				0.982	-0.982						
	statistisches Schließmaß (Qualitätsmerkmal) für M0s = 104.180				0.673	-0.673						
	Vorgabe Qualitätsmerkmal				1.000	-1.000						

Spezifikation

Geforderter Gutanteil: 99.9936 %
Erreichter Gutanteil 100.00 %
Mittelwertversatz zur Q-Vorgabe = 0

V5605 R241014 Berechnungsparameter: Faltung / SKIP 0.50 / Stützst. 490

Maßnahmen/Bemerkungen	Zuständigkeit	Termin

Gesamtdichtefunktion

105.180
105.162
104.853
104.180
Ts=1.346
Ta=1.963
103.507
103.198
103.180

casim
Ingenieurleistungen

120 Lage Schraubpunkt SP - Totpunktlage Außenstellung
120-1 Schraubpunkt zu Sekundärbezug B (Y-Richtung) der Grundplatte
Ergebnissituation

Funktionsmaßgruppe:	120 Lage Schraubpunkt SP - Totpunktlage Außens...	**Berechnungsmodus:**	Erstellung:	22.05.2024
Qualitätsmerkmal:	120-1 Schraubpunkt zu Sekundärbezug B (Y-Richt...	**Vorgabe Q-Merkmal:**	Letzte Änderung:	15.04.2025
Bearbeiter / Abteilung:			Druckdatum:	15.04.2025
Bemerkung:			Ergebnissituation	1/1 (5/21)
Titel:	Schraubpunkt zu Sekundärbezug B (Y-Richtung)			

statistische Analyse
Nennmaß = 104.180
Oberes Abmaß = 1.000
Unteres Abmaß = -1.000

120-1 Schraubpunkt zu Sekundärbezug B (Y-Richtung) der Grundplatte

103.180

105.180

Pa = 99.9936 % für Ts

Ts=1.346

Ta=1.963

104.180

103.507

104.853

103.198

105.162

Cp = 1.87   Cpk = 1.86
bezogen auf Q-Vorgabe

Erreichter Gutanteil: 100.00%

Schließmaßberechnung	Nenn-maß	Toleranz Abmaße	Feld (T)
Toleranzmittenmaß	104.180		
Q-Vorgabe	104.180	±1.000	2.000
arithmetisches Schließmaß (M0a)	104.180	±0.982	1.963
statistisches Schließmaß (M0s)	104.180	±0.673	1.346

Prozessfähigkeitsindizes [1]			
Cp bezogen auf Q-Vorgabe			1.87
Cpk bezogen auf Q-Vorgabe			1.86

Prozesszentrierung			[%]	100.00
Mittelwertverschiebung um				- / -
Gutanteil nach Zentrierung				- / -

statistische Hauptbeitragsleister   <T> Toleranzfeld

6	BSCHW002	<0.760> Schwinge (Schwingenarm e); ⊕ Positionstoleranz; Schraubpunkt SP zu Bezug A | B | C der Schwinge	28.5%
1	BGP001	<0.120> Grundplatte: Positionstoleranz; Festlager A für Kurbel zu Bezug A | B | C...	15.8%
3	BKUR001	<0.120> Kurbel (Kurbel a): ⊕ Positionstoleranz; Gelenkpunkt D für Koppelstange zu Bezug A | B | C der...	15.8%

1) geometrisches Berechnungsverfahren nach DIN ISO 22514-2 Quantilmethode $M_{2.1}$

120 Lage Schraubpunkt SP - Totpunktlage Außenstellung
120-1 Schraubpunkt zu Sekundärbezug B (Y-Richtung) der Grundplatte
Pareto-Analyse

Funktionsmaßgruppe: 120 Lage Schraubpunkt SP - Totpunktlage Außens....
Qualitätsmerkmal: 120-1 Schraubpunkt zu Sekundärbezug B (Y-Richt...
Bearbeiter / Abteilung:
Bemerkung:
Titel: Schraubpunkt zu Sekundärbezug B (Y-Richtung)

Berechnungsmodus: **Vorgabe Q-Merkmal**

statistische Analyse
Nennmaß = 104.180
Oberes Abmaß = 1.000
Unteres Abmaß = -1.000

Erstellung: 22.05.2024
Letzte Änderung: 15.04.2025
Druckdatum: 15.04.2025
Pareto-Analyse: 1/1 (6/21)

casim Ingenieurleistungen

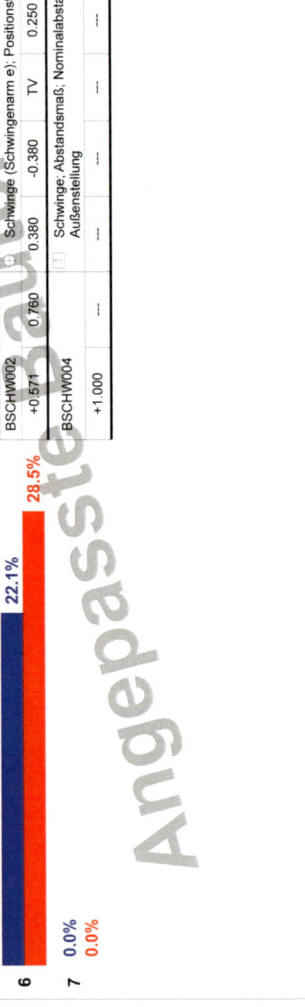

Beitrag [in %] zum Schließmaß — arithmetisch / statistisch

Nr.	arithmetisch	statistisch
1	16.4%	15.8%
2	16.3%	15.4%
3	16.4%	15.8%
4	16.4%	15.8%
5	12.3%	8.8%
6	22.1%	28.5%
7	0.0%	0.0%

Nr.	Kurzzeichen Koeff.	Kurzzeichen Toleranz	ES/es	EI/ei	VT	Para1	Para2	Name	Abteilung	Status
1	BGP001 +2.691	0.120	0.060	-0.060	TV	0.250	0.750	Grundplatte: Positionstoleranz; Festlager A für Kurbel zu Bezug A | B | C der Grundplatte		Bestätigt
2	BGP003 -3.194	0.100	0.050	-0.050	TV	0.250	0.750	Grundplatte: Positionstoleranz; Festlager B für Schwinge zu Bezug A | B | C der Grundplatte		Bestätigt
3	BKUR001 -2.691	0.120	0.060	-0.060	TV	0.250	0.750	Kurbel (Kurbel a): Positionstoleranz; Gelenkpunkt D für Koppelstange zu Bezug A | B | C der Kurbel		Bestätigt
4	BKOP001 +2.691	0.120	0.060	-0.060	TV	0.250	0.750	Koppelstange (Koppelstange b): Positionstoleranz; Gelenkpunkt C für Schwinge zu Bezug A | B | C der Koppelstange		Bestätigt
5	BSCHW001 +1.507	0.160	0.080	-0.080	TV	0.250	0.750	Schwinge (Schwinge c): Positionstoleranz; Gelenkpunkt C zu Bezug A | B | C der Schwinge		Bestätigt
6	BSCHW002 +0.571	0.760	0.380	-0.380	TV	0.250	0.750	Schwinge (Schwingenarm e): Positionstoleranz; Schraubpunkt SP zu Bezug A | B | C der Schwinge		Bestätigt
7	BSCHW004 +1.000	---	---	---	---	---	---	Schwinge: Abstandsmaß, Nominalabstand Schraubpunkt SP zu Sekundärbezug B der Grundplatte in der Außenstellung		Bestätigt

130 Schwinge - Totpunktlage Außenstellung
130-1 Winkelstellung der Schwinge
Praxiswerte

casim ingenieurleistungen

Funktionsmaßgruppe:	130 Schwinge - Totpunktlage Außenstellung	
Qualitätsmerkmal:	130-1 Winkelstellung der Schwinge	
Bearbeiter / Abteilung:		
Bemerkung:		
Titel:	Winkelstellung der Schwinge	

Berechnungsmodus: Vorgabe Q-Merkmal:

statistische Analyse
Nennmaß = 34.772
Oberes Abmaß = 0.600
Unteres Abmaß = -0.600

Erstellung: 22.05.2024
Letzte Änderung: 15.04.2025
Druckdatum: 15.04.2025
Praxiswerte
1/1 (7/21)

Nr.	Kurzzeichen	Funktionsmerkmal	Koeff.	Nennmaß	Abmaß ES/es	Abmaß EI/ei	VT	Para1	Para2	x,y,z	Status	Bemerkung
1	BGP001	Grundplatte: Positionstoleranz; Festlager A für Kurbel zu Bezug A | B | C der Grundplatte	+1.976	0.000	0.060	-0.060	TV	0.250	0.750	XY	Bestätigt	Verschiebung zirkular
2	BGP003	Grundplatte: Positionstoleranz; Festlager B für Schwinge zu Bezug A | B | C der Grundplatte	-1.976	0.000	0.050	-0.050	TV	0.250	0.750	XY	Bestätigt	Verschiebung zirkular
3	BKUR001	Kurbel (Kurbel a): Positionstoleranz; Gelenkpunkt D für Koppelstange zu Bezug A | B | C der Kurbel	-1.976	0.000	0.060	-0.060	TV	0.250	0.750	XY	Bestätigt	TED = 25 mm
4	BKOP001	Koppelstange (Koppelstange b): Positionstoleranz; Gelenkpunkt C für Schwinge zu Bezug A | B | C der Koppelstange	+1.976	0.000	0.060	-0.060	TV	0.250	0.750	XY	Bestätigt	TED = 80 mm
5	BSCHW001	Schwinge (Schwinge c): Positionstoleranz; Gelenkpunkt C zu Bezug A | B | C der Schwinge	+1.105	0.000	0.080	-0.080	TV	0.250	0.750	XY	Bestätigt	TED = 35 mm
6	BSCHW006	Schwinge: TED; Nominalwinkelstellung (Winkel PSI (innen)) des Schwingenarms in der Außenstellung	+1.000	34.772	---	---	---	---	---	XY	Bestätigt	Nominalwinkel [Grad] gemessen aus CAD

	ES/es	EI/ei
arithmetisches Schließmaß (Qualitätsmerkmal) für M0a = 34.772	0.543	-0.543
statistisches Schließmaß (Qualitätsmerkmal) für M0s = 34.772	0.398	-0.398
Vorgabe Qualitätsmerkmal	0.600	-0.600

V5605_R241014 Berechnungsparameter: Faltung / SKIP / 0.50 / Stützst.: 492

Spezifikation
Geforderter Gutanteil: 99.9936 %
Erreichter Gutanteil: 100.00 %
Mittelwertversatz zur Q-Vorgabe = 0

Maßnahmen/Bemerkungen

Q-Vorgabe und Ergebnis in [Grad]

Zuständigkeit	Termin

Gesamtdichtefunktion

35.372
35.170
34.772
$T_s = 0.796$
34.374
34.172
$T_a = 1.086$
34.229
35.315

casim
Ingenieurleistungen

Erstellung: 22.05.2024
Letzte Änderung: 15.04.2025
Druckdatum: 15.04.2025
Ergebnissituation 1/1 (8/21)

130 Schwinge - Totpunktlage Außenstellung
130-1 Winkelstellung der Schwinge
Ergebnissituation

Funktionsmaßgruppe:	130 Schwinge - Totpunktlage Außenstellung	Berechnungsmodus:	statistische Analyse
Qualitätsmerkmal:	130-1 Winkelstellung der Schwinge	Vorgabe Q-Merkmal:	Nennmaß = 34.772
Bearbeiter / Abteilung:			Oberes Abmaß = 0.600
Bemerkung:			Unteres Abmaß = -0.600
Titel:	Winkelstellung der Schwinge		

130-1 Winkelstellung der Schwinge

Pa = 99.9936 % für Ts

35.372
35.315
35.170
Ts=0.796
Ta=1.086
34.772
34.374
34.229
34.172

Cp = 1.87   Cpk = 1.87   Erreichter Gutanteil: 100.00%
bezogen auf Q-Vorgabe

	Nenn-maß	Toleranz Abmaße	Feld (T)
Schließmaßberechnung			
Toleranzmittenmaß	34.772		
Q-Vorgabe	34.772	±0.600	1.200
arithmetisches Schließmaß (M0a)	34.772	±0.543	1.086
statistisches Schließmaß (M0s)	34.772	±0.398	0.796
Prozessfähigkeitsindizes [1]			
Cp bezogen auf Q-Vorgabe			1.87
Cpk bezogen auf Q-Vorgabe			1.87
		[%]	100.00
Prozesszentrierung			
Mittelwertverschiebung um			- / -
Gutanteil nach Zentrierung			- / -

statistische Hauptbeitragsleister <T> Toleranzfeld

1	BGP001	<0.120> Grundplatte: Positionstoleranz; Festlager A für Kurbel zu Bezug A | B | C der...	23.5%
3	BKUR001	<0.120> Kurbel (Kurbel a): ⊕ Positionstoleranz; Gelenkpunkt D für Koppelstange zu Bezug A | B | C der...	23.5%
4	BKOP001	<0.120> Koppelstange (Koppelstange b): ⊕ Positionstoleranz; Gelenkpunkt C für Schwinge zu Bezug A | B | C der...	23.5%

1) geometrisches Berechnungsverfahren nach DIN ISO 22514-2 Quantilmethode $M_{2,1}$

casim Ingenieurleistungen

130 Schwinge - Totpunktlage Außenstellung
130-1 Winkelstellung der Schwinge
Pareto-Analyse

Funktionsmaßgruppe:	130 Schwinge - Totpunktlage Außenstellung
Qualitätsmerkmal:	130-1 Winkelstellung der Schwinge
Bearbeiter / Abteilung:	
Bemerkung:	
Titel:	Winkelstellung der Schwinge

Berechnungsmodus:	**statistische Analyse**
Vorgabe Q-Merkmal:	**Nennmaß = 34.772**
	Oberes Abmaß = 0.600
	Unteres Abmaß = -0.600

Erstellung:	22.05.2024
Letzte Änderung:	15.04.2025
Druckdatum:	15.04.2025
	Pareto-Analyse
	1/1 (9/21)

Nr.	Kurzzeichen	Koeff.	Toleranz	ES/es	EI/ei	VT	Para1	Para2	Funktionsmerkmal Name	Abteilung	Status
1	BGP001	+1.976	0.120	0.060	-0.060	TV	0.250	0.750	Grundplatte: Positionstoleranz; Festlager A für Kurbel zu Bezug A | B | C der Grundplatte		Bestätigt
2	BGP003	-1.976	0.100	0.050	-0.050	TV	0.250	0.750	Grundplatte: Positionstoleranz; Festlager B für Schwinge zu Bezug A | B | C der Grundplatte		Bestätigt
3	BKUR001	-1.976	0.120	0.060	-0.060	TV	0.250	0.750	Kurbel (Kurbel a): Positionstoleranz; Gelenkpunkt D für Koppelstange zu Bezug A | B | C der Kurbel		Bestätigt
4	BKOP001	+1.976	0.120	0.060	-0.060	TV	0.250	0.750	Koppelstange (Koppelstange b): Positionstoleranz; Gelenkpunkt C für Schwinge zu Bezug A | B | C der Koppelstange		Bestätigt
5	BSCHW001	+1.105	0.160	0.080	-0.080	TV	0.250	0.750	Schwinge (Schwinge c): Positionstoleranz; Gelenkpunkt C zu Bezug A | B | C der Schwinge		Bestätigt
6	BSCHW006	+1.000	---	---	---	---	---	---	Schwinge: TED; Nominalwinkelstellung (Winkel PSI (innen)) des Schwingenarms in der Außenstellung		Bestätigt

Beitrag [in %] zum Schließmaß — ■ arithmetisch ■ statistisch

Nr.	arithmetisch	statistisch
1	21.8%	23.5%
2	18.2%	16.3%
3	21.8%	23.5%
4	21.8%	23.5%
5	16.3%	13.1%
6	0.0%	0.0%

210 Lage Schraubpunkt SP - Totpunktlage Innenstellung
210-1 Schraubpunkt zu Tertiärbezug C (X-Richtung) der Grundplatte
Praxiswerte

Funktionsmaßgruppe:	210 Lage Schraubpunkt SP - Totpunktlage Innenst....	Berechnungsmodus:....
Qualitätsmerkmal:	210-1 Schraubpunkt zu Tertiärbezug C (X-Richtun...	Vorgabe Q-Merkmal:
Bearbeiter / Abteilung:		
Bemerkung:		
Titel:	Schraubpunkt zu Tertiärbezug C (X-Richtung)	

statistische Analyse
Nennmaß = 72.321
Oberes Abmaß = 1.000
Unteres Abmaß = -1.000

Erstellung: 08.01.2025
Letzte Änderung: 15.04.2025
Druckdatum: 15.04.2025
Praxiswerte
1/1 (10/21)

calsim
Ingenieurleistungen

Nr.	Kurzzeichen	Funktionsmerkmal	Koeff.	Nennmaß	Abmaß ES/es	Abmaß EI/ei	VT	Para1	Para2	x,y,z	Status	Bemerkung
1	BGP001	Grundplatte: Positionstoleranz; Festlager A für Kurbel zu Bezug A | B | C der Grundplatte	-3.563	0.000	0.060	-0.060	TV	0.250	0.750	XY	Bestätigt	Verschiebung zirkular
2	BGP003	Grundplatte: Positionstoleranz; Festlager B für Schwinge zu Bezug A | B | C der Grundplatte	+4.535	0.000	0.050	-0.050	TV	0.250	0.750	XY	Bestätigt	Verschiebung zirkular
3	BKUR001	Kurbel (Kurbel a): Positionstoleranz; Gelenkpunkt D für Koppelstange zu Bezug A | B | C der Kurbel	-3.563	0.000	0.060	-0.060	TV	0.250	0.750	XY	Bestätigt	TED = 25 mm
4	BKOP001	Koppelstange (Koppelstange b): Positionstoleranz; Gelenkpunkt C für Schwinge zu Bezug A | B | C der Koppelstange	-3.563	0.000	0.060	-0.060	TV	0.250	0.750	XY	Bestätigt	TED = 80 mm
5	BSCHW001	Schwinge (Schwinge c): Positionstoleranz; Gelenkpunkt C zu Bezug A | B | C der Schwinge	+2.838	0.000	0.080	-0.080	TV	0.250	0.750	XY	Bestätigt	TED = 35 mm
6	BSCHW002	Schwinge (Schwingenarm e): Positionstoleranz; Schraubpunkt SP zu Bezug A | B | C der Schwinge	-0.608	0.000	0.380	-0.380	TV	0.250	0.750	XY	Bestätigt	TED = 95 mm
7	BSCHW011	Schwinge: Abstandsmaß; Nominalabstand Schraubpunkt SP zu Tertiärbezug C der Grundplatte in der Innenstellung	+1.000	72.321	---	---	---	---	---	---	Bestätigt	Nominalabstand [mm] gemessen aus CAD

		ES/es	EI/ei
arithmetisches Schließmaß (Qualitätsmerkmal) für M0a = 72.321		1.326	-1.326
statistisches Schließmaß (Qualitätsmerkmal) für M0s = 72.321		0.901	-0.901
Vorgabe Qualitätsmerkmal		1.000	-1.000

V5605_R241014 Berechnungsparameter: Faltung / SKIP 0.50 / Stützst. 500

Maßnahmen/Bemerkungen	Zuständigkeit	Termin

Spezifikation
Geforderter Gutanteil: 99.9936 %
Erreichter Gutanteil 100.00 %
Mittelwertversatz zur Q-Vorgabe = 0

Gesamtdichtefunktion

73.321
73.647
73.222
72.321
Ts=1.802
Ta=2.652
71.420
71.321
70.995

casim ingenieurleistungen

210 Lage Schraubpunkt SP - Totpunktlage Innenstellung
210-1 Schraubpunkt zu Tertiärbezug C (X-Richtung) der Grundplatte
Ergebnissituation

Funktionsmaßgruppe:	210 Lage Schraubpunkt SP - Totpunktlage Innenst...	**Berechnungsmodus:** Vorgabe Q-Merkmal
Qualitätsmerkmal:	210-1 Schraubpunkt zu Tertiärbezug C (X-Richtun...	**statistische Analyse**
Bearbeiter / Abteilung:		**Nennmaß = 72.321**
Bemerkung:		**Oberes Abmaß = 1.000**
Titel:	Schraubpunkt zu Tertiärbezug C (X-Richtung)	**Unteres Abmaß = -1.000**

Erstellung: 08.01.2025
Letzte Änderung: 15.04.2025
Druckdatum: 15.04.2025
Ergebnissituation 1/1 (11/21)

Schließmaßberechnung	Nenn-maß	Toleranz Abmaße	Toleranz Feld (T)
Toleranzmittenmaß	72.321		
Q-Vorgabe	72.321	±1.000	2.000
arithmetisches Schließmaß (M0a)	72.321	±1.326	2.652
statistisches Schließmaß (M0s)	72.321	±0.901	1.802

Prozessfähigkeitsindizes [1]

Cp bezogen auf Q-Vorgabe	1.40
Cpk bezogen auf Q-Vorgabe	1.39

Prozesszentrierung

Mittelwertverschiebung um	[%]	100.00
Gutanteil nach Zentrierung	-/-	-/-

statistische Hauptbeitragsleister   <T> Toleranzfeld

			<T> Toleranzfeld
6	BSCHW002	<0.760> Schwinge (Schwingenarm e); ⊕ Positionstoleranz; Schraubpunkt SP zu Bezug A | B | C der Schwinge	18.2%
5	BSCHW001	<0.160> Schwinge (Schwinge c); ⊕ Positionstoleranz; Gelenkpunkt C zu...	17.6%
2	BGP003	<0.100> Grundplatte: Positionstoleranz; ⊕ Festlager B für Schwinge zu Bezug A | B | C der Grundplatte	17.5%

1) geometrisches Berechnungsverfahren nach DIN ISO 22514-2 Quantilmethode $M_{2,1}$

210-1 Schraubpunkt zu Tertiärbezug C (X-Richtung) der Grundplatte

Pa = 99.9936 % für Ts

71.321   73.321   73.222   Ts=1.802   72.321   Ta=2.652   71.420   73.647   70.995

Cp = 1.40   Cpk = 1.39
bezogen auf Q-Vorgabe

Erreichter Gutanteil: 100.00%

210 Lage Schraubpunkt SP - Totpunktlage Innenstellung
210-1 Schraubpunkt zu Tertiärbezug C (X-Richtung) der Grundplatte
Pareto-Analyse

casin ingenieurleistungen

Funktionsmaßgruppe:	210 Lage Schraubpunkt SP - Totpunktlage Innenst...
Qualitätsmerkmal:	210-1 Schraubpunkt zu Tertiärbezug C (X-Richtun...
Bearbeiter / Abteilung:	
Bemerkung:	
Titel:	Schraubpunkt zu Tertiärbezug C (X-Richtung)

Berechnungsmodus:	Vorgabe Q-Merkmal:
statistische Analyse	
Nennmaß = 72.321	
Oberes Abmaß = 1.000	
Unteres Abmaß = -1.000	

Erstellung:	08.01.2025
Letzte Änderung:	15.04.2025
Druckdatum:	15.04.2025
Pareto-Analyse	1/1 (12/21)

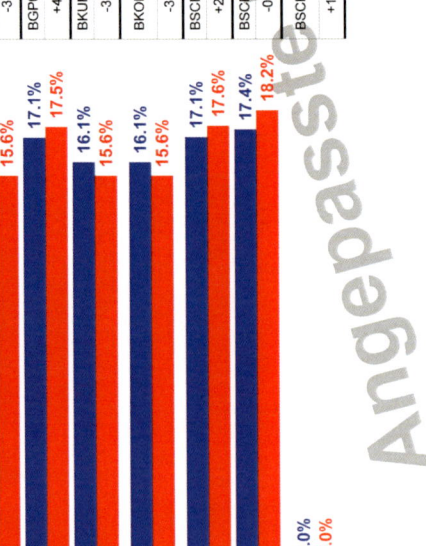

Beitrag [in %] zum Schließmaß — arithmetisch / statistisch

Nr.	Kurzzeichen Koeff.	Toleranz	ES/es	EI/ei	VT	Para1	Para2	Name	Abteilung	Status	arithmetisch	statistisch
1	BGP001 -3.563	0.120	0.060	-0.060	TV	0.250	0.750	Grundplatte: Positionstoleranz; Festlager A für Kurbel zu Bezug A | B | C der Grundplatte		Bestätigt	16.1%	15.6%
2	BGP003 +4.535	0.100	0.050	-0.050	TV	0.250	0.750	Grundplatte: Positionstoleranz; Festlager B für Schwinge zu Bezug A | B | C der Grundplatte		Bestätigt	17.1%	17.5%
3	BKUR001 -3.563	0.120	0.060	-0.060	TV	0.250	0.750	Kurbel (Kurbel a): Positionstoleranz; Gelenkpunkt D für Koppelstange zu Bezug A | B | C der Kurbel		Bestätigt	16.1%	15.6%
4	BKOP001 -3.563	0.120	0.060	-0.060	TV	0.250	0.750	Koppelstange (Koppelstange b): Positionstoleranz; Gelenkpunkt C für Schwinge zu Bezug A | B | C der Koppelstange		Bestätigt	16.1%	15.6%
5	BSCHW001 +2.838	0.160	0.080	-0.080	TV	0.250	0.750	Schwinge (Schwinge c): Positionstoleranz; Gelenkpunkt C zu Bezug A | B | C der Schwinge		Bestätigt	17.1%	17.6%
6	BSCHW002 -0.608	0.760	0.380	-0.380	TV	0.250	0.750	Schwinge (Schwingenarm e): Positionstoleranz; Schraubpunkt SP zu Bezug A | B | C der Schwinge		Bestätigt	17.4%	18.2%
7	BSCHW011 +1.000	---	---	---	---	---	---	Schwinge: Abstandsmaß; Nominalabstand Schraubpunkt SP zu Tertiärbezug C der Grundplatte in der Innenstellung		Bestätigt	0.0%	0.0%

Funktionsmerkmal

casim ingenieurleistungen

220 Lage Schraubpunkt SP - Totpunktlage Innenstellung
220-1 Schraubpunkt zu Sekundärbezug B (Y-Richtung) der Grundplatte
Praxiswerte

Funktionsmaßgruppe:	220 Lage Schraubpunkt SP - Totpunktlage Innenst....	**Berechnungsmodus:**
Qualitätsmerkmal:	220-1 Schraubpunkt zu Sekundärbezug B (Y-Richt....	**Vorgabe Q-Merkmal:**
Bearbeiter / Abteilung:		
Bemerkung:		
Titel:	Schraubpunkt zu Sekundärbezug B (Y-Richtung)	

statistische Analyse
Nennmaß = 125.486
Oberes Abmaß = 1.000
Unteres Abmaß = -1.000

Erstellung: 08.01.2025
Letzte Änderung: 15.04.2025
Druckdatum: 15.04.2025
Praxiswerte   1/1 (13/21)

Nr.	Kurzzeichen	Funktionsmerkmal	Koeff.	Nennmaß	Abmaß ES/es	El/ei	VT	Para1	Para2	x,y,z	Status	Bemerkung
1	⊕ BGP001	Grundplatte: Positionstoleranz; Festlager A für Kurbel zu Bezug A | B | C der Grundplatte	-2.728	0.000	0.060	-0.060	TV	0.250	0.750	XY	Bestätigt	Verschiebung zirkular
2	⊕ BGP003	Grundplatte: Positionstoleranz; Festlager B für Schwinge zu Bezug A | B | C der Grundplatte	+2.646	0.000	0.050	-0.050	TV	0.250	0.750	XY	Bestätigt	Verschiebung zirkular
3	⊕ BKUR001	Kurbel (Kurbel a): Positionstoleranz; Gelenkpunkt D für Koppelstange zu Bezug A | B | C der Kurbel	-2.728	0.000	0.060	-0.060	TV	0.250	0.750	XY	Bestätigt	TED = 25 mm
4	⊕ BKOP001	Koppelstange (Koppelstange b): Positionstoleranz; Gelenkpunkt C für Schwinge zu Bezug A | B | C der Koppelstange	-2.728	0.000	0.060	-0.060	TV	0.250	0.750	XY	Bestätigt	TED = 80 mm
5	⊕ BSCHW001	Schwinge (Schwinge c); Positionstoleranz; Gelenkpunkt C zu Bezug A | B | C der Schwinge	+2.175	0.000	0.080	-0.080	TV	0.250	0.750	XY	Bestätigt	TED = 35 mm
6	⊕ BSCHW002	Schwinge (Schwingenarm e); Positionstoleranz; Schraubpunkt SP zu Bezug A | B | C der Schwinge	+0.795	0.000	0.380	-0.380	TV	0.250	0.750	XY	Bestätigt	TED = 95 mm
7	⊡ BSCHW012	Schwinge; Abstandsmaß; Nominalabstand Schraubpunkt SP zu Sekundärbezug B der Grundplatte in der Innenstellung	+1.000	125.486	---	---	---	---	---	---	Bestätigt	Nominalabstand [mm] gemessen aus CAD

	ES/es	El/ei
arithmetisches Schließmaß (Qualitätsmerkmal) für M0a = 125.486	1.099	-1.099
statistisches Schließmaß (Qualitätsmerkmal) für M0s = 125.486	0.762	-0.762
Vorgabe Qualitätsmerkmal	1.000	-1.000

V5605 _ R241014 Berechnungsparameter: Faltung / SKIP: 0.50 / Stützst .490

Spezifikation
Geforderter Gutanteil: 99.9936 %
Erreichter Gutanteil 100.00 %
Mittelwertversatz zur Q-Vorgabe = 0

Zuständigkeit	Termin
Maßnahmen/Bemerkungen	

Gesamtdichtefunktion

124.387
124.486
124.724
125.486 $T_s=1.524$
126.248
126.486 $T_a=2.199$
126.585

220 Lage Schraubpunkt SP - Totpunktlage Innenstellung
220-1 Schraubpunkt zu Sekundärbezug B (Y-Richtung) der Grundplatte
Ergebnissituation

Funktionsmaßgruppe:	220 Lage Schraubpunkt SP - Totpunktlage Innenst...	
Qualitätsmerkmal:	220-1 Schraubpunkt zu Sekundärbezug B (Y-Richt...	
Bearbeiter / Abteilung:		
Bemerkung:		
Titel:	Schraubpunkt zu Sekundärbezug B (Y-Richtung)	

Berechnungsmodus: statistische Analyse
Vorgabe Q-Merkmal: Nennmaß = 125.486
Oberes Abmaß = 1.000
Unteres Abmaß = -1.000

Erstellung: 08.01.2025
Letzte Änderung: 15.04.2025
Druckdatum: 15.04.2025
Ergebnissituation 1/1 (14/21)

casim
Ingenieurleistungen

Schließmaßberechnung	Nenn-maß	Toleranz Abmaße	Feld (T)
Toleranzmittenmaß	125.486		
Q-Vorgabe	125.486	±1.000	2.000
arithmetisches Schließmaß (M0a)	125.486	±1.099	2.199
statistisches Schließmaß (M0s)	125.486	±0.762	1.524

Prozessfähigkeitsindizes [1]

Cp bezogen auf Q-Vorgabe			1.64
Cpk bezogen auf Q-Vorgabe			1.64
		[%]	100.00

Prozesszentrierung

Mittelwertverschiebung um			- / -
Gutanteil nach Zentrierung			- / -

statistische Hauptbeitragsleister <T> Toleranzfeld

6	BSCHW002	<0.760> Schwinge (Schwingenarm e); ⊕ Positionstoleranz; Schraubpunkt SP zu Bezug A | B | C der Schwinge	41.6%
5	BSCHW001	<0.160> Schwinge (Schwinge c); ⊕ Positionstoleranz; Gelenkpunkt C zu...	13.8%
1	BGP001	<0.120> Grundplatte: Positionstoleranz; Festlager A für Kurbel zu Bezug A | B | C...	12.2%

1) geometrisches Berechnungsverfahren nach DIN ISO 22514-2 Quantilmethode $M_{2,1}$

220-1 Schraubpunkt zu Sekundärbezug B (Y-Richtung) der Grundplatte

Pa = 99.9936 % für Ts

126.486
124.486
125.486
Ts=1.524
Ta=2.199
126.248
124.724
126.585
124.387

Cp = 1.64   Cpk = 1.64
bezogen auf Q-Vorgabe

Erreichter Gutanteil: 100.00%

220 Lage Schraubpunkt SP - Totpunktlage Innenstellung
220-1 Schraubpunkt zu Sekundärbezug B (Y-Richtung) der Grundplatte
Pareto-Analyse

Funktionsmaßgruppe:	220 Lage Schraubpunkt SP - Totpunktlage Innenst...	**Berechnungsmodus:**
Qualitätsmerkmal:	220-1 Schraubpunkt zu Sekundärbezug B (Y-Richt...	**Vorgabe Q-Merkmal:**
Bearbeiter / Abteilung:		
Bemerkung:		
Titel:	Schraubpunkt zu Sekundärbezug B (Y-Richtung)	

statistische Analyse
Nennmaß = 125.486
Oberes Abmaß = 1.000
Unteres Abmaß = -1.000

Erstellung: 08.01.2025
Letzte Änderung: 15.04.2025
Druckdatum: 15.04.2025
Pareto-Analyse   1/1 (15/21)

casim Ingenieurleistungen

Nr.	Beitrag [in %] zum Schließmaß arithmetisch	Beitrag [in %] zum Schließmaß statistisch	Kurzzeichen Koeff.	Toleranz	ES/es	EI/ei	VT	Para1	Para2	Name (Funktionsmerkmal)	Abteilung	Status
1	14.9%	12.2%	BGP001							Grundplatte: Positionstoleranz; Festlager A für Kurbel zu Bezug A | B | C der Grundplatte		
			-2.728	0.120	0.060	-0.060	TV	0.250	0.750			Bestätigt
2	12.0%	8.0%	BGP003							Grundplatte: Positionstoleranz; Festlager B für Schwinge zu Bezug A | B | C der Grundplatte		
			+2.646	0.100	0.050	-0.050	TV	0.250	0.750			Bestätigt
3	14.9%	12.2%	BKUR001							Kurbel (Kurbel a): Positionstoleranz; Gelenkpunkt D für Koppelstange zu Bezug A | B | C der Kurbel		
			-2.728	0.120	0.060	-0.060	TV	0.250	0.750			Bestätigt
4	14.9%	12.2%	BKOP001							Koppelstange (Koppelstange b): Positionstoleranz; Gelenkpunkt C für Schwinge zu Bezug A | B | C der Koppelstange		
			-2.728	0.120	0.060	-0.060	TV	0.250	0.750			Bestätigt
5	15.8%	13.8%	BSCHW001							Schwinge (Schwinge c): Positionstoleranz; Gelenkpunkt C zu Bezug A | B | C der Schwinge		
			+2.175	0.160	0.080	-0.080	TV	0.250	0.750			Bestätigt
6	27.5%	41.6%	BSCHW002							Schwinge (Schwingenarm e): Positionstoleranz; Schraubpunkt SP zu Bezug A | B | C der Schwinge		
			+0.795	0.760	0.380	-0.380	TV	0.250	0.750			Bestätigt
7	0.0%	0.0%	BSCHW012							Schwinge; Abstandsmaß; Nominalabstand Schraubpunkt SP zu Sekundärbezug B der Grundplatte in der Innenstellung		
			+1.000	...	...	...	...	...	...			Bestätigt

Angepasste Bauteiltoleranzen

230 Schwinge - Totpunktlage Innenstellung
230-1 Winkelstellung der Schwinge
Praxiswerte

Funktionsmaßgruppe:	230 Schwinge - Totpunktlage Innenstellung	Berechnungsmodus:
Qualitätsmerkmal:	230-1 Winkelstellung der Schwinge	Vorgabe Q-Merkmal:
Bearbeiter / Abteilung:		
Bemerkung:		
Titel:	Winkelstellung der Schwinge	

statistische Analyse
Nennmaß = 127.383
Oberes Abmaß = 0.600
Unteres Abmaß = -0.600

Erstellung: 08.01.2025
Letzte Änderung: 15.04.2025
Druckdatum: 15.04.2025
Praxiswerte 1/1 (16/21)

casim Ingenieurleistungen

Nr.	Kurzzeichen	Funktionsmerkmal	Koeff.	Nennmaß	Abmaß ES/es	El/ei	VT	Para1	Para2	x,y,z	Status	Bemerkung
1	BGP001	Grundplatte. Positionstoleranz; Festlager A für Kurbel zu Bezug A | B | C der Grundplatte	+2.708	0.000	0.060	-0.060	TV	0.250	0.750	XY	Bestätigt	Verschiebung zirkular
2	BGP003	Grundplatte. Positionstoleranz; Festlager B für Schwinge zu Bezug A | B | C der Grundplatte	-2.708	0.000	0.050	-0.050	TV	0.250	0.750	XY	Bestätigt	Verschiebung zirkular
3	BKUR001	Kurbel (Kurbel a): Positionstoleranz; Gelenkpunkt D für Koppelstange zu Bezug A | B | C der Kurbel	+2.708	0.000	0.060	-0.060	TV	0.250	0.750	XY	Bestätigt	TED = 25 mm
4	BKOP001	Koppelstange (Koppelstange b): Positionstoleranz; Gelenkpunkt C für Schwinge zu Bezug A | B | C der Koppelstange	+2.708	0.000	0.060	-0.060	TV	0.250	0.750	XY	Bestätigt	TED = 80 mm
5	BSCHW001	Schwinge (Schwinge c): Positionstoleranz; Gelenkpunkt C zu Bezug A | B | C der Schwinge	-2.157	0.000	0.080	-0.080	TV	0.250	0.750	XY	Bestätigt	TED = 35 mm
6	BSCHW010	Schwinge. TED: Nominalwinkelstellung (Winkel PSI (außen) des Schwingenarms in Innenstellung	+1.000	127.383	---	---	---	---	---	XY	Bestätigt	

		ES/es	El/ei
arithmetisches Schließmaß (Qualitätsmerkmal) für M0a = 127.383		0.795	-0.795
statistisches Schließmaß (Qualitätsmerkmal) für M0s = 127.383		0.580	-0.580
Vorgabe Qualitätsmerkmal		0.600	-0.600

V5605 R241014 Berechnungsparameter: Faltung / SKIP: 0.50 / Stützst.: 492

Maßnahmen/Bemerkungen

Spezifikation
Geforderter Gutanteil: 99.9936 %
Erreichter Gutanteil: 100.00 %
Mittelwertversatz zur Vorgabe = 0

Zuständigkeit	Termin

Q-Vorgabe und Ergebnis in [Grad]

Gesamtdichtefunktion

126.588 · 126.783 · 126.803 · 127.383 · 127.963 · 127.983 · 128.178
Ts = 1.160 · Ta = 1.591

Angepasste Bauteiltoleranzen

230 Schwinge - Totpunktlage Innenstellung
230-1 Winkelstellung der Schwinge
Ergebnissituation

Funktionsmaßgruppe:	230 Schwinge - Totpunktlage Innenstellung	
Qualitätsmerkmal:	230-1 Winkelstellung der Schwinge	
Bearbeiter / Abteilung:		
Bemerkung:		
Titel:	Winkelstellung der Schwinge	

Berechnungsmodus: Vorgabe Q-Merkmal:

statistische Analyse
Nennmaß = 127.383
Oberes Abmaß = 0.600
Unteres Abmaß = -0.600

Erstellung: 08.01.2025
Letzte Änderung: 15.04.2025
Druckdatum: 15.04.2025
Ergebnissituation 1/1 (17/21)

casim
Ingenieurleistungen

230-1 Winkelstellung der Schwinge

Pa = 99.9936 % für Ts

127.983
126.783
127.963
126.803
Ts=1.160
Ta=1.591
127.383
128.178
126.588

Cp = 1.29   Cpk = 1.29   Erreichter Gutanteil: 100.00%
bezogen auf Q-Vorgabe

Schließmaßberechnung	Nenn-maß	Toleranz Abmaße	Feld (T)
Toleranzmittenmaß	127.383		
Q-Vorgabe	127.383	±0.600	1.200
arithmetisches Schließmaß (M0a)	127.383	±0.795	1.591
statistisches Schließmaß (M0s)	127.383	±0.580	1.160

Prozessfähigkeitsindizes [1]

Cp bezogen auf Q-Vorgabe			1.29
Cpk bezogen auf Q-Vorgabe			1.29
	[%]		100.00

Prozesszentrierung

Mittelwertverschiebung um			-/-
Gutanteil nach Zentrierung			-/-

statistische Hauptbeitragsleister <T> Toleranzfeld

5	BSCHW001	<0.160> Schwinge (Schwinge c); Positionstoleranz; Gelenkpunkt C zu...	23.4%
1	BGP001	<0.120> Grundplatte: Positionstoleranz; Festlager A für Kurbel zu Bezug A | B | C...	20.7%
3	BKUR001	<0.120> Kurbel (Kurbel a): Positionstoleranz; Gelenkpunkt D für Koppelstange zu Bezug A | B | C der...	20.7%

1) geometrisches Berechnungsverfahren nach DIN ISO 22514-2 Quantilmethode $M_{2,1}$

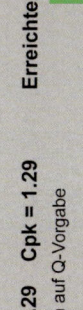

230 Schwinge - Totpunktlage Innenstellung
230-1 Winkelstellung der Schwinge
Pareto-Analyse

Funktionsmaßgruppe:	230 Schwinge - Totpunktlage Innenstellung	
Qualitätsmerkmal:	230-1 Winkelstellung der Schwinge	
Bearbeiter / Abteilung:		
Bemerkung:		
Titel:	Winkelstellung der Schwinge	

Berechnungsmodus:		statistische Analyse
Vorgabe Q-Merkmal:		Nennmaß = 127.383
		Oberes Abmaß = 0.600
		Unteres Abmaß = -0.600

Erstellung:	08.01.2025
Letzte Änderung:	15.04.2025
Druckdatum:	15.04.2025
	Pareto-Analyse
	1/1 (18/21)

casim
ingenieurleistungen

Nr.	Kurzzeichen Koeff.	Toleranz	ES/es	EI/ei	VT	Para1	Para2	Funktionsmerkmal Name	Abteilung	Status
1	BGP001 +2.708	0.120	0.060	-0.060	TV	0.250	0.750	⊕ Grundplatte: Positionstoleranz; Festlager A für Kurbel zu Bezug A | B | C der Grundplatte		Bestätigt
2	BGP003 -2.708	0.100	0.050	-0.050	TV	0.250	0.750	⊕ Grundplatte: Positionstoleranz; Festlager B für Schwinge zu Bezug A | B | C der Grundplatte		Bestätigt
3	BKUR001 +2.708	0.120	0.060	-0.060	TV	0.250	0.750	⊕ Kurbel (Kurbel a): Positionstoleranz; Gelenkpunkt D für Koppelstange zu Bezug A | B | C der Kurbel		Bestätigt
4	BKOP001 +2.708	0.120	0.060	-0.060	TV	0.250	0.750	⊕ Koppelstange (Koppelstange b): Positionstoleranz; Gelenkpunkt C für Schwinge zu Bezug A | B | C der Koppelstange		Bestätigt
5	BSCHW001 -2.157	0.160	0.080	-0.080	TV	0.250	0.750	⊕ Schwinge (Schwinge c): Positionstoleranz; Gelenkpunkt C zu Bezug A | B | C der Schwinge		Bestätigt
6	BSCHW010 +1.000	---	---	---	---	---	---	Schwinge: TED; Nominalwinkelstellung (Winkel PSI (außen)) des Schwingenarms in Innenstellung		Bestätigt

Beitrag [in %] zum Schließmaß

arithmetisch / statistisch

Nr.	arithmetisch	statistisch
1	20.4%	20.7%
2	17.0%	14.4%
3	20.4%	20.7%
4	20.4%	20.7%
5	21.7%	23.4%
6	0.0%	0.0%

casim — Ingenieurleistungen

300 Schwingbereichswinkel
300-1 Schwingbereichswinkel
Praxiswerte

Funktionsmaßgruppe:	300 Schwingbereichswinkel	
Qualitätsmerkmal:	300-1 Schwingbereichswinkel	
Bearbeiter / Abteilung:		
Bemerkung:		
Titel:	Schwingbereichswinkel	

Berechnungsmodus:
Vorgabe Q-Merkmal:

statistische Analyse
Nennmaß = 90.000
Oberes Abmaß = 5.000
Unteres Abmaß = 0.000

Erstellung: 11.01.2025
Letzte Änderung: 15.04.2025
Druckdatum: 15.04.2025
Praxiswerte   1/1 (19/21)

Nr.	Kurzzeichen	Funktionsmerkmal	Koeff.	Nennmaß	Abmaß ES/es	Abmaß EI/ei	VT	Para1	Para2	x,y,z	Status	Bemerkung
1	BGP010	Grundplatte: Positionstoleranz; Festlager A für Kurbel zu Bezug A|B|C der Grundplatte	+0.768	0.000	0.060	-0.060	TV	0.250	0.750	XY	Bestätigt	Verschiebung nur in X-Richtung
2	BGP011	Grundplatte: Positionstoleranz; Festlager B für Schwinge zu Bezug A|B|C der Grundplatte	-0.768	0.000	0.050	-0.050	TV	0.250	0.750	XY	Bestätigt	Verschiebung nur in X-Richtung
3	BKUR001	Kurbel (Kurbel a): Positionstoleranz; Gelenkpunkt D für Koppelstange zu Bezug A|B|C der Kurbel	+4.677	0.000	0.060	-0.060	TV	0.250	0.750	XY	Bestätigt	TED = 25 mm
4	BKOP001	Koppelstange (Koppelstange b): Positionstoleranz; Gelenkpunkt C für Schwinge zu Bezug A|B|C der Koppelstange	+0.730	0.000	0.060	-0.060	TV	0.250	0.750	XY	Bestätigt	TED = 80 mm
5	BSCHW001	Schwinge (Schwinge c): Positionstoleranz; Gelenkpunkt C zu Bezug A|B|C der Schwinge	-3.254	0.000	0.080	-0.080	TV	0.250	0.750	XY	Bestätigt	TED = 35 mm
6	BSCHW013	Schwinge; TED: Nominal-Schwingenbereichswinkel	+1.000	92.612	---	---	---	---	---		Bestätigt	[Grad]

	ES/es	EI/ei
arithmetisches Schließmaß (Qualitätsmerkmal) für M0a = 92.612	0.669	-0.669
statistisches Schließmaß (Qualitätsmerkmal) für M0s = 92.612	0.542	-0.542
Vorgabe Qualitätsmerkmal	5.000	0.000

V5605_R2410 14 Berechnungsparameter: Faltung / SKIP: 0.50 / Stützst: 690

Maßnahmen/Bemerkungen

Spezifikation
Geforderter Gutanteil: 99.9936 %
Erreichter Gutanteil 100.00 %
Mittelwertversatz zur Q-Vorgabe 0.112

Zuständigkeit | Termin

Q-Vorgabe und Ergebnis in [Grad]

Gesamtdichtefunktion

90.000 — 95.000
91.943   92.070   92.612   93.154   93.281
Ts=1.085   Ta=1.338

Hinweis:
Maßkettenglied "BGP001" ist ersetzt durch "BGP010" und "BGP003" ist ersetzt durch "BGP011".
Weil bei der Ermittlung der Geometriefaktoren die Einflüsse nicht mehr zirkular sondern ausschließlich in X-Richtung berücksichtigt sind.

casim
Ingenieurleistungen

Erstellung:	11.01.2025
Letzte Änderung:	15.04.2025
Druckdatum:	15.04.2025
Ergebnissituation	1/1 (20/21)

300 Schwingbereichswinkel
300-1 Schwingbereichswinkel
Ergebnissituation

Funktionsmaßgruppe:	300 Schwingbereichswinkel	
Qualitätsmerkmal:	300-1 Schwingbereichswinkel	
Bearbeiter / Abteilung:		
Bemerkung:		
Titel:	Schwingbereichswinkel	

Berechnungsmodus:	statistische Analyse
Vorgabe Q-Merkmal:	Nennmaß = 90.000
	Oberes Abmaß = 5.000
	Unteres Abmaß = 0.000

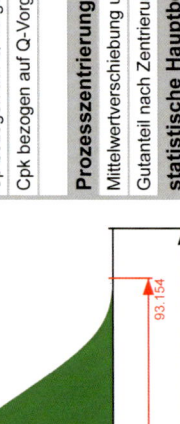

300-1 Schwingbereichswinkel

Pa = 99.9936 % für Ts

90.000

95.000

91.943
92.070
92.612
93.154
93.281

Ts=1.085
Ta=1.338

Cp = 5.40   Cpk = 5.16
bezogen auf Q-Vorgabe

Erreichter Gutanteil: 100.00%

Schließmaßberechnung	Nenn-maß	Abmaße	Feld (T)
		Toleranz	
Toleranzmittenmaß	92.612		
Q-Vorgabe	90.000	5.000 / 0.000	5.000
arithmetisches Schließmaß (M0a)	92.612	±0.669	1.338
statistisches Schließmaß (M0s)	92.612	±0.542	1.085

Prozessfähigkeitsindizes [1]

Cp bezogen auf Q-Vorgabe			5.40
Cpk bezogen auf Q-Vorgabe			5.16
		[%]	100.00

Prozesszentrierung

Mittelwertverschiebung um		-0.112
Gutanteil nach Zentrierung		100.00
		<T> Toleranzfeld

statistische Hauptbeitragsleister

			<T> Toleranzfeld
3	BKUR001	<0.120> Kurbel (Kurbel a): ⊕ Positionstoleranz; Gelenkpunkt D für Koppelstange zu Bezug A | B | C der...	51.8%
5	BSCHW001	<0.160> Schwinge (Schwinge c): ⊕ Positionstoleranz; Gelenkpunkt C zu...	44.6%
1	BGP010	<0.120> Grundplatte: Positionstoleranz; ⊕ Festlager A für Kurbel zu Bezug A | B | C...	1.4%

1) geometrisches Berechnungsverfahren nach DIN ISO 22514-2 Quantilmethode $M_{2,1}$

casim Ingenieurleistungen

300 Schwingbereichswinkel
300-1 Schwingbereichswinkel
Pareto-Analyse

Funktionsmaßgruppe:	300 Schwingbereichswinkel	Berechnungsmodus:	**statistische Analyse**
Qualitätsmerkmal:	300-1 Schwingbereichswinkel	Vorgabe Q-Merkmal:	**Nennmaß = 90.000**
Bearbeiter / Abteilung:			**Oberes Abmaß = 5.000**
Bemerkung:			**Unteres Abmaß = 0.000**
Titel:	Schwingbereichswinkel		

	Erstellung:	11.01.2025
	Letzte Änderung:	15.04.2025
	Druckdatum:	15.04.2025
	Pareto-Analyse	1/1 (21/21)

Nr.	Kurzzeichen		Koeff.	Toleranz	ES/es	EI/ei	VT	Para1	Para2	Name	Abteilung	Status
1	BGP010	⊕	+0.768	0.120	0.060	-0.060	TV	0.250	0.750	Grundplatte: Positionstoleranz; Festlager A für Kurbel zu Bezug A | B | C der Grundplatte		Bestätigt
2	BGP011	⊕	-0.768	0.100	0.050	-0.050	TV	0.250	0.750	Grundplatte: Positionstoleranz; Festlager B für Schwinge zu Bezug A | B | C der Grundplatte		Bestätigt
3	BKUR001	⊕	+4.677	0.120	0.060	-0.060	TV	0.250	0.750	Kurbel (Kurbel a): Positionstoleranz; Gelenkpunkt D für Koppelstange zu Bezug A | B | C der Kurbel		Bestätigt
4	BKOP001	⊕	+0.730	0.120	0.060	-0.060	TV	0.250	0.750	Koppelstange (Koppelstange b): Positionstoleranz; Gelenkpunkt C für Schwinge zu Bezug A | B | C der Koppelstange		Bestätigt
5	BSCHW001	⊕	-3.254	0.160	0.080	-0.080	TV	0.250	0.750	Schwinge (Schwinge c): Positionstoleranz; Gelenkpunkt C zu Bezug A | B | C der Schwinge		Bestätigt
6	BSCHW013		+1.000	---	---	---	---	---	---	Schwinge; TED; Nominal-Schwingenbereichswinkel		Bestätigt

Funktionsmerkmal

Beitrag [in %] zum Schließmaß — ■ arithmetisch ■ statistisch

Nr.	arithmetisch	statistisch
1	6.9%	1.4%
2	5.7%	1.0%
3	41.9%	51.8%
4	6.5%	1.3%
5	38.9%	44.6%
6	0.0%	0.0%

Quellen und weiterführende Literatur

1. Mannewitz, F.: Statistische Toleranzberechnung – Leitfaden zur systematischen Anwendung, Expert-Verlag, Renningen, 2016

Stichwortverzeichnis

A

Ableitung, 26, 27, 37
  partielle, 26, 39
Abweichungsfortpflanzungsgesetz, 115, 127
Annahmewahrscheinlichkeit, 115, 117,
    122–125, 127, 133, 143, 148, 156,
    161, 179, 188, 204, 213, 217, 224,
    231, 251, 256

B

Beitragsleister, 101, 104, 126, 168, 220, 229
  arithmetischer, 103, 104, 133, 138, 256
  statistischer, 140, 145, 150, 216, 223, 227,
    229, 256

C

Capability, 155

D

Design
  robustes, 217, 220, 223, 224
  sensibles, 220, 223
Dichtefunktion, 172, 175, 179
Direktläuferquote, 141, 142, 147, 152, 153,
    171, 217, 224, 229, 230, 256
Distributivgesetz, 172
Dreieckverteilung, 127

E

Einheitsvektor, 80

Erwartungswert, 186

F

Faltungsoperation, 171, 173, 174
Faltungsprodukt, 171, 172, 177, 180
Fehlerfortpflanzungsgesetz, 125, 131
Fertigungslos, 158, 160, 161
Fertigungsverteilung, 1, 115, 117, 118, 121,
    125, 127, 129, 132, 133, 135, 143,
    148, 158, 169, 172, 173, 183, 184,
    204, 216, 235, 256
Funktionsmaß, 1, 19, 88, 89, 91–94, 118, 133,
    182, 217–219, 224, 233, 235, 242,
    255

G

Gauß, Carl Friedrich, 125
Geometrische Produktspezifikation (GPS), 87
Gestelllänge, 5
Gewichtungsfaktor, 23
GPS (Geometrische Produktspezifikation), 87
Grenzabmaß, 89, 95, 98, 99, 101, 169, 183,
    184, 211
Grenzwertsatz, zentraler, 129
Größenmaß, 15
  lineares, 87, 89, 93, 98
Größe, transformierte, 122

H

Häufigkeit, 184
Häufigkeitsverteilung, 115, 131, 184

Hauptbeitragsleister, 182, 216, 217, 220
Höchstmaß, 90, 98, 176
Höchstschließmaß, 98, 101, 104, 105, 108, 135,
        161, 163, 164, 211, 231, 255, 257

I
Idealzustand, 120, 125
Istmaß, 115, 118, 184, 187, 220

K
Koaxialitätstoleranz, 100, 120
Koeffizient, 187, 255
Kommutativgesetz, 172, 173, 175
Kurbelschwinge, 2, 3, 7, 9–11, 13, 15–17, 24,
        54, 56–70, 85, 203, 241
Kurbelwinkel, 5, 9

L
Lageabweichung, 154
Lagetoleranz, 2
Längenmaß, 14, 95, 98, 114
Linearitätskoeffizient, 23, 101, 173
Losgröße, 116

M
Maß
        direktes, 19
        theoretisch genaues, 99, 200
Maßabweichung, 98
Maßkette, 18–21, 27, 93, 98, 99, 103, 115,
        125–128, 131, 133, 200, 216, 218,
        220–223, 255
Maßkettenstruktur, 1, 78, 81, 184, 199, 220,
        222, 223
Maßtoleranz, 89–92
Mindestmaß, 90, 98
Mindestschließmaß, 98, 101–104, 133, 161,
        163, 164, 211, 212, 231, 255, 257
minimum performance index, 155
minimum process capability index, 155
Mittelwert, 38, 40, 57, 75, 115, 119, 120, 124,
        156, 158, 160, 187, 236
Mittenmaß, 101, 102, 104, 123, 131, 157, 162,
        231, 255
Montagesimulation, 184

N
Neigung, 14
Neigungstoleranz, 14, 224
Nennmaß, 15, 20–22, 27, 39, 53, 78, 79, 89,
        98, 102, 169, 171
Nennschließmaß, 21, 40, 78, 80, 101, 105, 108,
        157, 170, 171, 211, 255
Normalverteilung, 116, 120, 122, 124, 126,
        156, 158, 160, 187, 189, 194, 230,
        235, 236
        standardisierte, 115, 122, 123

P
Pareto-Prinzip, 213, 220
performance index, 155
Populationsspezifikation, 233, 234, 236, 237
Positionstoleranz, 14, 53, 74, 77, 88, 89, 91,
        92, 101, 104, 120, 224, 233, 235–237
process capability index, 155
Produktentstehungsprozess, 1, 232, 241
Prozessfähigkeit, 117, 218, 227
Prozessfähigkeitsindex, 115, 123, 124, 155,
        157, 162, 219, 224, 231, 257
        kleinster, 156, 158, 160, 232, 235, 236
Prozesslage, 158, 160
Prozesslagenänderung, 119
Prozessleistung, 220, 234, 241
Prozessleistungsindex, 234, 235, 238
        kleinster potenzieller, 155, 183
        potenzieller, 155, 157, 183
Prozessstreubreite, 155, 156
Prozesstrend, 119, 121

Q
Qualitätsgrenze, 141, 147, 152, 229
Qualitätsmerkmal, 2, 18, 19, 103, 141, 158,
        167, 183, 213, 215, 216, 273
Quantil, 115, 122, 126, 128, 141, 147, 152,
        156, 188, 229, 256

R
Rechteckverteilung, 127, 179
Reduktionsfaktor, 217, 218

S

Schließmaß, 19, 81, 98, 103, 114, 115, 117,
        124, 127, 133, 135, 136, 143, 144,
        148, 149, 162, 164, 184, 186, 188,
        193, 217, 220, 224, 227, 232, 255
    arithmetisches, 142, 148, 153
    quadratisches, 221
    statistisches, 221
Schließmaßtoleranz, arithmetische, 102, 103,
        107, 109, 115, 117, 212, 220, 222,
        223, 255
Schraubpunkt, 27, 29, 30, 39, 43, 55, 57, 61,
        63, 65, 67, 78, 83, 94, 103, 107, 233,
        237
Schwingbereichswinkel, 5, 7, 9, 12, 14, 18,
        209–213, 215, 224
Schwingenwinkel, 5, 12, 15, 18, 34, 49, 53,
        55–57, 59, 61, 63, 65, 67, 69, 164,
        165, 190, 192, 200, 209
Sensitivität, 189, 241
Spannweite, 173
Spezifikationsgrenze, 117, 142, 148, 153, 161,
        164, 169, 183, 231, 235, 237
Standardabweichung, 115, 122, 125, 223, 227,
        235, 236, 256
Standardnormalverteilung, 247, 256
Streuung, 156
Summenvektor, 78, 80, 83

T

Tabelle
    Korrekturfaktor g, 143, 161, 251
    standardisierte Verteilungsarten, 125, 127,
        128, 244
    Verteilungsfunktion der
        Standardnormalverteilung, 141
TED-Maß, 14, 17, 79, 88, 95, 99, 101, 105,
        108, 171, 255
Toleranzanalyse, 23, 27, 38, 78, 83, 88, 89, 93,
        95, 115, 167, 170, 180, 185,
        191–193, 199, 204, 210, 215, 232,
        241–243, 273
    arithmetische, 100, 101, 103, 104, 107, 108,
        110, 111, 199, 211
    modifizierte, quadratische, 204
    quadratische, 124, 131–133, 220
    statistische, 2, 114, 115, 120, 121, 125, 126,
        128, 130–132, 135, 136, 143, 144, 148,
        168, 171, 199, 212, 217, 274

Toleranzberechnung, 18, 121, 223
Toleranzeinengung, 217
Toleranzfeld, 76, 98, 115, 131, 158, 233, 235
Toleranzrechnung, 117, 132
Toleranzzone, 53, 54, 76, 88, 89, 242
Tolerierungsgrundsatz, 87
Transformation, 82, 122
Trapezverteilung, 121, 128, 158–160, 194, 216,
        235, 236

U

Überschreitungsanteil, 115–117
Unabhängigkeitsprinzip, 87, 93

V

Varianz, 127, 155, 186
Vektoranalysis, 78, 80, 81, 83
Vektorpolygon, 78, 82
Verteilung, 76, 121, 123, 131, 174, 186, 187,
        189, 194, 236
    Dreieck-, 127
    logarithmische Normal-, 120
    Normal-, 115, 117, 122–124, 126, 128, 131,
        132, 141, 142, 147, 152, 153, 158–160,
        187, 230, 235
    Pearson-, 187, 188
    Rayleigh-, 120, 242
    Rechteck-, 127, 179
    Trapez-, 121, 128, 158–160, 194, 216, 235,
        236
Verteilungsfunktion, 126, 141, 147, 152, 171,
        177–179, 187, 194, 230, 247
Verteilungsquantil, 156, 162, 163, 165, 231

W

Wahrscheinlichkeit, 76, 193
Wahrscheinlichkeitsdichtefunktion, 115, 118,
        141, 185–188, 193
Winkelmaß, 14
Worst Case, 98, 128, 131

Z

Zählrichtung, 19
Zufallsvariable, 171, 184–186
Zweipunktmessung, 87

Zeitfracht Medien GmbH
Ferdinand-Jühlke-Straße 7
99095 Erfurt, Deutschland
produktsicherheit@kolibri360.de